21世纪高等教育计算机规划教材

COMPUTER

办公自动化教程

（第2版）

Office Automation Tutorial

王永平　主编
王琦 魏绍谦 朱淑琴　编著

人 民 邮 电 出 版 社
北 京

图书在版编目（CIP）数据

办公自动化教程 / 王永平主编 ; 王琦, 魏绍谦, 朱淑琴编著. -- 2版. -- 北京 : 人民邮电出版社, 2015.1(2021.8重印)
21世纪高等教育计算机规划教材
ISBN 978-7-115-37025-9

Ⅰ. ①办… Ⅱ. ①王… ②王… ③魏… ④朱… Ⅲ. ①办公自动化－应用软件－高等学校－教材 Ⅳ. ①TP317.1

中国版本图书馆CIP数据核字(2014)第222566号

内容提要

本书分为 8 章，主要内容包括：（第 1 章）介绍办公自动化的理论知识以及办公自动化中的信息处理方法；（第 2 章～第 7 章）主要介绍办公自动化中常用的办公软件（2010 版）及使用技术，包括文字处理、表格处理、演示文稿的处理、网络技术及安全、工具软件的使用等方面；（第 8 章）主要介绍办公自动化中常用设备的正确使用与维护方法。

本书内容实用，硬件、软件并重。在介绍理论知识的同时，注重实际技能的培养。本书可作为高等院校办公自动化课程的教材，也可作为广大计算机爱好者的自学教材和企事业单位文秘人员的培训教材。

◆ 主　　编　王永平
编　　著　王　琦　魏绍谦　朱淑琴
责任编辑　武恩玉
执行编辑　刘向荣
责任印制　沈　蓉　彭志环

◆ 人民邮电出版社出版发行　　北京市丰台区成寿寺路 11 号
邮编　100164　　电子邮件　315@ptpress.com.cn
网址　http://www.ptpress.com.cn
北京天宇星印刷厂印刷

◆ 开本：787×1092　1/16
印张：17.25　　2015 年 1 月第 2 版
字数：452 千字　　2021 年 8 月北京第 7 次印刷

定价：39.00 元

读者服务热线：(010) 81055256　印装质量热线：(010) 81055316
反盗版热线：(010) 81055315

第2版前言

随着科学技术特别是信息技术的发展，办公自动化技术有了很大的飞跃。为进一步满足大家学习办公自动化知识的需要，及时反映办公自动化技术的发展，我们对原《办公自动化教程》的相应内容做了如下修订：

- 办公自动化理论部分增加了群体办公及多媒体信息处理的内容；
- 操作系统内容以 Windows 7 取代了上一版书中的 Windows XP，办公软件以 Office 2010 取代了 Office 2003；
- 在《办公自动化设备》一章中增加了投影机使用与维护的内容；
- 在《实用网络技术及安全》一章中增加了许多新的网络实用技术以及计算机网络安全的内容。

本教材修订后的内容较好地反映了当前办公自动化的技术发展。通过学习本教材，学生能够掌握运用办公自动化设备进行信息处理的基本方法与技能。本教材突出系统性、知识性、实用性，着重培养读者的操作技能。为了方便读者总结和练习，每章后都附有习题。

本书为北京联合大学教育教学研究与改革项目研究成果，是北京联合大学校级精品教材。

本书由北京联合大学师范学院王永平主编，其他参编人员有王琦、魏绍谦、朱淑琴，全书由王永平统稿、审定。

由于编者水平有限，书中错漏在所难免，恳请读者批评指正。

编　者

2014年7月

目录

第1章 办公自动化

办公自动化（Office Automation，OA）是20世纪70年代中期在发达国家迅速发展起来的一门综合性技术学科，是现代信息社会的产物。办公自动化从对少数几个部门的简单办公事务处理开始，逐步进入到社会的各行各业，可以进行管理和控制，甚至是辅助决策。办公自动化从根本上改变了传统的工作方式，带来了全新的办公、管理理念。

1.1 办公自动化概述

办公自动化不同于一般的自动化技术，它是一个多学科互相交叉、互相渗透的系统科学与工程，具有综合性、系统性、高效性等特点。

办公自动化涉及行为科学、社会学、管理科学、系统工程学、人机工程学等多门学科，并以计算机、通信、自动化技术作为支持技术，是现代信息社会的重要标志。

1.1.1 办公自动化基本概念

1. 办公自动化的定义

一般来说，办公自动化是指办公人员运用现代科学技术管理和传输信息，其中包括对文字、图像、语言等非数字性资料的处理和运用，并且通过网络加速信息的互通。同时，办公自动化硬件及软件的设计及使用，均以提高效率为目的。办公自动化是一种处理计算机技术、通信技术、系统科学和行为科学应用传统的数据处理技术难以应付的数量庞大而结构又不明确的业务领域的综合科学技术。

综上所述，办公自动化是一门综合性技术，它能不断地使人们的部分办公业务于人以外的各种设备活动化，并由这些设备与办公人员构成服务于某种目标的人机信息系统。

2. 办公自动化的特点

（1）办公自动化是一门综合性的学科。办公自动化涉及行为科学、社会学、管理科学等多个学科，它不是自动化学科的一个分支，而是当今迅速发展起来的一门综合多种学科和技术的新学科。

（2）办公自动化是一个人机信息系统。办公自动化具有信息处理的功能。一个较完整的办公自动化系统应包括信息的采集、加工、改造、传递、存储、销毁等环节。办公自动化的主要任务是为各级办公人员提供各种所需的信息，因此，人、信息系统、机器设备是办公自动化系统的3个相互联系的基本组成部分。在办公自动化的运用过程中，信息是加工的对象，机器设备是加工的工具，人是加工过程的设计者、指挥者和加工结果的享用者。

（3）办公自动化是对信息处理的一体化过程。办公自动化把不同的办公设备（计算机、传真机、打字机、网络等）用某种方式组合成一个相互配合的统一体，将文字处理、语音处理、数据处理、图像处理等功能组合在一个系统中，使办公室的工作人员能够综合处理这些信息。

（4）办公自动化可以提高办公效率和办公质量。办公自动化作为产生更高价值信息的一个辅助手段，加速了信息的流通，为决策人员提供更多的信息与解决方案。办公自动化使办公人员的劳动智能化、办公工具电子化和机械化、办公活动无纸化和数字化，这有助于大幅度提高办公人员的工作效率和工作质量。

3. 办公自动化的功能

（1）完善的文字处理功能。文字处理是办公活动的基本工作之一。办公自动化要求能迅速地处理各类文件、报告，并具备文字的编辑、修改、存储、打印、排版及复制等功能，还需要能为用户提供多种文字输入方式。

（2）较强的数据处理功能。办公活动的中心任务是处理信息，它涉及大量的数据与文件，因此数据处理是办公自动化的一个基本功能。例如，利用文件系统、数据库管理系统、计算机、缩微系统、存储设备来对数据进行登录、分类、存储、查询、制表；利用电子报表软件对数据进行统计、分析。

（3）语音处理功能。语音处理功能是对语音信息进行收集、转换、存储、识别等操作。语音处理系统能识别和合成不同的声音，在文件输入、个人文件保密与鉴别等方面，语音识别起着重要的作用。

（4）图像处理功能。图像处理就是用办公设备对图像信息进行处理，包括图像增强和复原、图像传递、图像识别、虚拟现实等功能。例如，某些从远距离传来的模糊不清的图像，经过计算机处理之后变得清楚而可以识别。用计算机生成与现实景象一样的立体彩色图形，实现人与环境的直接交互。

（5）通信功能。通信功能是指可以把各种设备连接成通信网络，使人们能互相通信并实现资源共享。大量的通信工作转移到了办公室中进行，因此人们可以利用网络进行办公事务处理、信息管理与检索等工作。

4. 办公自动化的意义

（1）实现办公活动的高效率、高质量。现代化的技术、设备、理念进入办公领域，使参与办公活动的人员能够使用新的手段和方法代替传统信息生成、传送、处理的手段和方法，包括公文的往来形式，文件档案的保管、检索、复印，信息的收集和统计，文档的打印等方面，由此可以达到提高工作效率和质量，节省人力、物力的目的。

（2）实现办公信息处理的大容量、高速度。以计算机为代表的办公设备具有高速处理、存储大量信息的能力。在相应的软件配合下，可以向办公人员提供多样的服务，对各项办公业务工作起到辅助决策的作用。

（3）实现办公过程的智能化。在办公自动化中，人和机器设备是重要的组成部分。办公自动化系统就是人机系统，而智能化的机器设备可以代替工作人员来完成那些重复的以及适合使用智能化机器的工作，以提高办公工作的速度及准确性。

5. 办公自动化的任务

（1）事务处理。办公活动的主要特点之一是工作量大，重复性的工作多，而办公自动化可解决这个问题，降低办公成本。

（2）信息管理。信息必须经过加工、处理才能产生结果，供人们使用。所以，要使信息起到推动社会进步、取得效益的作用，就必须做好信息管理。信息的管理包括信息的收集、筛选、加工、存取、传送、应用决策、反馈等方面。办公自动化可以完成这些工作，充分发挥办公设备的功能，使那些孤立、无序的资源变成准确的、使用方便的、优质的共享资源。

（3）辅助决策。决策是根据预定目标做出的行动决定，它是办公活动的组成部分。任何决策都不是突然做出的，都有一个过程。科学的决策要经过提出问题、收集资料、确定目标、拟订方案、分析评价、最后选定等一系列的活动环节。

在信息管理工作中收集、存储、提供大量信息资料，是决策工作的基础。办公自动化能自动地分析采集信息，提出各种可供有关人员参考的优选方案，是辅助决策的有力手段。具有辅助决策功能的办公自动化系统，在建立能综合分析、预测发展、判断利害的计算机运行模式的基础上，可根据大量的原始数据信息，自动做出符合实际要求的决策方案。从这个角度来看，办公自动化系统是一种高层次的智能型系统。

1.1.2 办公自动化的模式

1. 传统办公模式

传统办公可分为以下 5 种模式，但各模式间缺乏有机的联系。

（1）信息流模式。信息流模式是对组织机构中办公活动的信息流程的模式化描述，其描述方法是将办公信息流程中的信息单元进行分类和定义，再说明各信息单元在组织机构各功能单位中的次序、流动量、处理环节、利用率、使用要求、重要程度、安全保密级别等特征。

（2）过程模式。过程模式是对组织机构中办公活动的工作程序的模式化描述。办公过程主要包括机关行政事务处理过程、办公事务处理过程、公文办理过程、管理控制过程和辅助决策过程等。

（3）数据库模式。数据库模式是把办公活动用数据来表现。数据库中的内容根据办公业务活动的进行不断丰富、更新，当内容的更新满足事先设定的条件时可以激发新的办公活动。

（4）决策模式。决策模式涉及办公活动中的决策过程。决策是信息收集、分析和方案比较的全过程，在一定程度上是不可预测的。

（5）行为模式。行为模式把办公活动当成一种社会交往活动，其中包含信息处理工作。

2. 现代办公模式

传统办公的各种模式都具有局限性，而现代办公模式是传统模式的交叉和综合运用。

（1）办公室的分类。在现代办公模式中，办公室可分为确定型事务处理办公室、非确定型决策处理办公室、混合型处理办公室。

确定型事务处理办公室的工作性质属确定型，办公人员可从事的办公业务是有规则的、重复性的，主要从事信息的收集、传递、保存工作，其办公事务的处理过程是确定的。这类办公室工作易于用自动化设备实现。单位的收发室、医院的病案室、各类仓库都属于这一类。

非确定型决策处理办公室主要从事决策性工作，以及决策后的贯彻、推广等工作。这类办公室在事务处理中有较多过程不确定，某些活动需要人们做较多干预才能做出决策（制订计划、方案）。这类办公室通过各种文件、命令通知等形式向下级机构进行计划传递，并能通过各种手段检查保证这些计划的贯彻执行。根据执行情况，办公人员可随时修改计划，以适应各种不同情况，使事务处理进行得更加顺利，并完成对决策结果的跟踪和反馈工作。这类办公室包括行政决策机构、经济管理部门和军事机构等部门。

混合型处理办公室不但要处理有规则的事务性工作，还要进行富有创造性的决策工作。既担负着确定型事务处理任务，又有非确定型决策处理任务。目前此类办公室较为多见，例如一些基层单位办公室就既有大量事务性工作，又有一部分决策性工作需要处理。

（2）办公自动化系统的层次模型。办公自动化系统的层次模型可以分为事务型办公自动化系统、管理型办公自动化系统、决策型办公自动化系统。

事务型办公自动化系统的功能包括文字处理、个人日程安排、行文（文件）办理、函件处理、文档资料管理、编辑排版、电子报表、其他数据处理等功能。其中，文字处理具有各种文件、报告、命令、通知等文字材料的起草、修改、删除、打印等功能。文字处理系统应为用户提供良好的界面，易学易用，支持多种汉字输入方法，具有编辑和自动生成表格、文件等功能；个人日程安排具有为各级办公人员或某一部门安排活动日程和活动计划的功能，以及自动提醒、提示、报警等功能。另外，还要具有个人文件库管理功能，可以根据目录或主题词进行多种方式的文件查询、检索等日常文件操作；行文办理具有能对文件收发、登录，对上级批示的签阅进行登记等处理功能，并有行文追踪检查和自动提示的功能；函件处理是用先进的函件处理设备完成公文、信函的处理，例如信件综合处理机、拆信机，可完成信件、文件、函件和信封的装、封、盖章等工作；文档资料管理是使用配有微机的缩微存档设备和磁、光存储系统，将文档加以存储和保管，并具有建立目录、索引、查询的功能；编辑排版是以激光照排系统为支持设备，主要能进行文件、文稿的排版处理，页面格式设置，字体、字号选择，以及其他特殊排版处理，并可实现快速印刷，完成文件、函件快速翻印、制版、印刷等工作，其中快速印刷主要是由轻印刷设备（如制版机、小型胶印机等）支持；电子报表能对各种处理产生的数据进行报表格式处理，或是对各种报表格式数据进行输入、加工、计算、输出等工作；其他数据处理包括声音和图像的存储、加工、格式转换等工作。

事务型办公自动化系统由微机配以基本办公设备（复印机、打印机、传真机、印刷系统、缩微系统、各种录音设备和投影仪等）、简单的通信网络、具有各种基本功能的软件（文字处理软件、电子报表软件、小型关系型数据库软件及专用软件等）等部分组成。

管理型办公自动化系统在功能上除担负事务型办公系统的全部工作外，还要完成信息管理工作。它侧重于信息流的处理，即工业、交通、农贸等经济信息流的处理，人口、环境、资源等社会信息流的处理，公文文件类型的信息流的处理。

管理型办公自动化系统是在事务型办公自动化系统的基础上，增加高档微机、工作站设备和通信设备等设备组成的，它使用的设备比事务型的设备级别要高，而且复杂，各部门间有很强的通信能力。除通用、专用软件外，这种系统还要有自已的信息管理系统，并在事务型办公自动化系统的基础上加入专用数据库，例如，在政府部门有计划、公交、统计、贸易、财政、税务数据库，在企业有物资设备、产品、市场预测、成本数据库等。

决策型办公自动化系统以事务处理、信息管理为基础，主要具有决策和辅助决策的功能，其功能的强弱反映了该系统水平的高低。系统中的数据库还包括模型库、方法库、知识库和专家库等。

决策型办公自动化系统的设备与管理型办公自动化系统的设备基本相同，但是这些设备在综合通信网的支持下工作。决策型办公自动化系统的软件在管理型办公自动化系统软件的基础上，扩充了决策支持功能。决策型办公自动化系统通过建立综合数据库得到综合决策信息，通过知识库和专家系统进行各种决策的判断，最终实现综合决策支持。该系统具有完善的通信网络，包括本部门的专用网络和公共网络。它在事务型、管理型的数据库基础上，加入大型知识库软件。大型数据库包括模型库、方法库和综合数据库等。其中，模型库和方法库中存储各种模型，而系统将各数据库的内容进行归纳处理之后，把与全局或系统目标有关的主要数据存入综合数据库。

由此可见，现代办公活动中突出地体现了通信化、计算机化、自动控制化。现代办公自动化系统将形成一个强大、高效的信息网，成为信息社会的中枢。信息经处理后服务于整个办公领域，极大地提高了工作效率。办公自动化的普及和发展，使人们从重复的简单劳动中解放出来，将精力投入到其他有创造性的工作中，最终将加快全社会的自动化（生产自动化、办公自动化、家庭自动化等）进程。

1.1.3 办公自动化的技术结构

办公自动化的技术结构包括技术结构和支持技术两部分。

1. 技术结构

（1）从自动化发展水平看其技术结构。从自动化发展水平看其技术结构可包括任务自动化、运行自动化、管理自动化等。其中，任务自动化是办公自动化的初级阶段，这个阶段主要采用先进的办公用具（电话机、传真机、复印机等设备）来降低工作人员的劳动强度，以方便管理。运行自动是化办公自动化的中级阶段，这个阶段以多项技术为基础，为特定的办公工作运行建立一套完整的办公体系。它主要采用较高级的设备，以解决办公活动中的关键问题为中心任务，以此提高整个办公系统的效率和质量。管理自动化是办公自动化的高级阶段，这个阶段可以实现整个办公系统的自动化，是建立在任务和运行自动化基础上的高级自动化，达到自动处理和管理办公事务、提高工作质量的目的。

（2）从自动化发展程度看其技术结构。从自动化发展程度看其技术结构可包括半自动化技术、综合自动化技术、高级自动化技术等。其中，半自动化技术是指在一部分办公活动中实现自动化，即在办公活动中，使用现有技术设备替代相应的人工操作，剩余部分仍然由人工来完成。综合自动化技术是指在办公活动的多个环节中实现自动化。它以计算机为中心进行统一的管理，能够按人们规定的顺序进行工作。其自动化程度较高，但设备之间的联系、故障的检测与排除、设备的启停仍需要人工干预。高级自动化技术是指在整个办公系统及办公过程中实现自动化。它是用系统理论建立起来的，通过计算机自动控制和管理的。在整个办公过程中，它能够按人们制定的程序进行启动、调整、容错、排除故障等工作，是一种智能型并具有辅助决策功能的系统。

2. 支持技术

（1）计算机技术。计算机是办公室自动化系统中的主要设备。办公自动化系统中可以使用一台或多台计算机，要求它们有较大的存储容量与较快的运算速度。办公自动化系统通常使用微型计算机，原因是微型计算机有较高的普及率和较优的性能价格比，并具有易于安装和维护、占地面积小、机房要求低、便于靠近办公人员等优点。

（2）通信技术

目前，孤立的办公自动化模式正在被功能日趋完善的计算机网络模式所取代。计算机网络将本地和异地的设备相互连接起来，从而构成一个完整的资源共享型系统。

（3）自动化技术

随着办公自动化技术的发展，各种不同用途的办公设备不断涌现，大量的自动化技术被应用到设备中，使得办公设备的种类越来越多、自动化程度越来越高，极大地提高了工作效率。

1.1.4 群体办公自动化

1. 什么是群体办公自动化

群体办公自动化是支持群体间动态办公的综合自动化系统，它区别于传统意义上的办公自动化系统，特指针对越来越频繁出现的跨单位、跨专业和超地理界限的信息交流和业务交汇的协同化自动办公的技术和系统。其形式是不以行政或地理的界限为基础的动态社会单位。不论其组织形式如何，协同交互的电子办公能力是新时代环境下组织生存和发展的技术基础。

2. 支撑群体办公自动化的技术特征

群体办公自动化的技术特征包括网络化和智能化两个方面。

（1）网络化。支撑群体办公的办公自动化系统从一开始就是建立在网络上并依靠网络和网络信息的支持而运转，此种系统支持各种组织的动态变化和任何形式的协同交互业务。

（2）智能化。支撑群体办公的办公自动化系统依靠人工智能和多媒体等技术的支持，实施知识管理的组织机制，能够挖掘隐性知识、揭示信息的价值和意义、达到组织内知识共享的目的，使之成为组织运用信息进行创造性智能活动的技术基础。

3. 群体办公自动化技术的发展

（1）网络计算模式的群体办公系统将成为主流模式。办公自动化系统是从WWW上获取各类信息，如文本、语音、图形图像、影视、电子表格等信息，在Internet上进行多层次的工作，包括基础层：对数据信息的浏览、查询、检索；中间管理层：对系统的集成、综合、归纳、组织、模拟等工作；高层决策：对业务目标和组织活动的创意、创作、构思、设计与决策。Intranet技术能很好地解决目前信息化环境下组织所面临的难题：信息化的成本、信息的标准化与开放技术、系统的可扩展性。因此，Internet/Intranet成为自动化系统的支撑基础设施。

（2）支持群体办公的自动化技术产品是应用的基础。办公自动化系统由支持动态、交互式和群件协同工作流的应用软件系统和支持群件开发和维护的群体系统平台组成。

4. 办公自动化系统群体平台

（1）什么是办公自动化系统群体平台。办公自动化群体平台也称OA群件产品，是适合于开发在网络上的无纸办公、协同工作软件的软件系统平台，它能支持内部和外部的信息管理和协同工作，是崭新意义上的群体办公。其信息可能是来自Internet的超文本，参与协同工作的人员可能是分布于世界各地的公司机构成员，且每个地方都有自己的服务器，但通过群体平台工作的成员无论何时何地都能同步共享信息、协同工作。显然，这超出了传统面向单位内部的办公自动化系统的范畴。

（2）OA群件的特征和目标。群体协同工作是OA群件的特征和目标，就是达到群体办公的协调性、开放性和整体性。由于现在群体办公所面对的这些成员更具开放性、动态性的特点，所以他们可能来自不同的单位（如合作单位、提供服务的单位和用户等），在他们之间的群体协同办公自动化具有很强的动态性，在很大程度上不同于以往的以内部静态管理为重点的管理信息系统。所以群件具有能够动态编制和共享工作流程表（包括各成员的工作日程和进度表）的强大功能，使成员能共享联络和任务信息，在特定权限的管理下共享公共文件夹，可就关心的问题进行安全保密的实时讨论之类的动态、群体性活动。

群件系统有一些典型的办公套件，如公文管理，具有“收文、发文”、“签报”、“传阅”和“档案”和“统计”的管理功能。能适应政企等不同组织机构的工作流程，可实时跟踪、催办文件的传递过程，可建立完整的档案管理体系；会议管理，具有在网络上进行会议的安排（可根据与会人员的日程作出最合理的会议安排）、发送会议通知，生成会议纪要等功能；公共信息，具有为单位或部门提供“公告栏”、“综合信息”、“讨论”、“人员外出”等信息的功能，可通过Internet网在内部和外部进行通信；个人信息，具有为工作人员提供“个人文档”、“名片夹”、“今日工作”、“应用选择”以及人事管理方面信息的功能。

（3）OA 群件的功能。

■ 基于 Internet/Intranet 的系统平台

OA 群件采用世界流行的服务器、客户机分立技术将群体平台技术与 Internet/Intranet 融汇开放，群体系统平台服务器也就是用途更广泛、使用更方便的 Internet/Intranet 服务器。在面向用户的 Web 客户机方面群件为用户客户机提供了许多新的功能，并且可以支持多种浏览器和 Java。

■ 针对非结构化的分布式多媒体信息的管理和共享的系统平台

OA 群件是各类信息存取的安全可靠的基础设施，能够高效率地对来自 Internet 的信息进行检索和管理。客户机能提供信息访问的“窗口”——不论这些信息储存在应用程序中、关系数据库中，还是 Web 这样的交互系统中。

■ 强大的工作流软件系统开发平台

工作流指群体间动态地跟踪或有时序地处理信息流动的工作活动。如群组计划、日历和数据库、电子报表路由等。所谓路由是指数据间的动态链接，例如，可能需要根据数据库或数据表格中某个数据域的值或过程的状态通知某人或更新另一个数据库或电子报表，这样，群件平台不仅能够支持用户间的这种文档传送而且能够链接相关数据库的值使之能够完成这种复杂的信息关联与流动。显然，这种工作流软件不是现成的产品，而是体现了千变万化的工作方式和特征的业务和管理活动的产品，在很大程度上需要用户的二次开发，特别是业务和管理人员这样的最终用户参与的开发才能真正适用，所以群件系统平台也必须具有功能强大同时又简单易用的工作流开发平台工具。

各类用户都能够应用快速开发平台来开发、管理和控制办公自动化系统。其中业务和管理人员能够应用平台建立适合自己需要的应用软件系统，而专业开发人员也能够应用平台创建更复杂的办公系统软件。

■ 提供可靠的安全保障的系统平台

由于群体办公系统在应用上的时空特性，安全保障问题十分突出。目前在世界上广泛应用的群件系统，如 Lotus Notes 提供鉴别、访问控制、文档与数据域的加密、数字签名四个级别的安全技术保障。

其中，鉴别是指对访问系统资源的用户的身份进行的核查，只有通过核查的用户才能进入系统；访问控制是指除了对用户身份的鉴别外，系统还对访问权限进行控制。系统详细规定谁有权访问什么资源以及访问方式的级别，例如，对数据的读、写、删除、拷贝等方面的权限的严格控制。这些控制深入到服务器、数据库、文档及文档中的数据域。针对不同身份的用户，其权限有具体的规定；文档与数据域的加密是指对数据域的加密适用于多人共享文档中的某些特别敏感的部分的数据，因此，通过对其加密只有经准许的用户才能读取这些信息。显然，这种保密的专指性要强于访问控制；数字签名是指用户可以验证所收到的信息是否是指定的发送者送出的。

1.2　办公自动化系统的建设和发展

办公自动化是一项复杂的系统工程，涉及多个学科，且投资很大，对办公人员的素质要求也比较高。在办公自动化系统的建设和发展过程中，应采取积极稳妥的态度推动办公自动化系统的建设，科学合理地进行规划和管理，全面掌握办公自动化的发展趋势。

1.2.1 办公自动化系统的建设原则

在建设办公自动化系统的过程中，首先要深入理解开展办公自动化的意义和目的，逐步建立适合本部门、本行业特点的办公自动化系统，不能一哄而上。同时要认清建设办公自动化系统的长期性和复杂性，要进行细致的调研、规划，要有全局观念和发展的眼光，及时跟踪新技术、吸收新观念，扎实稳健地工作。

建设办公自动化系统的最终目的是为了提高办公效率和质量，所以要求办公自动化系统应具有较好的实用性和较优的性能价格比，系统本身具有良好的稳定性、可维护性。

综上所述，办公自动化系统的建设原则可归纳为：积极稳妥，量力而行；统筹规划，分期建设；突出应用，做好服务；因地制宜，从简到难。

1.2.2 办公自动化系统的规划和管理

1．规划

（1）规划的制订。规划的制订包括任务需求调查、办公环境调查、系统分析、设备选择分析、可行性论证等环节。其中，任务需求调查是指掌握本部门信息量、信息的类型、信息的流程和内外信息需求的关系，调查清楚需要办公自动化系统做些什么，解决什么问题，是制订规划的基础；办公环境调查是指明确本部门和外界各组织机构之间的关系，了解本部门现有设备配置和办公资源的使用情况，为设备选择提供依据；系统分析是指根据任务需求，分析该办公自动化系统要完成的基本任务（例如，事务管理、信息管理或决策管理等），包括近期、中期和远期的目标，以及系统将获得的社会效益；设备选择分析是根据任务需求、国内外设备市场情况和资金现状，兼顾先进性、实用性、可靠性、经济性来选择设备。另外，还要考虑到发展的需要，留有扩充余地，便于设备功能的升级；可行性论证是指确定为实现系统目标应该具有的所有功能（文件登录、资料存储、数据查询、信息保密等功能）能否实现，解决技术上的关键点和难点的方法是否可行。

（2）规划的可行性分析。规划的可行性分析包括技术分析、经济分析、社会分析等。其中，技术分析是指根据现有的技术条件，分析是否达到办公自动化系统所提出的要求，例如现有的计算机可否实现其要求的功能，现有的输入、输出设备能否承担要求的数据输入量、输出量等。一般情况下，系统技术上的可行性分析，可以从硬件性能要求、软件性能要求（包括操作系统、程序设计语言、软件包、数据库管理系统及各种软件工具）、环境条件、辅助设备及备件等几个方面来考虑。应该指出的是，技术的可行性应建立在已经普遍使用、已成为商品的技术基础上，不能以刚出现甚至正在研究中的技术为依据；经济分析是指经济方面的分析，就是考察带来的经济效益是否超过其设计和维护所需要的费用。一般情况下，在一套较完整的办公自动化系统的研发费用中，硬件设备费用占30%～40%，而软件费用的比重却往往很高。系统维护、材料消耗、人员培训等费用也是不容忽视的问题。社会分析是指除了以上因素外，还有社会或人的因素影响着系统的可行性。例如，一套宏观经济分析系统所需要的原始数据，由于体制或安全的原因，却不能提交系统使用。所以，即使从技术上、经济上看，此系统是可行的，但在实际中是行不通的。对这些方面因素的分析，统称为社会分析。

（3）可行性报告。可行性报告包括目标、资源、结论等内容。其中，目标是根据调研及分析后所提出的符合本部门特点的系统目标；资源（人、财、物）是指可以投入研制工作的资源，包括人力、资金、设备以及时间等；结论是指概述该部门的自然情况，和对建立此系统所提出的各种要求与看法。进行可行性分析，从技术、经济、社会三方面分析在现有的资源和条件下，该系统目标能否完成。根据以上的论述和分析，给出对该系统研制的结论意见。

2. 管理

（1）运行管理。运行管理包括系统日常管理、系统日志、系统的修改等。其中，系统日常管理包括正常的系统运行控制，软件、硬件的维护和机房管理等工作；系统日志是指对于数据处理情况、处理效率、意外情况和设备情况等，要完整、及时、准确地记录下来；系统的修改是指办公自动化系统投入工作后，有可能出现一些新的问题，如与原工作体系不协调、未能充分发挥效果等问题，有可能要对系统的硬件和软件做局部的、必要的修改。系统是一个整体，各功能模块都是相互联系的，因此，必须在了解全面情况之后，才能做出修改的决定。

（2）运行检查。运行检查包括系统整体功能检查、系统资源利用率检查、系统评价等方面。其中，系统整体功能检查是指检查系统是否达到了预期的目标；系统资源利用率检查是指检查系统中各种资源的利用率，主要是指主机、外部设备、软件及人力等资源的利用率。此外，还包括信息资源，也就是目前进入系统的数据是否已得到充分利用，对办公管理工作起什么样的作用等检查；系统评价是指由检查人员指出问题，并提出应从哪些方面进行改进。

1.2.3 办公自动化的发展

20 世纪 70 年代中期，大规模集成电路的广泛使用及微型计算机的问世，促成了办公自动化的飞速发展，逐渐形成以计算机为中心、办公自动化设备大量涌现、网络技术迅速普及的局面。一些超前的、探索性的新技术不断应用在办公自动化系统上。例如，用光纤通信（有线）和卫星通信（无线）实现多媒体办公信息的传输，新一代高性能便携移动设备、大容量存储设备相继投入使用等。目前，一些发达国家已实现较高程度的自动化。以美国和日本为例，办公活动已高度自动化，办公自动化系统实现智能化，以网络为基础将办公自动化系统与全球的信息系统结合起来，形成统一的大型信息管理系统。但是也应该看到，由于政治、经济等方面的原因，办公自动化在全球范围的发展是不平衡的，在一定程度上影响了办公自动化的普及和进一步发展。

我国的办公自动化技术是在 20 世纪 80 年代以后发展起来的。从发展过程看，首先是探讨适合我国的办公自动化模式，制订办公自动化的发展规划，联合生产某些办公设备（如复印机、中文文字处理机），解决汉字的输入输出等问题。然后，有计划地开展办公自动化试点，建立起一批国家级的办公自动化系统，办公自动化设备的生产布局逐渐趋于合理，生产活动质量大大提高，对全国通信网着手进行大规模改造，办公自动化的标准化工作也取得重大进展。目前已建立起自上而下的办公自动化系统，中央、省（市）、中心城市已基本实现办公自动化。由于我国地域辽阔，有些地区的办公自动化还处于较低的水平。就整体情况来看，突出的问题是办公人员的综合业务能力不能及时跟上办公自动化的飞速发展。所以，要提高我国的办公自动化水平，首先应该加强对办公人员办公自动化技能的培养。

办公自动化的发展在很大程度上取决于办公自动化技术的发展，主要体现在以下 5 个方面：

1. 新型办公自动化设备不断涌现

由于计算机技术、网络通信技术、制造技术的不断发展，新设备不断推出，设备功能越来越强大，办公自动化系统的性能价格比大幅度优化，这些都有利于办公自动化技术的推广。

2. 人机界面不断改进

人机界面从早期的命令行形式发展为图形用户界面形式，突出了人性化设计，体现了以人为本的现代办公理念，而且功能强大，使用方便。

3. 办公自动化系统集成技术

计算机系统具有的先进性、开放性、兼容性和普及性，使得功能强大的综合办公自动化系统的实现成为可能。

4. 办公自动化系统引入了多媒体技术

多媒体技术集声音、文字、图形、图像、音乐、动画、视听技术于一体。多媒体技术在办公自动化中的使用，使办公活动的形式更加丰富，达到了一个新的境界。基于多媒体技术的办公自动化产品也相继问世，提高了办公信息的应用范围和应用价值。

5. 现代化通信技术提高了办公自动化系统的效能

网络通信技术的推广应用，进一步发展了通信技术。而固定通信和移动通信技术的交替发展，为办公自动化活动开辟了广阔的应用领域。

综上所述，办公自动化的发展趋势可总结为：办公自动化设备向高性能、多功能、复合化和系统化发展；办公系统向数字化、智能化、无纸化、综合化发展；多媒体技术在办公自动化领域中将得到进一步发展；网络通信在办公自动化系统中的地位进一步加强，全球网络体系将逐步完善。

1.3 办公环境下的信息处理

1.3.1 办公环境下的信息

办公环境下的信息是用文本、语言等介质来表示事件、事物、现象等内容、数量或特征，具有客观性、适用性、可传输性和共享性等特点。信息向人们（或系统）提供关于现实世界新的知识，作为办公、生产、管理、经营、分析和决策的依据。

1. 文本

文本包括文字和符号，其中符号又可分为数字、序号、各种字母等。文本处理是办公活动的基本工作，长期以来，办公人员依靠纸和笔完成文字工作。办公设备的出现，尤其是计算机技术的发展，使文本处理工作发生了根本性的变化，极大地提高了工作效率。

2. 语音

语音技术是利用计算机对语音进行处理的技术。语音处理包括两方面的内容：一是要赋予计算机“讲话”的能力，即语音合成技术；二是要使计算机具有“听懂”的能力，即语音识别技术。具有讲话、听懂（理解能力）能力的办公机器，可与办公人员互相对话，直接交流信息，办公人员可以通过语音进行信息的输入，不像用键盘输入那样要求操作人员具有熟练的技巧。

1.3.2 办公信息的处理方式

办公活动要面对大量的信息，由于信息处理量日益庞大，信息管理就显得越发重要。信息管理是对信息系统进行监督和控制的全过程，该系统的任务是采集、输入处理、复制、分发、存储、信息清除等。其中信息处理是信息流程的主要组成部分，它把信息（文本、图像、数字、声音及其他信息）从原始数据形式转变为适合于存储的格式。计算机在信息处理中起着重要的作用，由于它具有强大的计算、存储功能，可自动地进行重复性的操作，所以大量信息的处理离不开计算机。

1. 信息处理的基本方式

（1）字符处理。字符包括文字和符号，其中符号又可分为数字、序号、各种字母等。文字处理是办公活动的基本工作，长期以来，办公人员依靠纸和笔完成文字工作。办公设备的出现，尤其是计算机技术的发展，使文字处理工作发生了根本性的变化，极大地提高了工作效率。

西文文字在构造上是用数量有限的字母和符号（一百多个）按顺序组成的。所以，只要在机器中将这些字母和符号逐一进行编码，就可以方便地进行文字处理工作。而中文是象形文字，由笔画组成文字，并且笔画是交叉的。这样，就只能对每个汉字（不是笔画）进行编码，从而形成庞大的字库。所以，汉字的处理比西文复杂一些。为了解决这个问题，人们采用的方法是：在机器内部建立标准的汉字库编码（机内码），这个编码是由国家统一制订的。在进行汉字录入时，可采取多种编码形式（录入方法）进行，如中文简体全拼输入法、中文简体双拼输入法、微软拼音输入法、智能 ABC 输入法等，每种方法最终都要与机内码建立对应关系，常见的汉字编码方法有以下几种：

■ 数字编码

数字编码是将汉字按拼音或笔画排序，给每个汉字赋予一个数字编号（编码）。数字编码的特点是不产生重码，但编码难记，不易推广。

具有代表性的数字编码是国际区位编码。它是由中华人民共和国国家标准《信息交换用汉字编码字符集》（GB2312—80）规定的汉字和基本图形字符编码而成，共收录汉字、图形、字符 7 445 个。其中：汉字 6 763 个，包括一级汉字 3 755 个（以拼音为序）和二级汉字 3 008 个（按部首为序）；符号 20 个；序号 60 个（①～⑩；（一）～（十）；（1）～（20）；1.～20.）；数字 22 个（0～9；Ⅰ～Ⅻ）；英文大小写字母（a～z；A～Z）共 52 个；日文假名 169 个；希腊大小写字母 48 个；俄文大小写字母 66 个；汉语拼音字母 37 个；汉语拼音符号 26 个。

■ 字音编码

字音编码是将汉字拼音作为编码，它对于大部分人来讲较易掌握。但由于汉字中重音字多，所以这种编码重码率多，影响输入速度。

常见的字音编码有全拼拼音编码、压缩拼音编码和双拼拼音编码。有些汉字输入法具有“智能调整”的功能，即用户输入汉字，汉字系统会统计出（建立起）与系统频度不一样的频度表，第二次键入该汉字编码时，该汉字会出现在重码提示区的前区，以此来调整重码提示区汉字的先后顺序。

■ 字形编码

字形编码是将汉字字形信息分解归类而形成的编码。五笔字型编码便是这种编码。

■ 形音编码

形音编码利用了部首、笔画、拼音、笔顺、声调等汉字信息，重码率低。这些汉字信息与人们的汉字常识十分接近。

除了利用上述编码方法用键盘进行字符的录入外，还可以使用光学字符机读入文本，进行文字识别。汉字识别法是采用光学仪器，对原稿上的文字进行光学扫描、取样，取样点的信息可用 0、1 来赋值。文字笔画经过的点，信息为“1”，背景部分为“0”，这样便将输入的汉字字形变成了一个二维图形，然后进行预处理，除去污染点，并使文字规范化。最后与计算机标准汉字库中的字形作比较，进行匹配处理，做出判断后送入处理系统。现在印刷体汉字的识别已有相当的水平，但对多字模印刷体汉字和手写汉字进行识别的难度较大。

（2）表格处理。在办公活动中，办公人员要编制、处理各种表格，在文档管理中表格记录占有相当大的比重。

■ 表格的结构

表格由表首、表体和表尾3部分组成。表首包括表头与表首标志；表体是整个表格的实体，表示该表用途的主要信息；表尾则含有注脚等信息。表格的形式，一般根据实际需要和使用方便而定，有横排、竖排和混合编排等多种形式。它们都是由若干行和列组成的。表格中的格用来存放文字或数据，如表1-1所示。

表1-1 学生成绩统计表

学　号	语　文	数　学	外　语	平均分
0001	80	70	90	80
0002	70	70	73	71
0003	72	63	69	68
0004	66	69	66	67

表格中的数据主要有两种类型：一是文字型数据，它们对表格中的数值型数据起定义和说明作用；二是数值型数据，可分为原始数据和结果数据两种类型，如学生成绩是原始数据，而平均分是结果数据。

■ 电子表格

用计算机进行表格处理，通过键盘和鼠标在屏幕上完成表格的设计、处理、制作等全部操作，实现了表格处理中各个环节的自动化。

用计算机处理表格时，表格的格式和内容可以通过屏幕显示出来，可以画一些不同粗细的线、单框、双框及基本的几何图形，有些还可自动生成并缩放表格。当发现填入的文字和数据有错时，也可方便地改正。还可输入公式计算出相应的结果，如果数据发生变化，则结果会自动更新。表格制作完以后，可以以文件的形式把整个表格保存起来。

计算机处理表格的这些功能是通过表格处理软件来实现的，表格软件从开始发展到现在，其功能越来越强。常见的有Excel。

（3）语音处理。语音处理包括语音合成和语音识别。

■ 语音合成

语音合成是模仿人的语言生成过程，其方法包括波形存储法和参数合成法。

波形存储法利用一份由人讲的单词和短语组成的词汇表，词汇表中的单词和短语的声波波形经数字化处理后存入存储器中。当需要构成一段讲话的语音时，先把该段讲话的信息内容以文本方式输入计算机，计算机处理该文本后形成一系列波形，通过软件将波形连接起来，再经数模（D/A）转换器变成模拟信号去推动音响设备，可发出相应的语音。这种合成方法所产生的语音质量接近人的正常发音质量，但波形连接时，只能机械地把所存储的波形连接起来，缺乏灵活性，不能适应上下文的关系而改变声音的声调，词汇表的大小也受到存储容量的限制，所以这种技术适合处理质量较高、易理解、简短、上下文关系不大的语音信息。

参数合成法是把分析人类语音的波形所得到的有关参数存入计算机中，再根据生成模型复现合成语音。所以，此法对计算机的存储器要求不高，可合成语音的节奏、强度和发音的持续时间，能适应上下文信息的要求。但处理起来较复杂，音质差距较大。

■ 语音识别

语音识别是模仿人的语言识别过程。人类识别语言的过程是依靠某种器官（耳朵）对声波作频率分析，然后转换成神经电信号，再根据约定的语言惯例解释和理解这些信号。

计算机对语音识别也有两种方法：一种是样板匹配法，这种方法与语音合成中的波形存储法类似，主要依靠对词汇表内的词条进行匹配来实现语音识别，由于这种方法易于实现，目前大都采用此法；另一种方法是按一定规则将测得的语言特征进行计算，转译成单词、短语和句子。此法较复杂，但有较好的发展前景。

语音识别系统的复杂性取决于 3 方面的因素：词汇表的大小；能识别任何人讲话还是只能识别训练该系统人的讲话；能识别的语音是孤立的单词还是连续不断的话。如果识别的语音是孤立的单词，那么识别系统的复杂性主要取决于单词量的大小。另外，还应在词汇表中配有多个参考语音，以适应不同人的个性、口音、语速、重音以及音调。

（4）缩微系统。缩微系统是基于图像的、把纸文件或计算机生成的信息记录缩小到一个胶片上的系统，为信息存储提供了新的长期的存储介质。把记录的微型复制本制作在胶片上，或制作在塑料卡上，形成缩微胶卷或缩微卡。需要时，可阅读查看，把有关记录放大到与原始文件同样大小，使用专门设备（阅读机）进行阅读。

缩微技术应用在信息量大且又要保存信息的部门，如报社、图书馆等。另外，一些用普通方法不宜保存的材料也可使用缩微技术。

2. 信息处理的扩展方式

（1）图形图像处理。办公自动化除了做文字处理、表格处理、语音处理外，还能做图形和图像处理。计算机的图形处理是指用计算机进行图形设计与处理，图像处理是指计算机能够输入照片、签字等图像，并能对这些图像进行分析处理。

进行图形和图像的处理需要一定的软件和硬件，硬件有计算机系统图形图像输入设备（数字化仪、扫描仪、光笔、鼠标器）、输出设备（打印机、绘图仪、显示器）等，软件是功能较强的图形图像处理系统。另外，图形图像处理系统要求计算机的外存容量（硬盘容量）要大一些，还往往需要使用压缩技术。

■ 图形处理

计算机系统要进行图形处理，必须有相应的硬件和软件来支撑。

硬件除了通常的基本计算机系统外，还需配置相应的图形输入、输出设备。常见的图形输入设备有键盘、数字化仪、光笔、鼠标器等。图形输出设备可分为图形显示器和绘图仪两种，而绘图仪又分为滚筒式绘图仪、平板式绘图仪、静电绘图仪、彩电喷墨绘图仪等类型。

从办公室工作角度来看，最常用的图形设备是显示器。彩色显示器上的图像是由点或像素组成的，像素是在屏幕上可以显示的最小点，它们均可由程序控制其亮度或颜色，因而能显示彩色图形。不同分辨率的显示器对显示图形有很大差异。目前，普遍使用 VGA 以上的彩色图形显示器，标准的 VGA 有 800 像素 × 600 像素及 1 024 像素 × 768 像素模式。

■ 图像处理

计算机要处理图像，首先就得有图像输入设备，使得计算机可以“看到”各种图形、文字、照片。由于一般图像都是由许许多多的点组成，而每个点都需用二进制数来表示，因此用键盘来输入这样的图像信息不是一个好办法，也没有实用价值。在图像处理系统中，数位图像输入器是一种常用的输入设备，它是一种光电技术结合的图像输入设备。

目前尽管图像处理效果还不尽如人意，但毫无疑问，图像处理普遍地进入 OA 系统也已是大势所趋。

（2）电子会议。电子会议是物理地点分散的人们利用相应的设备进行的会议。它可分为电话会议、通信会议、视频会议等类型。

■ 电话会议

电话会议是最简单的会议，只需传送声音，利用通用的电信网络进行。

■ 通信会议

通信会议可传送大量的文字和图片资料，类似于大量邮件的传送。只是同一会议所有邮件都属于一个特定的主题。会议参加者不一定都要同时到场，每个人可以在他愿意的时间使用任何地点的计算机参与会议。

■ 视频会议

视频会议可以使分散在各地的与会者通过电视屏幕看到其他参加会议的人，并听到声音。它需要具有装备了电子摄像机和播放设备的会议厅，以及一定容量的数字通信线路或者频带很宽的模拟信号线路。图像和声音由现场摄录，经压缩后，由线路传输到其他地方，再经解压后播放。

电子会议介入到办公自动化系统中，使得办公费用大量减少。特别是对一些区域范围很大的会议来说，采用电子会议的方式，可省去各种费用和手续，节省了大量的时间，方便了参会者，可以非实时地交换信息。

（3）数据库。数据库以一定的组织方式集中起来存储在计算机外存中的数据，这些数据有着它们内在的组织结构和联系，具有综合性和通用性，可供许多部门和用户使用，可实现数据共享。数据是自动管理和维护的，其管理和维护由数据库管理系统（DBMS）来实现。

数据库管理系统可建立数据库，编制相应的使用数据库中数据的应用程序。数据库加上相关应用程序就构成了数据库系统（DBS）。数据库技术是为了满足日益发展的数据处理的需要，在文件系统的基础上发展起来的一种理想的数据管理技术。

数据库技术应用十分广泛，在办公自动化中，许多信息管理软件应运而生。这些软件相互结合，形成一个完整、高效的管理信息系统（MIS）。随着计算机技术的发展，数据库技术由单一的集中数据库向综合数据库、分布式数据库以至智能数据库等多个方面发展。

（4）人工智能。数据库技术能够完成高度结构化的和重复性的任务。而对那些非结构化的，需要借助知识和经验的办公活动（如决策、计划分析及意外情况处理等），就必须借助于人工智能的成果，如知识库系统、专家系统、决策支持系统解决。

■ 知识库

知识库是指存储在计算机外存设备上的数据化知识，知识库系统由知识库和知识库管理系统组成。这些知识由知识库管理系统统一管理。

知识库的作用好比是专家组和顾问团。采用知识库管理系统进行知识的管理可达到共享知识和知识独立的目的。为了达到知识管理的目的，可以在关系型数据库管理技术的基础上，利用人工智能技术来构造知识库的模型。

■ 专家系统

基于知识的系统称为专家系统。专家系统事先将有关专家的知识总结出来，分成事实及规则，以一定的形式输入计算机，建立知识库。然后采用适当的控制系统，按输入的原则选择合适的规则加以推理、演绎，做出判断和决策，从而模拟人类专家的决策过程来解决复杂的问题。专家系统一般由 3 部分组成：知识库系统、解题与推理系统和人-机接口。

目前已建立了可以自动进行工程设计、化学分析、医疗诊断、军事防御等方面的专家系统，在军事、医学、教育、遗传工程和商业等领域有所应用。

■ 决策支持系统

决策支持系统（DSS）是用以辅助各级管理者进行正确决策的系统。它是从管理信息系统发展而来的，但又优于管理信息系统。DSS 由对话子系统、数据子系统和模型子系统组成，具有对话、数据存取和模型化 3 大功能。

1.3.3 多媒体信息及处理

1. 多媒体

媒体（Media）就是人与人之间实现信息交流的中介，简单地说就是信息的载体，也称为媒介。多媒体就是多重媒体的意思，可以理解为直接作用于人感官的文字、图形、图像、动画、声音和视频等各种媒体的统称，即多种信息载体的表现形式和传递方式。

多媒体技术利用计算机交互技术和数字通信技术来处理多种媒体信息，其多种信息建立逻辑连接，集成为一个交互系统。多媒体技术具有以下若干关键特性：

（1）多样性。信息载体的多样性是相对于计算机而言的，指信息媒体的多样化或多维化。

（2）交互性。交互可以增加对信息的注意力和理解力，延长信息的保留时间。当交互性引入时，“活动”本身作为一种媒体便介入到数据转变为信息、信息转变为知识的过程中。当完全地进入到一个与信息环境一体化的虚拟信息空间自由翱翔时，这才是交互式应用的高级阶段，也就是虚拟现实（Virtual Reality）。信息以超媒体（Hypermedia）结构进行组织，可以方便地实现人机交互。换言之，人可以按照自己的思维习惯，按照自己的意愿主动地选择和接受信息，拟定观看内容的路径。

（3）集成性。采用了数字信号，可以综合处理文字、声音、图形、动画、图像和视频等多种信息，并将这些不同类型的信息有机地结合在一起，实现信息处理的集成性。例如，多媒体信息媒体的集成，处理这些媒体的设备与设施的集成等。

（4）智能性。多媒体技术提供了易于操作、十分友好的界面，使计算机更直观、更方便、更亲切、更人性化。

（5）易扩展性。多媒体技术计算机可方便地与各种外部设备挂接，实现数据交换，监视控制等多种功能。此外，采用数字化信息有效地解决了数据在处理传输过程中的失真问题。

多媒体技术是指把文字、音频、视频、图形、图像和动画等多媒体信息通过计算机进行数字化采集、获取、压缩/解压缩、编辑、存储等加工处理，再以单独或合成形式表现出来的一体化技术。多媒体要解决的关键技术有视频、音频等媒体压缩/解压缩技术、多媒体专用芯片技术、多媒体存储设备与技术、多媒体输入/输出技术、多媒体系统软件技术。

2. 多媒体信息的数字化

（1）图形和图像的处理。对计算机而言图形（Graphics）与图像（Image）是一对既有联系又有区别的概念，尽管都是一幅图，但图的产生、处理和存储方式不同。

图形是指由外部轮廓线条构成的矢量图。即由计算机绘制的直线、圆、矩形、曲线和图表等。矢量图文件中存储的是一组描述各个图元的大小、位置、形状、颜色和维数等属性的指令集合，通过相应的绘图软件读取这些指令，即可将其转换为输出设备上显示的图形。因此，矢量图文件的最大优点是对图形中的各个图元进行缩放、移动、旋转而不失真，而且它占用的存储空间小。

图像是由扫描仪、摄像机等输入设备捕捉实际的画面产生的数字图像。是由像素点阵构成的位图。位图文件中存储的是构成图像的每个像素点的亮度、颜色，位图文件的大小与分辨率和色彩的颜色种类有关，放大和缩小要失真，所描述对象在缩放过程中会损失细节或产生锯齿。占用空间比矢量文件大。

矢量图形与位图图像之间可以转换，可以从对象与输入输出设备之间的硬转化和对象文件格式之间转化两方面来进行。

（2）数字音频处理。声音来自机械振动，并通过周围的弹性介质以波的形式向周围传播。最简单的声音表现为正弦波，复杂的声波由许多具有不同振幅和频率、相位的正弦波组成。声波具有周期性和一定的幅度，波形中两个相邻的波峰（或波谷）之间的距离称为振动周期，波形相对基线的最大位移称为振幅。周期性表现为频率，可以控制音调的高低。频率越高，声音就越尖，反之就越沉。幅度控制的就是声音的音量了，幅度越大，声音越响，反之就越弱。声波在时间上和幅度上都是连续变化的模拟信号，可以用模拟波形来表示。

数字声音是指将人听到的自然声音（又称为模拟信号）进行数字化转换（量化）后得到的数据，这一转换过程又称为模/数转换，在使用计算机进行录音时由声卡自动完成。若要将数字声音输出，由于扬声器只能接受模拟信号，所以声卡输出前要还要把数字声音转换回模拟声音，通过数/模（D/A）转换器将数字信号转换成模拟信号。

声音波形信息采样是每隔一定时间对模拟波形上取一个幅度值，把时间上的连续信号变成时间上的离散信号。该时间间隔为采样周期，其倒数为采样频率。采样频率即每秒钟的采样次数。采样频率越高，数字化的音频质量也越高，数据量也越大。

声音波形信息量化是将每个采样点得到的幅度值以数字形式存储。量化位数（采样精度）表示存放采样点振幅的二进制位数，它决定了模拟信号数字化以后的动态范围。所谓动态范围是波形的基线与波形上限间的单位。简单地说，位数越多，采样精度越高，音质越细腻，但信息的存储量也越大。量化位数主要有8位和16位两种。8位的声音从最低到最高只有2的8次方（即256个）级别，16位声音有2的16次方（即65 536个）级别。专业级别使用24位甚至32位。

（3）数字视频处理。视频文件是由一系列的静态图像按一定的顺序排列组成的，每一幅图像画面称为帧（Frame）。电影、电视通过快速播放每帧画面，再加上人眼的视觉滞留效应便产生了连续运动的效果。当帧速率达到12帧/秒（12fps）以上时，就可以产生连续的视频显示效果。如果再把音频信号也加进来，便可以实现视频、音频信号的同时播放。数字视频也存在数据量大的问题，为存储和传递数字视频信号带来了一些困难。

视频有两类：模拟视频和数字视频。早期的电视、电影等视频信号的纪录、存储和传输都是采用模拟方式，现在出现的VCD、DVD、数码摄像机等都是数字视频。

在模拟视频中，常用的两种视频标准：NTSC制式（30帧/秒，525行/帧）和PAL制式（25帧/秒，625行/帧），我国采用的是PAL制式。

视频信号数字化的目的是将模拟视频信号经模数转换和彩色空间变换转换成数字计算机可以显示和处理的数字信号。

视频模拟信号的数字化过程同音频相似，在一定的时间内以一定的速度对单帧视频信号进行采样、量化、编码等操作的过程，实现模数转换、彩色空间变换和编码压缩等。一般包括以下几个步骤：

- 采样：将连续的视频波形信号变为离散量；
- 量化：将图像幅度信号变为离散值；
- 编码：将数字化的视频信号编码成为电视信号，从而可以录制到录像带中或在电视上播放。

习　题

1. 什么是办公自动化？
2. 办公自动化的特点是什么？
3. 办公自动化的功能有哪些？
4. 传统办公模式和现代办公模式的区别是什么？
5. 什么是群体办公？
6. 办公信息处理的方式有哪些？
7. 多媒体信息有哪些？
8. 结合办公自动化的现状及发展，说明开展办公自动化的意义。

第2章 计算机管家——Windows 7 操作系统

操作系统（Operating System，OS）是计算机系统软件的重要组成部分，是控制和管理计算机系统资源，合理地组织计算机分工和流程，使用户充分、有效地使用计算机系统资源和程序集合，是整个计算机系统的管理者和指挥者。

操作系统是计算机用户与计算机之间进行通信的一个接口，计算机用户通过操作系统提供的操作命令对计算机资源进行管理和利用，在其支持下使用各种软件和各种外部设备。

流行的操作系统主要有 UNIX（IBM）、Linux 系列、Mac OS（苹果）和 Windows 系列。

2.1 初识大管家

2.1.1 一切尽在掌控中——管理计算机中的信息

Windows 7 是由微软公司（Microsoft）开发的操作系统，核心版本号为 Windows NT 6.1。可供家庭及商业工作、多媒体中心等环境使用。

中文 Windows 7 主要有简易版、家庭普通版、家庭高级版、专业版、企业版以及旗舰版，而 Windows 7 旗舰版拥有 Windows 7 家庭高级版和 Windows 7 专业版的所有功能，当然硬件要求在这些版本里也是最高的。

1. 桌面的操作

中文版 Windows 7 操作系统中各种应用程序、窗口和图标都可以在桌面上显示和运行。用户可以将常用的应用程序图标、应用程序的快捷方式放在桌面上，以便操作。通常，桌面上会有“计算机”、“网络”、“回收站”、“Internet Explorer”以及“用户的文件”。桌面风格主要包括桌面背景设置、图标排列等。

（1）设置桌面背景。用鼠标右键单击桌面空白处，如图 2-1 所示，在弹出的快捷菜单中选择“个性化”选项，将弹出“个性化”对话框。在“个性化”对话框中，单击最下面一排中的“桌面背景”项，在“选择桌面背景”对话框中，选择自己要设为桌面背景的图片，然后单击“保存修改”按钮。

（2）图标排列。可以用鼠标左键按住图标并将其拖动到目的位置。如果想要将桌面上的所有图标重新排列，可以用鼠标右键单击桌面上的空白处，在弹出的快捷方式菜单中选择“排序方式”选项，其级联菜单中包括 4 个子菜单项：按名称、按大小、按项目类型和按修改时间，即提供 4 种桌面图标排列方式，如图 2-2 所示。

图 2-1 选择桌面背景对话框

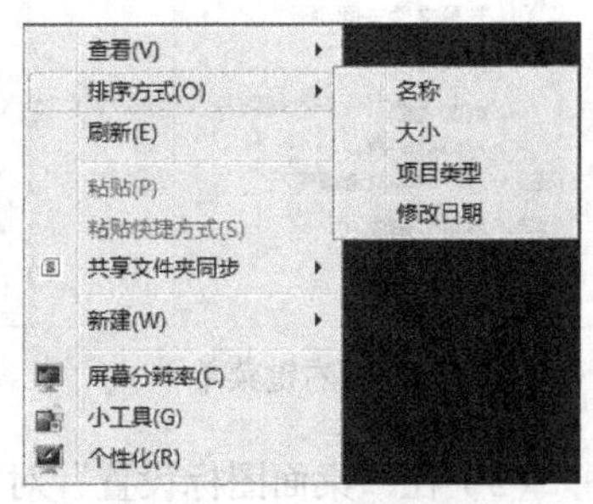

图 2-2 排序方式菜单

在桌面上添加图标。用鼠标右键单击桌面空白处，在弹出的快捷菜单中选择“个性化”选项，将弹出“个性化”对话框。在“个性化”对话框中，单击“更改桌面图标”，将弹出“桌面图标设置”的对话框，在“桌面图标设置”对话框中，在“桌面图标”中“计算机”“用户的文件”“网络”前面的“□”中打“√”，然后单击“确定”按钮。这样就可以成功添加相应的图标到桌面上。另外，单击“更改图标”按钮还可以更改应用程序的图标。

在桌面上创建快捷方式的步骤为：

首先，在桌面空白处用鼠标右键单击，在弹出的快捷菜单中选择“新建”→“快捷方式（S）”选项，将会弹出“创建快捷方式”对话框。

在“请键入对象的位置”空白栏中选择快捷方式要指向的应用程序名或文档名，单击“下一步”按钮。

最后，在“键入快捷方式的名称”的空白栏中，输入要为快捷方式采用的名称，单击“完成（F）”按钮，系统即在桌面上创建该程序或文件的快捷方式图标。

另外，创建快捷方式还可以用鼠标右键单击要选择的应用程序或是文档，然后在右键菜单中选择“发送到（N）”→“桌面快捷方式”选项，同样可以在桌面上生成一个需要的快捷方式。

删除桌面上的图标或快捷方式图标，可以在桌面上选择图标并右击，在弹出的快捷菜单中选择“删除”选项或在选取对象后按 Del 键或 Shift+Del 组合键，即可删除选中的图标。

桌面上的应用程序图标或快捷方式图标是它们所代表的应用程序或文件的链接，删除这些图标或快捷方式将不会删除相应的应用程序或文件。

例 1 安装完中文 Windows 7 以后，第一次登录系统通常看到的是只有一个“回收站”图标的桌面。如果想恢复系统默认的图标，需要如何操作？

【方法与步骤】

（1）右键单击桌面空白处，在弹出的快捷菜单中选择“个性化”选项，如图 2-3 所示，将弹出“个性化”对话框如图 2-4 所示。

（2）在“个性化”对话框中，单击“更改桌面图标”，将弹出“桌面图标设置”的对话框。

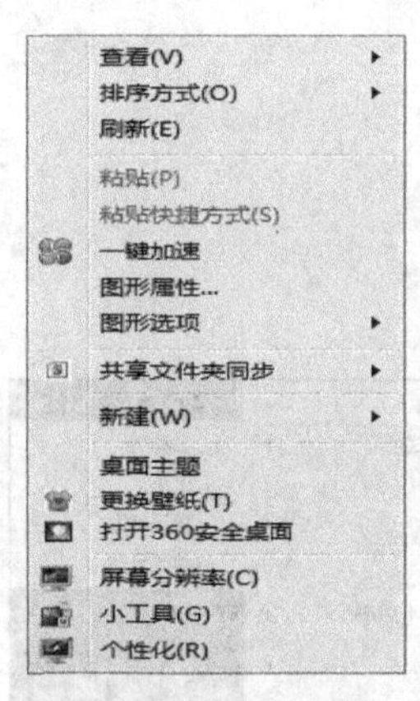

图 2-3　桌面右键菜单

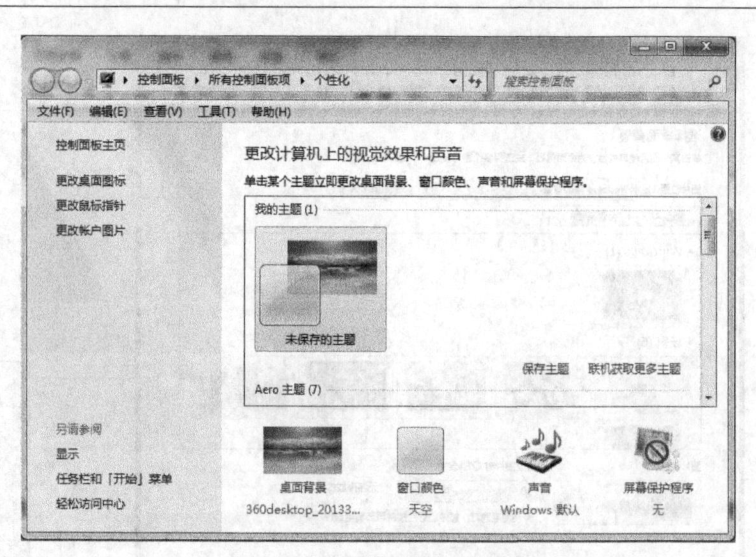

图 2-4　“个性化设置”对话框

（3）在“桌面图标设置”对话框中，如图 2-5 所示，在“桌面图标”中“计算机”、“用户的文件”、“网络”、“回收站”、“控制面板”前面的“□”中打“√”，然后单击“确定”按钮。这时桌面上就可以看见新增加的“计算机”、“网络”、“用户的文件”、“回收站”和“控制面板”的图标。

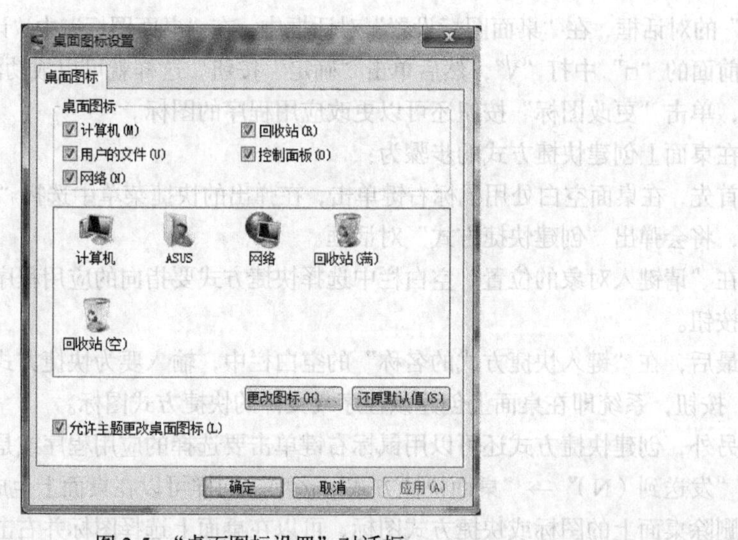

图 2-5　“桌面图标设置”对话框

（4）至于“Internet Explorer”在桌面上的显示，在 Windows 7 的“桌面图标设置”中并无这一项，因此可以用其他的方法实现。我们可以通过单击依次选择“开始”→“所有程序”→“Internet Explorer”，然后用鼠标右键单击，如图 2-6 所示，选择“发送到”→“桌面快捷方式”，这样在桌面上就会新增一个 IE 浏览器的快捷方式了。

2．图形界面的构成与操作

窗口是用户使用 Windows 7 操作系统的主要工作界面。当用户打开一个文件或者启动一个应用程序时，就会打开该应用程序的窗口。用户对系统中各种信息的浏览和文件的处理基本上都是在窗口中进行的。

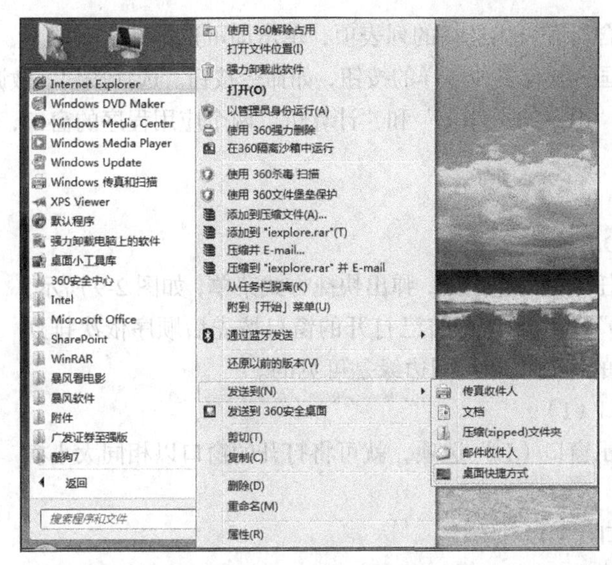

图 2-6　IE 快捷方式的创建

在中文版 Windows 7 系统中有各种应用程序窗口，大部分窗口中包含了相同的组件。关闭一个窗口即终止该应用程序的运行。

对话框是一种特殊窗口，常用于需要人机对话进行交互操作的场合，例如 IE 浏览器中的“Internet 选项”对话框，如图 2-7 所示。对话框也有一些与窗口相似的元素，如标题栏、关闭按钮等，但对话框没有菜单，对话框的大小不能改变，也不能最大化或最小化。

对话框通常由标题栏、选项卡和标签、文本框、列表框以及按钮几个部分组成，有的对话框同时具有这些元素，而有些对话框只含有其中部分的元素。

（1）标题栏：位于对话框顶部，左端是对话框名称，右端是“帮助”和“关闭”按钮。

（2）选项卡和标签：对话框可能包含多组内容，每组内容为一个选项卡，用相应的标签标识，单击选项卡的标签即可切换到该选项卡。

（3）文本框：用于输入文本信息。单击文本框，可在光标位置输入文本。有些文本框的右侧有一个向下箭头，单击该箭头打开下拉列表，可以直接从中选择要输入的文本信息。我们经常用到的飞信登录的对话框，如图 2-8 所示，是非常具有代表性的对话框范例。

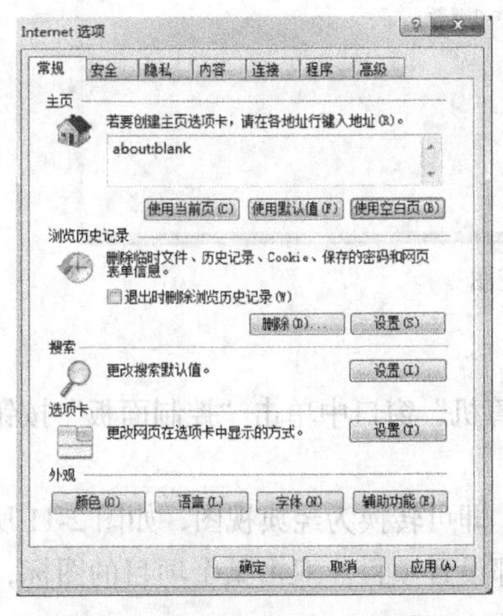

图 2-7　“Internet 选项”对话框

图 2-8　飞信的登录对话框

（4）列表框：包含所有可供选择的列表项，单击即可选择其中一项。

（5）按钮：对话框一般有多种多样的按钮，如命令按钮、选择按钮、微调按钮和滑动式按钮。

例 2　同时打开“用户的文件夹”和“计算机”两个应用程序的窗口，请在桌面上排列并显示这两个窗口。

【方法与步骤】

✧　层叠窗口（D）

用鼠标右键单击任务栏的空白处，弹出快捷方式菜单，如图 2-9 所示，选择“层叠窗口（D）”选项，就可将已打开的窗口按先后顺序依次排列在桌面上，每个窗口的标题栏和左侧边缘是可见的。

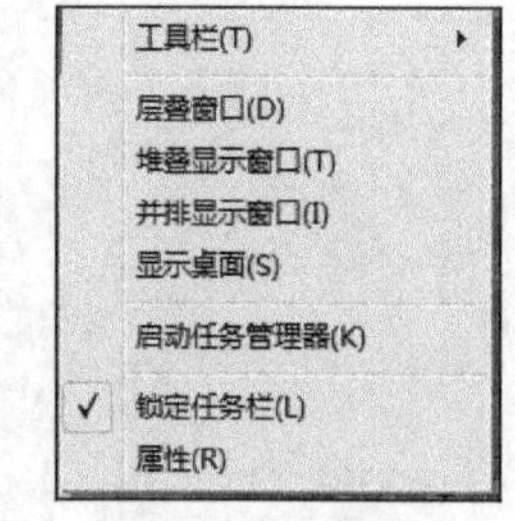

图 2-9　排列窗口

✧　并排显示窗口（I）

若选择“并排显示窗口（I）”选项，就可将打开的窗口以相同大小横向排列在桌面上。

✧　堆叠显示窗口（T）

若选择“堆叠显示窗口（T）”选项，就可将打开的窗口以相同大小纵向排列在桌面上。

2.1.2　玩转计算机个性化设置——控制面板

“控制面板”提供了丰富的工具，可以帮助用户调整计算机设置。中文版 Windows 7 的控制面板采用了类似于 Web 网页的方式，如图 2-10 所示，并且将 20 多个设置按功能分为 8 个类别。

图 2-10　分类视图

1. 打开“控制面板”窗口的方法

单击“开始”→“控制面板”命令，或是在“计算机”窗口中单击“控制面板”按钮，都可以打开“控制面板”窗口。

在窗口右上方单击“大图标”或“小图标”选项，即可转换为经典视图，如图 2-11 所示。在“大图标”和“小图标”两种视图模式下可以看到全部设置项目。双击某个项目的图标，可以打开该项目的窗口或对话框。

图 2-11　小图标视图

2. “控制面板”中几个主要功能的使用

（1）鼠标设置。在“鼠标 属性”对话框中，如图 2-12 所示，可以对鼠标的工作方式进行设置，设置内容包括鼠标主次键的配置、击键速度和移动速度、鼠标指针形状方案、鼠标移动踪迹等属性。

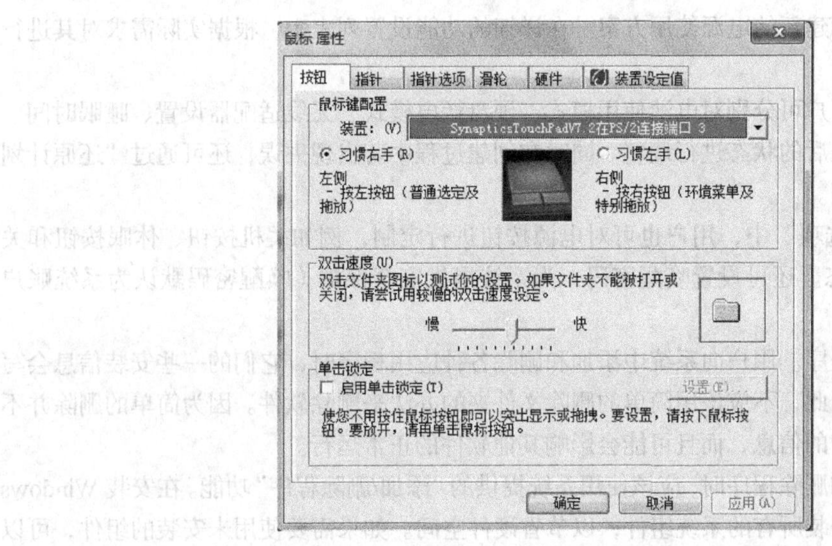

图 2-12　“鼠标属性”对话框

（2）电源设置。相比 Windows XP 操作系统，这一版本的电源管理功能更加强大，不但继承了 Windows Vista 系统的特色，还在细节上更加贴近用户的使用需求。用户可根据实际需要，设置电源使用模式，让移动计算机用户在使用电池续航的情况下，依然能最大限度发挥功效。延长使用时间，保护电池寿命。使用户更快、更好、更方便地设置和调整电源属性，如图 2-13 所示。

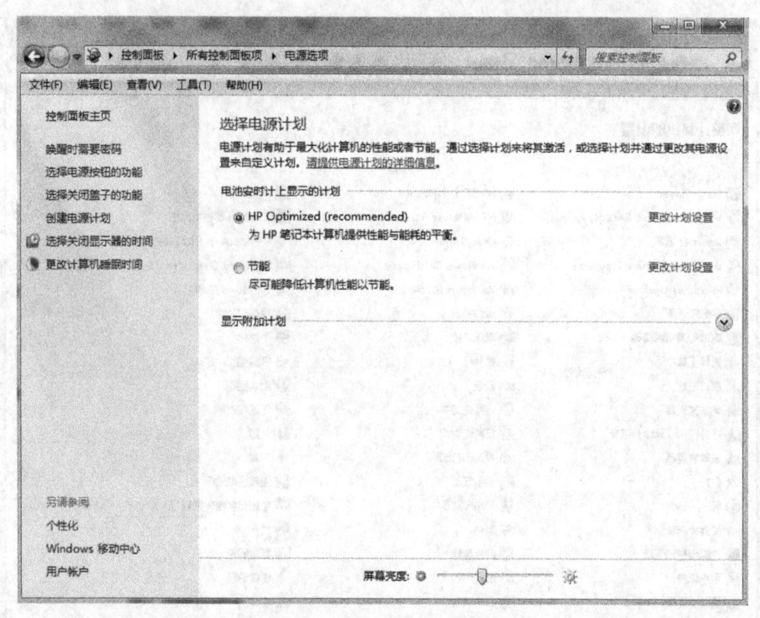

图 2-13 “电源选项”窗口

Windows 7 的电源选项可以为使用笔记本电脑用户的电池续航做进一步节约能耗，在 Windows7 系统中，为用户提供了包括“已平衡”、“节能程序”、“高性能”等多个电源使用计划和方案。与此同时，相比 Windows Vista 系统，还可快速通过电源查看选项，调整当前屏幕亮度和查看电池状态（如电源连接状态、充电状态、续航状态）。

考虑到不同环境下，用户的实际使用需求，在 Windows 7 操作系统中，用户还可通过控制面板中“电源”选项，创建新的电源使用方案。在详细的功能设置列表中，根据实际需求对其进行调整。

在功能列表中，用户可分别对电池使用模式、硬盘耗电模式、无线适配器设置、睡眠时间、电源按钮和笔记本合盖后的状态进行调整。同时在创建过程中若出现失误，还可通过“还原计划默认值”选项进行恢复。

同时，在“电源选项”中，用户也可对电源按钮进行定制，例如关机按钮、休眠按钮和关闭笔记本盖子后的状态。还可设置唤醒密码，为系统提供安全保护（唤醒密码默认为系统账户密码）。

（3）添加、删除程序。用户向系统中添加和删除各种应用程序时，它们的一些安装信息会写入到系统的注册表。因此，不应该用简单的删除文件夹的办法来删除软件。因为简单的删除并不能删除软件在注册表中的信息，而且可能会影响其他软件的正常运行。

当我们需要添加和删除程序时，应该使用系统提供的“添加/删除程序”功能。在安装 Windows 7 系统时，往往不会安装所有的系统组件，以节省硬件空间。如果需要使用未安装的组件，可以利用 Windows 7 系统盘进行安装。对于不用的组件，可以将其删除。

首先，双击“程序”图标，如图 2-14 所示，在“程序”窗口中单击“程序和功能”下的“打开或关闭 Windows 功能”按钮，将弹出“Windows 功能”窗口。

然后，在“打开或关闭 Windows 功能”列表框中勾选要添加的组件，如果要删除原来安装过的组件，就将组件名称前面“□”内的“√”取消掉，确认完自己的选择以后，单击右下角的“确定”按钮，系统将按照用户的选择执行组件的安装或是删除操作。

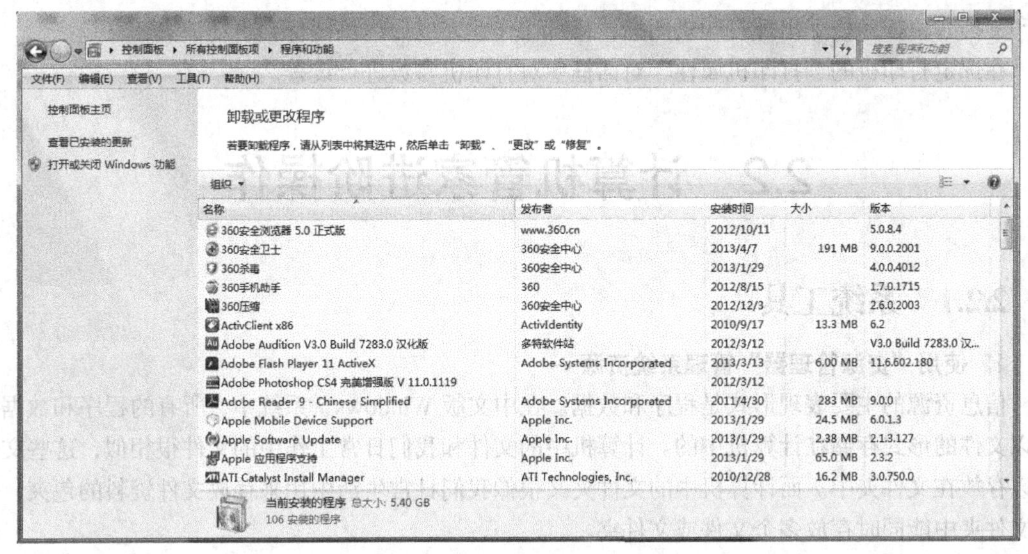

图 2-14　"程序"窗口

例 3　为计算机安装一台打印机，并进行相应的设置。

【方法与步骤】

（1）打开"添加打印机"对话框，如图 2-15 所示，在"打印机名称"右侧的空白栏中为要安装的打印机命名，如图 2-16 所示，单击"下一步"按钮。

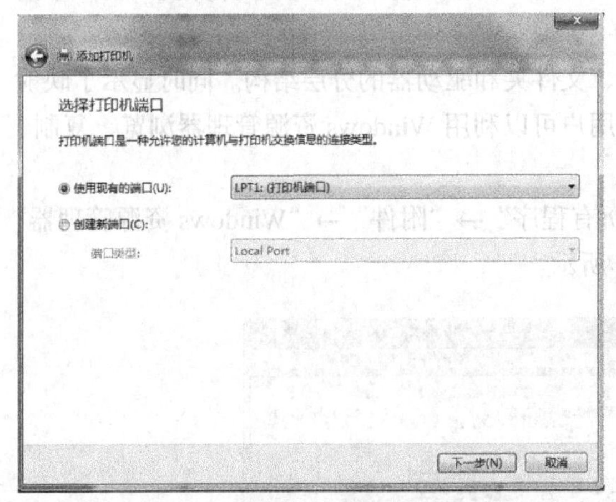

图 2-15　添加打印机对话框

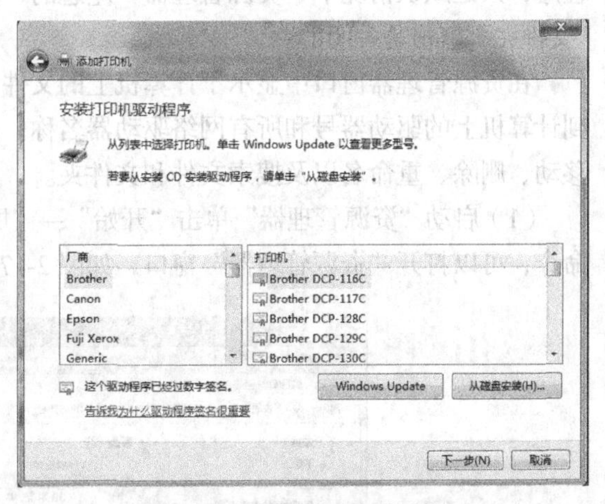

图 2-16　安装驱动程序对话框

（2）在"打印机共享"对话框中，选择是否共享这台打印机，如需共享打印机，则在"共享名称"右侧的空白栏中输入要设置的共享名、位置以及注释信息，然后单击"下一步"按钮。

（3）最后，勾选"设置为默认打印机"，单击"完成"按钮，这样就成功安装了一台打印机，如需测试安装的打印机是否运行正常，还可以单击"打印测试页"按钮进行测试。

在"设备和打印机"窗口中选择"打印机"用鼠标右键单击，在弹出的快捷菜单中选择"设置为默认打印机"或在"设备和打印机"窗口中选择"文件"→"设置为默认打印机"命令。

如果文档已经在某个应用程序当中打开，在应用程序的菜单栏中选择"文件"→"打印"命令。如果文档未打开，用鼠标拖动文档到"设备和打印机"窗口中的打印机图标上，释放鼠标。

打印文档时，任务栏上出现打印机图标，待打印作业完成后，该图标会自动消失。

在选定打印机的“打印机属性”对话框中对打印机参数进行设置。

2.2 计算机管家进阶操作

2.2.1 系统工具

1. 使用“资源管理器”管理系统资源

信息资源的主要表现形式是程序和数据。在中文版 Windows 7 系统中，所有的程序和数据都是以文件的形式存储在计算机中的。计算机中的文件和我们日常工作中的文件很相似，这些文件可以存放在文件夹中。而计算机中的文件夹又很像我们日常生活中用来存放文件资料的包夹，一个文件夹中能同时存放多个文件或文件夹。

在 Windows 7 系统中，主要是利用“计算机”和“Windows 资源管理器”来查看和管理计算机中的信息资源。计算机资源通常采用树型结构对文件和文件夹进行分层管理。用户根据文件某方面的特征或属性把文件归类存放，因而文件或文件夹就有一个隶属关系，从而构成有一定规律的存储结构。

资源管理器是 Windows 7 主要的文件浏览和管理工具，资源管理器和“计算机”使用同一个程序，只是默认情况下“资源管理器”左边的“文件夹”窗格是打开的，而“计算机”窗口中的“文件夹”窗格是关闭的。

在资源管理器窗口中显示了计算机上的文件、文件夹和驱动器的分层结构。同时显示了映射到计算机上的驱动器号和所有网络驱动器名称。用户可以利用 Windows 资源管理器浏览、复制、移动、删除、重命名以及搜索文件和文件夹。

（1）启动“资源管理器”单击“开始”→“所有程序”→“附件”→“Windows 资源管理器”命令，可以打开“资源管理器”窗口，如图 2-17 所示。

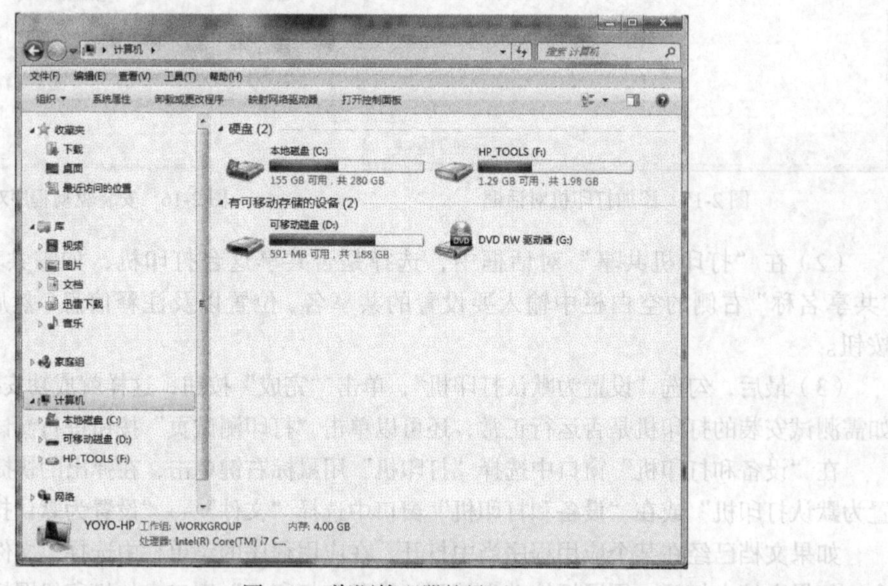

图 2-17 资源管理器的界面

打开“资源管理器”窗口的其他方法：用鼠标右键单击“开始”按钮在弹出的快捷菜单中选择“打开 Windows 资源管理器”选项。

（2）“Windows 资源管理器”窗口的组成。资源管理器窗口主要分为 3 部分：上部包括标题栏、菜单栏、工具栏；左侧窗口以树型结构展示文件的管理层次，用户可以清楚地了解存放在磁盘中的文件结构；右侧是用户浏览文件或文件夹有关信息的窗格。

（3）“Windows 资源管理器”中的图标。

① 图标“ ”：表示磁盘驱动器。此外，表示存储设备的还有其他图标，例如图标“ ”表示 DVD 光盘驱动器，图标“ ”则表示可移动磁盘。

② 图标“ ”：表示文件夹。其中图标“ ”形象地表示了文件夹下有若干的文件或是子文件夹，在右侧窗格中浏览到的是该文件夹下的内容。当文件夹左侧有“▷”标志时，表示文件夹内有下一级文件夹，称为子文件夹，单击“▷”标志后，标志就会变成“◢”，就表示系统把文件夹展开了，下一层文件夹将全部显示。

文件是一组相关信息的集合，这些信息最初是在内存中建立的，然后以用户给予的名字存储在磁盘上。文件是计算机系统中基本的存储单位，计算机以文件名来区分不同的文件。

一个完整的文件名称由文件名和扩展名两部分组成，两者中间用一个圆点“.”（分隔符）分开。在 Windows 7 系统中，允许使用的文件名最长可以是 255 字符。命名文件或文件夹时，文件名中的字符可以是汉字、字母、数字、空格和特殊字符，但不能是“?”、“*”、“\”、“/”、“:”、“<”、“>”和“|”。

其次，最后一个圆点后的名字部分看作是文件的扩展名，前面的名字部分是主文件名。通常扩展名由 3 个字母组成，用于标识不同的文件类型和创建此文件的应用程序，主文件名一般用描述性的名称帮助用户记忆文件的内容或用途。不可用的设备名：例如，CON AUX 或 COM1 NUL LPT1 LPT2。

文件夹又称为“目录”，是系统组织和管理文件的一种形式，用来存放文件或上一级子文件夹。它本身也是一个文件。文件夹的命名规则与文件名相似，但一般不需要加扩展名。

用户双击某个文件夹图标，即可以打开该文件夹，查看其中的所有文件及子文件夹。

在中文 Windows 7 中，文件按照文件中的内容类型进行分类，主要类型如表 2-1 所示。文件类型一般以扩展名来标识。

表 2-1 常见文件类型

文件类型	扩展名	文件描述
可执行文件	.exe、.com、.bat	可以直接运行的文件
文本文件	.txt、.doc	用文本编辑器编辑生成的文件
音频文件	.mp3、mid、.wav、wma	以数字形式记录存储的声音、音乐信息的文件
图片图像文件	.bmp、.jpg、.jpeg、.gif、.tiff	通过图像处理软件编辑生成的文件，如画图文件、Photoshop 文档
影视文件	.avi、.rm 、.asf、.mov	记录存储动态变化画面，同时支持声音的文件
支持文件	.dll、.sys	在可执行文件运行时起辅助作用，如链接文件和系统配置文件等
网页文件	.html、.htm	网络中传输的文件，可用 IE 浏览器打开
压缩文件	.zip 、.rar	由压缩软件将文件压缩后形成的文件，不能直接运行，解压后可以运行

利用“计算机”和“Windows 资源管理器”可以浏览文件和文件夹，并可根据用户需求对文件的显示和排列格式进行设置。

在“计算机”和“Windows 资源管理器”窗口中查看文件或文件夹的方式有“超大图标”、“大图标”、“中等图标”、“小图标”、“列表”、“详细信息”、“平铺”和“内容”8 种。

相比 Windows XP 系统，Windows 7 在这方面做得更美观、更易用。此外，用户还可以先单击目录中的空白处，然后通过按住 Ctrl 键并同时前后推动鼠标的中间滚轮调节目录中文件和文件夹图标的大小，以达到自己最满意的视觉效果。

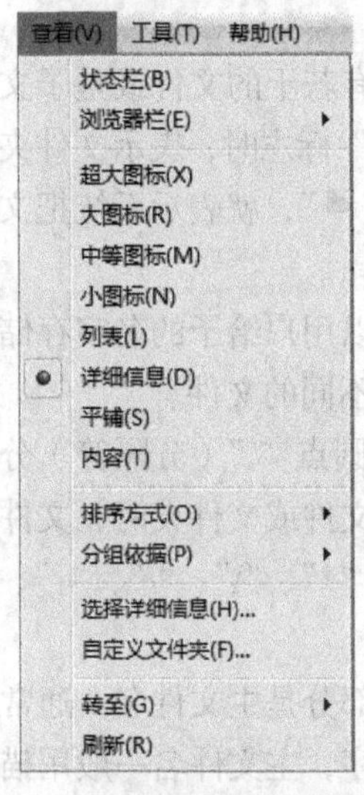

图 2-18 “查看”下拉菜单

“超大图标”：以系统中所能呈现的最大图标尺寸来显示文件和文件夹的图标。

“大图标”“中等图标”和“小图标”：这一组排列方式只是在图标大小上和“超大图标”的排列方式有区别，它们分别以多列的大的、中等的或小图标的格式来排列显示文件或文件夹。

“列表”：以单列小图标的方式排列显示文件夹的内容。

“详细信息”：可以显示有关文件的详细信息，如文件名称、类型、总大小、可用空间。

“平铺”：以适中的图标大小排成若干行来显示文件或文件夹，并且还包含每个文件或文件夹大小的信息。

“内容”：以适中的图表大小排成一列来显示文件或文件夹，并且还包含着文档每个文件或文件夹的创建者、修改日期和大小等相关信息。

在“计算机”或“Windows 资源管理器”的工具栏中单击“查看”按钮，如图 2-18 所示，弹出下拉菜单，可以从中选择一种查看模式。

2. 用户的文件

Windows 7 操作系统为用户设置了一个个人文件夹——“用户的文件”，该文件夹包含两个特殊的个人文件夹，即“我的图片”和“我的音乐”。这些文件夹不能删除，并且在“开始”菜单中查找很方便。

“用户的文件”是一个便于存取的文件夹，如图 2-19 所示，许多应用程序默认的保存位置就是“用户的文件”文件夹。例如，在“记事本”或“画图”程序中创建的文档，如果保存文件时没有指定其他路径及位置，则该文件自动保存在“用户的文件”文件夹中。

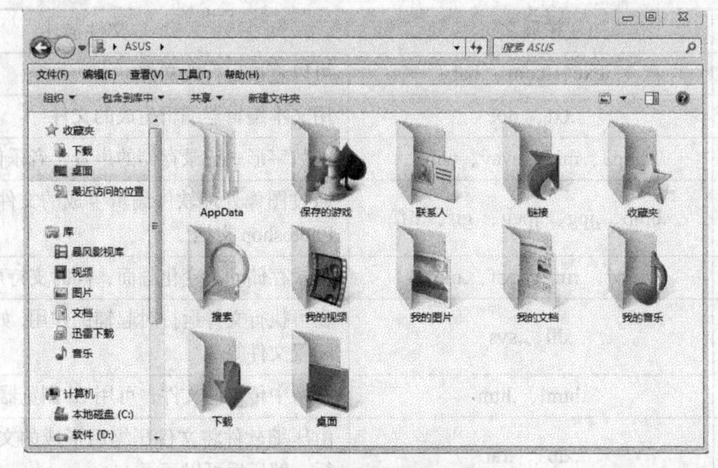

图 2-19 “用户的文件”窗口

“我的图片”和“我的音乐”文件夹提供协助管理图片和音乐文件的任务链接。其中，“我的图片”文件夹可以存放用户的照片、图片，在“我的图片”窗口中双击某个文件夹，在左侧的常用命令栏中有一个“作为幻灯片查看”选项，可以让用户很方便地欣赏图片。

同一文件夹中不能有名称和类型完全相同的两个文件，即文件名具有唯一性，Windows 7 系统通过文件名来存储和管理文件和文件夹。与 Windows XP 系统略有不同的是，Windows 7 系统在遇到同一文件夹下出现两个相同文件的情况时，会自动弹出一个让用户选择下一步操作的对话框。这样用户就可以根据自己的需要对这两个相同的文件做适当地处理，避免误操作造成的文件丢失或损坏。

存储在磁盘中的文件或文件夹具有相对固定的位置，也就是路径。路径通常由磁盘驱动器符号（或称盘符）、文件夹、子文件夹和文件的文件名组成的。

3. 文件、文件夹的组织与管理

在 Windows 7 操作系统中，除了可以创建文件夹、打开文件和文件夹外，还可以对文件或文件夹进行移动、复制、发送、搜索、还原和重命名等操作。利用“Windows 资源管理器”和“计算机”可以组织和管理文件。

为了节省磁盘空间，应及时删除无用的文件和文件夹、被删除的文件或文件夹放到“回收站”中，用户可以将“回收站”中的文件或文件夹彻底删除，也可以将误删的文件或文件夹从回收站中还原到原来的位置。

Windows 7 系统中，“回收站”是硬盘上的一个有固定空间的系统文件夹，其属性为隐藏，而且不能删除。

对文件与文件夹进行操作前，首先要选定被操作的文件或文件夹，被选中对象高亮显示。Windows 7 中选定文件或文件夹的主要方法如下。

- 选定单个对象：单击需要选定的对象。
- 选定多个连续对象：按住 Shift 键的同时，单击第一个对象和选取范围内的最后一个对象。
- 选取多个不连续对象：按住 Ctrl 键，用鼠标逐个单击对象。
- 在文件窗口中按住鼠标左键不放，从右下到左上拖动鼠标，在屏幕上拖出一个矩形选定框，选定框内的对象即被选中。
- 按组合键 Ctrl+A，可以选定当前窗口中的全部文件和文件夹。
- 选择“编辑”→“全选”命令，可以选定当前窗口中的全部文件和文件夹；选择“编辑”→“反向选择”命令，可以选定当前窗口中未选的文件或文件夹。

复制是将选定的文件或文件夹复制到其他位置，新的位置可以是不同的文件夹、不同磁盘驱动器，也可以是网络上不同的计算机。复制包括“复制”与“粘贴”两个操作。复制文件或文件夹后，原位置的文件或文件夹不发生任何变化。

移动是将选定的文件或文件夹移动到其他位置，新的位置可以是不同的文件夹、不同的磁盘驱动器，也可以是网络上不同的计算机。移动包含“剪切”与“粘贴”两个操作。移动文件和文件夹后，原位置的文件或文件夹将被删除。

为防止丢失数据，可以对重要文件做备份，即复制一份存放在其他位置。

（1）复制操作。

- 用鼠标拖动：选定对象，按住 Ctrl 键的同时推动鼠标到目标位置。
- 用快捷菜单：用鼠标右键单击选定的对象，在弹出的快捷菜单中选择“复制”选项；选择目标位置，然后右键单击窗口中的空白处，在弹出的快捷菜单中选择“粘贴”选项。
- 用组合键：选定对象，按 Ctrl+C 组合键进行“复制”操作，再切换到目标文件夹或磁盘驱动器窗口，按 Ctrl+V 组合键完成“粘贴”。

- 用菜单命令：选定对象后，选择“编辑”→“复制”命令，切换到目标文件夹位置，选择“编辑”→“粘贴”命令。

（2）移动操作。

- 用鼠标拖动：选定对象，按住左键不放拖动鼠标到目标位置。
- 用快捷菜单：用鼠标右键单击选定的对象，在弹出的快捷菜单中选择“剪切”选项，切换到目标位置，然后用鼠标右键单击窗口中的空白处，在弹出的快捷菜单中选择“粘贴”选项。
- 用组合键：选定对象，按 Ctrl+X 组合键进行“剪切”操作，再切换到目标文件夹或磁盘驱动器窗口，按 Ctrl+V 组合键完成“粘贴”。
- 用菜单命令：选定对象后，选择“编辑”→“剪切”命令，切换到目标文件夹位置，选择“编辑”→“粘贴”命令。

选择要重命名的文件或文件夹，选择“文件”→“重命名”命令或者用鼠标右键单击要重命名的文件或文件夹，在弹出的快捷菜单中选择“重命名”选项。文件或文件夹的名称处于编辑状态（蓝色反白显示），直接输入新的文件或文件夹名。输入完毕按 Enter 键。

Windows 7 的“搜索”功能可以快速找到某一个或某一类文件和文件夹。在计算机中搜索任何已有的文件或文件夹，首先要知道文件名或文件类型。对于文件名，用户如果记不住完整的文件名，可使用通配符进行模糊搜索。常用的通配符有两个：星号“*”和问号“?”，星号代表一个或多个字符，问号只代表一个字符。

单击“开始”菜单，在最下方的空白栏中输入要查找的文件或文件夹名，然后单击空白栏右侧“🔍”，此时将弹出一个新的窗口，显示查找结果。

删除文件或文件夹时，首先选定要删除的对象，然后用以下方法执行删除操作：

- 用鼠标右键单击，在弹出的快捷菜单中选择“删除”选项。
- 按 Del 键。
- 选择“文件”→“删除”命令。
- 在工具栏中单击“删除”按钮。
- 按组合键 Shift+Del 直接删除，被删除对象不在放到“回收站”中。
- 用鼠标直接将对象拖到“回收站”。

用户删除文档资料后，被删除的内容移到“回收站”中。在桌面上双击“回收站”图标，可以打开“回收站”窗口查看回收站中的内容。“回收站”窗口列出了用户删除的内容，并且可以看出它们原来所在的位置、被删除的日期、文件类型和大小。

4. 磁盘碎片整理

计算机使久了，计算机速度会变得越来越慢，这主要与计算机系统与磁盘有关。使用较久的计算机会产生各种系统垃圾再加上磁盘的碎片不断增多，导致速度变慢，磁盘清理可以起到帮助提升计算机运行速度的作用。

单击“开始”→“所有程序”→“附件”→“系统工具”，找到“磁盘碎片整理”如图 2-20 所示。选中该命令，出现如图 2-21 所示对话框。

图 2-20 “磁盘碎片整理”所在位置

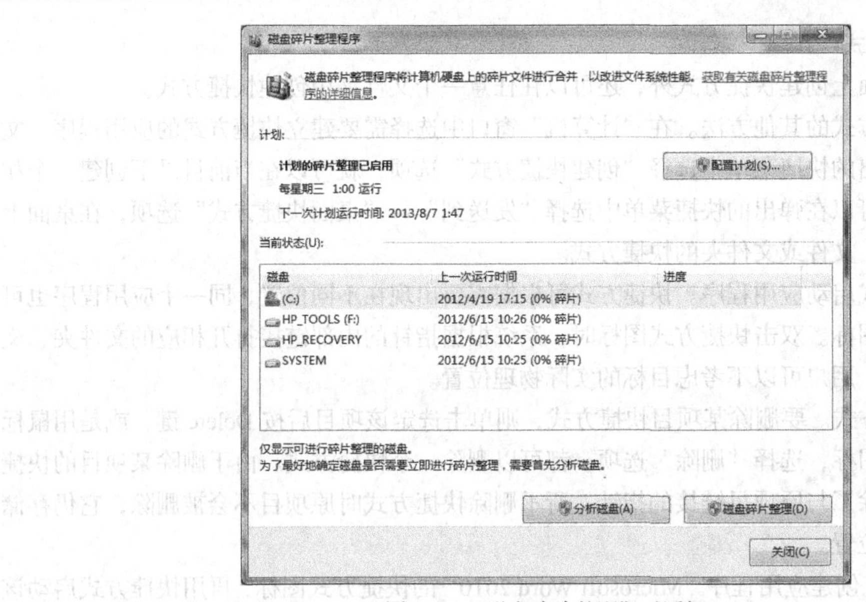

图 2-21 “磁盘碎片整理”对话框

选择要进行整理的磁盘，单击“磁盘碎片整理”按钮即可。

2.2.2 系统应用

1. 启动应用程序

第一种方法，启动桌面上的应用程序。如果已在桌面上创建了应用程序的快捷方式图标，则双击桌面上的快捷方式图标就可以启动响应的应用程序。

第二种方法，通过“开始”菜单启动应用程序。在 Windows 7 系统中安装应用程序时，安装程序为应用程序在“开始”菜单的“程序”选项中创建了一个程序组和相应的程序图标，单击这些程序图标即可运行相应的应用程序。

第三种方法，就是用“开始”菜单中的“运行”选项启动应用程序。

还有一种方法，就是通过浏览驱动器和文件夹来启动应用程序。在“我的电脑”或“Windows 资源管理器”中浏览驱动器和文件夹，找到应用程序文件后双击该应用程序的图标，同样可以打开相应的应用程序。

2. 应用程序切换

Windows 7 和 Windows XP 一样，是一个多任务处理系统，同一时间可以运行多个应用程序，打开多个窗口，并可根据需要在这些应用程序之间进行切换，方法有以下几种：

单击应用程序窗口中的任何位置。

按 ALT+Tab 组合键在各应用程序之间切换。

在任务栏上单击应用程序的任务按钮。

3. 关闭应用程序的方法

在应用程序的“文件”菜单中选择“关闭”选项。

用鼠标左键双击应用程序窗口左上角的控制菜单框。

用鼠标右键单击应用程序窗口左上角的控制菜单框，在弹出的控制菜单中选择“关闭”选项。

单击应用程序窗口右上角的“×”按钮。

按 ALT+F4 组合键。

4. 创建快捷方式

用户除了在桌面上创建快捷方式外，还可以在任意一个文件夹中创建快捷方式。

（1）创建快捷方式的其他方法。在“计算机”窗口中选择需要建立快捷方式的应用程序、文件或文件夹，在弹出的快捷菜单中选择“创建快捷方式”选项，就可以在当前目录下创建一个相应的快捷方式；也可以在弹出的快捷菜单中选择“发送到”→“桌面快捷方式”选项，在桌面上创建选定应用程序、文件或文件夹的快捷方式。

（2）用快捷方式启动应用程序。快捷方式可根据需要出现在不同位置，同一个应用程序也可以有多个快捷方式图标。双击快捷方式图标时，系统根据指针的内部链接打开相应的文件夹、文件或启动应用程序，用户可以不考虑目标的实际物理位置。

（3）删除快捷方式。要删除某项目快捷方式，则单击选定该项目后按 Delete 键，或是用鼠标右键单击快捷方式图标，选择“删除”选项，都可以删除一个快捷方式。由于删除某项目的快捷方式实质上只是删除了与原项目链接的指针，所示删除快捷方式时原项目不会被删除，它仍存储在计算机中的原来位置。

例 4　在桌面上创建应用程序“Microsoft Word 2010”的快捷方式图标，再用快捷方式启动该应用程序。

【方法与步骤】

（1）首先，在桌面空白处用鼠标右键单击，在弹出的快捷菜单中选择“新建”→“快捷方式（S）”选项，将会弹出“创建快捷方式”对话框，如图 2-22 所示。

（2）在“请输入对象的位置”空白栏中选择快捷方式要指向的应用程序名或文档名，在这里要通过浏览按钮找到应用程序 Word 的准确路径，找到以后单击“下一步”按钮。

（3）在“键入快捷方式的名称”的空白栏中，输入“Microsoft Word 2010”，然后单击“完成（F）”按钮，系统在桌面上创建该应用程序 Word 的快捷方式图标。

（4）最后，在桌面上双击“Microsoft Word 2010”的快捷方式图标，启动应用程序 Word。

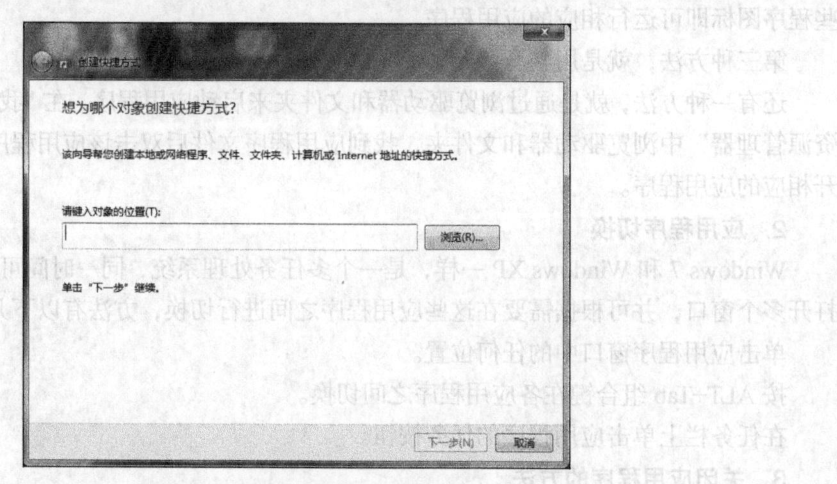

图 2-22　“创建快捷方式”对话框

5. 应用程序举例之剪贴板

剪贴板是内存中的一个临时存储区，用来在 Windows 系统中各应用程序之间传递和交换信息。剪贴板不但可以存储文字，还可以存储图片、图像、声音等其他信息。通过剪贴板可以把各文件中的文字、图像、声音粘贴在一起，形成图文并茂、有声有色的文档。

在Windows 7中，几乎所有应用程序都可以利用剪贴板来交换数据。应用程序“编辑”菜单中的“剪切”、“复制”、“粘贴”选项和“常用”工具栏中的“剪切”、“复制”、“粘贴”按钮均可用来向粘贴板中复制数据或从粘贴板中接收数据进行粘贴。

✧　复制整个屏幕：即截屏，只需按“PrintScreen”键即可。

✧　复制活动窗口：先将窗口激活，使之成为当前桌面上处于最前端的窗口，然后按Alt+PrintScreen组合键。

例5　打开“计算机”窗口，将窗口的大小调整为屏幕大小的四分之一左右。制作一张图片，其内容为“计算机”窗口，然后保存为文件PC.bmp。

【方法与步骤】

（1）打开“计算机”窗口，使其成为活动窗口，调整窗口的大小约为屏幕的1/4。

（2）按Alt+PrintScreen组合键，将活动窗口复制到剪贴板中。

（3）单击“开始”→“所有程序”→“附件”中选择“画图”工具，打开“画图”窗口。

（4）在“画图”窗口的菜单栏中选择“编辑”→“粘贴”命令（或按CTRL+V组合键），粘贴剪贴板中的“计算机”窗口。

（5）选择“文件”→“另存为”命令（或按CTRL+S组合键），将“画图”窗口中的内容以PC.bmp为文件名保存。

（6）在“画图”窗口的右上角单击“关闭”按钮“ ”，退出“画图”应用程序。

6. 设置显示器的屏幕分辨率

在我们使用个人计算机时，我们时常会遇到这样的情况：显示器屏幕闪烁得很厉害，令眼睛看起来很不舒服。引起以上现象的主要原因是屏幕的刷新频率过低，只要设置较高的刷新频率即可解决问题。

早期使用的CRT显示器的一个重要技术指标是显示器的刷新频率。一般显示器的扫描频率可以设置在60Hz～100Hz。刷新频率设置太低，有些人会感到显示器在闪烁，因此，如果在使用时觉得显示器有闪烁感，可以将显示器的刷新频率适当设置得高一点。其实，显示器的技术指标并不只有刷新频率一项。Windows 7系统的桌面外观、背景、屏幕保护程序、窗口的外观、显示器的分辨率、显示器的色彩质量都可以进行设置。

在Windows 7中，用户在“调整分辨率”对话框中，如图2-23所示，除了可以设置显示器的刷新频率外，还能对显示器的屏幕分辨率、颜色位数等参数进行设置。

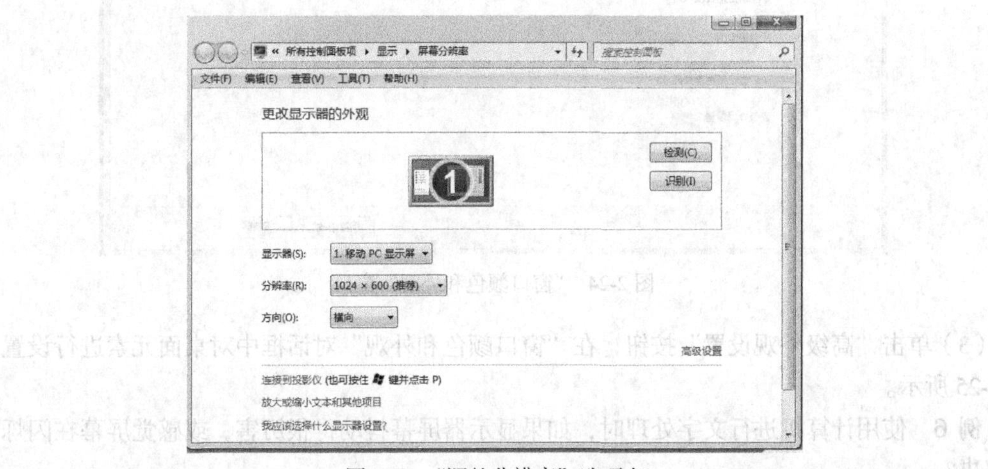

图2-23　“调整分辨率”选项卡

屏幕分辨率是指显示器将屏幕中的一行和一列分别分割成多少像素点。分辨率越高，屏幕的点就越多，可显示的内容越多；反之，分辨率越低，屏幕的点就越少，可显示的内容越少。

在“调整分辨率”对话框中单击“分辨率”下拉菜单右方三角形，在“分辨率”下拉菜单中选择需要的分辨率。显示器的最低分辨率为 640 像素×480 像素，常用的分辨率为 800×600 或 1024×768（屏幕比例为 4∶3），较高的可以达到 1280×1024。分辨率越高，屏幕上的图像越清晰，显示的信息也越多。但分辨率与显示适配器有密切的关系，适配器能支持的最高分辨率影响屏幕分辨率的取值。

7. 设置颜色位数

颜色位数是指屏幕能够显示的颜色数量。能够显示的颜色数量越多，图像显示的颜色层次越丰富、越清晰，显示效果越好。设置颜色位数的方法：

在“调整分辨率”窗口中单击“高级设置”按钮，弹出通用“即插即用监视器”窗口。在下方的“颜色”选项下拉菜单中，选择在一种颜色设置，单击“确定”按钮，其中包含一般的“增强色”（16 位）和较好的“真彩色”（32 位）两种。真彩色已远远超过真实世界中的颜色数量。

8. 设置桌面外观

在“个性化”对话框的“窗口颜色”选项卡中，还可以设置桌面的外观，操作步骤如下：

（1）在“个性化”窗口中选择“Aero 主题”或“基本或高对比度主题”两种外观样式之一，“Aero 主题”中的“Windows 7”样式是系统默认的外观样式。

（2）在“窗口颜色和外观”窗口中选择自己想要选择的颜色，如图 2-24 所示，并且可以拖动“颜色浓度”右边的滑动按钮，单击“保存”按钮修改完成设置。

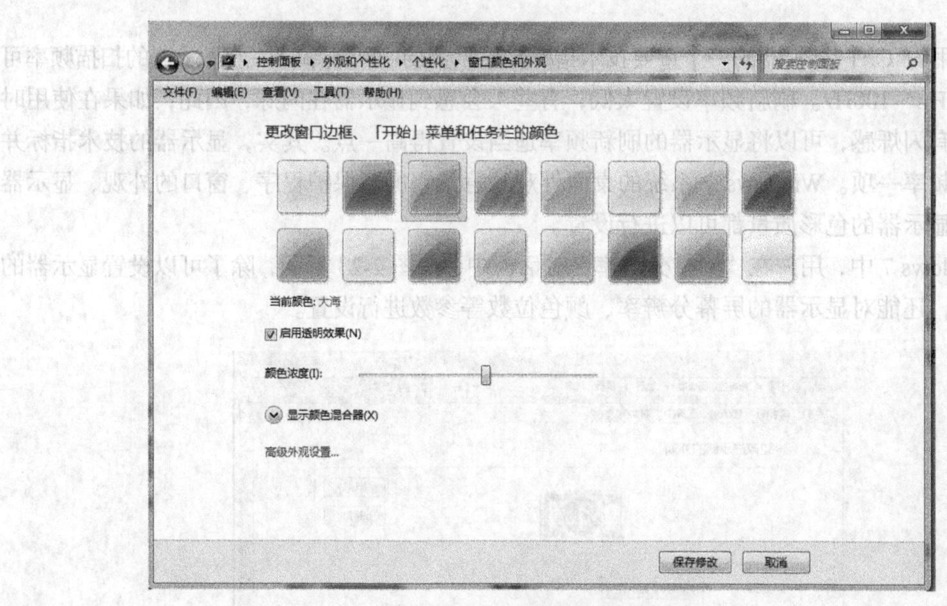

图 2-24　“窗口颜色和外观”窗口

（3）单击“高级外观设置”按钮，在“窗口颜色和外观”对话框中对桌面元素进行设置，如图 2-25 所示。

例 6　使用计算机进行文字处理时，如果显示器屏幕抖动得很厉害，或感觉屏幕在闪烁，如何解决？

图 2-25 “高级外观设置”对话框

【方法与步骤】

首先，用鼠标指向桌面的空白位置并用鼠标右键单击，在弹出的快捷菜单中选择“个性化”选项，弹出“个性化”对话框。

然后，选择“显示”选项卡，进入“显示”窗口以后，再选择“调整分辨率”选项卡，进入“调整分辨率”窗口。单击“高级设置”按钮，弹出“即插即用监视器”对话框。

最后，选择“监视器”选项卡。在“监视器设置”区域中的“屏幕刷新频率”下拉列表框中选择屏幕支持的较高刷新频率（如 60Hz），单击“确定”按钮。

综合练习

1. 修改设置系统电源方案，并启用附加电源计划

- 修改设置系统电源方案

（1）选择任务栏的电源选项；

（2）选择更多电源选项；

（3）在电源选项的主界面选择创建电源计划；

（4）输入需要的方案名称，单击“下一步”按钮；

（5）选择详细的电源设置，单击“创建”按钮即可完成电源方案创建；

（6）要删除的电源计划只能是自行创建的计划或计算机制造商提供的其他任何计划。不能删除“已平衡”，“高性能”或目前正在使用的电源计划（活动计划）。选取要删除的电源计划，单击“更改计划设置”按钮；

（7）选择删除此计划；

（8）最后单击“确定”按钮即可。

- 启用附加电源计划

（1）单击“开始菜单”，打开“控制面板”；

（2）选择“系统和安全”，选择电源选项。如果是类型为大图标或者小图标，则同样找到“电源选项”，双击打开；

（3）单击“显示附加计划”；

（4）单击选择需要启用的附加电源计划即可。

2. 创建系统修复光盘

（1）单击屏幕左下角的Windows“开始”按钮，在出现的菜单中单击 “控制面板”；

（2）在控制面板中（以“类别”方式查看），单击 “系统和安全”；

（3）在系统和安全中单击 “备份和还原”，在控制面板中，如果使用图标查看方式，可直接单击“备份和还原”；

（4）单击左上角的“创建系统修复光盘”；

（5）在刻录光驱中放入一张空白光盘，单击“创建光盘”；

（6）光盘刻录完成，单击“确定”按钮。

3. 创建、删除格式化硬盘分区

- 创建和格式化新分区（卷）

若要在硬盘上创建分区或卷，必须以管理员身份登录，并且硬盘上必须有未分配的磁盘空间或者在硬盘上的扩展分区内必须有可用空间。

如果没有未分配的磁盘空间，则可以通过收缩现有分区、删除分区或使用第三方分区程序创建一些空间。

（1）用鼠标右键单击计算机点管理；

（2）用鼠标在左窗格中的“存储”下面，单击“磁盘管理”按钮；

（3）用鼠标右键单击硬盘上未分配的区域，然后单击“新建简单卷”按钮；

（4）在“新建简单卷向导”中，单击“下一步”按钮；

（5）输入要创建的卷的大小 （MB） 或接受最大默认大小，然后单击“下一步”按钮；

（6）接受默认驱动器号或选择其他驱动器号以标识分区，然后单击“下一步”按钮；

（7）在“格式化分区”对话框中，执行下列操作之一：如果不想立即格式化该卷，则单击“不要格式化这个卷”，然后单击“下一步”按钮；如果要使用默认设置格式化该卷，则单击“下一步”按钮；

（8）检查选择，然后单击“完成”按钮。

- 格式化现有分区（卷）

格式化卷将会破坏分区上的所有数据。要确保备份所有要保存的数据，然后才开始操作。

（1）用鼠标右键单击计算机点管理；

（2）用鼠标在左窗格中的“存储”下面，单击“磁盘管理”按钮；

（3）用鼠标右键单击要格式化的卷，然后单击“格式化”按钮；

（4）若要使用默认设置格式化卷，请在“格式化”对话框中，单击“确定”按钮，然后再次单击“确定”按钮。

注意：

1）无法对当前正在使用的磁盘或分区进行格式化；

2）“执行快速格式化”选项将创建新的文件表，但不会完全覆盖或擦除卷；“快速格式化”比普通格式化快得多，后者会完全擦除卷上现有的所有数据。

- 删除硬盘分区

以管理员身份进行登录，删除硬盘分区或卷时，也就创建了可用于创建新分区的空白空间。如果硬盘当前设置为单个分区，则不能将其删除。也不能删除系统分区、引导分区或任何包含虚拟内存分页文件的分区，因为 Windows 需要此信息才能正确启动。

（1）用鼠标右键单击计算机点管理；

（2）在左窗格中的“存储”下面，单击“磁盘管理”按钮；

（3）用鼠标右键单击要删除的卷（如分区或逻辑驱动器），然后单击“删除卷”按钮；

（4）单击“是”按钮删除该卷。

习　题

一、选择题

1. 在桌面上图标右键菜单中没有“删除”命令的图标是（　　）。

   A. 我的文档　B. 我的电脑　C. 网上邻居　D. 回收站

2. 在任务栏和“开始”菜单的属性对话框中不可以设置的内容是（　　）。

   A. 自动隐藏任务栏　B. “开始”菜单上图标的大小

   C. 锁定任务栏　D. 显示时钟

3. 窗口与对话框，下列说法正确的是（　　）。

   A. 窗口与对话框都有菜单栏　B. 对话框既不能移动位置也不能改变大小

   C. 窗口与对话框都可以移动位置　D. 窗口与对话框都不能改变大小

4. Windows 窗口的标题栏上没有的按钮是（　　）。

   A.“最小化”　B. “帮助”　C.“还原”　D.“关闭”

5. 右击文件，选择“剪切”命令，则将文件的放到（　　）。

   A. 目标位置中　B. 粘贴板中　C. 剪贴板中　D. 复制板中

6. 在资源管理器中选定了文件和文件夹后，若要将其移动到不同驱动器中，其操作为（　　）。

   A. 直接拖动鼠标　B. 按住[Shift]键拖动鼠标

   C. 按住[Ctrl]键拖动鼠标　D. 按住[Alt]键拖动鼠标

7. 从文件夹“属性”对话框中没有的内容是（　　）。

   A. 大小　B. 位置　C. 类型　D. 占用硬盘空间的百分比

8. 回收站的正确解释是（　　）。

   A. Windows 中的一个组件　B. 可存在于各逻辑硬盘上的系统文件夹

   C. Windows 下的应用程序　D. 应用程序的快捷方式

9. “显示属性”对话框不可进行的设置是（　　）。

   A. 设置屏幕分辨率　B. 设置屏幕的亮度和对比度

   C. 设置屏幕颜色质量　D. 更新显示卡的驱动程序

10. 在 Windows 中“添加删除程序”不可做（　　）的功能。

    A. 删除一个应用程序　B. 添加一个应用程序

C. 删除一个用户工作组　　D. 删除和添加WindowsXP系统的部分组件

11. 通过控制面板的“打印机和传真”组件，不能进行的设置是（　　）。

A. 添加多个打印机　　B. 设置传真

C. 设置新的默认打印机　　D. 取消正在等待的打印

12. 在中文输入和英文输入之间切换所使用的键盘命令是（　　）。

A. Ctrl+Space　　B. Alt+Space　　C. Ctrl+Shift　　D. Shift+Space

13. 全角和半角转换的键盘命令是（　　）。

A. Alt+Space　　B. Ctrl+Space　　C. Ctrl+Shift　　D. Shift+Space

14. 结束计算机应用程序的不正确操作是（　　）。

A. 标题栏关闭按钮　　B. 工具栏关闭按钮

C. Alt+F4　　D. “文件”→“退出”

15. 画图程序的扩展名是（　　）。

A. .BAS　　B. .BMP　　C. .DOC　　D. .DOT

16. Windows XP中查看文件及文件夹格式中没有（　　）。

A. “大图标”　　B. “缩略图”　　C. “平铺”　　D. “详细信息”

二、填空题

1. 不经过回收站，永久删除所选中文件和文件夹中要按________。

2. 选定多个不连续的文件或文件夹，先选定一个文件或文件夹，然后按住________键，再选择其他的文件或文件夹。

3. 任务栏的工具栏由________、地址栏、链接栏、桌面栏、语言栏等5个工具栏组成。

4. 快捷图标的特征是在图标的________有一个小箭头标识。

5. 打开资源管理器，在窗口中同时显示左右两个列表，左边显示是文件夹和计算机及其他资源的列表，右边显示的是被________的文件夹及其他资源的具体内容。

6. Windows中控制面板的显示方式有两种，一种是________视图，另一种是经典视图。

7. 桌面背景的设置在“________”属性对话框。

8. Windows XP支持三种文件系统，即FAT16、FAT32、________。

9. 键盘操作________可启动任务管理器。

10. 键盘操作________可关闭当前窗口。

第3章 办公文档编排与设计

Word作为重要组件之一可以帮助行政、文秘、办公人员创建、编辑、排版、打印各类用途的文档，进行书信、公文、报告、论文、商业合同、写作排版等一些文字集中的工作。

3.1 认识 Office Word 2010

Word 2010在文字录入、排版、格式的设置、图文混排、打印、邮件、模版等项使用中，继承了早期版本的强大优势，包括文档阅读的感觉、相关信息随时检索、Word的比较功能、“保护文档”功能、用数字证书保护Office 用户文档、快速资料的查找、通过XML创造组织解决方案、通过增强的智能标记自定义功能性。

3.1.1 文档的输入及保存

1. 启动Word 2010，创建新文档

在“开始”菜单中选择“所有程序→Microsoft Office→Microsoft Word 2010”选项，启动Word 2010。

启动后，Word 2010自动建立一个空白文档，如图3-1所示。工作窗口标题栏中显示的“文档1”是新建空白文档的临时文件名。

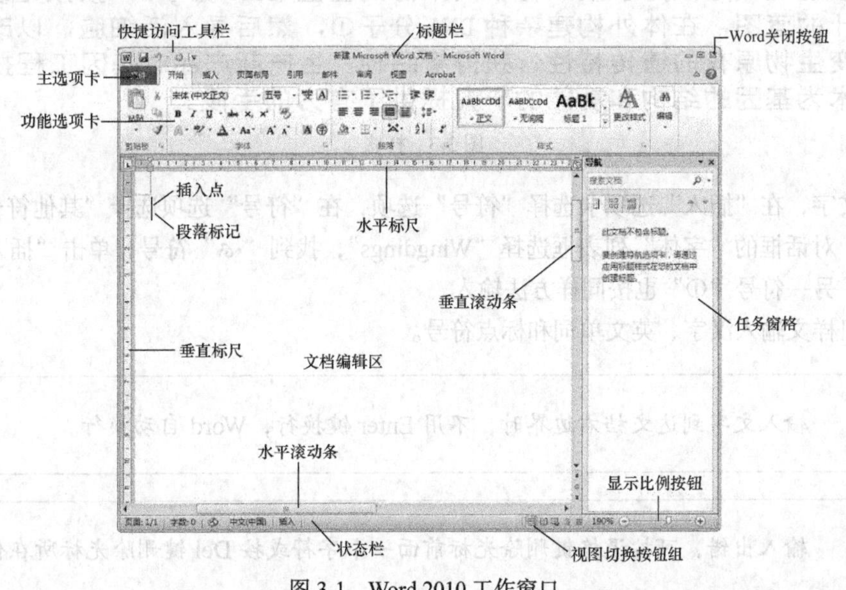

图3-1 Word 2010工作窗口

（1）标题栏：显示当前应用程序名（Microsoft Word）和当前所处理文档的文件名。

（2）选项卡与功能组：在 Office 2010 中，取消了传统的菜单操作方式，代之以各种功能区。Word 2010 窗口上方看起来像菜单的名称其实是功能区的名称，称为选项卡，单击选项卡不会打开菜单，而是切换到与之相对应的功能区面板，每个功能区根据功能的不同又分为若干个组，如图 3-2 所示。

某些选项卡只在需要时才显示。例如，仅当选择图片后，才显示“图片工具”选项卡。

Word 2010 将菜单选项与工具栏按钮整合在一起，每一个按钮对应一个常用的命令，通过对按钮的操作可以快速执行菜单命令。

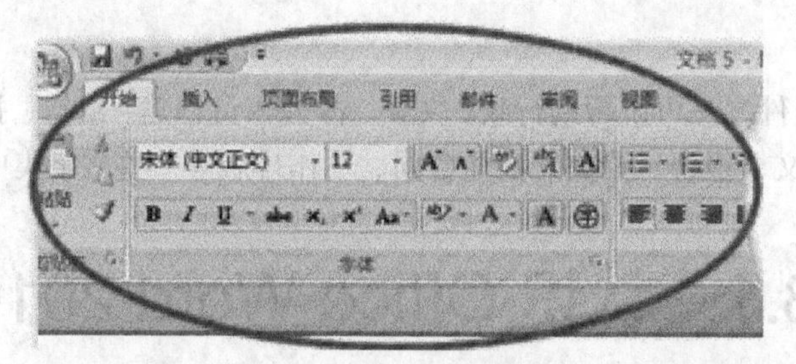

图 3-2　程序中的选项卡

（3）状态栏：位于 Word 窗口的底部，显示当前文档的编辑信息，如当前页数/文档页数、当前选中的字数/文档字数、插入/改写状态、视图切换按钮、显示比例等。

（4）文档窗口：Word 可以同时编辑多个文档，每一个文档将打开一个文档窗口，文档的编辑和格式设置都在文档窗口中进行。典型的文档窗口包括标尺（垂直和水平）、滚动条（垂直和水平）和文档编辑区。

2. 文档的输入及保存

（1）输入如图 3-3 所示内容。

> ෴基因工程是以分子遗传学为理论基础，以分子生物学和微生物学的现代方法为手段，将不同来源的基因（DNA 分子），按预先设计的蓝图，在体外构建杂种 DNA 分子①，然后导入活细胞，以改变生物原有的遗传特性、获得新品种、生产新产品。基因工程技术为基因的结构和功能的研究提供了有力的手段。

图 3-3　样张

输入文字，在“插入”选项卡选择“符号”选项，在“符号”选项选择“其他符号（M）”，在“符号”对话框的“字体”列表框选择“Wingdings”，找到“෴”符号，单击“插入”按钮，输入符号。另一符号“①”也按同样方法输入。

按题目样文输入汉字、英文单词和标点符号。

输入文字到达文档右边界时，不用 Enter 键换行，Word 自动换行。

输入出错，可按退格键删除光标前面一个字符或按 Del 键删除光标所在位置字符。

（2）保存文档。单击按钮，出现“另存为”对话框，如图 3-4 所示，确定储存路径，输入文件名称后，单击“确定”按钮。

图 3-4　“另存为”对话框

（3）关闭文档。在“文件”选项卡选择“退出”选项或单击标题栏右侧“关闭”按钮。

如果当前文档编辑后没有保存，关闭前弹出提问框，询问是否保存对文档的修改，如图 3-5 所示。单击“保存”按钮保存；单击“不保存”按钮放弃保存；单击“取消”按钮不关闭当前文档，继续编辑。

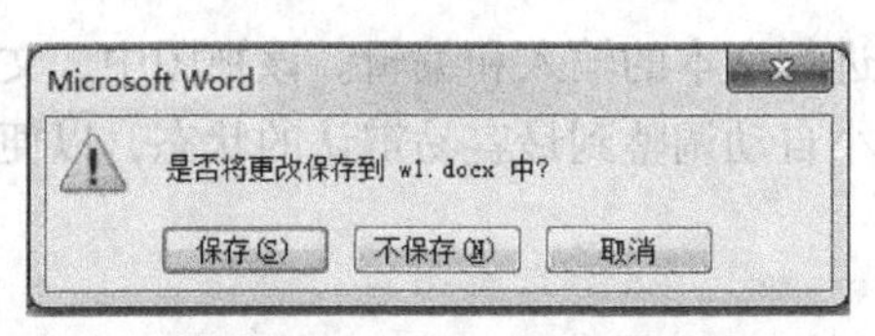

图 3-5　系统提问框

3. 文本的相关操作

（1）选定文本。

段落：鼠标在左边选定区双击。

几行 / 段：指针在左边选定区，垂直拖曳几行/段。

全部：Ctrl+A 或“编辑→全选”。

任意：①单击开始处，按 Shift+单击组合键结束。

　　　②单击开始处，将鼠标拖曳到结束处。

矩形块：Alt+拖曳。

（2）插入。

切换插入/改写状态：双击状态栏中“改写”或按 Ins 键。在“改写”状态下，输入的字符覆盖插入点右边的字符，插入点右移。

插入行：

插入点位于段落结束处按 Enter 键：在段落下方产生空行。

插入点位于段落开始处按 Enter 键：在段落上方产生空行。

插入文件：插入→文件

（3）删除文本。

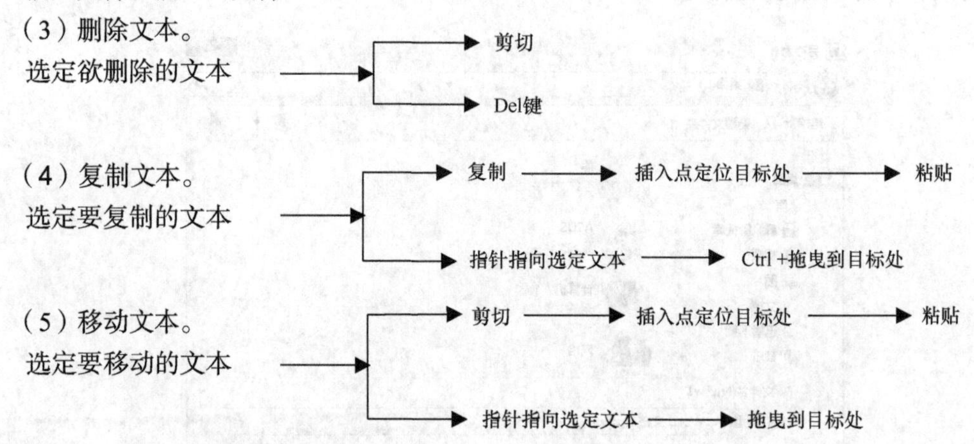

3.1.2 文档视图的使用

视图是文档窗口的显示方式。视图不会改变页面格式，但能以不同的形式来显示文档的页面内容，以满足不同编辑状态下的需要。Word 2010 提供了多种视图模式供用户选择使用。

1. 页面视图

文档编辑中最常用的视图，可以看到图形、文本的排列格式，能显示页的分隔、页边距、页码、页眉和页脚，显示效果与最终用打印机打印出来的效果一样，适用于进行绘图、插入图表和排版操作。

2. 阅读版式视图

便于用户阅读，也能进行文本的输入和编辑。该视图中，文档的相连两页显示在一个版面上，屏幕根据显示屏的大小自动调整到最容易辩认的状态，以便利用最大的空间来阅读或批注文档。

3. Web 版式视图

文档的显示与在浏览器（如 IE）中完全一致，可以编辑用于 Internet 网站发布的文档，即 Web 页面。该视图中不显示标尺，也不分页，不能在文档中插入页码。

4. 大纲视图

以大纲形式显示文档，并显示大纲工具，可以方便地查看文章的大纲层次，文章的所有标题分级显示，层次分明；用户也可以通过标题操作改变文档的层次结构。

5. 草稿

一种简化的页面布局，视图中不显示某些页面元素（如页眉和页脚），以便快速编辑文字。

单击状态栏中的视图切换按钮，可以在上述五种视图之间切换；也可以在“视图”中选择相应的视图选项进行切换。

6. 打印预览

在屏幕上显示文档打印时的真实效果。在“文件”选项卡中选择“打印”选项，可以预览文档的打印效果。

7. Word 使用的一般步骤

使用 Word 进行文字处理的步骤，如图 3-6 所示。

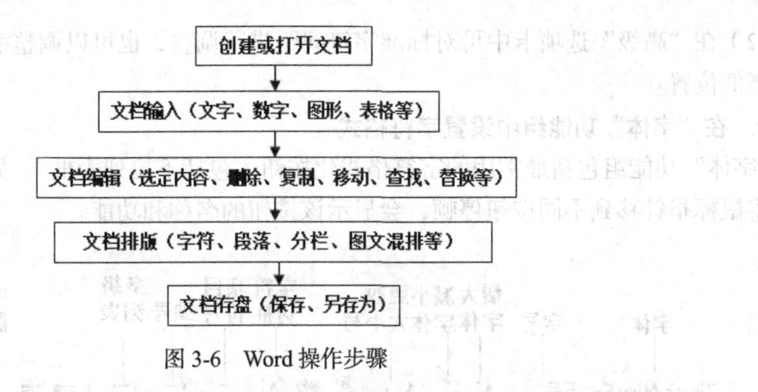

图 3-6　Word 操作步骤

3.2　编辑“公司员工管理规定”文档

文档的格式化即对文档进行排版，主要包括字符格式、段落格式和页面格式的设置。文档的格式可以在输入前设置，也可以在输入后重新设置。若在输入后设置格式，则应该先选定，后设置。多数有关格式设置的命令都位于“格式”菜单中，也可以在快捷菜单中选择。

3.2.1　字体的格式化

字符的“字体”格式设置包括选择字体、字形、字号、字符颜色以及处理字符的升降、间距等内容。

1. 用“字体”对话框设置字符格式

在“开始”选项卡单击“字体”功能组右下方箭头，显示“字体”对话框，包括“字体”、“高级”两个选项卡，如图 3-7 所示。

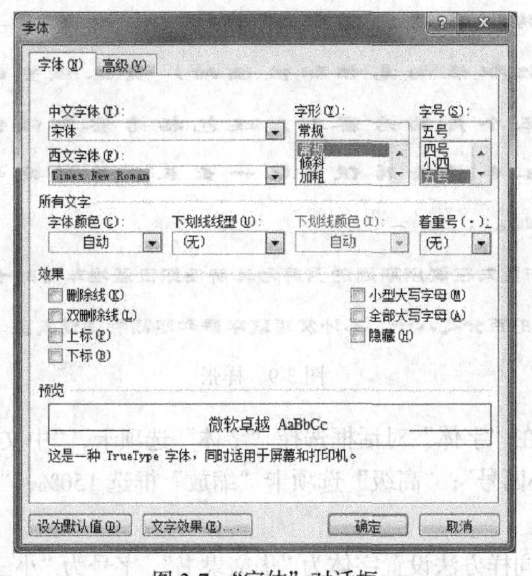

图 3-7　“字体”对话框

（1）在“字体”选项卡中可以设置字体、字形、字号、字体颜色、下画线线型、下画线颜色及效果等字符格式。

（2）在“高级”选项卡中可对标准字符间距进行调整，也可以调整字符所在行中相对于基准线的高低位置。

2. 在“字体”功能组中设置字符格式

“字体”功能组包括最常用的字符格式化按钮（包括下拉列表框），如图 3-8 所示。

将鼠标指针移到不同按钮停顿，会显示该按钮的名称和功能。

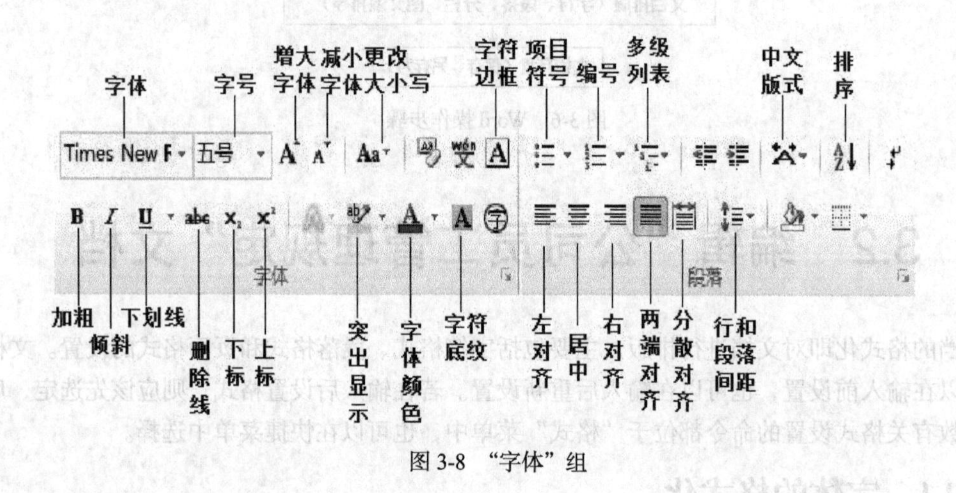

图 3-8 “字体”组

例 1 按图 3-9 所示样文为 W2-3.doc 设置字符格式，以文件名 W2.docx 保存。

（1）参考图 3-9，输入内容；

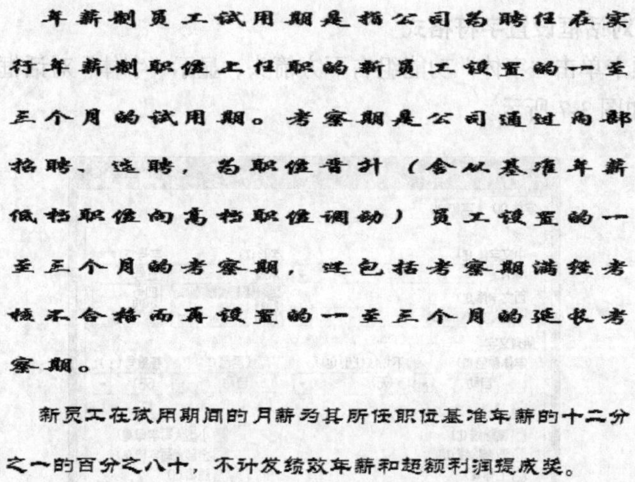

年薪制员工试用期是指公司为聘任在实行年薪制职位上任职的新员工设置的一至三个月的试用期。考察期是公司通过内部招聘、选聘，为职位晋升（含从基准年薪低档职位向高档职位调动）员工设置的一至三个月的考察期，并包括考察期满经考核不合格而再设置的一至三个月的延长考察期。

新员工在试用期间的月薪为其所任职位基准年薪的十二分之一的百分之八十，不计发绩效年薪和超额利润提成奖。

图 3-9 样张

（2）选定第 1 段，在“字体”对话框选择“字体”选项卡，“中文字体”：“华文行楷”；“字形”：“加粗”；字号：“小四号”；“高级”选项卡“缩放”框选 150%，“间距”框选“加宽”，“磅值”选“2 磅”。

（3）选定第 2 段，用同样方法设置字体为“华文隶书”，字号为“小三”。选定第 2 段中的“1”，设置为“上标”。

（4）保存为 W2.docx。

3.2.2　段落的格式化

“段落”功能组“中文版式”按钮如图 3-10 所示，可以设置“中文版式”。图中右边显示选择“中文版式”按钮子菜单各选项得到的排版效果。设置字体、字型、字号、下画线、颜色、字间距等内容。

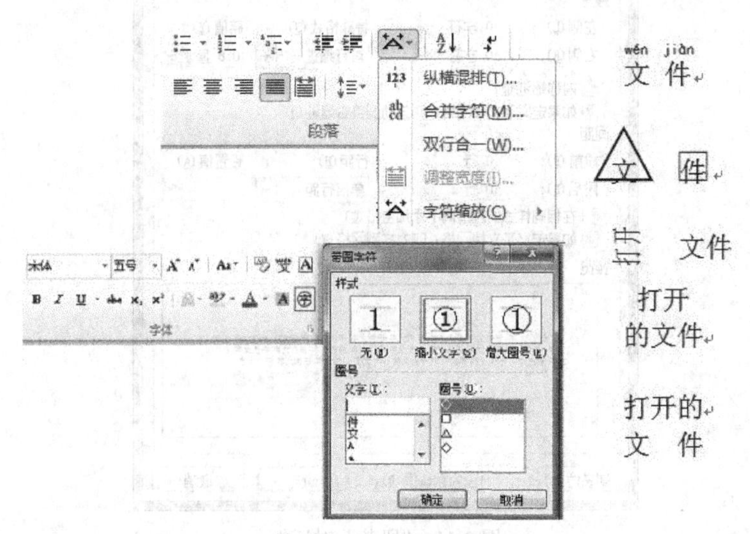

图 3-10　“中文版式”的选项

段落的格式设置主要包括：段落的对齐、段落的缩进、行距与段距、段落的修饰等内容。

显示或隐藏段落标记符：在“段落”功能组单击“显示/隐藏编辑标记 ”按钮。

可以先录入，再设置段落格式；也可以先设置段落格式，再录入文本，这时，段落格式只对设置后录入的段落有效。

如果对已录入的某段落设置格式，把插入点定位在段落内任意位置即可操作；如果对多个段落设置格式，先选择被设置的所有段落。

1．段落的对齐

段落的对齐方式：“左对齐”、“居中对齐”、“右对齐”、“两端对齐” 和 “分散对齐” 五种。

在“段落”对话框“缩进和间距”选项卡的“对齐方式”列表框中选择。

2．段落的缩进

段落的缩进方式：左缩进、右缩进、首行缩进和悬挂式缩进。

✧　页边距：纸张边缘与文本之间的距离。

✧　文档中各个段落都具有相同的页边距。

✧　改变段落左缩进（或右缩进）将使选定段落的左边与纸张左边缘的距离（或段落的右边与纸张右边缘的距离）变大或变小。

✧　为了突出显示某段或某几段，可以设置段落的左、右缩进。

✧　“首行缩进”：段落中只有第一行缩进，中文文章一般采用此种缩进方式。

✧　“悬挂式缩进”：段落中除第一行外的其余各行都缩进。

“段落”对话框的“缩进和间距”选项卡，如图 3-11 所示，可以指定段落缩进的准确值。

✧　在“缩进”区域的“左”、“右”框设置段落的左缩进和右缩进。

✧　在“特殊格式”框设置首行缩进和悬挂缩进。

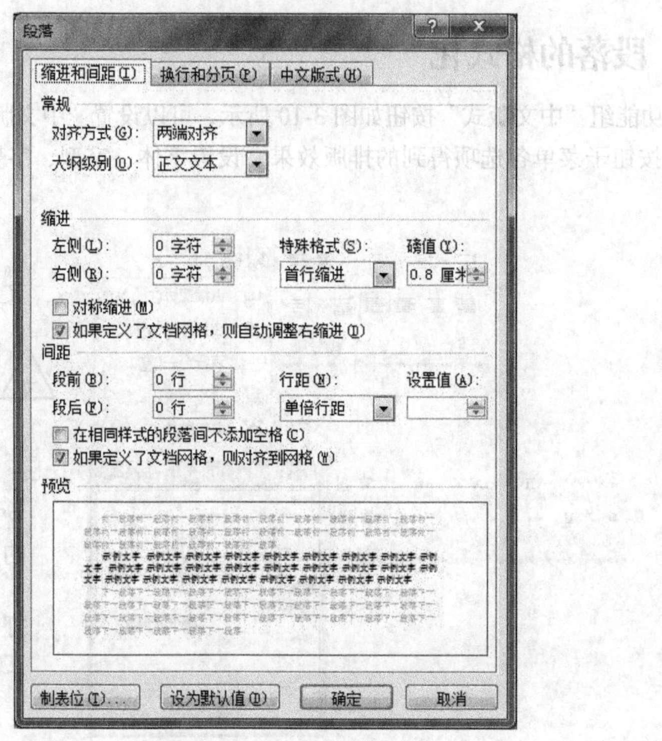

图3-11 “段落”对话框

“段落”组有两个缩进按钮：“增加缩进量”和“减少缩进量”按钮，但只能应用于段落的左缩进。

3. 间距

在“段落”对话框“缩进和间距”选项卡中，“间距”区域可设置段落之间距离、段落中各行间距离。

“行距”设置为“固定值”时，如果某行出现高度超出行距的字符，则字符的超出部分被截去。

单击“段落”功能组的“行距”按钮，可以设置段落中各行间的距离。

4. 段落分页的设置

“段落”对话框“换行和分页”选项卡的“分页”区域可处理分页处段落的安排，可以根据文档内容的需要选择。四个选项含义如下。

（1）孤行控制：防止页面顶端打印段落末行或页面底端打印段落首行。

（2）与下段同页：防止在当前段落及下一段落之间使用分页符。

（3）段前分页：在当前段落前插入分页符。

（4）段中不分页：防止在当前段落中使用分页符。

通过例题练习掌握段落的对齐、段落的缩进、行距与段距、段落修饰等段落格式的设置方法。

例2 按图3-12样文，输入文字内容，并按要求设置段落格式，设置完毕以文件名W3.docx保存。

将第一段文字居中，字体设为方正舒体，字号为二号，加粗，斜体

将第二、三段行距设为1.5倍，首行缩进2个字符

将第二段段前间距设置为12磅，段后间距设置为12磅

匆匆

燕子去了，有再来的时候；杨柳枯了，有再青的时候；桃花谢了，有再开的时候。但是，聪明的，你告诉我，我们的日子为什么一去不复返呢？——是有人偷了他们罢：那是谁？又藏在何处呢？是他们自己逃走了罢：现在又到了哪里呢？

我不知道他们给了我多少日子；但我的手确乎是渐渐空虚了。在默默里算着，八千多日子已经从我手中溜去；像针尖上一滴水滴在大海里，我的日子滴在时间的流里，没有声音，也没有影子。我不禁头涔涔而泪潸潸了。

去的尽管去了，来的尽管来着；去来的中间，又怎样地匆匆呢？早上我起来的时候，小屋里射进两三方斜斜的太阳。太阳他有脚啊，轻轻悄悄地挪移了；我也茫茫然跟着旋转。于是——洗手的时候，日子从水盆里过去；吃饭的时候，日子从饭碗里过去；默默时，便从凝然的双眼前过去。我觉察他去的匆匆了，伸出手遮挽时，他又从遮挽着的手边过去，天黑时，我躺在床上，他便伶伶俐俐地从我身上跨过，从我脚边飞去了。等我睁开眼和太阳再见，这算又溜走了一日。我掩着面叹息。但是新来的日子的影儿又开始在叹息里闪过了。

图 3-12　样文

3.2.3　格式刷的使用

为方便修饰相同文字格式及段落格式，可用“格式刷”快速复制格式，简化重复操作。

要将选定格式复制给不同位置的文本，可以在“剪贴板”功能组双击“格式刷”按钮，复制格式后光标带着刷子，用它继续将格式复制到其他文本，直至按 Esc 键或单击“格式刷”按钮取消。

3.3　美化“公司员工管理规定”文档

3.3.1　分栏及首字下沉的设置

1．分栏

选定要设置为分栏格式的文本，如果为已创建的节设置分栏格式，将插入点定位在节中；在“插入”选项卡“页面布局”组单击“分栏”按钮，在子菜单选择“更多分栏（C）”选项，弹出“分栏”对话框，如图 3-13 所示，在对话框中选择所需的选项。

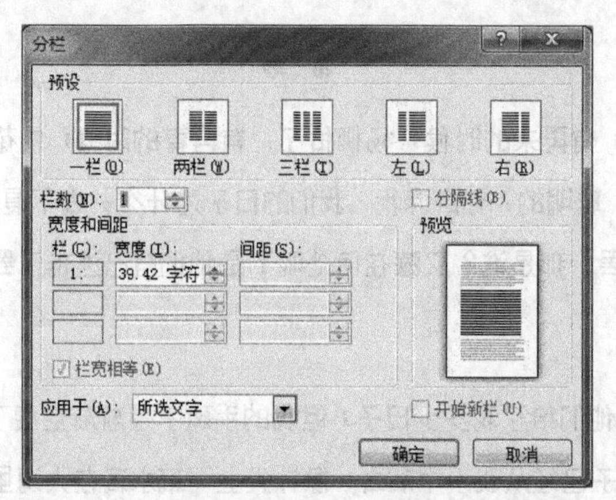

图 3-13 “分栏”对话框

例 3 打开文档 W2.docx，对第 2 段设置分栏：分两栏、栏宽相等，加分隔线，另存为 W2 分栏.docx，如图 3-14 所示。

（1）打开文档 W2.doc。

（2）对文档第 2 段设置分栏：选定第 2 段（包括段落标记），在“插入”选项卡“页面布局”组单击“分栏”按钮，在子菜单选择“更多分栏（C）”选项，弹出“分栏”对话框。选择“预设”区域中“两栏”，选择“栏宽相等”和“分隔线”复选框，单击“确定”按钮。

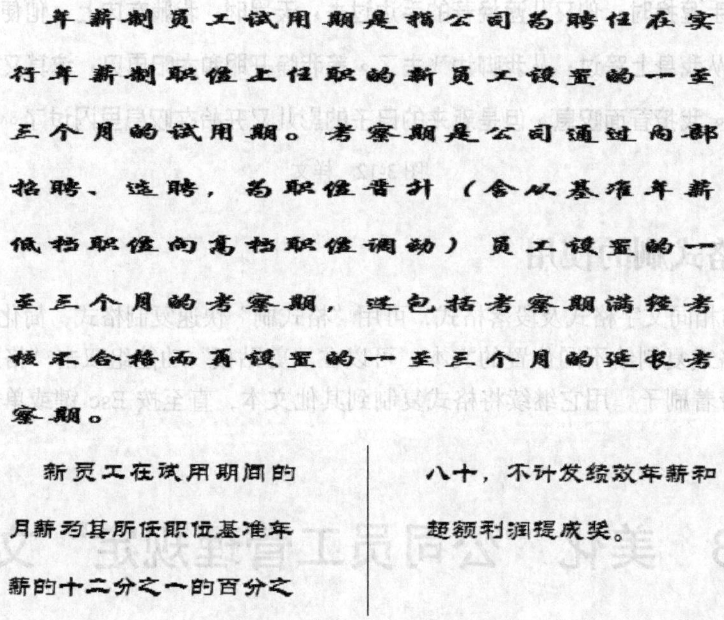

年薪制员工试用期是指公司为聘任在实行年薪制职位上任职的新员工设置的一至三个月的试用期。考察期是公司通过内部招聘、选聘，为职位晋升（含从基准年薪低档职位向高档职位调动）员工设置的一至三个月的考察期，还包括考察期满经考核不合格而再设置的一至三个月的延长考察期。

新员工在试用期间的月薪为其所任职位基准年薪的十二分之一的百分之八十，不计发绩效年薪和超额利润提成奖。

图 3-14 “分栏”样张

2. 首字下沉

可以把段落第一个字符设置成一个大的下沉字符，达到引人注目的效果，设置方法：“插入”选项卡→“文本”功能组→单击“首字下沉”按钮，在子菜单选择“首字下沉选项”。

例 4 打开文档 W2.docx，对第 1 段设置首字下沉，如图 3-15 所示。

年薪制员工试用期是指公司为聘任在实行年薪制职位上任职的新员工设置的一至三个月的试用期。考察期是公司通过内部招聘、选聘，为职位晋升（含从基准年薪低档职位向高档职位调动）员工设置的一至三个月的考察期，还包括考察期满经考核不合格而再设置的一至三个月的延长考察期。

新员工在试用期间的月薪为其所任职位基准年薪的十二分之一的百分之八十，不计发绩效年薪和超额利润提成奖。

图 3-15　“首字下沉”样张

3.3.2　为所选文字或段落设置底纹和边框

可对选定段落添加边框或底纹：选定内容，在“段落”功能组单击“边框和底纹”按钮→“边框和底纹”对话框有三个选项卡：“边框”、“页面边框”和“底纹”，如图 3-16 所示。

1. “边框”选项卡

为选定的段落添加边框，其中

✧ “设置”选项组：选择边框的类型。

✧ “样式”、“颜色”、“宽度”：选择边框线型、颜色和边框线宽度。

✧ “预览”：单击样板某边（或对应按钮），可在选定文本同一侧设置或取消边框线。

✧ “应用于”：可选择应用范围（“段落”、“文字”或“图片”）。

2. “底纹”选项卡

可为选定段落或对文字添加底纹，设置背景的颜色和图案。

3. “页面边框”选项卡

可为页面添加边框（其中，“应用范围”有“整篇文档”、“本节”、“本节-仅首页”、“本节-除首页外所有页”等。

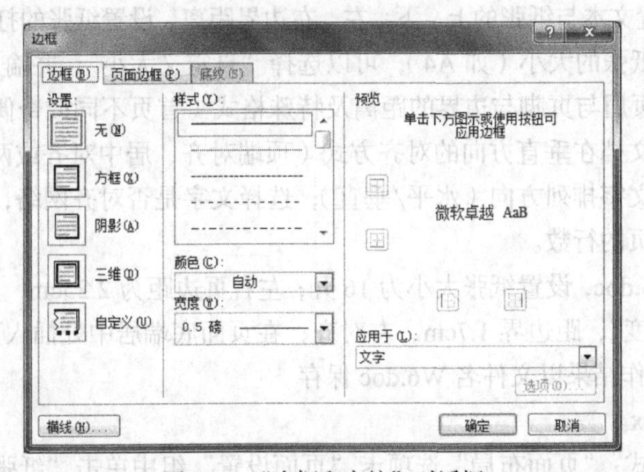

图 3-16　“边框和底纹”对话框

例 5 打开文档 W4.docx，如图 3-17 所示，对第 1 段中的文字设置底纹，颜色为浅蓝，为第 2 段添加边框。

一、本制度所称薪等是指集团公司通过职位价值评估，依据集团公司、子公司设置的职位，把职务层次、薪资水平相近的集合起来列为一个等，按薪资水平由高到低，序号从一开始，由小到大设置的等别。本制度现行薪等设置为十四个。

二、本制度所称职等，是指集团公司为同一职位，按其工作深度、专业素质、技能要求不同设置的等别。本制度现行职等，按职位分类的不同，设置不同的职等。

图 3-17 "边框与底纹"样张

3.3.3 打印公司员工管理规定文档

页面格式主要包括纸张大小、页边距、页面的修饰（设置页眉、页脚和页号等操作）。

1. 设置页眉和页脚

✧ 页眉和页脚是指在每一页顶部和底部加入的信息。

✧ 页眉和页脚的内容可以是文件名、页码、日期、单位名，也可以是图形。

✧ 设置页眉 / 页脚：视图 → 页眉和页脚。

✧ 编辑页眉 / 页脚："视图 → 页眉和页脚"或双击页眉 / 页脚。

2. 设置页码

✧ 插入→页码（在"页码"对话框中进行设置）。

✧ 视图→页眉和页脚（使用"页眉和页脚"工具栏中的"插入页码"、"插入页数"、"设置页码格式"按钮进行设置）。

3. 页面设置

✧ 页边距：设置文本与纸张的上、下、左、右边界距离，设置纸张的打印方向，默认为纵向。

✧ 纸张：设置纸张的大小（如 A4），可以选择"自定义大小"，并输入宽度和高度。

✧ 版式：设置页眉与页脚与边界的距离及特殊格式（首页不同或奇偶页不同）；添加行号；添加页面边框；设置文档在垂直方向的对齐方式（顶端对齐、居中对齐或两端对齐）。

文档网格：设置文字排列方向（水平/垂直）；选择文字是否对齐网络，每页的行数和每行的字数，也可只设置每页的行数。

例 6 在文档 W5.doc，设置纸张大小为 16 开；左右页边距为 2.25cm，上下页边距为 2.75cm；插入页眉"☒薪金制度"，距边界 1.7cm，左对齐；在页面底端居中处插入页码，格式为"-1-"，起始页码为 15。将操作结果以文件名 W6.doc 保存。

（1）打开 W5.docx。

（2）设置页面格式："页面布局"选项卡"页面设置"组中单击"纸张大小"按钮，在子菜单选择“16 开”；单击“页边距”按钮，在子菜单选择“自定义边距”选项；在“页面设置”对话框的“上”、“下”微调框输入 2.75cm，“左”、“右”微调框输入 2.25cm；单击“确定”按钮。

（3）插入页眉：“插入”选项卡“页眉和页脚”组重单击“页眉”按钮，在子菜单选择“编辑页眉”选项，进入页眉编辑，插入点位于页眉中部，如图 3-18 所示；输入“☒薪金制度”。插入页脚操作方法类似。

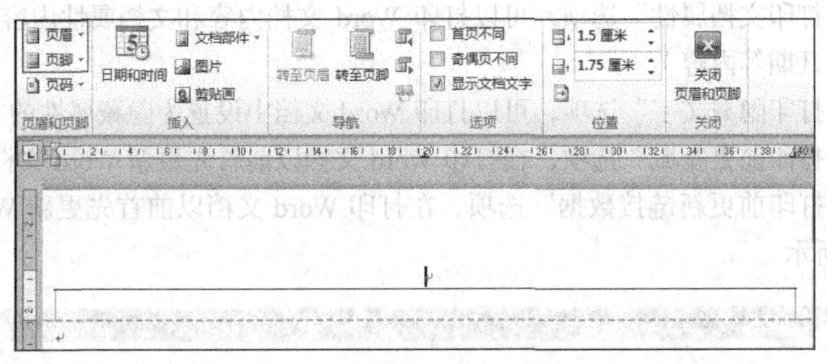

图 3-18　页眉和页脚编辑状态

① 单击“开始”选项卡“段落”组右下向下箭头，在“段落”对话框选择对齐方式为“左对齐”；

② 单击“页面布局”选项卡“页面设置”组右下向下箭头，在“页面设置”对话框“版式”选项卡调节“页眉”微调按钮为 1.7cm；

③ 单击“确定”按钮。

（4）插入页码：在“插入”选项卡“页眉和页脚”组单击“页脚”按钮，在子菜单选择“编辑页脚”选项，进入页脚编辑，插入点位于页脚编辑框。在页面底端居中处插入页码，格式为“-1-”，起始页码为 15。关闭“页眉和页脚”，单击“关闭”按钮，返回文档编辑区。

（5）把文档另存为 W6.docx。

4. 打印文档

在 Word 2010 中，用户可以通过设置打印选项使打印设置更适合实际应用，且所做的设置适用于所有 Word 文档。在 Word 2010 中设置 Word 文档打印选项的步骤如下所述：

第 1 步，打开 Word 2010 文档窗口，依次单击“文件”→“选项”按钮，如图 3-19 所示。

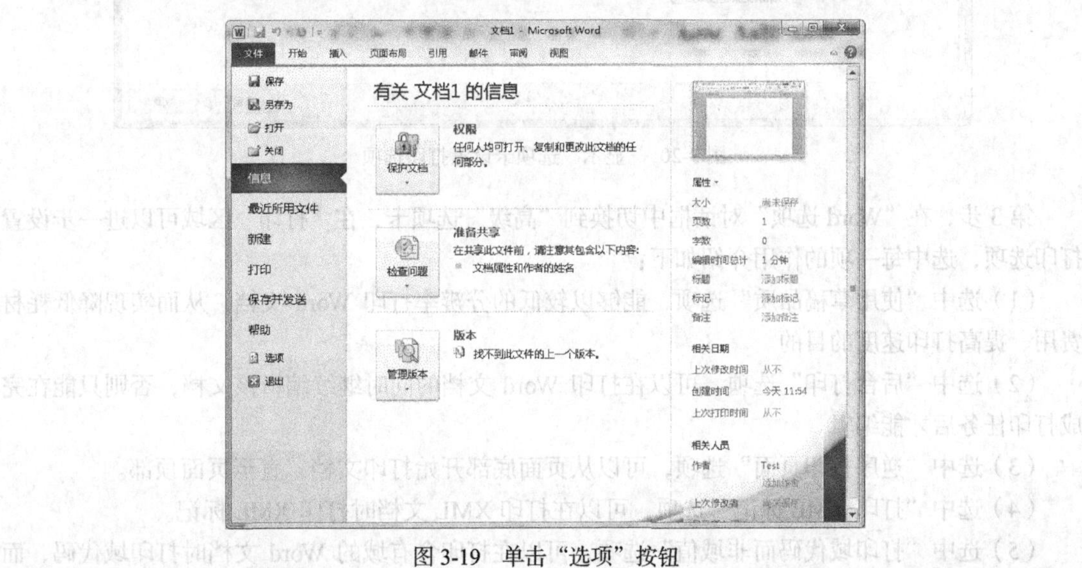

图 3-19　单击“选项”按钮

第 2 步，在打开的“Word 选项”对话框中，切换到“显示”选项卡。在“打印选项”区域列出了可选的打印选项，选中每一项的作用介绍如下：

（1）选中“打印在 Word 中创建的图形”选项，可以打印使用 Word 绘图工具创建的图形。

（2）选中“打印背景色和图像”选项，可以打印为 Word 文档设置的背景颜色和在 Word 文档中插入的图片。

（3）选中“打印文档属性”选项，可以打印 Word 文档内容和文档属性内容（例如文档创建日期、最后修改日期等内容）。

（4）选中“打印隐藏文字”选项，可以打印 Word 文档中设置为隐藏属性的文字。

（5）选中“打印前更新域”选项，在打印 Word 文档以前首先更新 Word 文档中的域。

（6）选中“打印前更新链接数据”选项，在打印 Word 文档以前首先更新 Word 文档中的链接，如图 3-20 所示。

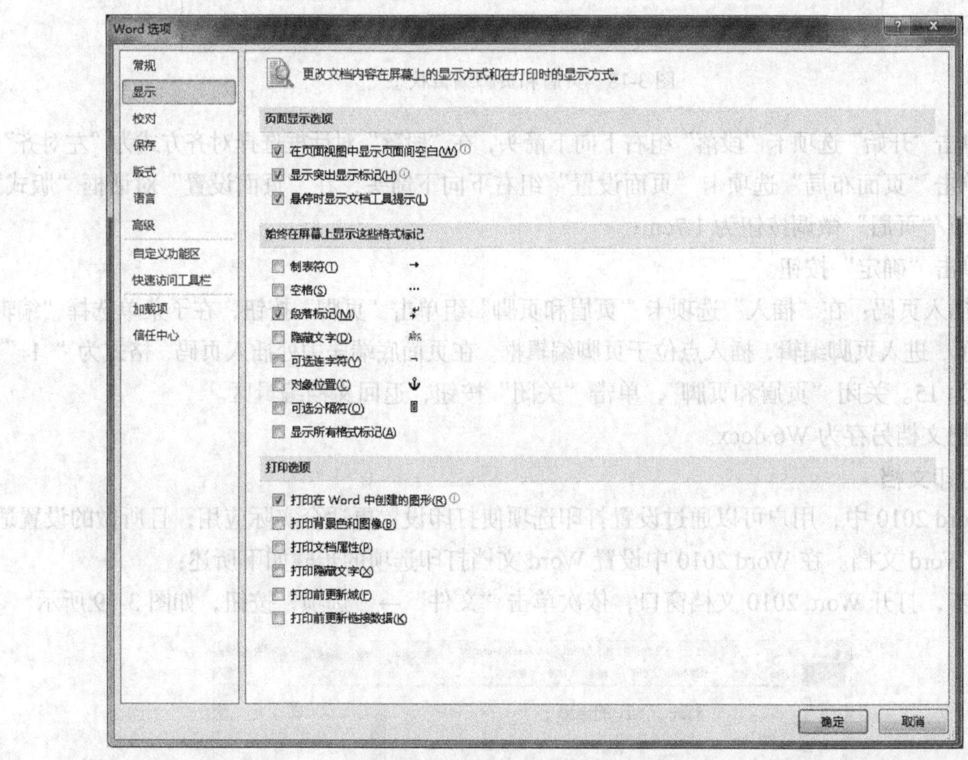

图 3-20 “显示”选项卡设置打印选项

第 3 步，在“Word 选项”对话框中切换到“高级”选项卡，在“打印”区域可以进一步设置打印选项，选中每一项的作用介绍如下：

（1）选中“使用草稿品质”选项，能够以较低的分辨率打印 Word 文档，从而实现降低耗材费用、提高打印速度的目的。

（2）选中“后台打印”选项，可以在打印 Word 文档的同时继续编辑该文档，否则只能在完成打印任务后才能编辑。

（3）选中“逆序打印页面”选项，可以从页面底部开始打印文档，直至页面顶部。

（4）选中“打印 XML 标记”选项，可以在打印 XML 文档时打印 XML 标记。

（5）选中“打印域代码而非域值”选项，可以在打印含有域的 Word 文档时打印域代码，而不打印域值。

（6）选中“打印在双面打印纸张的正面”选项，当使用支持双面打印的打印机时，在纸张正面打印当前 Word 文档。

（7）选中“在纸张背面打印以进行双面打印”选项，当使用支持双面打印的打印机时，在纸张背面打印当前 Word 文档。

（8）选中“缩放内容以适应 A4 或 8.5"×11"纸张大小”选项，当使用的打印机不支持 Word 页面设置中指定的纸张类型时，自动使用 A4 或 8.5"×11"尺寸的纸张。

（9）“默认纸盒”列表中可以选中使用的纸盒，该选项只有在打印机拥有多个纸盒的情况下才有意义，如图 3-21 所示。

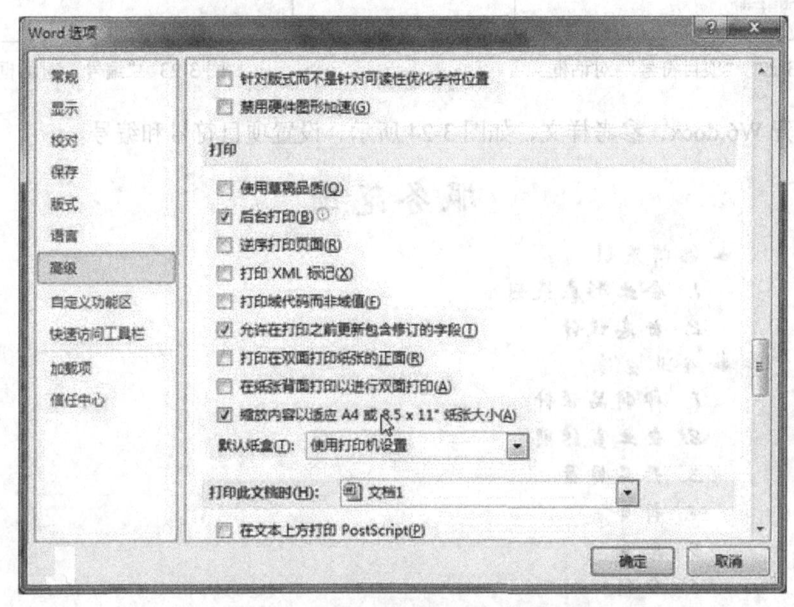

图 3-21　“高级”选项卡设置打印选项

3.4　规章性文案与自动编号

为并列项标注项目符号或为序列项加编号，使文章层次分明、条理清楚、便于阅读和理解。

选定段落，在“段落”功能组中单击“编号”或“项目符号”按钮，可在选定的段落前加上数字编号或项目符号。

3.4.1　创建企业宣传文档

选择添加编号或项目符号的方法：选定段落，在“段落”功能组单击“编号”或“项目符号”按钮的右边向下箭头，在“项目符号”或“编号”对话框选择编号或项目符号，如图 3-22 和图 3-23 所示。

若“编号”或“项目符号”选项卡中提供的编号或项目符号不能满足要求，可以自定义新项目符号或新编号格式。

如果在已设置好编号的序列中插入或删除序列项，Word 自动调整编号，不必人工干预。

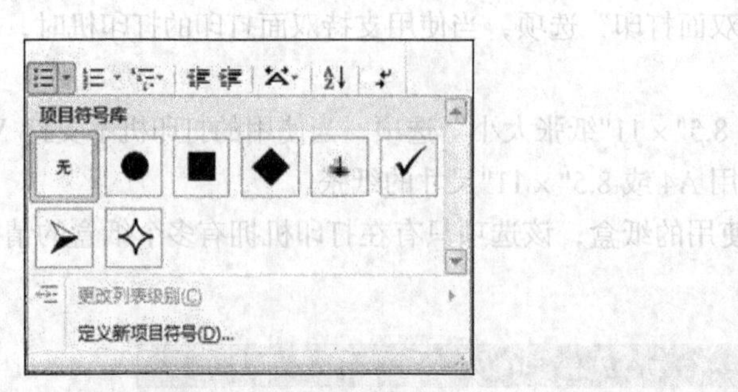

图3-22 “项目符号”对话框

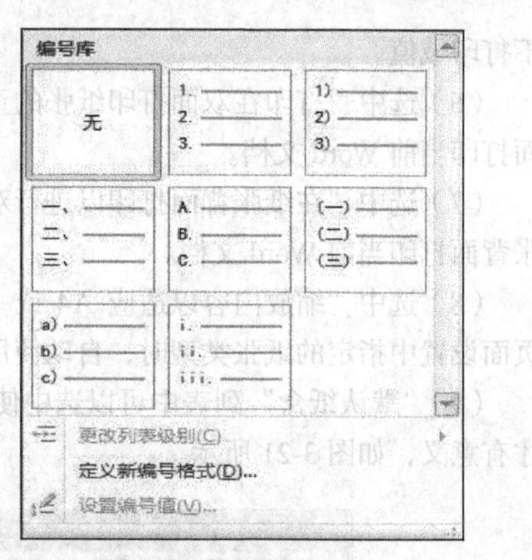

图3-23 “编号”对话框

例7 打开W6.docx，参考样文，如图3-24所示，设置项目符号和编号。

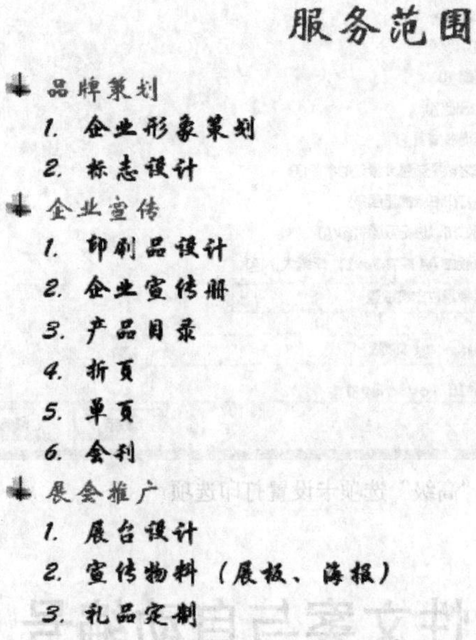

服务范围

- 品牌策划
  1. 企业形象策划
  2. 标志设计
- 企业宣传
  1. 印刷品设计
  2. 企业宣传册
  3. 产品目录
  4. 折页
  5. 单页
  6. 会刊
- 展会推广
  1. 展台设计
  2. 宣传物料（展板、海报）
  3. 礼品定制

图3-24 “项目符号和编号”样张

3.4.2 对象的插入与编辑

对象的种类有很多，我们以图片和艺术字为例，介绍插入对象的使用和编辑方法。

图片是其他文件创建的图形，包括位图、扫描的图片和照片以及剪贴画。图文处理包括图片的版式控制、图片的编辑。

图片的版式控制有两类：参与图文混排（四周型、衬于文字下方等类型）、尾随文本（嵌入型）。图片的编辑如同编辑文档那样，必须先选定图片，再对图片执行相应的操作、修饰。

艺术字也是一种自选图形，插入艺术字和编辑操作具有编辑自选图形的许多特点，并且兼有文字编辑的内容。可以用“图片工具 格式”选项卡对艺术字进行编辑。

除了可以更改艺术字内容外，还可以设置艺术字格式、形状、环绕、旋转、对齐和字间距等内容。

例 8　参考样张格式，如图 3-25 所示，创建文件 W7.docx，并进行相应的操作。

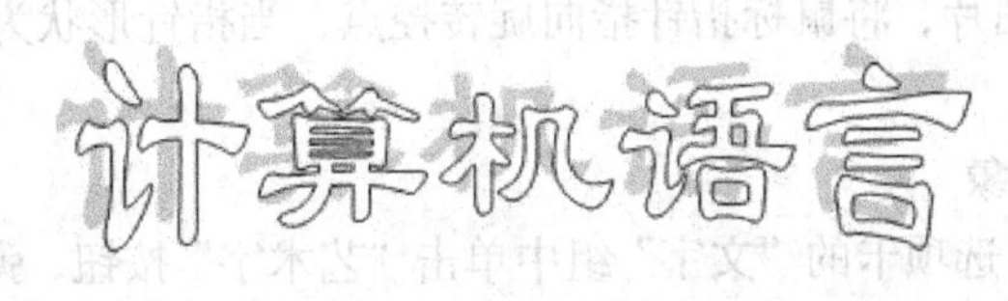

人要指挥计算机运行，就要使用计算机能“听懂”、能接受的语言。这种语言按其发展程度，使用范围可以区分为机器语言[1]与程序语言（初级程序语言和高级程序语言）。

❖机器语言和程序语言

什么是机器语言呢？

机器语言 是 CPU 能直接执行的指令代码组成的。这种语言中的“字母”最简单，只有 0 和 1。最早的程序是用机器语言写的，这种语言的缺点是：

⑴机器语言写出的程序不直观，没有任何助记的作用，使得编程人员工作繁琐、枯燥、乏味，又易出错。

⑵由于它不直观，也就很难阅读。这不仅限制了程序的交流，而且使编程人员的再阅读都变得十分困难。

⑶机器语言是严格依赖于具体型号机器的，程序难于移植。

⑷用机器语言编程序，编程人员必须具体处理存储分配、设备使用等等繁琐问题。

高级程序语言 广泛使用英文词汇、短语，可以直接编写与代数式相似的计算公式。用高级程序语言编程序比用汇编或机器语言简单得多，程序易于改写和移植，BASIC，FORTRAN，C，JAVA 都属于高级程序语言。

图 3-25　“插入对象”样张

1. 创建文档

按样文创建文档，“❖ 机器语言和程序语言”设置为四号字。

2. 插入图片（左上角）并调整大小

（1）将插入点定位于第 1 段开始，在选项卡“插入”的“插图”组单击“剪贴画”按钮，打开“剪贴画”任务窗格，“搜索文字”为“计算机”，在“搜索范围”下拉列表框选择“Office 收藏集”中“科技”下“计算”复选框，单击“搜索”。双击所需图片，插入到图示位置，图片环绕方式默认嵌入型。

（2）选定图片，在选项卡“图片工具 格式”的“大小”组单击右下角的向下箭头 ，弹出“设置图片格式”对话框；在“大小”选项卡设置缩放高度 80%，“锁定纵横比”复选框为选中状态；图片环绕方式如果不是嵌入型，则在“版式”选项卡中设置为“嵌入型”。

3. 插入图片（文档右侧）并旋转、裁剪图片

（1）任意定位插入点，在“插入”选项卡的“插图”组中单击“剪贴画”按钮，打开“剪贴画”任务窗格，“搜索文字”为“人物”，在“搜索范围”的下拉列表框中选择“Office 收藏集”复选框。单击“搜索”；双击所需图片，插入到文档中。

（2）选定图片，在“图片工具 格式”选项卡“排列”组单击“文字环绕”按钮，子菜单中选择“四周型环绕”；选定图片，在“大小”组重单击“裁剪”按钮 ，将裁剪光标置于图片上边的裁剪控点上拖动，按图示样文裁去图片的上半部分。

（3）选定图片，将鼠标指针指向旋转控点，当指针形状为“↻”时，拖动鼠标，按图示样文将旋转图片。

4. 插入对象

在“插入”选项卡的“文字”组中单击“艺术字”按钮，弹出“艺术字库”对话框（图 3-26）。

图 3-26 “艺术字库”对话框

5. 设置对象样式

选择第 1 行第 1 列艺术字样式，单击“确定”按钮，打开“编辑‘艺术字’文字”对话框，如图 3-27 所示。

图 3-27 “编辑‘艺术字’文字”对话框

6. 设置字体、字号

在“文字”框中输入“计算机语言”，设置字体为“隶书”，字号为 36，单击“确定”按钮。文档按所选样式和内容显示艺术字，同时打开“艺术字工具 格式”选项卡。可用“艺术字工具 格式”的设置把艺术字修饰成满足要求的样式。

7. 修改对象样式

在“艺术字工具 格式”选项卡的“艺术字样式”的中单击“更改形状”按钮，选择“朝鲜鼓”；单击“阴影样式”按钮，选择“阴影样式 1”；调整艺术字的大小和位置。

8. 单击文档

单击文档即可完成插入艺术字的操作。若要再次编辑艺术字，只需单击艺术字，四周出现控点，同时显示“艺术字工具 格式”选项卡。

9. 保存

以文件名 W7.docx 保存。

3.5　数据处理报告及图表应用

Word 中的表格是由若干行和若干列组成的，行和列交叉构成单元格，单元格是表格的基本组成单位，在单元格中可以添加文字、图形和表格，可以对表格的数据进行排序、统计和计算，还可以将表格与周围文本进行混排等。

3.5.1　表格编辑

对表格操作的命令绝大多数在“表格”下拉菜单中。

例 9　创建如图 3-28 所示表格。

员工号	姓名	技能 1	技能 2	技能 3
200005001	韩影	76	67	71
200005002	张一明	81	85	90
200005003	陈俊	90	88	94
200005004	赵萍	65	56	70

图 3-28　表格样张

1. 创建表格

（1）定位，在“插入”选项卡“表格”组单击“表格”按钮，选择“插入表格”，弹出“插入表格”对话框如图 3-29 所示。

（2）输入或选择行数和列数（本例“列数”和“行数”为“5”）。

（3）选中“固定列宽”单选按钮，在右边数字框输入或选择列宽（本例“自动”，如在数字框选择默认值“自动”，在左右页面边界之间插入列宽相同的表格），无论列数多少，表格总宽度总是与文本宽度一样。

- 选择“根据窗口调整表格”单选钮同“固定列宽”中“自动”一样。
- 如选择“根据内容调整表格”，表格列宽随输入内容而变化。

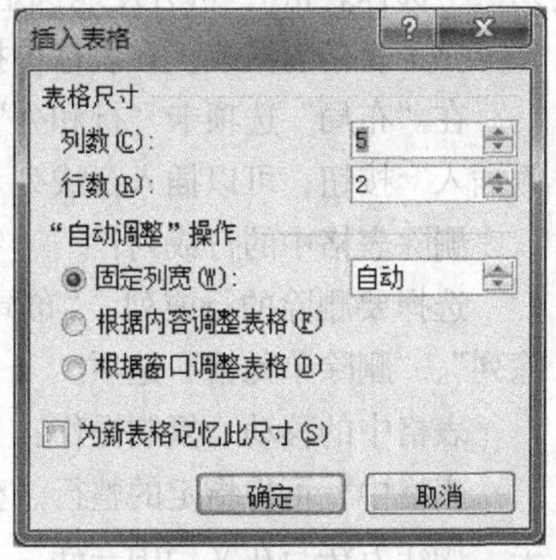

图 3-29　“插入表格”对话框

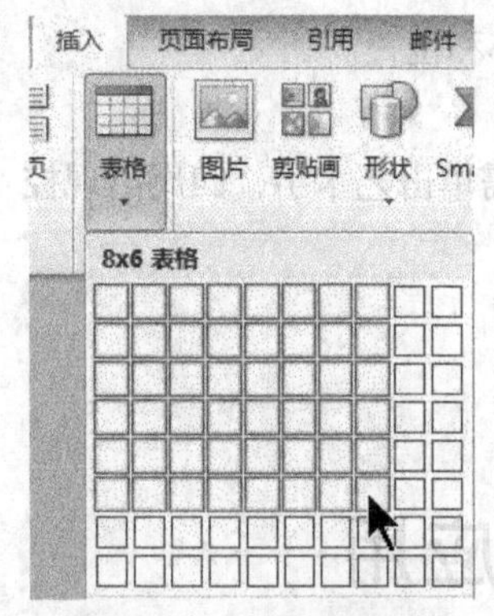

图 3-30　表格选择框

- 如按预定义格式创建表格，选择“自动套用格式”按钮。

（4）单击“确定”按钮，新建空表格出现在插入点处。

（5）输入文本，把表格文件保存为 W8.docx。

我们还可以在“插入”选项卡“表格”组单击“表格”按钮，子菜单如图 3-30 所示。拖动鼠标选择表格行数和列数，松开按钮，插入点光标处插入一个对应的空规范表格，图 3-30 所示可插入一个 6 行 8 列的表格。

2．表格的编辑

表格修改包括插入单元格、行或列，删除单元格、行或列，调整行高或列宽，移动、复制表格中单元格的内容等。

（1）输入和编辑单元格内容。单元格中输入文字到达右边界自动换行。输入中，可按 Enter 键换行。两种情况都将增加单元格高度，同行单元格高度随之增加，但不改变当前单元格宽度。同理，如果单元格中文字减少，高度降低，宽度不变。如果希望增加列宽容纳多出来的文字，可手工改变列宽，单元格中文字根据列宽自动重排。

如果在文档开始处表格上方插入一个空段落，可将插入点定位到第一个单元格内文本前面，按 Enter 键。若要删除整个单元格或多个单元格内容，可先选取单元格后按 Del 键，或在“布局”选项卡单击“删除”按钮，选择操作项目（删除单元格、删除列、删除行、删除表格）。

单元格文本格式与插入表格时插入点所在段落文本格式一致。可根据需要在单元格应用样式或格式化操作改变表格中文本格式，方法同普通文档格式化操作。

（2）选择单元格、行、列或表格。可用鼠标选定表格中单元格、行或列。

选择一个单元格：将鼠标指针移到单元格左边，光标为“➚”状时单击。

选择表格中一行：将鼠标移到行左边，光标为“⬀”状时单击。

选择表格中一列：将鼠标移到列上方，光标为“⬇”状时单击。

选择多个单元格、或多行、或多列：用鼠标拖曳或先选定开始单元格，再按住 Shift 键并选定结束的单元格。

选定表格：将鼠标指针移到表格中，表格左上角出现“表格移动手柄”，单击“表格移动手柄”。

在“布局”选项卡“行和列”组单击“选择”按钮，选择“选择单元格”、“选择行”、“选择列”、“选择表格”，可方便地选定表格或表格中单元格、行、列。

（3）表格的修改。在表格中插入行或列：

在“布局”选项卡“行和列”组单击“在上方插入”、“在下方插入”、“在左侧插入”、“在右侧插入”按钮，可以插入行或列。

删除表格中的行或列：

选择要删除的行或列，“布局”选项卡单击“删除”按钮，在子菜单中选择“删除行”、“删除列”、“删除单元格”选项。

表格中的移动、复制操作：

表格中，可将指定的整行、整列或单元格中文本或数据移动或复制到其他行、列或单元格中去，操作方法与在文档中一样。

选定行、列或单元格后，可用“剪切（或复制）”和“粘贴”作完成上述操作，也可以用“拖动”（或按住 Ctrl 键并拖动）实现移动或复制。

在移动或复制整行、整列时，被移动或复制的行、列连同表格线一起插入（而不是替换）所选定的目标位置。

（4）调整表格列宽。

方法一：在表格中选定列，在“布局”选项卡“单元格大小”组单击右下角向右下箭头，打开“表格属性”对话框；在“列”选项卡修改被选定列的列宽，单击“前一列”、“后一列”修改其他列的列宽；单击“确定”按钮返回。

方法二：将鼠标指针移到表格列的竖线上，按住左键并左右拖动表格列竖线，直到宽度合适松开左键。按住 Alt 键可以平滑拖动表格列竖线，并在水平标尺上显示出列宽值。

方法三：在“布局”选项卡“单元格大小”组单击“分布列”按钮，可设置所选列的列宽相等。

在“布局”选项卡“单元格大小”组单击“自动调整”按钮，在子菜单选择“根据内容调整表格”，可设置所选列的列宽随着内容变化而变化；选择“固定列宽”，可设置所选列的列宽不再随着内容的变化而变化；选择“根据窗口调整表格”，可设置表格的宽度为页宽。

（5）调整表格行高。

一般自动设置行高。内容超过行高时自动增加。同一行单元格高度（行高）相同。

调整行高方法：与调整列宽相同。“表格属性”对话框，如图 3-31 所示。

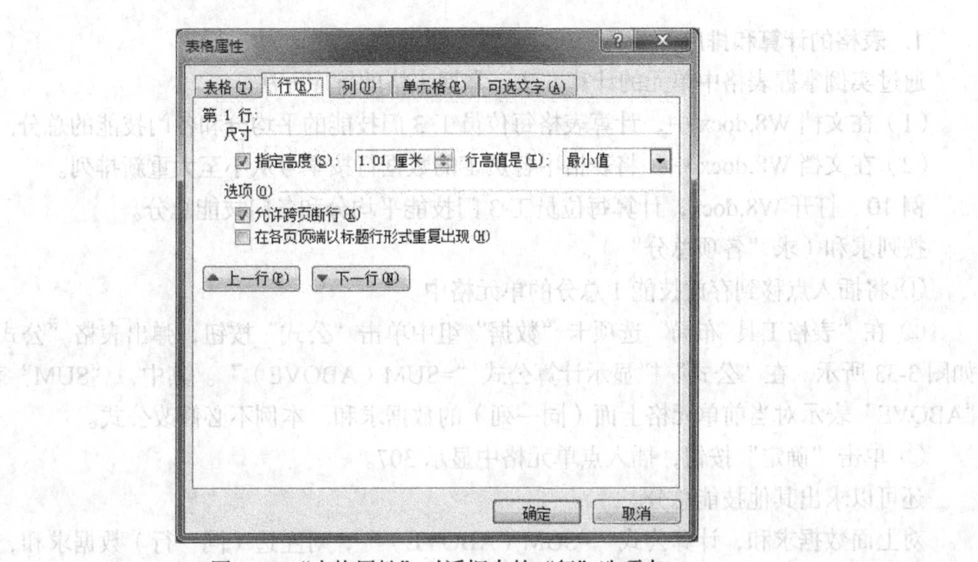

图 3-31　“表格属性”对话框中的“行”选项卡

（6）单元格的合并与拆分。

① 合并：选定单元格，“布局”选项卡“合并”组单击“合并单元格”按钮。

② 拆分：插入点置于单元格，“布局”选项卡“合并”组单击“单元格”选项。

（7）拆分表格。插入点移到新表格第 1 行，“布局”选项卡“合并”组单击“拆分表格”按钮，表格拆为上下两部分，表格间是段落标记。删除段落标记撤销拆分操作，表格合并。

（8）删除表格。插入点移到表格，“布局”选项卡单击“删除”按钮，选择“删除表格”选项或选定整个表格，单击“剪切”按钮，可删除表格。

（9）缩放表格。将鼠标移动到表格，右下方出现“□”（表格缩放手柄），将鼠标指向表格缩放手柄，按左键拖动缩放表格。

按图 3-32 所示修改文件 W8.docx 中的表格（不需设置格式）。

员工号	姓名	技能 1	技能 2	技能 3	平均分
200005001	韩影	76	67	71	
200005002	张一明	81	85	90	
200005005	陈俊	60	62	65	
200005003	赵萍	90	88	94	
各项总分					

图 3-32　样表

（1）设置表格列宽：第 1 列 1.5cm，第 2、6 列 2cm，第 3、4、5 列 2.5cm；

（2）设置表格行高（最小值）：第 1、7 行为 0.7cm，其余行为 0.6cm；

（3）表格上方插入一行，输入“员工技能成绩表”（宋体、四号字）；

（4）修改后的表格以文件名 W8.docx 保存。

3.5.2　表格数据处理

1．表格的计算和排序

通过实例掌握表格中单元的计算方法，掌握表格的排序方法。

（1）在文档 W8.docx 中，计算表格每位员工 3 门技能的平均分和各门技能的总分。

（2）在文档 W8.docx 中，将表格中各员工的数据行按学号从小至大重新排列。

例 10　打开 W8.docx，计算每位员工 3 门技能平均分和各门技能总分。

按列求和（求“各项总分”）。

① 将插入点移到存放技能 1 总分的单元格中。

② 在“表格工具 布局”选项卡“数据”组中单击“公式”按钮，弹出表格“公式”对话框如图 3-33 所示。在“公式”栏显示计算公式“=SUM（ABOVE）”。其中，“SUM”表示求和，“ABOVE”表示对当前单元格上面（同一列）的数据求和。本例不必修改公式。

③ 单击“确定”按钮，插入点单元格中显示 307。

还可以求出其他技能总分。

对上面数据求和，计算公式“=SUM（ABOVE）”；对左边（同一行）数据求和，计算公式为“=SUM（LEFT）”。

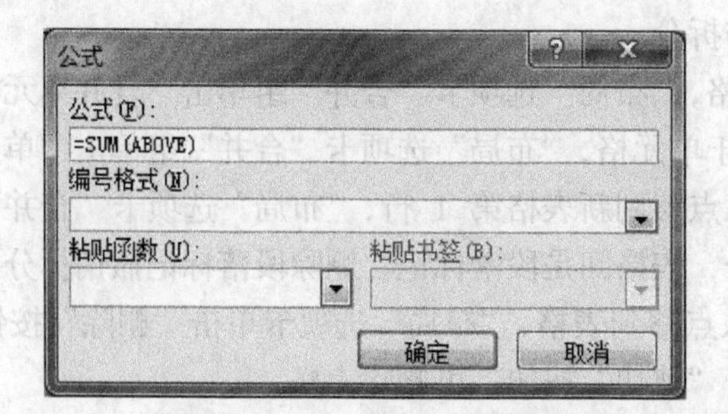

图 3-33　表格“公式”对话框

2. 表格的排序

例 11 打开文档 W8.docx，将表格中各学生的数据行按学号从小至大重新排列。

（1）选定表格第 1 至第 6 行；

（2）在表格工具的"布局"选项卡的"数据"组单击"排序"按钮，弹出"排序"对话框如图 3-34 所示。

（3）在"列表"区域选择"有标题行"，系统把所选范围第 1 行作为标题，不参加排序。

（4）在"主要关键字"选择"列 1"，在"类型"选择"数字"，单击"升序"（从小到大）单选按钮。如果指定一个以上的排序依据，分别选择"次要关键字"、"第三关键字"各选项。

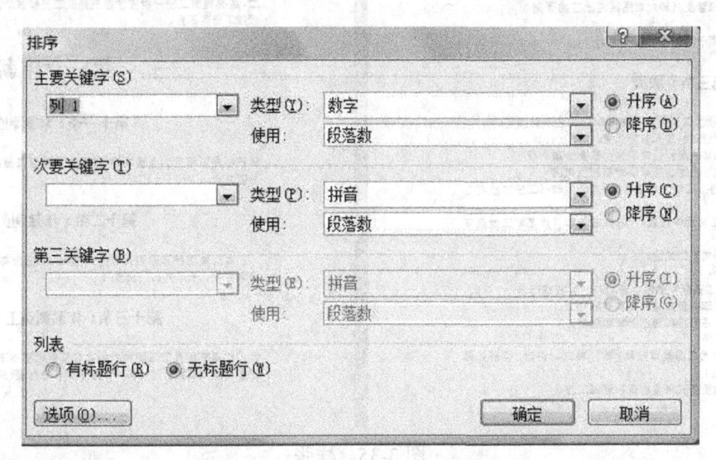

图 3-34 表格"排序"对话框

3. 插入图表

例 12 打开文档 W8.docx，根据表格中 4 名员工 3 门技能的成绩生成相应的图表。

（1）选定表格中第 1 行第 2 列至第 6 行第 5 列区域。

（2）在"插入"选项卡 "插图"组单击"图标"按钮，在表格下方插入图表。

（3）插入图表后，系统处于图表编辑状态，屏幕上除表格外还有一个"数据表"窗口和依据"数据表"中的数据生成的图表。单击文档编辑区，"数据表"窗口关闭，恢复原文档窗口状态，产生的图表插入在表格下面。

3.6 创建企业年鉴文档

3.6.1 目录的自动生成

手动为长文档制作目录或索引，工作量是相当大的，而且弊端很多。例如，更改文档的标题内容后，需要再次更改目录或索引。因此，掌握自动生成目录和索引的方法，是提高长文档制作效率的有效途径之一。

例 13 按照样张，如图 3-35 所示，创建文档 W9.docx。

在图 3-35 所示的"员工薪酬管理制度"中，将标题设置为样式中的"标题 1"，每章标题设置为样式中的"标题 1"，每条标题设置为样式中的"标题 3"，内容设置为"正文"。

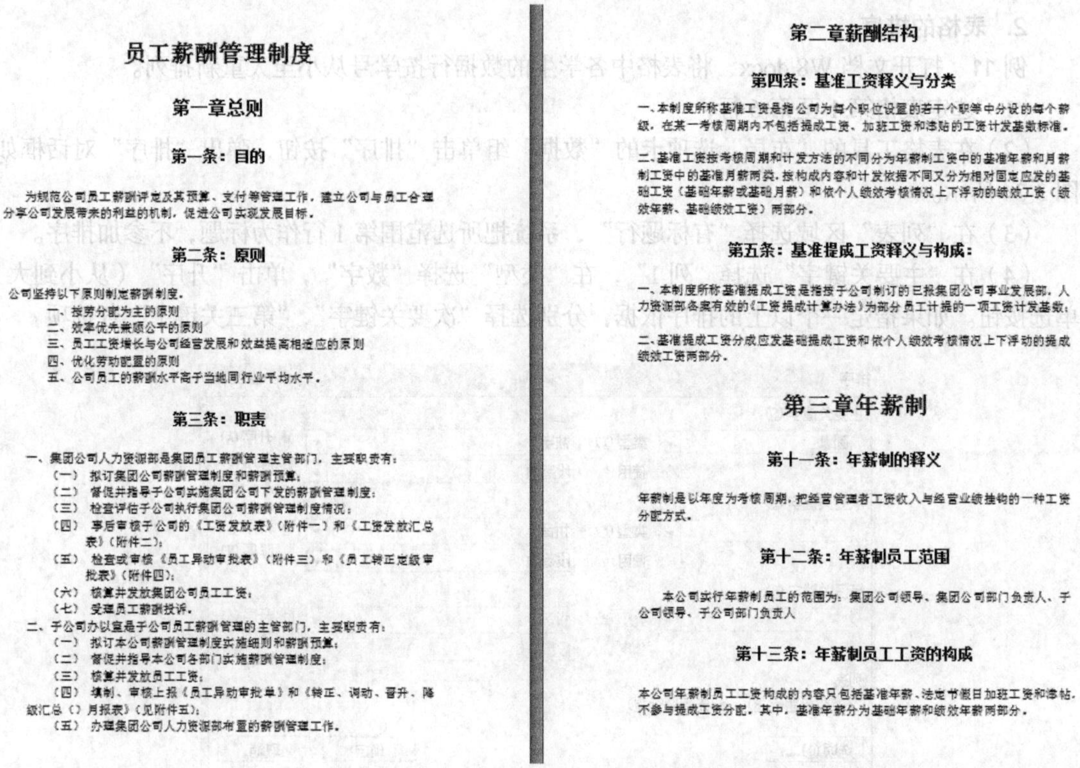

员工薪酬管理制度

第一章总则

第一条：目的

为规范公司员工薪酬评定及其预算、支付等管理工作，建立公司与员工合理分享公司发展带来的利益的机制，促进公司实现发展目标。

第二条：原则

公司坚持以下原则制定薪酬制度。

一、按劳分配为主的原则
二、效率优先兼顾公平的原则
三、员工工资增长与公司经营发展和效益提高相适应的原则
四、优化劳动配置的原则
五、公司员工的薪酬水平高于当地同行业平均水平。

第三条：职责

一、集团公司人力资源部是集团员工薪酬管理主管部门，主要职责有：
（一） 拟订集团公司薪酬管理制度和薪酬预算；
（二） 督促并指导子公司实施集团公司下发的薪酬管理制度；
（三） 检查评估子公司执行集团公司薪酬管理制度情况；
（四） 事后审核子公司的《工资发放表》（附件一）和《工资发放汇总表》（附件二）；
（五） 检查或审核《员工异动审批表》（附件三）和《员工转正定级审批表》（附件四）；
（六） 核算并发放集团公司员工工资；
（七） 受理员工薪酬投诉。
二、子公司办公室是子公司员工薪酬管理的主管部门，主要职责有：
（一） 拟订本公司薪酬管理制度实施细则和薪酬预算；
（二） 督促并指导本公司各部门实施薪酬管理制度；
（三） 核算并发放员工工资；
（四） 填制、审核上报《员工异动审批单》和《转正、调动、晋升、降级汇总（）月报表》（见附件五）；
（五） 办理集团公司人力资源部布置的薪酬管理工作。

第二章薪酬结构

第四条：基准工资释义与分类

一、本制度所称基准工资是指公司为每个职位设置的若干个职等中分设的每个薪级，在某一考核周期内不包括提成工资、加班工资和津贴的工资计发基数标准。

二、基准工资按考核周期和计发方法的不同分为年薪制工资中的基准年薪和月薪制工资中的基准月薪两类，按构成内容和计发依据不同又分为相对固定应发的基础工资（基础年薪或基础月薪）和依个人绩效考核情况上下浮动的绩效工资（绩效年薪、基础绩效工资）两部分。

第五条：基准提成工资释义与构成：

一、本制度所称基准提成工资是指按子公司制订的已报集团公司事业发展部，人力资源部备案有效的《工资提成计算办法》为部分员工计提的一项工资计发基数；

二、基准提成工资分成应发基础提成工资和依个人绩效考核情况上下浮动的提成绩效工资两部分。

第三章年薪制

第十一条：年薪制的释义

年薪制是以年度为考核周期，把经营管理者工资收入与经营业绩挂钩的一种工资分配方式。

第十二条：年薪制员工范围

本公司实行年薪制员工的范围为：集团公司领导、集团公司部门负责人、子公司领导、子公司部门负责人

第十三条：年薪制员工工资的构成

本公司年薪制员工工资构成的内容只包括基准年薪、法定节假日加班工资和津贴，不参与提成工资分配，其中，基准年薪分为基础年薪和绩效年薪两部分。

图 3-35 样张

单击“引用”选项卡中的“目录”，如图 3-36 所示，选择目录的样式后，系统会在光标位置自动生成相应的目录，如图 3-37 所示。对生成的目录，可以进行格式化的相关设置。

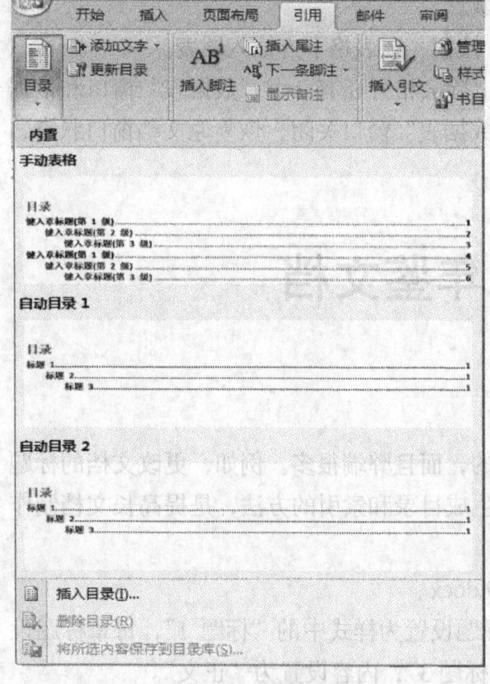

图 3-36 引用目录

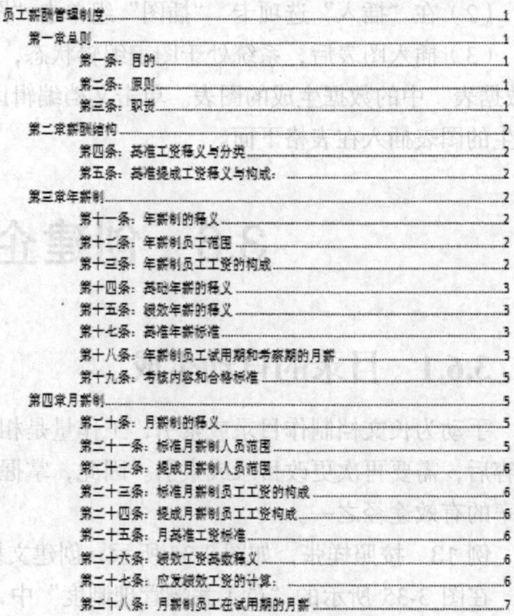

员工薪酬管理制度 1
第一章总则 1
第一条：目的 1
第二条：原则 1
第三条：职责 1
第二章薪酬结构 2
第四条：基准工资释义与分类 2
第五条：基准提成工资释义与构成： 2
第三章年薪制 2
第十一条：年薪制的释义 2
第十二条：年薪制员工范围 2
第十三条：年薪制员工工资的构成 2
第十四条：基础年薪的释义 3
第十五条：绩效年薪的释义 3
第十七条：基准年薪标准 3
第十八条：年薪制员工试用期和考察期的月薪 3
第十九条：考核内容和合格标准 5
第四章月薪制 5
第二十条：月薪制的释义 5
第二十一条：标准月薪制人员范围 5
第二十二条：提成月薪制人员范围 6
第二十三条：标准月薪制员工工资的构成 6
第二十四条：提成月薪制员工工资构成 6
第二十五条：月基准工资标准 6
第二十六条：绩效工资基数释义 6
第二十七条：应发绩效工资的计算： 6
第二十八条：月薪制员工在试用期的月薪 7

图 3-37 自动生成的目录

插入的目录是一个 Word 控件，如果页码有更改，不需要再次插入目录，只需要点选目录上方的更新目录即可，在弹出的对话框中选择更新页码即可（也可以直接用鼠标右键单击目录区域）。

3.6.2　文案审阅与批注

Word 2010 的“审阅”选项卡，除拼写和语法检查功能外，还提供了“翻译”、“批注”、“修订”、“摘要信息”、“简体 / 繁体互换”等实用功能。

1. 修订

为了便于沟通交流以及修改，Word 可以启动审阅修订模式。启动审阅修订模式后，Word 将记录显示出所有用户对该文件的修改。那么本文以 Word 2010 为例，讲解如何启用或取消关闭修订模式的方法。

进入“审阅”菜单，单击“修订”按钮，如图 3-38 所示，即可启动修订模式。如“修订”按钮变亮，则表示修订模式已经启动。那么接下来对文件的所有修改都会有标记。

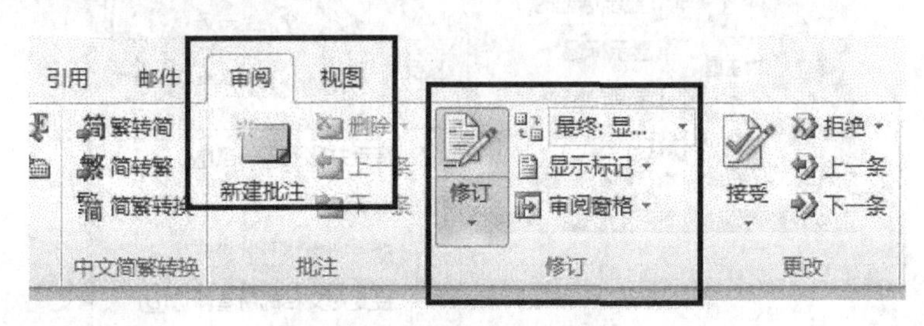

图 3-38　“修订”选项卡

对修订文档的显示方式也分为几种（红色标记内）。

➢ “原始状态”——只显示原文（不含任何标记）。

➢ “最终状态”——只显示修订后的内容（不含任何标记）。

➢ “最终：显示标记”——显示修订后的内容（有修订标记，并在右侧显示出对原文的操作：如删除、格式调整）。

➢ “原始：显示标记”——显示原文的内容（有修订标记，并在右侧显示出修订操作：如添加的内容）。

如果想关闭则退出“修订模式”，那么再单击一次“修订”按钮，让其背景变成白色就可以了。

2. 审阅

在 Word 2010 中，可以跟踪每个插入、删除、移动、格式更改或批注操作。“审阅窗格”中显示了文档中当前出现的所有更改、更改的总数以及每类更改的数目。

当审阅修订或批注时，可以接受或拒绝每一项更改。在接受或拒绝文档中的所有修订和批注之前，即使是您发送或显示的文档中的隐藏更改，审阅者也能够看到。

（1）审阅修订摘要。“审阅窗格”是一个方便实用的工具，借助它可以确认已经从您的文档中删除了所有修订，使得这些修订不会显示给可能查看该文档的其他人。“审阅窗格”顶部的摘要部分显示了文档中仍然存在的可见修订和批注的确切数目。通过“审阅窗格”，还可以读取在批注气泡中容纳不下的长批注。

“审阅窗格”与文档或批注气泡不同，它不是修改文档的最佳工具。这种情况下应在文档中进行所有编辑修改，而不是在“审阅窗格”中删除文本、批注或进行其他修改。这些修改随后将显示在“审阅窗格”中。

在“审阅”选项卡上的“修订”组中单击“审阅窗格”，在屏幕侧边查看摘要。若要在屏幕底部而不是侧边查看摘要，请单击“审阅窗格”旁的箭头，然后单击“水平审阅窗格”。若要查看每类更改的数目，请单击“显示详细汇总”。

（2）按顺序审阅每一项修订和批注。

① 在“审阅”选项卡上的“更改”组中，单击“下一条”或“上一条”按钮，如图3-39所示。请执行下列操作之一：

- 在“更改”组中，单击“接受”按钮。
- 在“更改”组中，单击“拒绝”按钮。
- 在“批注”组中，单击“删除”按钮。

② 接受或拒绝更改并删除批注，直到文档中不再有修订和批注。

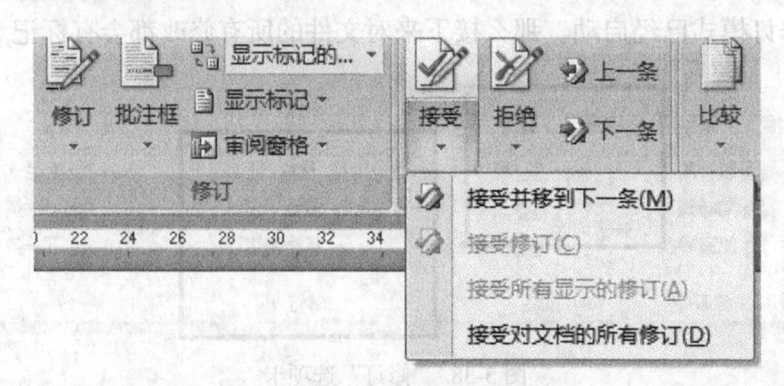

图3-39 “更改”组选项卡

（3）同时接受所有更改。在“审阅”选项卡上的“更改”组中，单击“下一条”或“上一条”按钮，单击“接受”按钮下方的箭头，然后单击“接受对文档的所有修订”。

（4）同时拒绝所有更改。

在“审阅”选项卡上的“更改”组中，单击“下一条”或“上一条”按钮，单击“拒绝”按钮下方的箭头，然后单击“拒绝对文档的所有修订”。

3. 添加批注

批注是文章的作者或审阅者在文档中添加的注释。添加批注，首先选定要添加批注的对象，切换到“审阅”选项卡，单击“批注”组中的“新建批注”按钮，在文档的右侧非编辑区中将出现一个批注框，如图3-40所示。

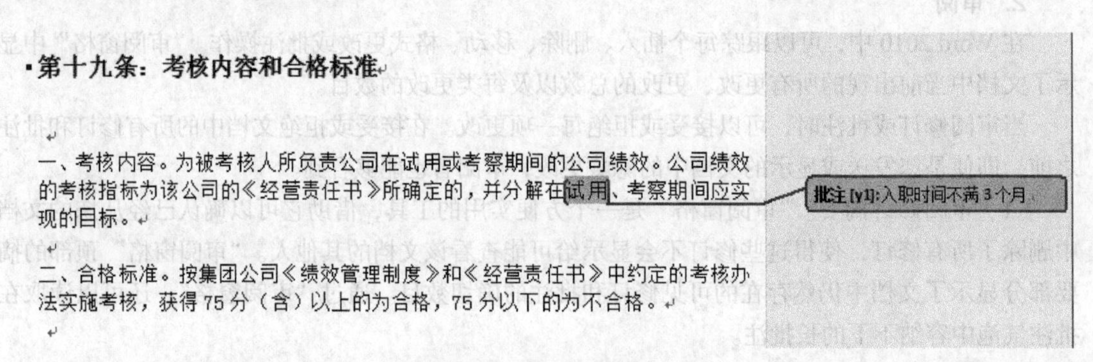

图3-40 插入的批注框

还可以利用“开始”选项卡中的字符和段落格式化工具设置批注的格式，要删除已创建的批注，可以单击“审阅”选项卡的“批注”组中的“删除批注”按钮，从出现的菜单中选择“删除”命令或选择“删除文档中的所有批注”命令。

3.6.3　文案保护与加密

有时候我们希望能把自己的文档进行加密，或者按照浏览者的权限不同，对文档的修改权力也有一定的限制。Word 2010 提供了多种方法来实现文档的保护与加密。

1．文档的保护

在 Word 2010 中，提供了各种保护措施。进入“文件”→“信息”→“权限”，我们可以看到，有五种保护措施，如图 3-41 所示。

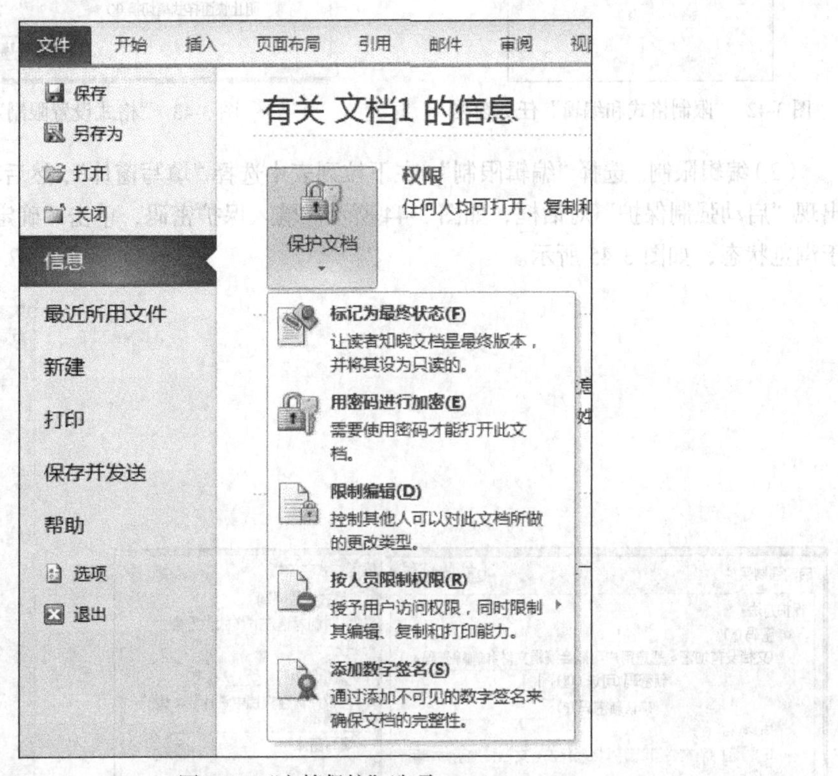

图 3-41　“文档保护”选项

根据不同的需求，可以选择相应的保护方式。下面以“限制编辑”为例，具体介绍文档保护的步骤。

（1）格式设置限制。选择“限制编辑”，页面右侧出现“限制格式和编辑”任务窗格，如图 3-42 所示，选择第一项“格式设置限制”，在“限制对选定的样式设置格式”前面打对勾，再单击“设置”，弹出“格式设置限制”对话框，如图 3-43 所示。

➢ 当前允许使用的样式：选择允许使用的样式，在不允许使用的样式前面取消对勾。

➢ 推荐的样式：如果列表中包含的样式太多，可以选择“推荐的样式”，然后根据需要添加或删除样式。

➢ 如果样式列表的范围太大，则选择“无”，然后只选择允许的样式剩余的“格式”下面的三个选项。

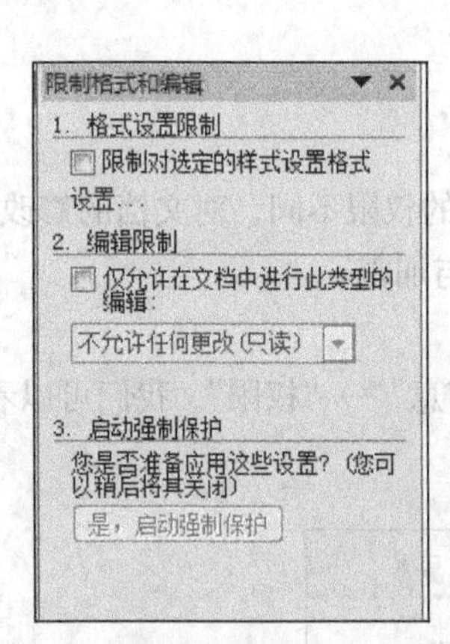

图 3-42 “限制格式和编辑”任务窗格

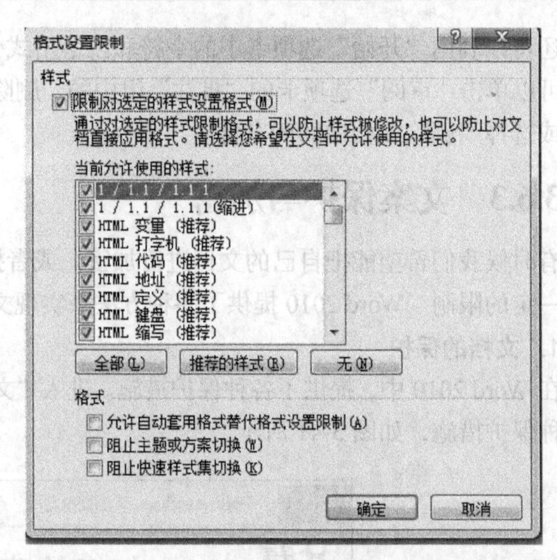

图 3-43 “格式设置限制”对话框

（2）编辑限制。选择“编辑限制”，在下拉列表中选择“填写窗体”，然后单击按钮 是，启动强制保护 ，出现“启动强制保护”对话框，如图 3-44 所示。输入保护密码，单击“确定”按钮，当前文档处于浏览状态，如图 3-45 所示。

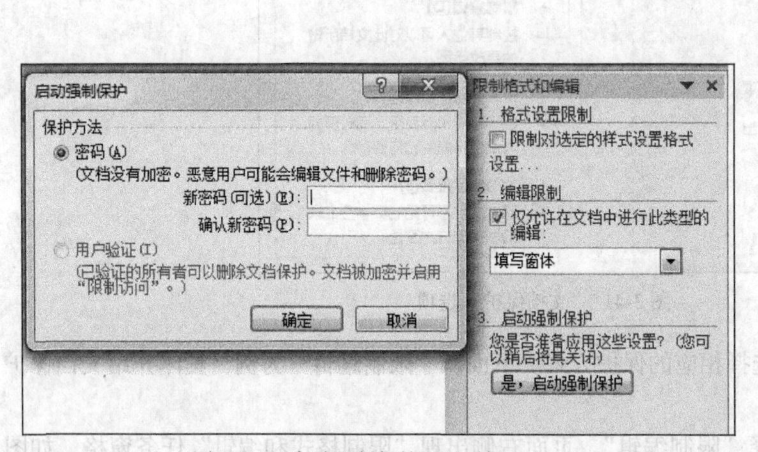

图 3-44 “启动强制保护”对话框

图 3-45 “编辑限制”保护状态

如果要取消保护，则单击“停止保护”按钮，输入保护密码。

2. 文档的加密

打开要加密的 Word 文档，单击左上角的“文件”菜单，弹出列表，单击“信息”选项，单击图 3-41 所示的“用密码进行加密”，在中间的窗格单击“保护文档”小三角形按钮，单击弹出菜单中的“用密码进行加密”命令，弹出“加密文档”对话框，如图 3-46 所示，输入密码，修改完成后单击“确定”按钮。

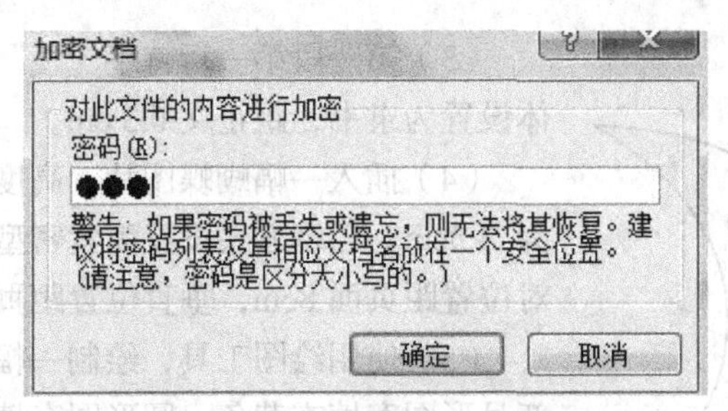

图 3-46　“加密文档”对话框

弹出“确认密码”对话框，如图 3-47 所示，再次输入密码，单击“确定”按钮。

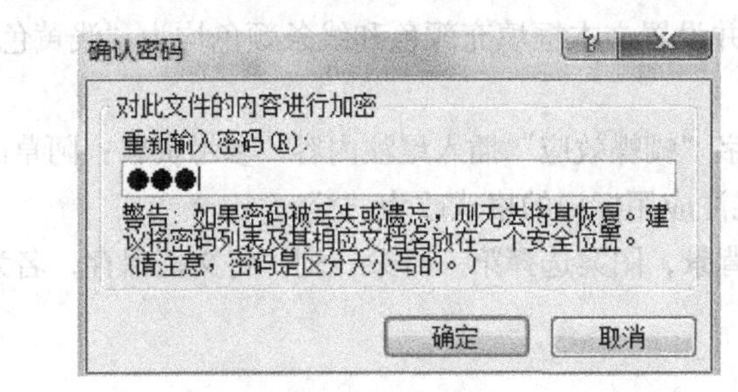

图 3-47　“确认密码”对话框

综合练习

1. 输入文字

气象学家 Lorenz 提出一篇论文，名叫《一只蝴蝶拍一下翅膀会不会在 Texas 州引起龙卷风?》，论述某系统如果初期条件差一点点，结果会很不稳定，他把这种现象戏称做“蝴蝶效应”。就像我们掷骰子两次，无论我们如何去投掷，两次投掷的物理现象和投出的点数也不一定是相同的。Lornez 为何要写这篇论文呢?

这故事发生在 1961 年的冬天，他如往常一般在办公室操作气象计算机。平时，他只需要将温度、湿度、压力等气象数据输入，计算机就会依据三个内建的微分方程式，计算出下一刻可能的气象数据，据此模拟出气象变化图。

这一天，Lorenz 想更进一步了解某段记录的后续变化，他把某时刻的气象数据重新输入计算机，让计算机计算出更多的后续结果。当时，计算机处理数据资料的速度不快，在结果出来之前，足够他喝杯咖啡并和友人闲聊一阵。在一小时后，结果出来了，令他目瞪口呆。结果和原资讯两相比较，初期数据还差不多，越到后期，数据相差就越大了，就像是不同的两笔资讯。而问题并不出在计算机，问题是他输入的数据差了 0.000127，而这细微的差异却造成天壤之别的结果。所以长期准确预测天气是不可能的。

操作要求

（1）全文设置段落格式为首行缩进 2 个字符，段间距 0.3cm。

（2）在正文前插入艺术字“蝴蝶效应”作为文章标题，艺术字式样为第 2 行第 3 列，字体为宋体，字号为 36，艺术字字符间距设置为“很松”，将艺术字居中。

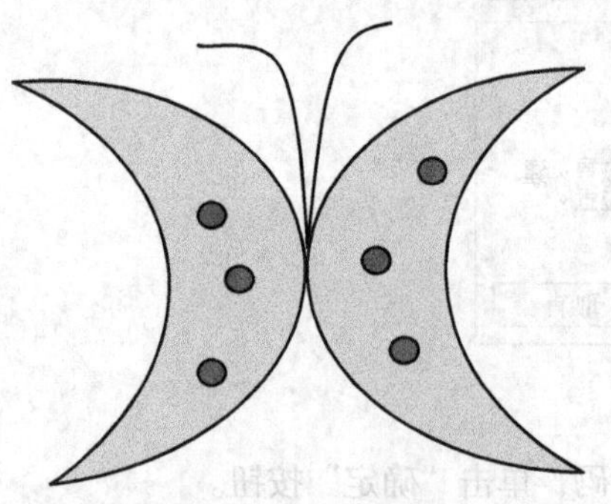

（3）第一段第一行首字“气”设置为首字下沉两行，字体设置为隶书，距正文 0.3 cm。

（4）插入一幅蝴蝶图片，高度设置为 2.5cm，宽度设置为 3.5cm。环绕方式设置为紧密型，图片位置设置为水平绝对位置距页面 8cm，垂直位置距页面 6cm。

（5）使用绘图工具，绘制一幅蝴蝶图形，如左图所示，新月形图案填充黄色，圆形图案填充红色，并将所有图形组合后放置于第三段文字下方。

（6）在文档下方空白处插入一个文本框，并在其中输入数学公式，如下图所示，并设置文本框填充颜色和线条颜色均为“浅黄色”，浮于文字上方，水平居中。

（7）为正文第一段文字“蝴蝶效应”插入尾注内容“参考资料：阿草的葫芦（下册）——远哲科学教育基金会”，将尾注应用标记的格式改为“*”。

（8）为文档添加图案背景，图案选择第一行第一列，将文档保存，名为“蝴蝶.doc”。最终效果如下图所示。

蝴蝶效应

气象学家 Lorenz 提出一篇论文，名叫《一只蝴蝶拍一下翅膀会不会在 Texas 州引起龙卷风？》论述某系统如果初期条件差一点点，结果会很不稳定，他把这种见象戏称做“蝴蝶效应”。就像我们掷骰子两次，无论我们如何可以去投掷，两次的物理现象和投出的点数也不一定是相同的。Lomez 为何要写这篇论文呢？

这故事发生在 1961 年的某个冬天，他如往常一般在办公室操作气象电脑。平时，他只需要将温度、湿度、压力等气象数据输入，电脑就会依据三个内建的微分方程式，计算出下一刻可能的气象数据，因此模拟出气象变化图。

这一天，Lorenz 想更进一步了解某段纪录的后续变化，他把某时刻的气象数据重新输入电脑，让电脑计算出更多的后续结果。当时，电脑处理数据资料的速度不快，在结果出来之前，足够他喝杯咖啡并和友人闲聊一阵。在一个小时后，结果出来了，不过令他目瞪口呆。结果和原资讯两相比较，初期数据还差不错，越到后期，数据相差就越大了，就像是不同的两笔资讯。而问题并不出在电脑，问题是他输入的数据差了 0.000127，而这细微的差异却造成天壤之别。所以长期准确预测天气是不可能的。

* 参考资料：阿草的葫芦（下册）——远哲科学教育基金会

$$\int_{-1}^{\sqrt{3}} \frac{dx}{1+x^2}$$

2. 输入样张中的文字

树叶，是大自然赋予人类的天然绿色乐器。吹树叶的音乐形式，在我国有悠久的历史。早在一千多年前，唐代杜佑的《通典》中就有"衔叶而啸，其声清震"的记载；大诗人白居易也有诗云："苏家小女旧知名，杨柳风前别有情，剥条盘作银环样，卷叶吹为玉笛声"，可见那时候树叶音乐就已相当流行。

树叶这种最简单的乐器，通过各种技巧，可以吹出节奏明快、情绪欢乐的曲调，也可吹出清亮悠扬、深情婉转的歌曲。它的音色柔美细腻，好似人声的歌唱，那变化多端的动听旋律，使人心旷神怡，富有独特情趣。

吹树叶一般采用桔树、枫树、冬青或杨树的叶子，以不老不嫩为佳。太嫩的叶子软，不易发音；老的叶子硬，音色不柔美。叶片也不应过大或过小，要保持一定的湿度和韧性，太干易折，太湿易烂。它的演奏，是靠运用适当的气流吹动叶片，使之振动发音的。叶子是簧片，口腔象个共鸣箱。吹奏时，将叶片夹在唇间，用气吹动叶片的下半部，使其颤动，以气息的控制和口形的变化来掌握音准和音色，能吹出两个八度音程。

用树叶伴奏的抒情歌曲，于淳朴自然中透着清新之气，意境优美，别有风情。

操作要求：

（1）设置页面：设置页边距：上 2cm；下 2.5cm；左 3cm；右 1.5cm；装订线：1.4cm。

（2）设置艺术字：设置标题为艺术字，艺术字式样为第 1 行第 1 列；字体为隶书；艺术字形状为波形 1。为艺术字插入图文框，图文框填充色为绿色；艺术字的环绕方式：四周型，环绕位置：右边。

（3）设置栏格式：设置正文第 1 段至 3 段为两栏偏左格式，第 1 栏栏宽：3.5cm，在栏间添加分隔线。

（4）设置边框（底纹）：设置正文最后一段底纹为图案式样 15%，边框设置为方框，宽度 1.5 磅。

（5）插入图片：在相应位置插入图片，图片高度 3cm、宽度 5.6cm。

（6）设置批注（尾注/脚注）：设置正文第 1 段中的"《通典》"并添加批注："本书记载了历代典章制度的沿革"。

（7）设置页眉：顺序添加符号或页眉文字，左边："第一页"，右边："自然与音乐"。

习　　题

一、填空题

1. Word 2010 默认的文档扩展名是__________。

2. 执行______命令，可以在两个窗口中同时查看一个文档的不同部分。

3. 利用工具栏中的_____按钮，可以进行文本排版格式的复制。
4. Word 中，可以使用______命令恢复被删除的文字。
5. ______快捷键可以将插入点移到文件末尾。
6. 从一个制表位移到它的下一个制表位，应按_______键。
7. 使用“插入”菜单的______命令，可以插入特殊符号。
8. 在文档左边空白处双击鼠标，可以选定_______文档。
9. 在______视图下，首字下沉无效。
10. 要改变页边距，可切换到页面视图或_____ 状态。

二、选择题

1. 以下对 Word 文档中的段落格式之间关系的叙述中，正确的是（　　）。
   A. 后一段总是使用前一段的格式
   B. 删除一个段落标记符后，前后两段文字将合并成一段，并使用上一段的段落格式
   C. 前一段将用后一段的格式
   D. 删除一个段落标记符后，前后两段文字将合并成一段，并使用下一段的段落格式
2. 下列选项中，不能关闭 Word 的是（　　）。
   A. 双击标题栏左边的“W”　　B. 单击标题栏右边的“X”
   C. 单击文件菜单中的“关闭”　　D. 单击文件菜单中的“退出”
3. 下列操作中，不能在 Word 文档中插入表格的是（　　）。
   A. 单击“表格”菜单中的“插入表格”命令
   B. 单击“常用”工具栏中的“插入表格”按钮
   C. 使用绘图工具画出一个表格
   D. 选择一部分有规则的文本之后，单击“表格”菜单中的“将文本转换为表格”命令
4. 在输入法之间切换，以下方法中错误的是（　　）。
   A. 单击任务栏上的“En”，从下拉式菜单中选择其他输入法
   B. Ctrl+Shift
   C. Ctrl+空格键
   D. Alt+W
5. 关于打印预览，下列说法中错误的是（　　）。
   A. 可以进行页面设置　　B. 可以利用标尺调整页边距
   C. 只能显示一页　　D. 不可以直接制表
6. 在快捷工具栏中没有“打开”、“保存”等快捷按钮，应在哪个菜单下设置（　　）。
   A. “视图”　　B. “插入”　　C. “格式”　　D. “工具”
7. 将段落的首行向右移进两个字符位置，应该用哪个操作实现（　　）。
   A. 标尺上的“缩进”游标
   B. “格式”菜单中的“样式”命令
   C. “格式”菜单中的“中文板式”命令
   D. 以上都不是

8. 若完全清除文本中的底纹效果，应单击“格式”菜单中“边框与底纹”，再单击“底纹”选项卡，然后选择（　　）。

   A. “填充”下的“清除”项

B. “图案”下的“式样”项

C. “填充”先选择“无”与“图案”下的“式样”中选择“清除”

D. “图案”下的“颜色”项选择“无”

9. 在 Word 中，使用链接对象的方法共享数据的特点是，当源数据被修改后，则（　　）与之相链接的文件。

A. 自动更新所有的　　B. 只自动更新一个

C. 自动更新当前打开的　　D. 自动更新 Word 中的

10. “减少缩进量”和“增加缩进量”调整的是段落的（　　）。

A. 左缩进　　B. 右缩进　　C. 段落左缩进　　D. 所有缩进

11. “三维效果”在（　　）工具栏中。

A. 常用　　B. 格式　　C. 绘图　　D. 图片

12. 在段落对齐的方式中，哪一种方式能使段落中的每一行（包括段落结束行）都能与左右两边缩进对齐（　　）。

A. 左对齐　　B. 两端对齐　　C. 居中对齐　　D. 分散对齐

13. 若将文档当前位置移动到该文档顶行，正确的操作是按（　　）。

A. Home 键　　B. Ctrl + Home 组合键

C. Shift + Home 组合键　　D. Ctrl + Shift + Home 组合键

14. 复制命令是指（　　）。

A. 把所选定的文字和图形复制到剪切板上

B. 将剪切板中的内容复制到插入点

C. 在插入点复制所选的文字和图形

D. 把选定的内容复制到插入点

15. 当前光标在表格中某行的最后一个单元格的外框线上，按 Enter 键后，则（　　）。

A. 光标所在行加宽　　B. 在光标所在行下增加一行

C. 光标所在列加宽　　D. 对表格不起作用

第4章 数据处理与分析计算 Excel 2010

Excel 2010 是目前应用最广泛、使用最普及的电子表格处理程序，它功能强大、技术先进、使用方便灵活，可以用来制作电子表格，完成复杂的数据运算，进行数据分析和预测。Excel 2010 不仅具有强大的数据组织、计算、分析和统计功能，还可以通过图表、图形等多种形式形象地显示处理结果，更能够与 Office 其他版本的组件相互调用，实现资源共享。

4.1 初步认识 Excel 2010

在新的面向结果的用户界面中，Excel 2010 提供了强大的工具和功能。

4.1.1 Excel 2010 的文档格式

Excel 2010 的工作界面主要由“文件”菜单、标题栏、快速访问工具栏、功能区、编辑栏、工作表格区、滚动条和状态栏等组成，如图 4-1 所示。

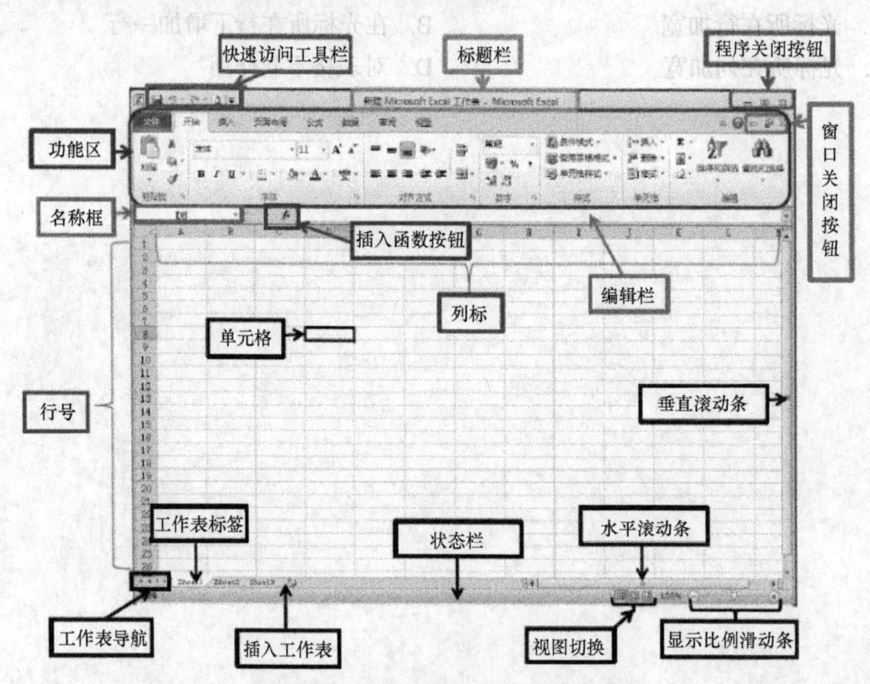

图 4-1 Excel 2010 的工作界面

1．选项卡

Excel 中所有的功能操作分为 8 大页次，包括文件、开始、插入、页面布局、公式、数据、审阅和视图。各页次中收录相关的功能群组，方便使用者切换、选用。例如开始页次就是基本的操作功能，如字型、对齐方式等设定，只要切换到该功能页次即可看到其中包含的内容。

2．功能区

视窗上半部的面板称为功能区，放置了编辑工作表时需要使用的工具按钮。开启 Excel 时预设会显示“开始”页次下的工具按钮，当按下其他的功能页次，便会改变显示该页次所包含的按钮。

在功能区中单击按钮，还可以开启专属的“交谈窗”或“工作窗格”来做更细部的设定。例如我们想要美化储存格的设定，就可以切换到“开始”页次，按下“字体”区右下角的按钮，开启储存格格式交谈窗来设定。

4.1.2　工作簿、工作表和单元格

1．工作簿

Excel 2007 文档的名称，由若干张工作表构成，扩展名为.xlsx

2．工作表

工作簿就好像是一个活页夹，工作表好像是其中一张张的活页纸，其中当前工作表只有一个，称为活动工作表。工作表是 Excel 2007 进行数据处理的基础，每一张工作表是由若干单元格组成的。Excel 2010 支持每个工作表中最多有 1 000 000 行和 16 000 列。具体来说，Office Excel 2010 网格为 1 048 576 行乘以 16 384 列，最后一列以 XFD 结束，而不是 IV。

3．单元格

行与列的交叉点称为单元格。每个单元格都有唯一的坐标，其坐标由单元格所在列的列号和所在行的行号组成。活动单元格就是选定的单元格，可以向其中输入数据。一次只能有一个活动单元格，活动单元格四周的边框加粗显示。每一单元格中的内容可以是数字、字符、公式、日期，也可以是一个图形或一个声音等。如果是字符，还可以分段落。

4．区域

工作表上的两个或多个单元格，区域中的单元格可以相邻或不相邻。

5．填充柄

位于选定区域右下角的小黑方块。将用鼠标指向填充柄时，鼠标的指针更改为黑十字。

4.2　工作簿和工作表的基本操作

4.2.1　工作簿的基本操作

1．新建

（1）新建一个空白的工作簿，如图 4-2 所示。

（2）根据现有工作簿新建，如图 4-3 所示。

（3）根据模板创建。利用模板创建空白工作簿如图 4-4 所示。

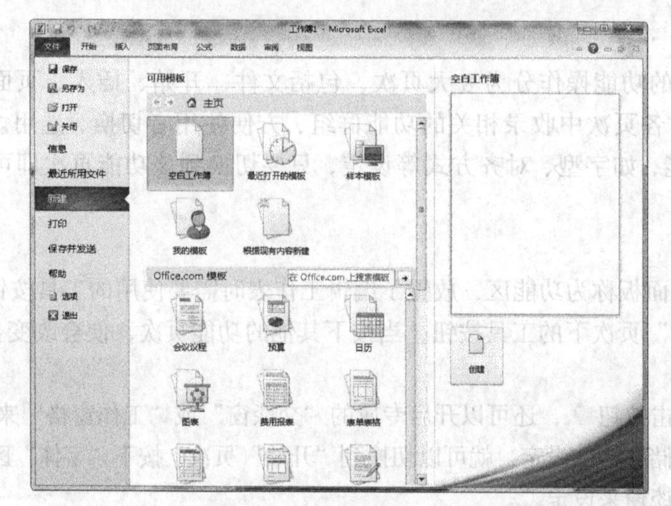

图 4-2　创建新的空白文档

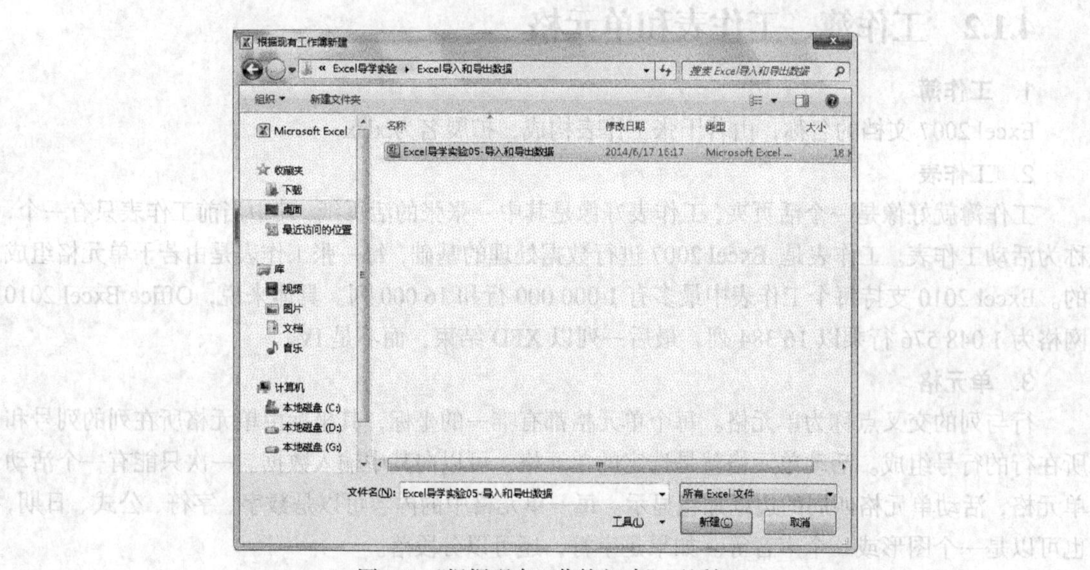

图 4-3　“根据现有工作簿新建”对话框

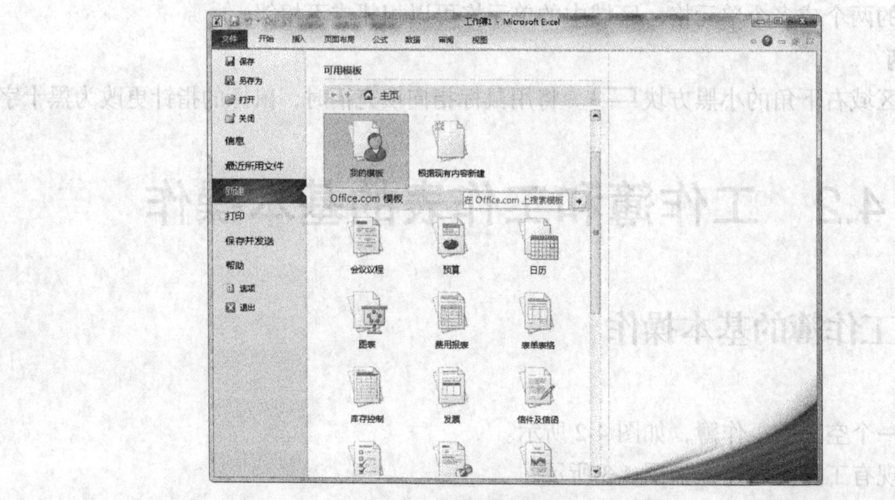

图 4-4　利用模板创建空白工作簿

2. 打开

Excel 2010 允许同时打开多个工作簿。在 Excel 2010 中，还可以打开其他类型的文件，如 dBase 数据库文件、文本文件等。

依次打开多个工作簿。打开多个工作簿后，可以在不同工作簿之间切换，同时对多个工作簿进行操作。单击工作簿某个区域，该工作簿成为当前工作簿。

3. 保存

选择“文件”选项卡→保存”命令或单击“快速访问工具栏”上的“保存”按钮或使用组合键 Ctrl+S 保存工作簿，当前工作簿按已命名的文件存盘。若当前工作簿是未命名的新工作簿文件，则自动转为“另存为”命令。若要将所有的工作簿的位置和工作区保存起来，以便下次进入工作区时在设定的状态下进行工作表，可以选择“文件”→“保存工作区”命令 。

4. 关闭

单击工作簿窗口右上角的“关闭”按钮或选择“文件”→“关闭”命令，在工作簿窗口控制菜单中选择“关闭”选项或使用 Alt+F4 组合键，均可以关闭工作簿窗口。若当前工作簿尚未存盘，系统会提示是否要存盘。

5. 退出

退出系统时，应关闭所有打开的工作簿，然后选择“文件”→“退出”命令或双击左上角 Excel 2010 控制菜单图标。如果是保存的工作簿，则系统关闭；如果有未关闭的工作簿或工作簿上有未保存的修改内容，则系统将提示是否要保存。

4.2.2 工作表的常用操作

我们通过实例来学习常用的工作表操作。工作表的操作包括工作表的选择、移动、复制、插入、删除、重命名等内容。

1. 新建工作表

创建一个工作簿文件，在该工作簿为一年级的 6 个班分别建立一个成绩表，并且按一班到六班的顺序排列，如图 4-5 所示。

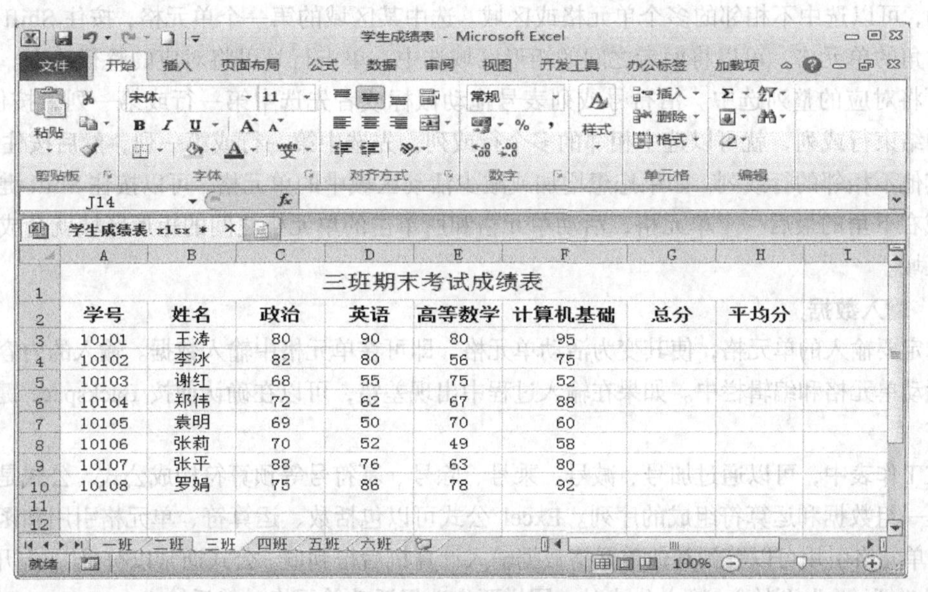

三班期末考试成绩表

学号	姓名	政治	英语	高等数学	计算机基础	总分	平均分
10101	王涛	80	90	80	95		
10102	李冰	82	80	56	75		
10103	谢红	68	55	75	52		
10104	郑伟	72	62	67	88		
10105	袁明	69	50	70	60		
10106	张莉	70	52	49	58		
10107	张平	88	76	63	80		
10108	罗娟	75	86	78	92		

图 4-5 一年级学生成绩表

新建一个工作簿时默认有3个工作表，6个班共需要6张工作表。因此，要求工作簿中包含6个工作表。一般是建立工作簿后，根据需要增加工作表的数量。

2. 插入新表、移动及重命名

新建立的工作簿中，默认的工作表名称是Sheet1、Sheet2、Sheet3，为了使用方便，需要将工作表分别用班级名称命名，因而需要为工作表重命名。

（1）新建一个工作簿，将其命令为“学生成绩表”。

（2）双击工作表Sheet1的标签，将其重命名为“一班”。

（3）重复步骤（2），将工作表Sheet2、Sheet3的标签分别重命名为“二班”、“三班”。

（4）选中工作表“三班”，选择“开始”选项卡→“单元格”功能区→“插入”下拉式列菜单→“插入工作表”命名，在“三班”工作表的前面插入一个工作表；双击新插入的工作表，将其标签命名为“四班”；选择工作表“四班”，用鼠标将其拖到工作表“三班”的右侧。

（5）重复步骤（4）、插入工作表“五班”和“六班”。

3. 选择多张工作表

按住Ctrl键，用鼠标依次单击本工作簿中的工作表。

4. 复制

用鼠标右键单击工作表标签，选“移动或复制工作表”项，在弹出的对话框中勾选“建立副本”复选框，点击“工作簿”右侧的下拉箭头，选择“新工作簿”，观察变化，保存新工作簿。

4.2.3 在工作表中输入数据

1. 单元格的选定

单元格是Excel数据存放的最小独立单元。在输入和编辑数据前，需要先选定单元格，使其成为活动单元格。根据不同的需要，有时候要选择独立的单元格，有时选择一个单元格区域。

一般情况下，可以使用方向键移动单元格光标或用鼠标单击单元格定位。单击可以将当前单元格选中。单击待选中区域的第一个单元格，然后拖动鼠标至最后一个单元格，可以将两者之间的区域选中。单击工作表的全选按钮，可以将当前工作表选中。按住Ctrl键单击或使用鼠标拖动，可以选中不相邻的多个单元格或区域。选中某区域的第一个单元格，按住Shift键单击区域对角的单元格，可以将两者之间的矩形区域选中。单击行号可将对应的整行选中。单击列标号可将对应的整列选中。沿行号或列表号拖动鼠标或者先选中第一行或第一列，按住Shift键选中结束行或列，就可以选中相邻的多个行或列。先选中第一行或第一列，然后按住Ctrl键选中其他不相邻的行或列。如果您想增加或减少活动区域中的单元格，可以按住Shift键单击选中区域右下角的最后一个单元格，活动单元格和所单击的单元格之间的矩形区域就会成为新的选中区域。

2. 输入数据

选定要输入的单元格，使其变为活动单元格，即可在单元格中输入数据。输入的内容同时出现在活动单元格和编辑栏中。如果在输入过程中出现差错，可以在确认前按Backspace键删除最后字符。

在工作表中，可以通过加号、减号、乘号、除号、幂符号等预算符构成公式。公式是一个等式，是一组数据和运算符组成的序列。Excel公式可以包括数、运算符、单元格引用和函数等。其中，单元格引用可以等到其他单元格数据输入计算机后得到值。公式通常以符号“=”开始（也可以用“+”、“-”开始）。输入公式时，同样要先选择活动单元格，然后输入。

3. 利用 Excel 2010 制作校历

一般情况下，一个学期校历只有 20 周，每周有 7 天，在加上标题、星期、周次等内容，需要输入近 170 个数据，而且这些数据主要是日期，十分相似，容易出错。如果采用任务 4 中介绍方法输入数据，将需要很长的时间，而且出错的几率比较大。

对校历表中的数据进行观察，发现“周”一列中的数据每次增加“1”；某一周所在的那一行是增量为“1”的一系列数而表中的每一行相邻的单元格日期增加“1”，每列中日期的数据相邻增加 7，也是一个非常有规律的数据变化。因此，可以通过序列填充来输入数据。

✧　用鼠标快速填充周次和日期

（1）新建一个工作簿，命名为“校历”。

（2）选中单元格 A1，输入文字“2013—2014 学年第二学期校历”。

（3）选中单元格区域 A2：H2，选择“开始”选项卡→“对齐方式”功能区→单击快速启动命名组按钮，弹出“设置单元格格式”对话框，在“对齐”选项卡中，选中“合并单元格”复选框，在“水平对齐”下拉式列表框中选择“居中”，单击“确定”按钮。

（4）选中单元格 B3，输入星期序列填充的第一个数据“日”。

（5）将鼠标指向单元格填充柄，当指针为十字光标后，沿着需要填充的星期的方向拖动填充柄，数据“一”、“二”、“三”、“四”、“五”、“六”按顺序填充在单元格 C3、D3、E3、F3、G3、H3 中，同时在填充柄右下方出现“自动填充柄选项”按钮，如图 4-6 所示。

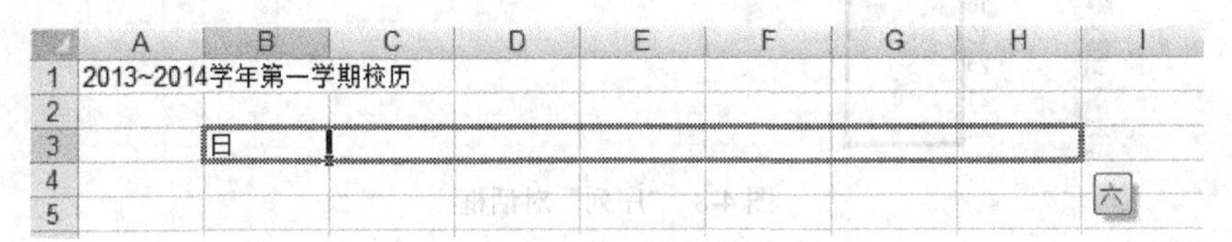

图 4-6　填充星期

（6）选中 A4，输入数字 1，按 Ctrl 键拖动鼠标到单元格 A24，在单元格区域 A4:23 中填充数字 1～21，如图 4-7 所示。

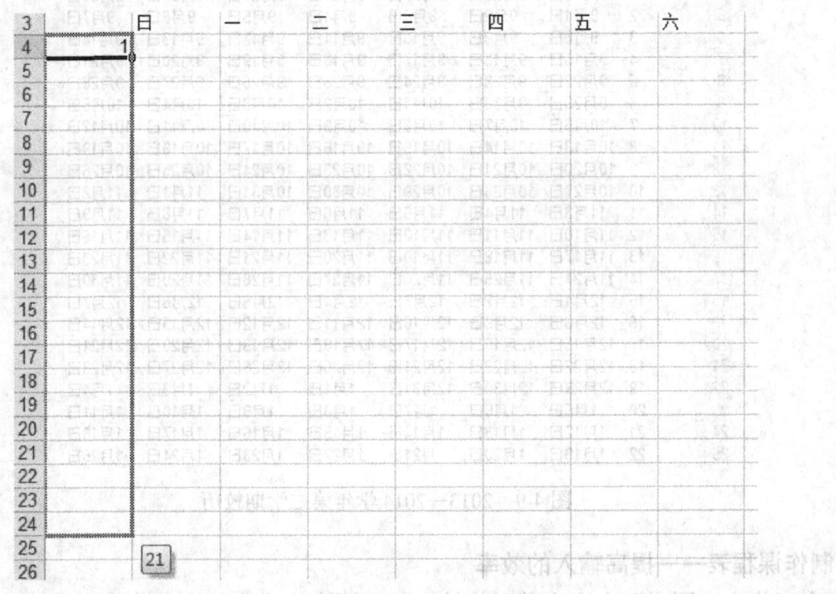

图 4-7 “自动填充选项”下拉菜单

✧ 用菜单命令填充日期

（1）选中单元格 B4，输入“2-21”按 Enter 键，输入结束。

（2）拖动填充柄单元格到 H4，进行序列填充。

（3）选择单元格区域 B4：H24，拖动鼠标到第 23 行，并保持单元格区域 B4：H23 成选中状态。

（4）选择“开始”选项卡→“编辑”功能区→“填充”下拉式菜单→“系列”命令，弹出“序列”对话框，如图 4-8 所示。

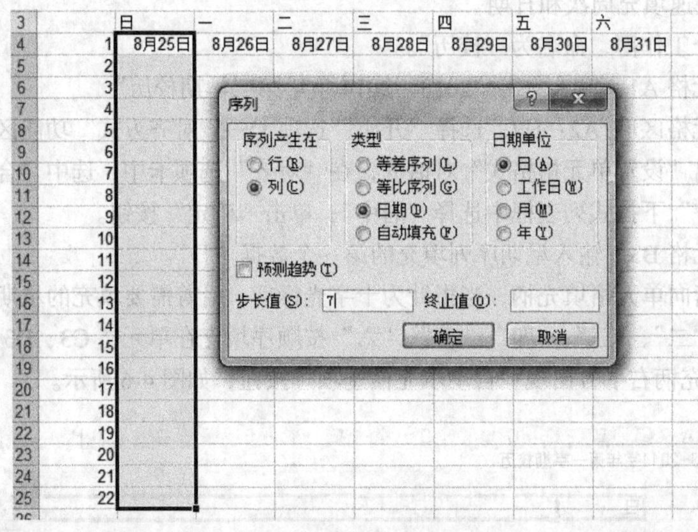

图 4-8 “序列”对话框

（5）选中“列”单选按钮，在“步长值”文本框中输入数字“7”，单击“确定”按钮。以上操作完成后，填充效果如图 4-9 所示。

3		日	一	二	三	四	五	六
4	1	8月25日	8月26日	8月27日	8月28日	8月29日	8月30日	8月31日
5	2	9月1日	9月2日	9月3日	9月4日	9月5日	9月6日	9月7日
6	3	9月8日	9月9日	9月10日	9月11日	9月12日	9月13日	9月14日
7	4	9月15日	9月16日	9月17日	9月18日	9月19日	9月20日	9月21日
8	5	9月22日	9月23日	9月24日	9月25日	9月26日	9月27日	9月28日
9	6	9月29日	9月30日	10月1日	10月2日	10月3日	10月4日	10月5日
10	7	10月6日	10月7日	10月8日	10月9日	10月10日	10月11日	10月12日
11	8	10月13日	10月14日	10月15日	10月16日	10月17日	10月18日	10月19日
12	9	10月20日	10月21日	10月22日	10月23日	10月24日	10月25日	10月26日
13	10	10月27日	10月28日	10月29日	10月30日	10月31日	11月1日	11月2日
14	11	11月3日	11月4日	11月5日	11月6日	11月7日	11月8日	11月9日
15	12	11月10日	11月11日	11月12日	11月13日	11月14日	11月15日	11月16日
16	13	11月17日	11月18日	11月19日	11月20日	11月21日	11月22日	11月23日
17	14	11月24日	11月25日	11月26日	11月27日	11月28日	11月29日	11月30日
18	15	12月1日	12月2日	12月3日	12月4日	12月5日	12月6日	12月7日
19	16	12月8日	12月9日	12月10日	12月11日	12月12日	12月13日	12月14日
20	17	12月15日	12月16日	12月17日	12月18日	12月19日	12月20日	12月21日
21	18	12月22日	12月23日	12月24日	12月25日	12月26日	12月27日	12月28日
22	19	12月29日	12月30日	12月31日	1月1日	1月2日	1月3日	1月4日
23	20	1月5日	1月6日	1月7日	1月8日	1月9日	1月10日	1月11日
24	21	1月12日	1月13日	1月14日	1月15日	1月16日	1月17日	1月18日
25	22	1月19日	1月20日	1月21日	1月22日	1月23日	1月24日	1月25日

图 4-9 2013—2014 学年第二学期校历

4. 制作课程表——提高输入的效率

在一个工作表中同时要在多个单元格输入的相同内容或在多个工作表中输入相同的数据。

（1）分别输入标题“课程表”，星期一至星期五，以及“1-2 节”、“3-4 节”、“5-6 节”。

（2）按住 Ctrl 键，单击单元格 C4、D5、F4，将它们同时选中，输入文字“英语”，按 Ctrl+Enter 组合键，被选中的单元格中输入了相同的内容“英语”，如图 4-10 所示。

（3）用同样的方法输入其他课程名。

	A	B	C	D	E	F	G	H
1								
2				课程表				
3			星期一	星期二	星期三	星期四	星期五	
4		1-2节	英语	计算机	高等数学	英语	高等数学	
5		3-4节	高等数学	英语	政治	计算机	政治	
6		5-6节	体育	自习	计算机	自习	自习	
7								

图 4-10　课程表

4.3　工作表的数据编辑与格式设置

4.3.1　工作表中的行与列操作

在工作表中输入数据后，如果发现少输入了一行或一列，或者在以后的工作表中发现需要增加一行或一列，可以先插入行、列或单元格，然后输入数据。

增加一行在数据区的最前面，用于输入标题行；增加一列位于数据区的中间，用于输入政治课成绩。

（1）单击要插入位置下面一行（即第一行）的任意单元格执行“插入工作表行”命令，插入后，原有单元格作相应移动。

（2）在新插入的一行中插入数据。

（3）单击要插入列右侧的任意单元格执行“插入工作表列”命令，插入后，原有单元格作相应移动。

（4）在新插入的列中输入数据。

4.3.2　工作表中的单元格操作

1. 删除并更改数据

如果在单元格中输入数据时发生了错误，或者要改变单元格中的数据，则需要对数据进行编辑。用户可以方便地删除单元格中的内容，用全新的数据替换原数据或者对数据进行一些细微的变动。

选中要删除的单元格或区域，然后按 Del 键即可。如果单元格中包含大量的字符或复杂的公式，而用户只想修改其中的一部分，那么可以按以下两种方法进行编辑：

✧　双击单元格或者单击单元格后按 F2 键，在单元格中进行编辑。

✧　单击激活单元格，然后单击公式栏，在公式栏中进行编辑。

2. 查找与替换

在 Excel 中既可以查找出包含相同内容的所有单元格，也可以查找出与活动单元格中内容不匹配的单元格。它的应用进一步提高了编辑和处理数据的效率，如图 4-11 所示。

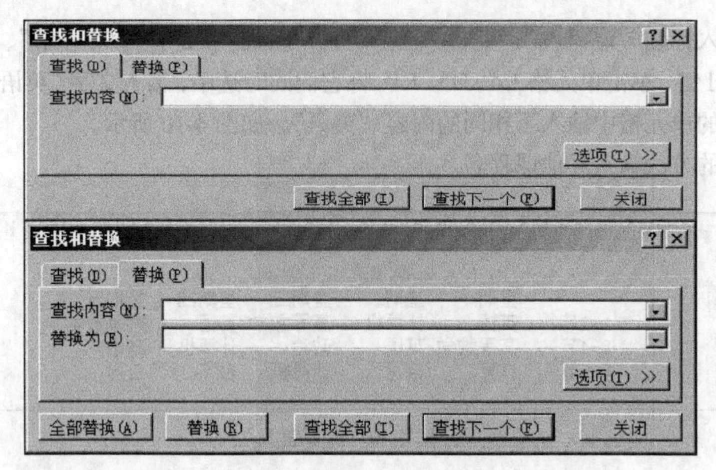

图 4-11 “查找和替换”对话框的“查找”选项卡

3. 单元格的批注

在 Excel 中可以为某个单元格添加批注，也可以为某个单元格区域添加批注，添加的批注一般都是简短的提示性文字，若默认的批注内容格式无法满足用户的一些特殊需要，可以对批注添加一些必要的修饰，如修改批注的字体和字号等。

4.3.3 编辑表格数据

新建的工作表中，数字和文字都采用了默认的五号宋体字。在一张工作表中，如果全部文字和数字都采用默认的五号宋体字，不仅使整个工作表看起来乏味，而且数据不突出，也不利于阅读。Excel 2010 对于的单元格中使用的字体、字号、文字颜色等，既可以在数据输入前设置，也可以在数据输入完成后进行设置。

1. 设置单元格文字格式

下面我们对学生成绩表中的文字进行修饰，效果如图 4-12 所示。

	A	B	C	D	E	F	G	H	I
1	2011—2012学年第一学期成绩表								
2	学号	姓名	政治		英语	高等数学	计算机基础	总分	平均分
3	10101	王涛	80		90	80	95		
4	10102	李冰	82		80	56	75		
5	10103	谢红	68		55	75	52		
6	10104	郑伟	72		62	67	88		
7	10105	袁明	69		50	70	60		
8	10106	张莉	70		52	49	58		
9	10107	张平	88		76	63	80		
10	10108	罗娟	75		86	78	92		

图 4-12 美化修饰后的学生成绩表

（1）选中标题所在的单元格 A1，通过“开始”选项卡→“字体”功能区中设置字体为“华为细黑”，字号为 16，字体颜色为“蓝色”。

（2）选中数据项目所在的单元格区域 A2：I2，通过“开始”选项卡→“字体”功能区中设置字体为“隶书”，字号为 14，字体颜色为“黑色”。

（3）选中单元格区域 A3：I10，通过“开始”选项卡→“字体”功能区中设置字体为“楷体_GB2312”，字号为 12，字体颜色为“红色”。

2. 设置单元格数字格式

在工作表内容中，数字、日期、时间、货币等内容都以纯数字形式存储。在单元格内显示时，则按单元格的格式显示。如果单元格没有重新设置格式，则采用通用格式，将数值以最大的精确度显示。当数值很大时，用科学计数法表示，如 2.3456E+0.5。如果单元格的宽度无法以设定的格式将数字显示出来，单元格用“#”号填满，此时只要将单元格加宽，即可将数字显示出来。

如图 4-13 所示某电器销售商根据商品销售记录制作一张电子表格，工作表中的数据全部采用默认格式，且其中有多种数字，如日期、数量、货币等。对工作表进行格式设置后，效果如图 4-14 所示。

	A	B	C	D	E	F
1	电器商品销售记录表					
2	序号	日期	商品名	单价	数量	金额
3	1	2012-02-01	电视机	1999	5	9995
4	2	2012-02-01	电视机	3500	3	10500
5	3	2012-02-01	DVD机	900	5	4500
6	4	2012-02-03	DVD机	900	3	2700
7	5	2012-02-03	空调机	3450	2	6900
8	6	2012-02-03	电视机	1990	8	15920
9	7	2012-02-05	数码相机	2450	5	12250
10	8	2012-02-05	电视机	3500	3	10500

图 4-13　未格式的商品销售记录

	A	B	C	D	E	F
1	电器商品销售记录表					
2	序号	日期	商品名	单价	数量	金额
3	1	2012年2月1日	电视机	¥1,999.00	5	¥9,995.00
4	2	2012年2月1日	电视机	¥3,500.00	3	¥10,500.00
5	3	2012年2月1日	DVD机	¥900.00	5	¥4,500.00
6	4	2012年2月3日	DVD机	¥900.00	3	¥2,700.00
7	5	2012年2月3日	空调机	¥3,450.00	2	¥6,900.00
8	6	2012年2月3日	电视机	¥1,990.00	8	¥15,920.00
9	7	2012年2月5日	数码相机	¥2,450.00	5	¥12,250.00
10	8	2012年2月5日	电视机	¥3,500.00	3	¥10,500.00

图 4-14　格式化后的商品销售记录表

（1）选择单元格区域 A1：F1，设置标题格式为“合并及居中”。

（2）选中单元格区域 A2：F2，单击“开始”选项卡→“对齐方式”功能区的“居中”按钮。

（3）选择单元格区域 E3：E10，单击“开始”选项卡→“对齐方式”功能区的“居中”按钮。

（4）选中单元格区域 B3：B10，选择“开始”选项卡→“字体”功能区中的快速启动命令组按钮，弹出“设置单元格格式对话框”，在“数字”选项卡中“分类”列表框选择“日期”选项，在“类型”列表框中选择“2001 年 3 月 14 日”选项，如图 4-15 所示，单击“确定”按钮。

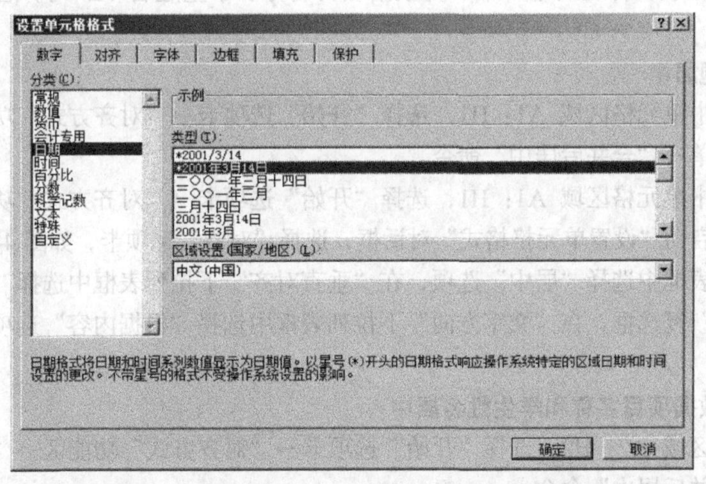

图 4-15　“单元格格式”对话框的“数字”选项卡

（5）分别选择单元格区域 D3：D10 和 F3：F10，用同样的方法设置数字格式为“货币”。

✧ 设置数字格式

（1）在工作表的任意一个单元格中输入数字 1234，观察该数字在单元格的对齐方式 。

（2）将该单元格的数字格式改为文本格式（左对齐）。

（3）选中 1234 所在的单元格，在“数字”功能区分别单击“货币样式”、“百分比样式”、“增加小数位数”和“减少小数位数”按钮，观察该单元格数字格式的变化。

✧ 自定义格式的设置

（1）在工作表中的任选一个单元格，输入 12345.678。

（2）将该单元格的数字格式设置为自定义格式，类型为 0.00E+00，观察单元格中数据各式变化。

（3）将选中的单元格设置为其他格式（数字格式自定），观察单元格中数据公式的变化。

4.3.4 设置工作表中的数据格式

工作表的表一般都是居中的，当一个单元格中的内容比较多时，单元格的行宽和列高可能需要调整；工作表中一般包含文字、数字等不同类型的数据，往往希望不同类型的数据采用不同的数据格式与对齐方式。

学生成绩表刚创建时，输入的数据是默认格式。现要求改变工作表的格式，使其达到如图 4-16 所示的效果。

	A	B	C	D	E	F	G	H
1	第一学期成绩表							
2	学号	姓名	政治	英语	高等数学	计算机基础	总分	平均分
3	10101	王涛	80	90	80	95		
4	10102	李冰	82	80	56	75		
5	10103	谢红	68	55	75	52		
6	10104	郑伟	72	62	67	88		
7	10105	袁明	69	50	70	60		
8	10106	张莉	70	52	49	58		
9	10107	张平	88	76	63	80		
10	10108	罗娟	75	86	78	92		

图 4-16 设置数据格式后的成绩表

图中所示工作表，标题居中，第二行数据项目名称和学生姓名（B 列）居中，所有数字左对齐。

1. 设置标题居中

方法一：选中单元格区域 A1：H1，选择“开始”选项卡→“对齐方式”功能区→“合并后居中”下拉式菜单→“合并后居中”命令。

方法二：选中单元格区域 A1：H1，选择“开始”选项卡→“对齐方式”功能区中的快速启动命令组按钮，启动“设置单元格格式”对话框，选择“对齐”选项卡，如图 4-17 所示，在“水平对齐”下拉列表框中选择“居中”选项，在“垂直对齐”下拉列表框中选择“居中”选项，选中“合并单元格”复选框，在“文字方向”下拉列表框中选择“根据内容”选项，单击“确定”按钮。

2. 第二行数据项目名称和学生姓名居中

选择单元格区域 A2：H2，选择“开始”选项卡→“对齐方式”功能区→“合并后居中”下拉式菜单→“合并后居中”命令。

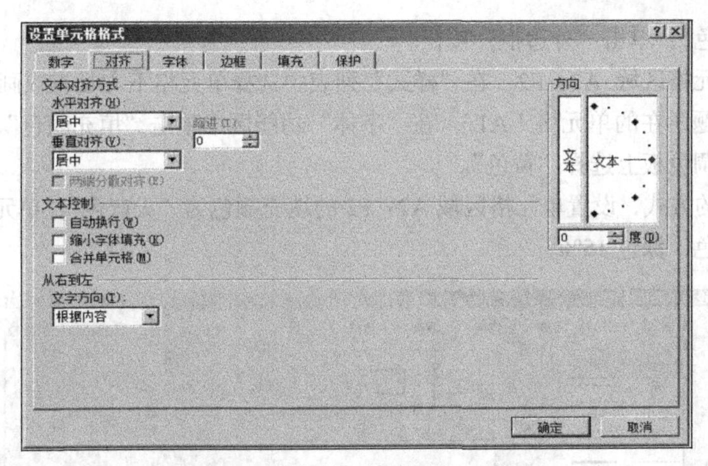

图 4-17　“设置单元格格式”对话框

选择单元格区域 B2：B10，选择“开始”选项卡→“对齐方式”功能区→“合并后居中”下拉式菜单→“合并后居中”命令。

选择单元格区域 A3：A10，选择“开始”选项卡→“对齐方式”功能区→“合并后居中”下拉式菜单→“合并后居中”命令。

3．所有数字左对齐

选择单元格区域 C3：H10，选择“开始”选项卡→“对齐方式”功能区中的快速启动命令组按钮，启动“设置单元格格式”对话框，选择“对齐”选项卡，在“水平对齐”下拉列表框中选择“左对齐”选项。

4.3.5　美化工作表的外观

一般情况下，工作表需要加上边框线，有些比较特殊的单元格还需要突出显示。为“电器商品销售记录”表加上粗边框线，表格内部单元格之间用细实分割，数据项目名称与表格内容之间用双横线分开，效果如图 4-18 所示，表格标题填充颜色为“黄色”，表格第一行（数据项目名称）填充颜色为天蓝色，其余单元格填充颜色为白色，深色 15%。

	A	B	C	D	E	F
1	电器商品销售记录表					
2	序号	日期	商品名	单价	数量	金额
3	1	2012年2月1日	电视机	¥1,999.00	5	¥9,995.00
4	2	2012年2月1日	电视机	¥3,500.00	3	¥10,500.00
5	3	2012年2月1日	DVD机	¥900.00	5	¥4,500.00
6	4	2012年2月3日	DVD机	¥900.00	3	¥2,700.00
7	5	2012年2月3日	空调机	¥3,450.00	2	¥6,900.00
8	6	2012年2月3日	电视机	¥1,990.00	8	¥15,920.00
9	7	2012年2月5日	数码相机	¥2,450.00	5	¥12,250.00
10	8	2012年2月5日	电视机	¥3,500.00	3	¥10,500.00

图 4-18　添加边框后的商品销售记录表

（1）选择标题所在的单元格（A1），用鼠标右键单击弹出的快捷菜单中选择单元格，弹出“设置单元格格式对话框”，选择“边框”选项卡，如图 4-19 所示。

（2）在“线条”样式中指定表格线型为粗单实线，在“颜色”下拉式列表框中指定表格边框线的颜色为“黑色”，单击“外边框”按钮。

（3）在“线条”样式中指定表格线型为粗单实线，在“颜色”下拉式列表框中指定表格边框线的颜色为“黑色”，单击“外边框”按钮。

（4）选中单元格区域 A2：F2，在“样式”列表中选择单元格下方具有双画线的选项。

（5）选择标题所在的单元格（A1），在“字体”功能区中单击“填充颜色”按钮右边的下拉按钮，在打开的调色板上选择“黄色”。

（6）用同样的方式，设置单元格区域 A2：F2 的填充颜色为“天蓝色”，单元格区域 A3：F10 的填充颜色为白色，深色 15%。

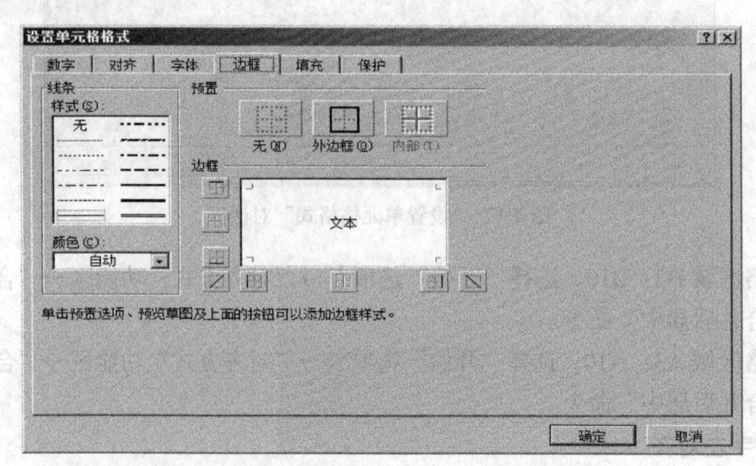

图 4-19 “单元格格式”对话框“边框”选项卡

4.3.6 应用案例：美化学生信息登记表

参照图 4-20 所示，创建“学生信息登记表”，输入“学号”、“姓名”、“身份证号”、“民族”四个字段的内容。

学生信息登记表

学号	姓名	身份证号	性别	出生日期	民族	入学时间	学院代码	所在学院	学历代码	本科/大专
200707013601	林一	110105198809100014			蒙古					
200708013602	张万里	110104198711230012			满					
200807014601	赵华	110103198802190022			满					
200708023604	陈海燕	110101198806060024			回					
200707013605	王伟业	110102198710070038			回					
200710013606	李爱国	110102198709050017			汉					
200807024602	张一名	110302198803160011			汉					
200708013608	韩寒	110105198702260022			蒙古					
200907022601	华安	112104198803080014			朝鲜					
200710013610	张子怡	112104198707240023			汉					
200707013611	林峰	110105198711160014			汉					
200809014603	赵明光	110104198802140012			白					
200707023613	张石磊	110103198804030029			汉					
200710013614	南方	110101198710020024			满					
200809024611	王明	110102198612030011			汉					
200709023616	孙梦	110102198709160016			汉					
200708013617	周军	110302198605040021			蒙古					
200707023618	朱军	110102198802020022			维					
200707013619	李玉	112104198803010014			汉					
200909011601	陈国庆	112104198907140023			汉					
200710013621	张美美	110105198803150014			回					
200908022603	孙晓峰	110104198807200012			满					
200707013623	万里	110103198709150022			汉					
200709013624	刘红霞	110101198610010024			汉					

图 4-20 学生信息登记表

（1）出生日期字段内容由身份证号的第 7～14 位生成，性别由身份证号的第 17 位生成。

（2）入学时间即学号的前 4 位，学院代码由学号的第 5、6 位表示，其中“07”—土木工程，“08”—生物工程，“09”—“食品营养”，“10”—“汉语文化”。

（3）学历由学号的第 7、8 位表示，“01”为本科，“02”为专科。

（4）标题行合并居中，红色，华文隶书，28 号字，字段名称为方正姚体，黑色，14 号字，底纹为紫色，内容为宋体，黑色，12 号字，全部居中显示。

（5）外边框为双细实线，内线为单细实线，均为黑色。结果如图 4-21 所示。

	A	B	C	D	E	F	G	H	I	J	K
1	学生信息登记表										
2	学号	姓名	身份证号	性别	出生日期	民族	入学时间	学院代码	所在学院	学历代码	本科/大专
3	200707013601	林一	110105198809100014	男	1988/9/10	蒙古	2007	07	土木工程	01	本科
4	200708013602	张万里	110104198711230012	男	1987/11/23	满	2007	08	生物工程	01	本科
5	200807014601	赵华	110103198802190022	女	1988/2/19	满	2008	07	土木工程	01	本科
6	200708023604	陈海燕	110101198806060024	女	1988/6/6	回	2007	08	生物工程	02	专科
7	200707013605	王伟业	110102198710070038	男	1987/10/7	回	2007	07	土木工程	01	本科
8	200710013606	李爱国	110102198709050017	男	1987/9/5	汉	2007	10	汉语文化	01	本科
9	200807024602	张一名	110302198803160011	男	1988/3/16	汉	2008	07	土木工程	02	专科
10	200708013608	韩寒	110105198702260022	女	1987/2/26	蒙古	2007	08	生物工程	01	本科
11	200907022601	华安	112104198803080014	男	1988/3/8	朝鲜	2009	07	土木工程	02	专科
12	200710013610	张子怡	112104198707240023	女	1987/7/24	汉	2007	10	汉语文化	01	本科
13	200707013611	林峰	110105198711160014	男	1987/11/16	汉	2007	07	土木工程	01	本科
14	200809014603	赵明光	110104198802140012	男	1988/2/14	白	2008	09	食品营养	01	本科
15	200707023613	张石磊	110103198804030029	女	1988/4/3	汉	2007	07	土木工程	02	专科
16	200710013614	南方	110101198710020024	女	1987/10/2	满	2007	10	汉语文化	01	本科
17	200809024611	王明	110102198612030011	男	1986/12/3	汉	2008	09	食品营养	02	专科
18	200709023616	孙梦	110102198709160016	男	1987/9/16	汉	2007	09	食品营养	02	专科
19	200708013617	周军	110302198605040021	女	1986/5/4	蒙古	2007	08	生物工程	01	本科
20	200707023618	朱军	110102198802020022	女	1988/2/2	维	2007	07	土木工程	02	专科
21	200707013619	李玉	112104198803010014	男	1988/3/1	汉	2007	07	土木工程	01	本科
22	200909011601	陈国庆	112104198907140023	女	1989/7/14	汉	2009	09	食品营养	01	本科
23	200710013621	张美美	110105198803150014	男	1988/3/15	回	2007	10	汉语文化	01	本科
24	200908022603	孙晓峰	110104198807200012	男	1988/7/20	满	2009	08	生物工程	02	专科
25	200707013623	万里	110103198709150022	女	1987/9/15	汉	2007	07	土木工程	01	本科
26	200709013624	刘红霞	110101198610010024	女	1986/10/1	汉	2007	09	食品营养	01	本科

图 4-21　结果样张

【步骤与方法】

✧　性别

身份证号的第 17 位为奇数，表示为“男”，为偶数，表示为“女”。选中 D3 单元格，输入“=IF（MOD（VALUE（MID（C3,17,1）），2）=0,"女","男"）”。

MOD 为求余数函数，格式为 MOD（number,divisor），Number 为被除数，Divisor 为除数。

✧　出生日期

身份证号的第 7～10 位代表年份，11、12 位表示月份，13、14 位为日，选中 E3 单元格，输入“=DATE（MID（C3,7,4），MID（C3,11,2），MID（C3,13,2））”，得到出生日期数值。

✧　入学时间

选中 G3 单元格，输入“=LEFT（A3,4）”，得到入学年份。

✧　学院

选中 H3 单元格，输入“=MID（A3,5,2）”，得到学院代码，在 I3 单元格中使用 IF 嵌套，输入“=IF（H3="07","土木工程",IF（H3="08","生物工程",IF（H3="09","食品营养","汉语文化"）））”，得到学院名称。

✧ 学历

选中 J3 单元格，输入"=MID（A3,7,2）"，得到学历代码，在 I3 单元格中使用 IF 嵌套，输入"=IF（J3="01","本科","专科"）"，得到学历名称。

✧ 文本美化

选中要设置的内容，按要求进行相关操作。

✧ 边框设置

选中表格，单击鼠标右键，选择"设置单元格格式"中的"边框"，进行相应的设置。

4.4 数据的整理和分析

4.4.1 数据的排序、筛选

1. 数据表管理

数据表的建立方法是建立一个表格，再逐条输入/记录数据表中的记录，如图 4-22 所示。

	A	B	C	D	E	F	G
1	一年级第一学期成绩表						
2	学号	姓名	政治	英语	高等数学	计算机基础	平均分
3	10101	王涛	80	90	80	95	86
4	10102	李冰	82	80	56	75	73
5	10103	谢红	68	55	75	52	63
6	10104	郑伟	72	62	67	88	72
7	10105	袁明	69	50	70	60	62
8	10106	张莉	70	52	49	58	57
9	10107	张平	88	76	63	80	77
10	10108	罗娟	75	86	78	92	83

图 4-22 学生成绩单数据表

2. 建立和编辑数据表

实现数据功能的工作表应具有以下特点：

（1）数据由若干列组成，每一列有一个列标题，相当于数据表的字段名，如"学号"、"姓名"。列相当于字段，每一列的取值方位称为域，每一列必须是相同类型的数据。表中每一行构成数据表的一个记录，每个记录存放一组相关的数据。其中，第一行必须是字段名，其余行称为一个记录。数据的排序、检索、增加、删除等操作都是以记录为单位进行的。

（2）在工作表中，数据列表与其他数据之间至少留出一个空白列和一个空白行。数据列表中避免空白行和空白列，单元格不要以空格开头。

按照上述特点建立一个数据表后，系统自动将这个范围内的数据视为一个数据表。

建立一个学生成绩单数据表，在学生成绩单数据表中找出所有性别为"男"、"计算机基础成绩大于 70 分的记录"。

（1）在 Excel 中建立一个表格，按图 4-22 所示逐条输入数据表中的记录。

（2）将单元格光标移动到第一个记录上，选择"快速访问工具栏"→"记录单"，弹出"记录单"对话框，如图 4-23 所示。

（3）单击"条件"按钮，弹出"条件"对话框。

（4）在其中输入条件：在"性别"字段名右边的字段框内输入"男"，在"计算机基础"字段名右边的字段框内输入">=70"。

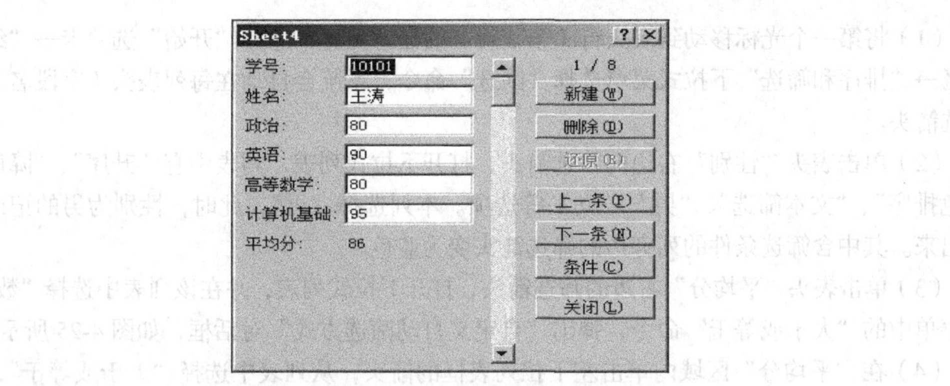

图 4-23　“记录单”对话框

（5）按 Enter 键确认，单击“上一条”或“下一条”按钮，对话框内将显示满足条件（性别="男"和计算机基础=>70）的记录，此时可以在“条件”对话框内修改这些记录。

3. 排序

数据排序是指按一定规则对数据进行整理、排列。Excel 提供了多种方法对数据清单进行排序，可以按升序、降序的方式，也可以由用户自定义排序。如果只要求单列数据排序，先选择要排序的字段列（如“平均分”列），再在“开始”选项卡→“编辑”功能区→“排序和筛选”下拉式菜单中选择需要的排序方式。

通常根据以下顺序进行递增排序：“数字”→“文字（包括含数字的文字）”→“逻辑值”→“错误值”；递减排序的顺序与递增顺序相反。无论是递增排序还是递减排序，空白单元格总是排在最后。将图 4-22 所示的学生成绩单数据表中按平均分（G 列）从高分到低分排列。

（1）选择单元格 G3 或选择成绩单数据表中的任一单元格。

（2）在“排序”对话框中指定排序的主要关键字、排序依据、次序，如果需要增加排序条件（如次要关键字），则单击“添加条件”按钮。本例在“主要关键字”下拉式列表框中选择 G 列（平均分），单击“排序”按钮。

（3）单击“确定”按钮，即可在屏幕上看到排序结果。

若在指定的主要关键字中出现相同值，可以在两个次要关键字下拉列表框（次要关键字、第三关键字）中指定排序的顺序，系统将按组合数据进行排序。例如，可以以“总分”为主要关键字，以“性别”为次要关键字。

在“排序”对话框中单击“选项”按钮，将弹出“选项”对话框，可以指定区分大小写、排序方向（按列或行）、排序方法（字母排序或笔画排序）等。

4. 自动筛选

数据清单创建完成后，对它进行的操作通常是从中查找和分析具备特定条件的记录，筛选就是一种用于查找数据清单中数据的快速方法。经过筛选后的数据清单只显示包含指定条件的数据行，供用户浏览、分析。

在成绩表中，将平均分大于等于 70 分的男学生成绩筛选出来，如图 4-24 所示。

	A	B	C	D	E	F	G
1	一年级第一学期成绩表						
2	学号	姓名	性别	英语	高等数	计算机基	平均分
3	10101	王涛	男	90	80	95	88
6	10104	郑伟	男	62	67	88	72
9	10107	张平	男	76	63	80	73

图 4-24　自动筛选的结果

（1）将第一个光标移动到表头行（第2行）的任意位置，选择“开始”选项卡→“编辑”功能区→“排序和筛选”下拉式菜单选择“筛选”命令，系统会自动在每列表头（字段名）上显示筛选箭头。

（2）单击表头“性别”右边的筛选箭头，打开下拉式列表。列表中有“升序”、“降序”、“按颜色排序”、“文本筛选”、“男”、“女”等选项。本列选择“男”，此时，性别为男的记录自动筛选出来。其中含筛选条件的列旁边的筛选箭头变为蓝色。

（3）单击表头“平均分”右边的筛选箭头，打开下拉式列表，并在该列表中选择“数字筛选”子菜单中的“大于或等于”命令，弹出“自定义自动筛选方式”对话框，如图4-25所示。

（4）在“平均分”区域内单击左下拉列表框的箭头，从列表中选择“大于或等于”，在右边的筛选条件组合框中输入70或单击右边的箭头并从列表中选择一个记录值。

有两个筛选条件时，可以选择“与”或“或”。其中，“与”表示两个条件均成立才作为筛选条件，“或”表示只要有一个条件成立就可作筛选条件，系统默认选择“与”。

（5）单击“确定”按钮，满足指定条件的记录自动被筛选出来。

如果要取消自动筛选功能，恢复显示所有的数据，可以再次选择“开始”选项卡→“编辑”功能区→“排序和筛选”下拉式菜单选择“筛选”命令，就可以取消筛选。筛选的结果可以直接打印出来。

图4-25 “自定义自动筛选方式”对话框

5. 高级筛选

使用高级筛选功能，必须先建立一个条件区域，用来指定筛选的数据所需满足的条件。条件区域的第一行是所有作为筛选条件的字段名，这些字段名与数据清单中的字段名必须完全一样。

在学生成绩单数据表中，将平均分大于等于70的女学生筛选出来。

操作步骤如下：

（1）选择要筛选的范围：A2：G10。

（2）选择“数据”选项卡→“排序和筛选”功能区→“高级”命令，弹出“高级筛选”对话框，如图4-26所示。

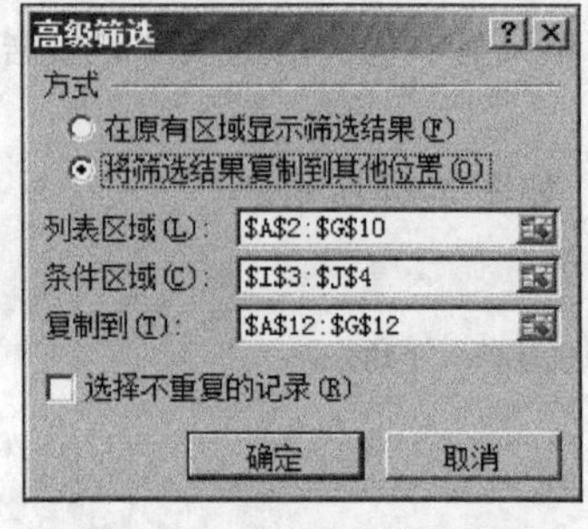

图4-26 “高级筛选”对话框

（3）在其中选择“将筛选结果复制到其他位置”选项。

（4）在“列表区域”文本框中指定要筛选的数据区域：A2：G10。

（5）指定“条件区域”为I3：J4，并在条件区域中输入条件：I3性别，I4为女，J3为平均分，J4为>=70。

（6）在“复制到”文本框框内指定复制筛选结果的目标区域：A12：G12。

（7）若选择“选择不重复记录”复选框，则显示符合条件的筛选结果时不包括重复的行。

（8）单击“确定”按钮，筛选结果复制到指定的目标区域，如图 4-27 所示。

	A	B	C	D	E	F	G
1	一年级第一学期成绩表						
2	学号	姓名	性别	英语	高等数学	计算机基础	平均分
3	10101	王涛	男	90	80	95	88
4	10102	李冰	女	80	56	75	70
5	10103	谢红	女	55	75	52	61
6	10104	郑伟	男	62	67	88	72
7	10105	袁明	女	50	70	60	60
8	10106	张莉	女	52	49	58	53
9	10107	张平	男	76	63	80	73
10	10108	罗娟	女	86	78	92	85
11							
12	学号	姓名	性别	英语	高等数学	计算机基础	平均分
13	10102	李冰	女	80	56	75	70
14	10108	罗娟	女	86	78	92	85

图 4-27　将平均分大于等于 70 分的女学生记录筛选出来

使用高级筛选必须在工作表中构造区域，它由条件标记和条件值构成。条件标记和数据清单的列标记相同，可以从数据清单中直接复制过来；条件值则须根据筛选需要在条件标记下方构造，是执行高级筛选的关键部分。构造高级筛选的条件区域需要注意：如果条件区域放在数据清单的下方，那么两者之间应至少有一个空白行。如果条件区域放在数据清单的上方，则数据清单和条件区域之间也应剩余一个或几个空白行。

构造高级筛选条件有这样的要求：如果多个筛选条件需要同时满足，它们必须分布于条件区域的同一行，这就是所谓的“与”条件，否则筛选条件必须分布于条件区域的不同行，也就是“或”条件。Excel 具有强大的计算机和统计功能，分析和处理工作表中的数据离不开公式和函数。公式是函数的基础，它是单元格中的一系列值、单元格引用、名称和运算符的组合，利用它可以生成新的值。函数则是预定义的内置公式，可以进行数学、文本、逻辑的运算或者查找工作表的信息。

4.4.2　公式和函数的使用

Excel 公式，一般不是指出哪几个数据间的运算关系，而是计算哪几个单元格中数据的关系，需要指明单元格的区域，即引用。

制作一张某公司的工资表，如图 4-28 所示，用输入公式的方法计算“应发工资”和“实发工资”。

	A	B	C	D	E	F	G	H	I
1	XX公司工资表								
2	序号	部门	姓名	基本工资	职务津贴	补贴	应发工资	扣款	实发工资
3	1	销售部	李剑荣	1500	800	800	3100	50	3050
4	2	销售部	翟亦峰	1000	200	500	1700		1700
5	3	销售部	刘颖仪	1000	200	500	1700		1700
6	4	销售部	黄艳妮	1000	200	500	1700		1700
7	5	财务部	李苗苗	1300	800	600	2700	50	2650
8	6	财务部	陈耿	1000	200	400	1600		1600
9	7	生产部	吴梓波	1300	800	600	2700		2700
10	8	生产部	唐滔	800	200	400	1400	100	1300
11	9	生产部	梁托	600	200	200	1000		1000
12	10	生产部	黄沛文	600	200	200	1000		1000

图 4-28　工资表

在上述公式中，单元格D3中的数据是1500，单元格E3中的数据是800，单元格F3中的数据是800，单元格G3中的数据是公式的计算机结果3100；单元格H3的数据是50，单元格I3中的数据是公式的计算结果3050。

（1）选中单元格G3，输入公式=D3+E3+F3，按Enter键（或在编辑栏中单击按钮）。

（2）选中单元格I3，输入公式=G3-H3，按Enter键（或在编辑栏中单击按钮）。

（3）将单元格G3中的公式复制到单元格区域G4：G10，将单元格I3中的公式复制到单元格区域I4：I10。

1. 公式中的引用

Excel提供了3种不同的引用类型：相对引用、绝对引用和混合引用。在实际应用中，要根据数据的关系决定采用哪种引用类型，如图4-29所示。

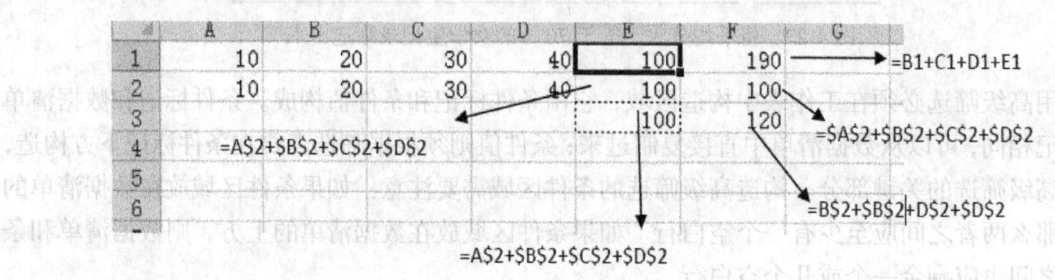

图4-29 引用类型的示意图

（1）引用同一个工作簿中其他工作表的单元格。

（2）引用其他工作簿的单元格。

（3）引用名字。

2. 函数的使用

函数是Excel内部已经定义的公式，对指定的数值区域执行运算。Excel提供的函数包括数学与三角、时间与日期、财务、统计、查找和引用、数据库、文本、逻辑、信息和工程等内容，为数据运算和分析带来极大的方便。可以单击输入栏左侧的，出现“插入函数”的对话框，如图4-30所示，如果所选择的函数有参数，还会出现“函数参数对话框”，如图4-31所示。图4-32列出了公式返回的错误值及其产生的原因。

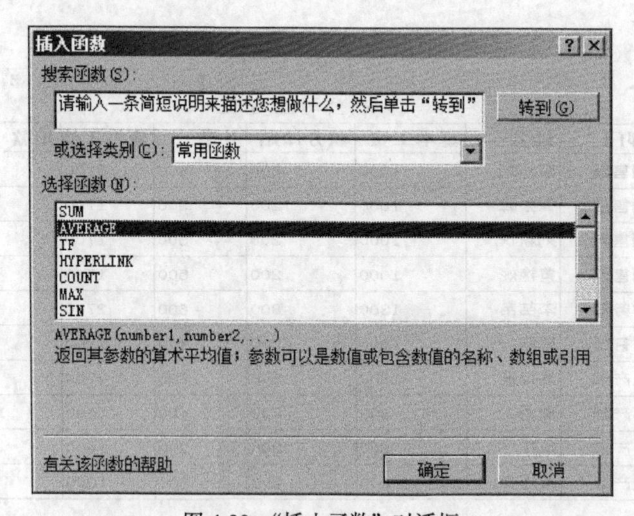

图4-30 “插入函数”对话框

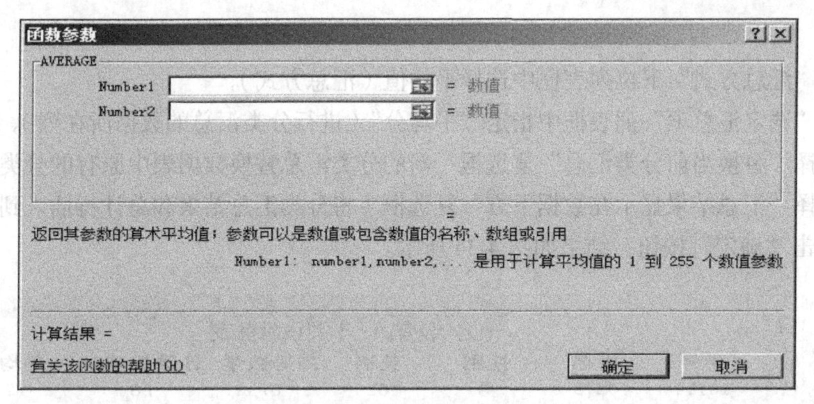

图 4-31　“函数参数”对话框

返回的错误值	产生的原因
#####!	公式计算的结果太长，单元格宽度不够，增加单元格的列宽可以解决
@Div/0	除数为 0
#N/A	公式中使用或不存在的名称，以及名称的拼写错误
#NAME?	删除了公式中使用或不存在的名称，以及名称的拼写错误
#NULL!	使用了不正确的区域运算或不正确的单元格使用
#NUM!	在需要数字参数的函数中使用了不能接受的参数，或者公式计算机结果的数字太大或太小，Excel 无法表示
#REF!	删除了其他公式引起的单元格，或将移动单元格粘贴到其他公式引用的单元格中
#VALUE!	需要数字或逻辑值时输入了文本

图 4-32　公式返回的错误值及其产生的原因

计算总分可以用函数=SUM（C2:E2），不必输入公式=C2+D2+E2。计算平均分可以用函数=AVERAGE（C2：E2），不必输入公式=F2/3。

（1）在单元格 F4 中输入函数=SUM（C2:E2），按 Enter 键（或在编辑栏中单击按钮）。

（2）在单元格 G3 中输入函数=AVERAGE（C2：E2），按 Enter 键（或在编辑栏中单击按钮）。

4.4.3　分类汇总与分级显示

分类汇总建立在已排序的基础上，将相同类型的数据进行统计汇总，Excel 可以对工作表中选定的列进行分类汇总，并将分类汇总结果插入到相应类别数据行的最上端或最下端。分类汇总并不局限于求和，也可以进行计数、求平均分等其他运算。

在学生成绩数据单中，按性别对平均分进行分类汇总。

（1）选择要进行分类汇总的单元格区域。

（2）选择“数据”选项卡→“分级显示”功能区→“分类汇总”命名，弹出“分类汇总”对话框，如图 4-33 所示。

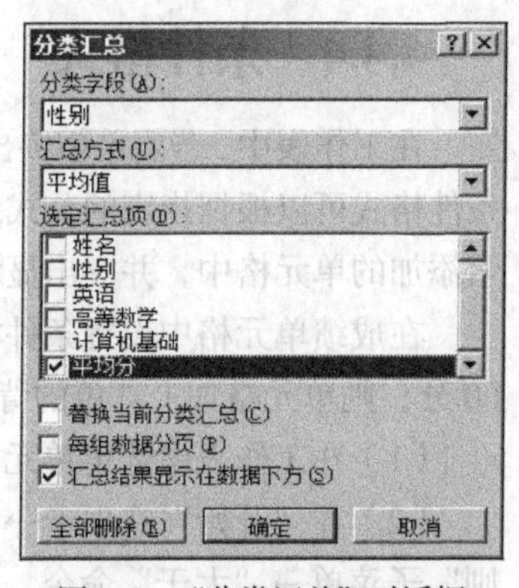

图 4-33　“分类汇总”对话框

（3）在其中选择：

✧　在“分类字段”下拉式列表框中选择“性别”（含有分类

字段的列）。

✧ 在“汇总方式”下拉列表框中选择平均值（汇总方式）。

✧ 在“选定汇总项”列表框中指定“平均分”（进行分类汇总的数据所在列）。

✧ 选择“替换当前分类汇总”复选框（新的分类汇总替换数据表中原有的分类汇总）。

✧ 选择“汇总结果显示在数据下方”复选框（将分类汇总结果和总计行插入到数据之下。）

（4）单击“确定”按钮，结果如图 4-34 所示。

	A	B	C	D	E	F	G
1	一年级第一学期成绩表						
2	学号	姓名	性别	英语	高等数学	计算机基础	平均分
3	10104	郑伟	男	62	67	88	72
4	10107	张平	男	76	63	80	73
5	10101	王涛	男	90	80	95	88
6			男 平均值				78
7	10105	袁明	女	50	70	60	60
8	10106	张莉	女	52	49	58	53
9	10103	谢红	女	55	75	52	61
10	10102	李冰	女	80	56	75	70
11	10108	罗娟	女	86	78	92	85
12			女 平均值				66
13			总计平均值				70

图 4-34　分类汇总结果

进行分类汇总时，如果选择分类汇总区域不明确或只是指定一个单元格，没有指定区域，系统将无法指定将哪一列作为关键字段来汇总。这时，系统提问是否用当前单元格区域的第一列作为关键字。确认后，“弹出分类汇总”对话框，可以在其中指定进行分类汇总的关键字。

分类汇总后，在工作表的左端自动产生分级显示控制符。其中 1、2、3 作为分级编号，“+”、“-”为分级分组标记。单击分级编号或分级分组标记，可以选择分级显示。单击分级编号“1”，将只显示（总计）数据；单击分级编号“2”，将显示包括二级以上汇总的数据；单击分级编号“3”，将显示第三级以上的（全部）数据，单击分级分组标记“-”，将隐藏本级或本组细节；单击分级分组标记“+”，将显示本级或本组细节。

设置分级显示的方法：若选择“数据”选项卡→“分级显示”功能区→“取消组合”下拉式菜单→“清除分级显示”命名，可以清除分级显示区域；若选择“数据”选项卡→“分级显示”功能区→“创建组”下拉式列表框中“自动建立分级显示”，显示分级显示区域。

取消分类汇总的方法：选择“数据”选项卡→“分级显示”功能区→“分类汇总”命令，在弹出的“分类汇总”对话框单击“全部删除”按钮。

4.4.4 条件格式

在工作表中，若要希望突出显示公式的结果或符合特定条件的单元格，则可以使用条件格式。条件格式可以根据指定的公式或数值确定搜索条件，然后将格式应用到工作表选定范围中符合搜索添加的单元格中，并突出显示要检查的动态数据。

在成绩单元格中设置条件格式：如果超过 90 分，则单元格加上绿色的背景；如果成绩不足 60 分，则单元格加上红色的背景；不满足条件不做任何处理。设置结果如图 4-35 所示。

（1）在工作表中选定单元格区域 B2：D10。

（2）在“开始”选项卡→“样式”功能区→“条件格式”下拉式菜单→“突出显示单元格规则”子菜单→“大于”命令，如图 4-36 所示。

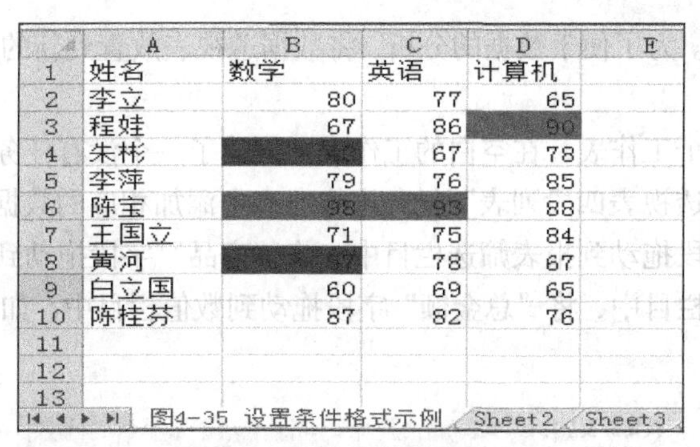

	A	B	C	D	E
1	姓名	数学	英语	计算机	
2	李立	80	77	65	
3	程娃	67	86	90	
4	朱彬	[illegible]	67	78	
5	李萍	79	76	85	
6	陈宝	98	93	88	
7	王国立	71	75	84	
8	黄河	[illegible]	78	67	
9	白立国	60	69	65	
10	陈桂芬	87	82	76	
11					
12					
13					

图4-35 设置条件格式示例 / Sheet2 / Sheet3

图 4-35　设置条件格式示例

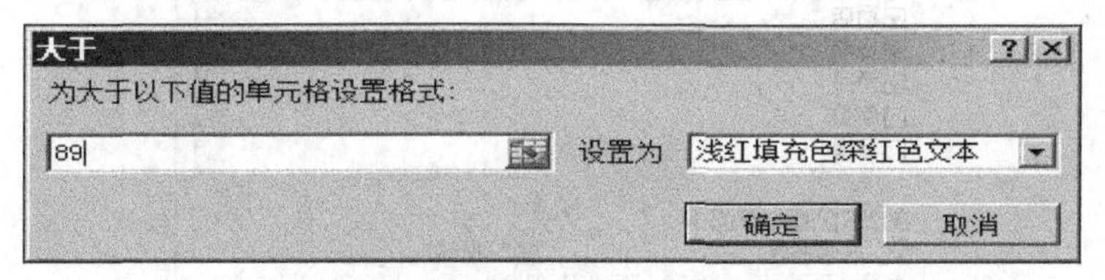

图 4-36　“条件格式”对话框

（3）在文本框中输入 89。

（4）在“设置为”列表框中选择“自定义格式”，在弹出的“设置单元格格式”对话框中，选择“填充”选项卡，在“背景”色中选择“绿色”。单击“确定”按钮，返回。

（5）单击“确定”按钮，完成“条件格式”对话框。

（6）用同样的方法将低于 60 分的设置为红色背景。

4.4.5　数据透视表和数据透视图

数据透视表的数据源可以是 Excel 数据表或表格，也可以是外部数据和 Internet 上的数据源，还可以是通过合并计算的多个数据区域以及另一个数据透视表。

在工作表上建立一个“南方公司 2012 年 3 月商品销售列表”，要求在工作表中建立一个按商品统计的各商店总销售额列表，即建立一个数据透视表。

（1）选择“插入”选项卡→“表格”功能区→“数据透视表”下拉式菜单→“数据透视表”命令，弹出“创建数据透视表”对话框，如图 4-37 所示。

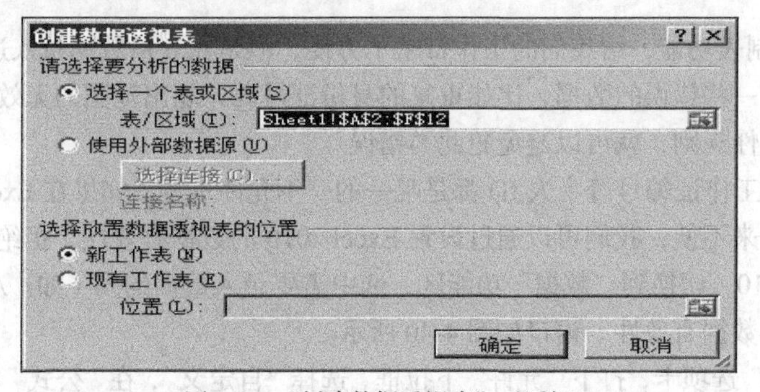

图 4-37　“创建数据透视表”对话框

（2）在“创建数据透视表”对话框中，需要选择分析的数据，此时系统自动选定当前光标所在的表格的数据区域。再选择放置数据透视表的位置，可以将数据透视表放置在新工作表中或现有工作表某个位置当中。为了便于数据的分析，将数据透视表放置到新的工作表中，单击“确定”按钮。

（3）系统将新建一个工作表，在空白的工作表中创建了一个没有任务数据的工作表。这时可以通过有右侧的“数据透视表四段列表”任务窗格向表中添加相应的数据信息。

（4）将“日期”字段拖动到报表筛选栏目中，将“商品”字段拖动到列标签栏目中，将“商店”字段拖动到行标签栏目中，将“总金额”字段拖动到数值栏目中，如图 4-38 所示，最后效果如图 4-39 所示。

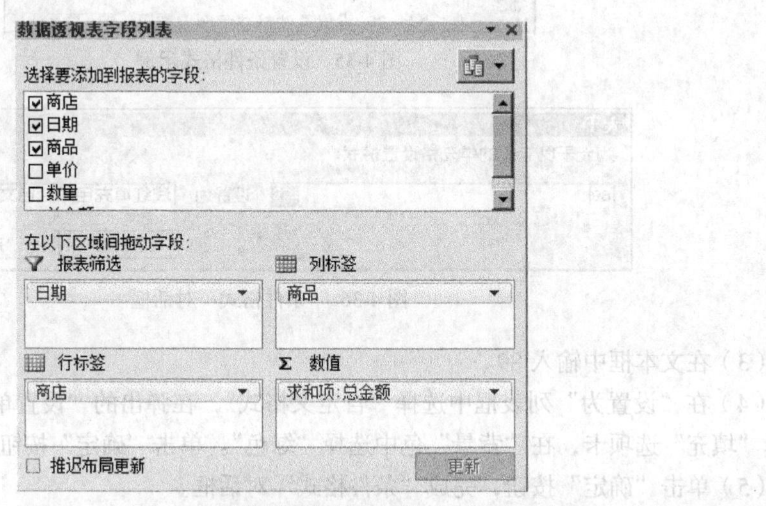

图 4-38　数据透视表任务窗格

	A	B	C	D	E
1	日期	(全部)			
2					
3	求和项:总金额	商品			
4	商店	商品丙	商品甲	商品乙	总计
5	东方	39000	5488	3885	48373
6	旅游		7448	4725	12173
7	南海	21750	8100	10710	40560
8	前进		12054	1890	13944
9	总计	60750	33090	21210	115050

图 4-39　新建立的数据透视表

4.4.6　数据的有效性

Excel 强大的制表功能，给我们的工作带来了方便，但是在表格数据录入过程中难免会出错，一不小心就会录入一些错误的数据，比如重复的身份证号码，超出范围的无效数据。其实，只要合理设置数据有效性规则，就可以避免犯此类错误。

身份证号码、工作证编号等个人 ID 都是唯一的，不允许重复，如果在 Excel 录入重复的 ID，就会给信息管理带来不便，我们可以通过设置 Excel 2010 的数据有效性，拒绝录入重复数据。

运行 Excel 2010，切换到“数据”功能区，选中需要录入数据的列（如：A 列），单击数据有效性按钮，弹出“数据有效性”窗口如图 4-40 所示。

切换到“设置”选项卡，打下“允许”下拉框，选择“自定义”，在“公式”栏中输入“=countif（a:a,a1）=1”（不含双引号，在英文半角状态下输入）。

切换到“出错警告”选项卡，选择出错警告信息的样式，填写标题和错误信息，最后单击“确定”按钮，完成数据有效性设置。

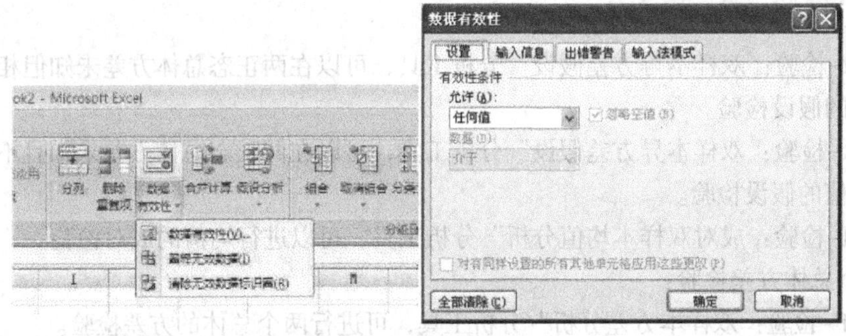

图 4-40　数据有效性窗口

这样，在 A 列中输入身份证、学号等信息，当输入的信息重复时，Excel 立刻弹出错误警告，提示我们输入有误。单击“否”，关闭提示消息框，重新输入正确的数据，就可以避免录入重复的数据。

4.5 工作表的数据统计和分析

4.5.1 数据统计和分析概述

Excel 是一个快速制表、将数据图表化以及进行数据分析和管理的工具软件包。Excel 可以管理、组织纷繁复杂的数据，并对数据进行分析处理，最后以图表、统计图形的形式给出分析结果。Excel 2010 提供了超强的统计分析程序，范围涵盖了最基本的统计分析。

1. 分析工具的统计分析功能

Excel 2010 软件中提供了 15 组数据分析工具，称为“分析工具库”。在进行统计分析时使用分析工具可节省步骤。只需为每一个分析工具提供必要的数据和参数，分析工具就会使用适宜的统计函数，在输出表格中显示相应的结果。其中，有些工具在生成输出表格时还能同时生成图表。

（1）统计绘图、制表。利用 Excel 分析工具库中的“直方图”分析工具，可以进行频数分布处理和绘制直方图。

（2）描述统计量计算。利用 Excel 分析工具库中的“描述统计”分析工具，可以计算常用的集中趋势测度、离散程度测度、数据分布测度及其他基本统计量。

集中趋势测度：平均值、中位数、众数。

离散程度测度：极差（全距）、标准误差（相对于平均值）、标准偏差、方差。

数据分布测度：峰值、偏斜度。

数值统计：最小值、最大值、总和、总个数。

利用“排位与百分比排位”分析工具，可以产生一个数据列表，在其中罗列给定数据各个数值的大小次序排位和相应的百分比排位，用来分析数据中各数值间的相互位置关系。

（3）参数估计。利用“描述统计”分析工具，可以计算正态分布下方差未知的样本均值极限误差，从而实现单一总体均值的区间估计。

（4）假设检验。利用 F-检验分析工具、t-检验分析工具、z-检验分析工具，可以进行总体均值、方差的假设检验。其中：

① 两个总体均值检验：

利用“z-检验：双样本平均差检验”分析工具，可以在两总体方差已知时，进行两总体均值的假设检验。

利用“t-检验：双样本等方差假设”分析工具，可以在两正态总体方差未知但相等时，进行两总体均值的假设检验。

利用“t-检验：双样本异方差假设”分析工具，可以在两正态总体方差未知且不相等时，进行两总体均值的假设检验。

利用“t-检验：成对双样本均值分析”分析工具，可以进行均值的成对检验。

② 两个总体方差检验：

利用“F-检验：双样本方差分析”分析工具，可进行两个总体的方差检验。

（5）方差分析。利用方差分析工具，可进行单因素和双因素的方差分析。

① 单因素方差分析：

利用“单因素方差分析”分析工具，可以对两个以上总体均值的显著性差异进行检验。

② 双因素方差分析：

利用“无重复双因素分析”分析工具，可以对两个因素各自对实验结果影响的显著性进行检验。

利用“可重复双因素分析”分析工具，可以对两个因素各自对实验结果及两因素交互作用对实验结果影响的显著性进行检验。

（6）相关、回归分析。利用“相关系数”分析工具和“协方差”分析工具，可以对两个及两个以上变量间的相关关系进行分析计算。

利用“回归分析”分析工具，可以建立简单线性回归和多元线性回归模型，并可对模型的有效性进行检验分析。

（7）时间序列分析。利用“指数平滑”分析工具，可对时间序列基于前期预测值导出相应的新预测值，进行趋势分析。

利用“移动平均”分析工具，可对时间序列数据进行移动平均处理，进行数据的趋势分析。

（8）抽样。利用“随机数发生器”分析工具，可以按照用户选定的分布类型，在工作表的特定区域中生成一系列独立随机数。

利用“抽样分析”分析工具，可以以输入区域为总体构造总体的一个样本。当总体太大而不能进行处理或绘制时，可以选用具有代表性的样本。如果确认输入区域中的数据是周期性的，还可以对一个周期中特定时间段中的数值进行采样。例如，如果输入区域包含季度销售量数据，以 4 为周期进行抽样。

（9）数据变换。利用“傅里叶分析”分析工具，可以对数据进行快速傅里叶变换（FFT）和逆变换，变换后的数据用于相关系数检验和分析。

2. 统计函数的统计分析功能

Excel 中提供了 83 个统计函数用于统计分析。这些统计函数的统计分析功能包括：

（1）频数分布处理。频数分布处理：FREQUENCY

（2）描述统计量计算。

① 集中趋势计算

算术平均数：AVERAGE、AVERAGEA

几何平均数：GEOMEAN

调和平均数：HARMEAN

中位数：MEDIAN

众数：MODE

四分位数：QUARTILE

K 百分比数值点：PERCENTILE

内部平均值：TRIMMEAN

② 离散程度计算

平均差：AVEDEV

样本标准差：STDEVA、STDEV

总体的标准偏差：STDEVP、STDEVPA

样本方差：VAR、VARA

总体方差：VARP、VARPA

样本偏差平方和：DEVSQ

③ 数据分布形状测度计算

偏斜度：SKEW

峰度：KURT

标准化值：STANDARDIZE

④ 数值计算

计数：COUNT、COUNTA

极值：MAX、MAXA、MIN、MINA、LARGE、SMALL

排序：RANK、PERCENTRANK

（3）概率计算。

① 离散分布概率计算

排列：PERMUT

概率之和：PROB

二项分布：BINOMDIST、CRITBINOM、NEGBINOMDIS

超几何分布：HYPGEOMDIST

泊松分布：POISSON

② 连续变量概率计算

正态分布：NORMDIST、NORMINV

标准正态分布： NORMSDIST、NORMSINV

对数正态分布：LOGINV、LOGNORMDIST

卡方分布：CHIDIST、CHIINV

t 分布：TDIST、TINV

F 分布：FDIST、FINV

β 概率分布：BETADIST、BETAINV

指数分布：EXPONDIST

韦伯分布：WEIBULL

Γ 分布：GAMMADIST、GAMMAINV、GAMMALN、GAMMALN

（4）参数估计。均值极限误差计算：CONFIDENCE

（5）假设检验。

方差假设检验：FTEST

均值假设检验：TTEST、ZTEST

（6）卡方检验。拟合优度和独立性检验：CHITEST

（7）相关、回归分析。

相关分析：COVAR、CORREL、PEARSON、FISHER、FISHERINV

线性回归分析：FORECAST、RSQ、LINEST、INTERCEPT、SLOPE、STEYX、TREND

曲线回归：LOGEST、GROWTH

4.5.2　学生成绩分析统计（函数的使用）

创建学生成绩表，如图 4-41 所示。我们可以进行下列各种统计操作：

	A	B	C	D	E	F	G	H	I
1	学号	C#程序设计	英语	网络基础	网络实训	应用数学	软件技术	数据库技术	专业英语
2	103101	63	78	74	70	63	73	61	80
3	103102	71	80	81	85	82	82	71	74
4	103103	60	61	45	74	68	62	47	71
5	103104	86	71	77	93	91	79	63	82
6	103105	85	69	69	90	90	86	61	82
7	103106	85	73	80	93	93	78	64	81
8	103107	60	75	83	70	82	83	78	85
9	103108	68	80	77	90	90	77	57	72
10	103109	54	60	54	68	62	71	38	78
11	103110	51	43	21	60	10	28	33	46
12	103111	64	60	42	69	29	27	32	66
13	103112	73	68	73	74	62	62	76	67
14	103113	61	66	66	73	30	71	63	69
15	103115	62	41	48	74	60	80	60	75
16	103116	55	55	47	73	33	39	61	75
17	103117	66	66	44	69	69	50	42	73
18	103118	80	55	74	85	72	74	86	66
19	103120	63	64	60	74	86	78	64	68
20	103122	60	53	41	63	35	71	51	66
21	103123	64	61	71	81	49	72	55	66
22	103124	74	73	68	94	70	60	45	85
23	103125	61	69	43	67	63	45	49	69
24	103126	60	61	66	68	49	70	47	67
25	103127	80	74	63	92	72	72	80	82
26	103128	49	64	61	63	33	55	44	64
27	103129	60	65	48	76	51	46	49	66
28	103130	55	68	47	63	35	50	31	68
29	103131	78	68	85	87	69	75	66	71
30	103132	66	69	78	89	63	64	55	82

图 4-41　学生成绩表

1．总分的统计

选中 J2 单元格输入公式“=SUM（B2:I2）”，用填充柄将该公式复制到 J3～J30 单元格中，将其他同学的总分统计出来。

2．平均分的计算

选中 B31 单元格，输入公式“=AVERAGE（B2:B30）”，计算“C#程序设计”课程的平均分。

3．最高（低）分的统计

选中 B32 单元格，输入公式“=MAX（B2:B30）”，计算“C#程序设计”课程最高分；选中 B33 单元格，输入公式“= MIN（B2:B30）”，计算“C#程序设计”课程最低分。

4．各分数段学生人数的统计

分别选中 B35 和 B40 单元格，输入公式“=COUNTIF（B2:B30，">=90"）”和“=COUNTIF（B2:B30，"<50"）”，就统计出了语文学科大于等于 90 分和低于 50 分的学生人数；

分别选中 B36、B37、B38、B39 单元格，依次输入公式“=COUNTIF（B2:B30，">=80"）-COUNTIF（B2:B30，">=90"）”、“=COUNTIF（B2:B30，">=70"）-COUNTIF（B2:B30，">=80"）”、“=COUNTIF（B2:B30，">=60"）-COUNTIF（B2:B30，">=70"）”、“=COUNTIF（B2:B30，">=50"）-COUNTIF（B2:B30，">=60"）”，即可统计出“C#程序设计”课程其他各分数段的学生人数。

各种统计结果如图 4-42 所示。

	A	B	C	D	E	F	G	H	I	J
10	103109	54	60	54	68	62	71	38	78	485
11	103110	51	43	21	60	10	28	33	46	292
12	103111	64	60	42	69	29	27	32	66	389
13	103112	73	68	73	74	62	62	76	67	555
14	103113	61	66	66	73	30	71	63	69	499
15	103115	62	41	48	74	60	80	60	75	500
16	103116	55	55	47	73	33	39	61	75	438
17	103117	66	66	44	69	69	50	42	73	479
18	103118	80	55	74	85	72	74	86	66	592
19	103120	63	64	60	74	86	78	64	68	557
20	103122	60	53	41	63	35	71	51	66	440
21	103123	64	61	71	81	49	72	55	66	519
22	103124	74	73	68	94	70	60	45	85	569
23	103125	61	69	43	67	63	45	49	69	466
24	103126	60	61	66	68	49	70	47	67	488
25	103127	80	74	63	92	72	72	80	82	615
26	103128	49	64	61	63	33	55	44	64	433
27	103129	60	65	48	76	51	46	49	66	461
28	103130	55	68	47	63	35	50	31	68	417
29	103131	78	68	85	87	69	75	66	71	599
30	103132	66	69	78	89	63	64	55	82	566
31	平均分	66	65.17	61.59	76.79	60.72	64.83	56.17	72.28	
32	最高分	86	80	85	94	93	86	86	85	
33	最低分	49	41	21	60	10	27	31	46	
34										
35	90分及以上	0								
36	80~90	5								
37	70~80	4								
38	60~70	15								
39	50~60	4								
40	50分以下	1								

图 4-42　学生成绩统计分析结果

4.5.3　职工工资的统计分析（分类汇总的应用）

公司员工工资表中有一项为“加班费”，该项数据的来源是“加班数据”，如图 4-43 所示。我们要控制员工每周的加班时间不能超过国家规定，就需要统计出每个员工每周加班的时间总和，还要对加班时间进行分类汇总。

	A	B	C	D	E	F	G	H
1	姓名	部门	开始时间	结束时间	加班时间	星期	本月第几周	加班费
2	周晓	总经办	2012/12/01 19:23	2012/12/01 21:46				
3	张一人	总经办	2012/12/02 18:23	2012/12/02 21:09				
4	孙丽	人力资源部	2012/12/03 17:23	2012/12/03 21:23				
5	刘晓晨	总经办	2012/12/04 20:23	2012/12/04 23:09				
6	赵海田	财务部	2012/12/05 09:23	2012/12/05 15:23				
7	刘晓晨	总经办	2012/12/06 09:03	2012/12/06 13:09				
8	刘晓晨	总经办	2012/12/07 19:23	2012/12/07 21:23				
9	赵海田	财务部	2012/12/08 19:23	2012/12/08 23:09				
10	孙丽	人力资源部	2012/12/09 20:23	2012/12/09 21:23				
11	张一人	总经办	2012/12/10 18:23	2012/12/10 23:09				
12	周晓	总经办	2012/12/11 19:23	2012/12/11 20:23				
13	周晓	总经办	2012/12/12 09:23	2012/12/12 15:46				
14	张一人	总经办	2012/12/12 18:24	2012/12/12 22:23				
15	孙丽	人力资源部	2012/12/15 17:56	2012/12/15 22:09				
16	刘晓晨	总经办	2012/12/15 21:24	2012/12/15 23:09				
17	赵海田	财务部	2012/12/15 17:56	2012/12/15 21:23				
18	周晓	总经办	2012/12/16 18:24	2012/12/16 23:09				
19	刘晓晨	总经办	2012/12/17 17:56	2012/12/17 21:23				
20	赵海田	财务部	2012/12/18 18:24	2012/12/18 23:09				
21	孙丽	人力资源部	2012/12/19 09:56	2012/12/19 18:23				
22	张一人	总经办	2012/12/20 09:24	2012/12/20 13:09				
23	孙丽	人力资源部	2012/12/20 15:56	2012/12/20 20:23				
24	刘颂峙	生产部	2012/12/21 19:56	2012/12/21 22:46				
25	赵海田	财务部	2012/12/21 19:56	2012/12/21 22:23				
26	刘晓晨	总经办	2012/12/22 18:24	2012/12/22 22:09				
27	赵海田	财务部	2012/12/25 17:56	2012/12/25 21:23				
28	周晓	总经办	2012/12/25 18:24	2012/12/25 23:09				
29	刘晓晨	总经办	2012/12/27 09:56	2012/12/27 14:23				
30	赵海田	财务部	2012/12/27 08:24	2012/12/27 16:09				
31	孙丽	人力资源部	2012/12/28 19:56	2012/12/28 22:23				
32	周晓	总经办	2012/12/29 19:23	2012/12/29 21:46				
33	张一人	总经办	2012/12/30 18:24	2012/12/30 22:23				

图 4-43　加班数据

图 4-44 是统计结果，要分别计算加班时间，判断星期几，判断当月第几周。其中 E2、F2、G2、H2 的数据计算公式如下：

E2——“=HOUR（D2-C2）+IF（MINUTE（D2-C2）<=30,0,0.5）”

F2——“=CHOOSE（WEEKDAY（C2,2）,"星期一","星期二","星期三","星期四","星期五","星期六","星期日"）”

G2——“="第 "&WEEKNUM（C2,2）-WEEKNUM（EOMONTH（C2,-1）,2）+1&" 周"”

H2——“=100*E2”

加班时间的计算标准为：不满半小时的不计，半小时到 1 小时之间按 1 小时计。加工后的表格如图 4-44 所示。

	A	B	C	D	E	F	G	H
1	姓名	部门	开始时间	结束时间	加班时间	星期	本月第几周	加班费
2	周晓	总经办	2012/12/01 19:23	2012/12/01 21:46	2.0	星期六	第 1 周	200.00
3	张一人	总经办	2012/12/02 18:23	2012/12/02 21:09	2.5	星期日	第 1 周	250.00
4	孙丽	人力资源部	2012/12/03 17:23	2012/12/03 21:23	4.0	星期一	第 2 周	400.00
5	刘晓晨	总经办	2012/12/04 20:23	2012/12/04 23:09	2.5	星期二	第 2 周	250.00
6	赵海田	财务部	2012/12/05 09:23	2012/12/05 15:23	6.0	星期三	第 2 周	600.00
7	刘晓晨	总经办	2012/12/06 09:03	2012/12/06 13:09	4.0	星期四	第 2 周	400.00
8	刘晓晨	总经办	2012/12/07 19:23	2012/12/07 21:23	2.0	星期五	第 2 周	200.00
9	赵海田	财务部	2012/12/08 19:23	2012/12/08 23:09	3.5	星期六	第 2 周	350.00
10	孙丽	人力资源部	2012/12/09 20:23	2012/12/09 21:23	1.0	星期日	第 2 周	100.00
11	张一人	总经办	2012/12/10 18:23	2012/12/10 23:09	4.5	星期一	第 3 周	450.00
12	周晓	总经办	2012/12/11 19:23	2012/12/11 20:23	1.0	星期二	第 3 周	100.00
13	周晓	总经办	2012/12/12 09:23	2012/12/12 15:46	6.0	星期三	第 3 周	600.00
14	张一人	总经办	2012/12/12 18:24	2012/12/12 22:23	3.5	星期三	第 3 周	350.00
15	孙丽	人力资源部	2012/12/15 17:56	2012/12/15 22:09	4.0	星期六	第 3 周	400.00
16	刘晓晨	总经办	2012/12/15 21:24	2012/12/15 23:09	1.5	星期六	第 3 周	150.00
17	赵海田	财务部	2012/12/15 17:56	2012/12/15 21:23	3.0	星期六	第 3 周	300.00
18	周晓	总经办	2012/12/16 18:24	2012/12/16 23:09	4.5	星期日	第 3 周	450.00
19	刘晓晨	总经办	2012/12/17 17:56	2012/12/17 21:23	3.0	星期一	第 4 周	300.00
20	赵海田	财务部	2012/12/18 18:24	2012/12/18 23:09	4.5	星期二	第 4 周	450.00
21	孙丽	人力资源部	2012/12/19 09:56	2012/12/19 18:23	8.0	星期三	第 4 周	800.00
22	张一人	总经办	2012/12/20 09:24	2012/12/20 13:09	3.5	星期四	第 4 周	350.00
23	孙丽	人力资源部	2012/12/20 15:56	2012/12/20 20:23	4.0	星期四	第 4 周	400.00
24	刘颂峙	生产部	2012/12/21 19:56	2012/12/21 22:46	2.5	星期五	第 4 周	250.00
25	赵海田	财务部	2012/12/21 19:56	2012/12/21 22:23	2.0	星期五	第 4 周	200.00
26	刘晓晨	总经办	2012/12/22 18:24	2012/12/22 22:09	3.5	星期六	第 4 周	350.00
27	赵海田	财务部	2012/12/25 17:56	2012/12/25 21:23	3.0	星期二	第 5 周	300.00
28	周晓	总经办	2012/12/25 18:24	2012/12/25 23:09	4.5	星期二	第 5 周	450.00
29	刘晓晨	总经办	2012/12/27 09:56	2012/12/27 14:23	4.0	星期四	第 5 周	400.00
30	赵海田	财务部	2012/12/27 08:24	2012/12/27 16:09	7.5	星期四	第 5 周	750.00
31	孙丽	人力资源部	2012/12/28 19:56	2012/12/28 22:23	2.0	星期五	第 5 周	200.00
32	周晓	总经办	2012/12/29 19:23	2012/12/29 21:46	2.0	星期六	第 5 周	200.00
33	张一人	总经办	2012/12/30 18:24	2012/12/30 22:23	3.5	星期日	第 5 周	350.00

图 4-44 加工后的数据

接下来，我们利用数据透视表统计汇总加班时间。以这个数据区创建数据透视表，各字段设置如图 4-45 所示，汇总结果如图 4-46 所示。

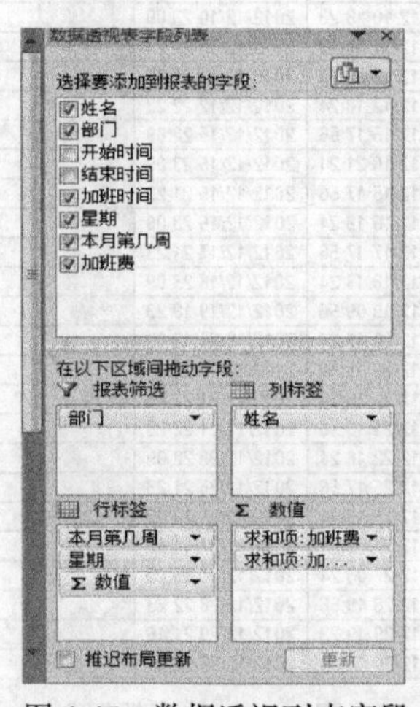

图 4-45 数据透视列表字段

	A	B	C	D	E	F	G	H	I	J
1	部门	(全部)								
2										
3				姓名						
4	本月第几	星期	数据	蔡晓宇	刘颂峙	刘晓晨	毛利民	祁正人	王玉成	总计
5	第 1 周	星期日	求和项:加班费			400				400
6			求和项:加班时间			4				4
7		星期二	求和项:加班费	200						200
8			求和项:加班时间	2						2
9		星期三	求和项:加班费					250		250
10			求和项:加班时间					2.5		2.5
11		星期四	求和项:加班费				400			400
12			求和项:加班时间				4			4
13		星期五	求和项:加班费			250				250
14			求和项:加班时间			2.5				2.5
15		星期六	求和项:加班费						600	600
16			求和项:加班时间						6	6
17	第 1 周 求和项:加班费			200		650	400	250	600	2100
18	第 1 周 求和项:加班时间			2		6.5	4	2.5	6	21
19	第 2 周	星期一	求和项:加班费			200				200
20			求和项:加班时间			2				2
21		星期二	求和项:加班费						350	350
22			求和项:加班时间						3.5	3.5
23		星期三	求和项:加班费				100			100
24			求和项:加班时间				1			1
25		星期四	求和项:加班费					450		450
26			求和项:加班时间					4.5		4.5
27		星期五	求和项:加班费	100						100
28			求和项:加班时间	1						1
29		星期六	求和项:加班费	600				350		950
30			求和项:加班时间	6				3.5		9.5
31	第 2 周 求和项:加班费			700		200	100	800	350	2150
32	第 2 周 求和项:加班时间			7		2	1	8	3.5	21.5
33	第 3 周	星期日	求和项:加班费				400	350		750
34			求和项:加班时间				4	3.5		7.5
35		星期二	求和项:加班费			150	400		300	850
36			求和项:加班时间			1.5	4		3	8.5
37		星期三	求和项:加班费	450						450
38			求和项:加班时间	4.5						4.5
39		星期四	求和项:加班费			300				300
40			求和项:加班时间			3				3
41		星期五	求和项:加班费						450	450
42			求和项:加班时间						4.5	4.5
43		星期六	求和项:加班费				800			800
44			求和项:加班时间				8			8
45	第 3 周 求和项:加班费			450		450	1600	350	750	3600
46	第 3 周 求和项:加班时间			4.5		4.5	16	3.5	7.5	36
47	第 4 周	星期日	求和项:加班费			400			750	1150
48			求和项:加班时间			4			7.5	11.5
49		星期一	求和项:加班费		250				200	450
50			求和项:加班时间		2.5				2	4.5
51		星期二	求和项:加班费			350				350
52			求和项:加班时间			3.5				3.5
53		星期五	求和项:加班费	450					300	750
54			求和项:加班时间	4.5					3	7.5
55	第 4 周 求和项:加班费			450	250	750			1250	2700
56	第 4 周 求和项:加班时间			4.5	2.5	7.5			12.5	27
57	第 5 周	星期一	求和项:加班费				200			200
58			求和项:加班时间				2			2
59		星期二	求和项:加班费	200						200
60			求和项:加班时间	2						2
61		星期三	求和项:加班费					350		350
62			求和项:加班时间					3.5		3.5
63	第 5 周 求和项:加班费			200			200	350		750
64	第 5 周 求和项:加班时间			2			2	3.5		7.5
65	求和项:加班费汇总			2000	250	2050	2300	1750	2950	11300
66	求和项:加班时间汇总			20	2.5	20.5	23	17.5	29.5	113

图 4-46　数据透视表分类汇总结果

4.5.4　销售记录表的制作和分析（数据透视表的应用）

Excel 图表侧重于数据的静态分析，很难使用数据字段的组合动态查看数据。为此，Excel 提供了面向数据清单的汇总和图表功能，这就是数据透视表和数据透视图。

1. 创建数据透视表

数据透视表可以根据分析要求进行数据操作。下面以图 4-47 所示的数据清单为例，说明数据透视表的创建方法。

	A	B	C	D	E
1	日期	生产号	产品介绍	数量	客户编号
2	2012/6/1	P0004	交换机	11	C0016
3	2012/6/1	P0007	显示器	52	C0007
4	2012/6/1	P0002	硬盘	66	C0001
5	2012/6/2	P0013	打印机	80	C0002
6	2012/6/2	P0013	打印机	93	C0015
7	2012/6/2	P0009	显卡	14	C0004
8	2012/6/3	P0016	路由器	1	C0007
9	2012/6/3	P0009	显卡	100	C0012
10	2012/6/4	P0005	键盘	23	C0006
11	2012/6/4	P0010	鼠标	29	C0005
12	2012/6/4	P0008	音箱	57	C0005
13	2012/6/5	P0010	鼠标	22	C0013
14	2012/6/5	P0004	交换机	51	C0008
15	2012/6/6	P0005	键盘	84	C0011
16	2012/6/7	P0007	显示器	43	C0016
17	2012/6/7	P0007	显示器	50	C0018
18	2012/6/7	P0008	音箱	45	C0005
19	2012/6/7	P0008	音箱	82	C0009
20	2012/6/8	P0009	显卡	5	C0012
21	2012/6/9	P0013	打印机	59	C0002
22	2012/6/9	P0005	键盘	49	C0005
23	2012/6/9	P0007	显示器	36	C0018
24	2012/6/10	P0005	键盘	23	C0011
25	2012/6/10	P0016	路由器	91	C0019
26	2012/6/10	P0007	显示器	19	C0017

图 4-47　计算机配件销售表

（1）选择数据来源和报表类型：打开工作表，选中数据区域中任意单元格，单击“插入”选项卡“表”组中“数据透视表”按钮下方的下拉按钮，在弹出的下拉菜单中选择“数据透视表”选项，如图 4-48 所示。

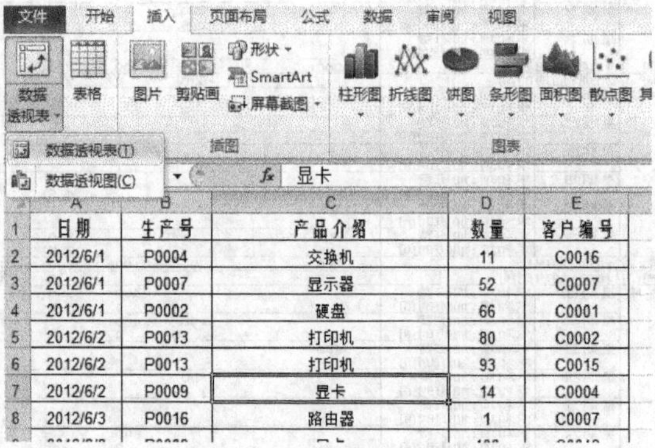

图 4-48 “数据透视表”选项

（2）选择数据区域：弹出“创建数据透视表”对话框，单击“表/区域”文本框右侧的折叠按钮，选择数据区域，再次单击折叠按钮，展开对话框，其他选项保持默认，如图 4-49 所示。在“创建数据透视表”对话框的“选择放置数据透视表的位置”选项区中选中“新工作表”单选按钮，则在创建数据透视表的同时新建新工作表；若选中“现有工作表”单选按钮，可在所选位置创建数据透视表。

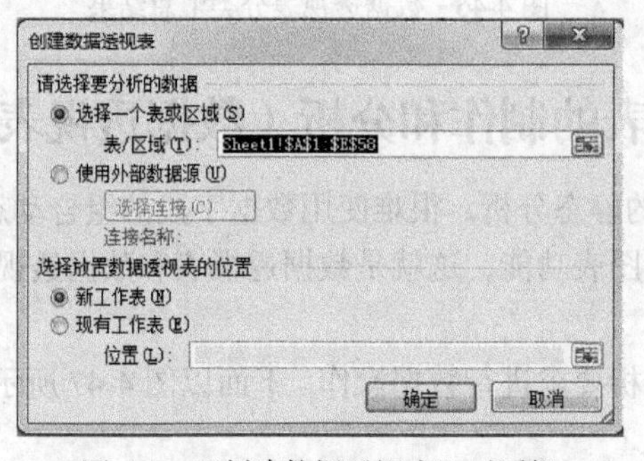

图 4-49 “创建数据透视表”对话框

（3）字段拖放：在“数据透视表字段列表”任务窗格的“选择要添加到报表的字段”选项区中选中要在数据透视表中显示的字段，如图 4-50 所示。

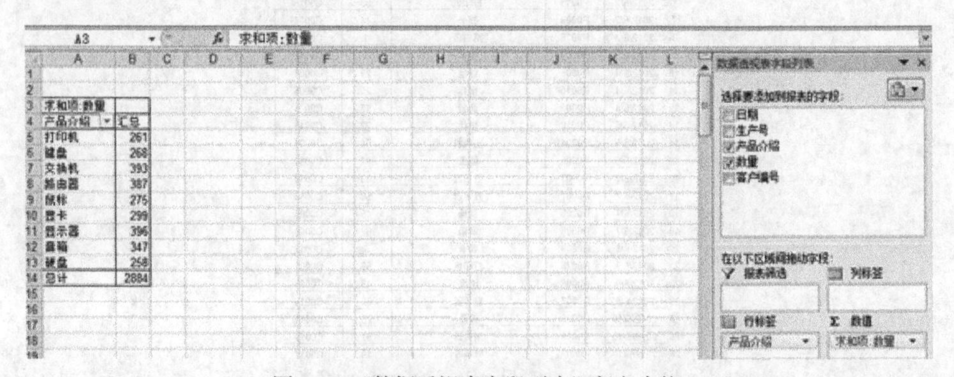

图 4-50 “数据透视表字段列表”任务窗格

2. 分析内容调整

与普通表格相比，用户对数据透视表的内容有更大控制权，这给数据分析带来了更多的自由。

（1）修改分析对象：如果要分析每天不同产品的销售量（也就是更换分析对象），并不需要将已完成的数据透视表删除，只须在原来基础上删除或添加分析字段，即可生成一个新的报表，这是数据透视表的重要优点。图 4-51 是在原数据透视表中修改了分析对象之后的数据透视表。

（2）显示明细数据：数据透视表的数据一般都是由多项数据汇总而来。为此，Excel 提供了查看明细数据的方法。只须双击行字段中的数据，就会弹出一个“显示明细数据”对话框。选中明细数据所在的字段，单击“确定”按钮。数据透视表就会增加一个选中的字段，并显示该字段对应的明细数据。

（3）修改汇总函数：数据透视表中的数据分为数值和非数值两大类。在默认情况下，Excel 汇总数值数据使用求和函数，而非数值数据则使用计数函数。如果实际应用需要，还可以选择其他函数执行数据汇总。比较快捷的一种操作方法是：鼠标右击某个数据字段，选择快捷菜单中的“字段设置”命令，即可打开“数据透视表字段”对话框。选中“汇总方式”列表中的某个选项，单击“确定”按钮就可以改变数据的汇总方式了。

（4）自动套用格式：Excel 默认的数据透视表格式不很美观，可以用鼠标右击数据透视表中的任意单元格，选择快捷菜单中的“设置报告格式”命令。即可打开“自动套用格式”对话框，选中需要的报表格式然后确定即可。

（5）数据更新：与图表不同，如果数据透视表的源数据被修改，则数据透视表的结果不能自动更新。需要按以下原则处理：首先对数据源所在的工作表进行修改，然后切换到数据透视表。鼠标右击其中的任意单元格，选择“更新数据”命令即可。

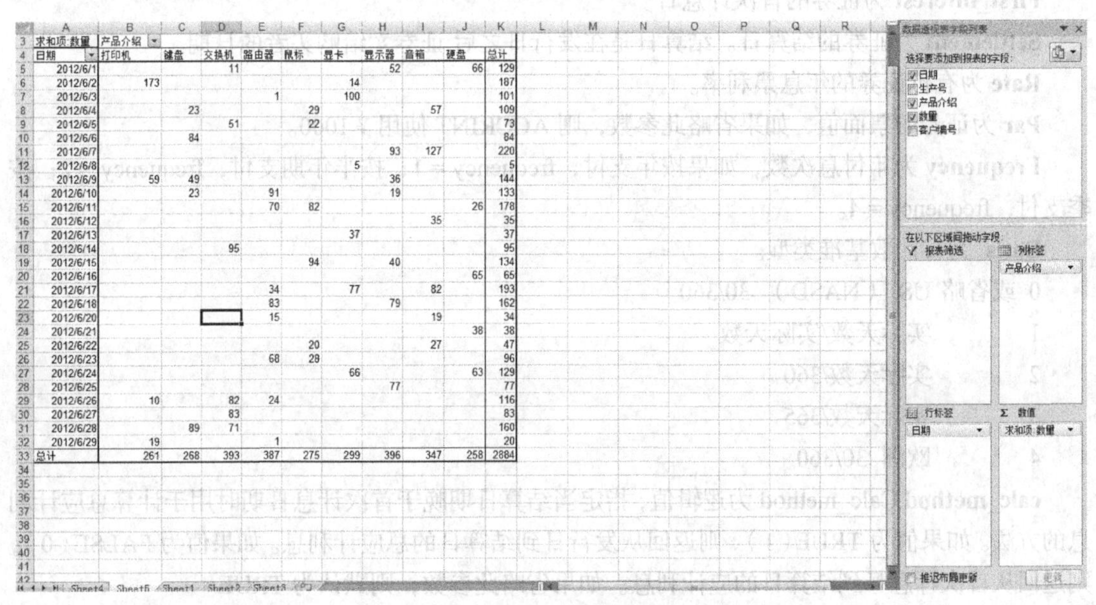

求和项:数量	产品介绍									
日期	打印机	键盘	交换机	路由器	鼠标	显卡	显示器	音箱	硬盘	总计
2012/6/1			11				52		66	129
2012/6/2	173					14				187
2012/6/3				1		100				101
2012/6/4		23			29			57		109
2012/6/5			51		22					73
2012/6/6		84								84
2012/6/7							93	127		220
2012/6/8						5				5
2012/6/9	59	49					36			144
2012/6/10		23		91			19			133
2012/6/11				70	82				26	178
2012/6/12								35		35
2012/6/13						37				37
2012/6/14			95							95
2012/6/15					94		40			134
2012/6/16									65	65
2012/6/17				34		77		82		193
2012/6/18				83			79			162
2012/6/20				15				19		34
2012/6/21									38	38
2012/6/22					20			27		47
2012/6/23				68	28					96
2012/6/24						66			63	129
2012/6/25							77			77
2012/6/26	10		82	24						116
2012/6/27			83							83
2012/6/28		89	71							160
2012/6/29	19			1						20
总计	261	268	393	387	275	299	396	347	258	2884

图 4-51 修改分析对象之后的数据透视表

4.5.5 银行存款利息计算（财务函数应用）

计算购买 3 年期国债，国债应返回的应计利息，创建如图 4-52 所示数据表，在 B8 、B9、B10 单元格分别输入公式：

B8："=ACCRINT（B1,B2,B3,B4,B5,B6,B7）"

B9："=ACCRINT（DATE（2013,5,5）,B2,B3,B4,B5,B6,B7,FALSE）"

B10："=ACCRINT（DATE（2013,5,15）,B2,B3,B4,B5,B6,B7,TRUE）"

得到如图 4-53 所示结果。

	A	B
1	发行日	2013/5/1
2	首次计息日	2013/6/1
3	结算日	2016/5/31
4	票息率	5.50%
5	票面值	50,000
6	按半年期支付	1
7	以 30/360 为日计数基准	3

图 4-52　样张

	A	B
1	发行日	2013/5/1
2	首次计息日	2013/6/1
3	结算日	2016/5/31
4	票息率	5.50%
5	票面值	50,000
6	按半年期支付	1
7	以 30/360 为日计数基准	3
8		
9	公式1	8483.5616
10	公式2	8453.4247
11	公式3	8378.0822

图 4-53　计算结果

函数格式：ACCRINT（issue,first_interest,settlement,rate,par,frequency,basis,calc_method）

应使用 DATE 函数输入日期或者将函数作为其他公式或函数的结果输入，各项参数的含义为：

Issue 为有价证券的发行日。

First_interest 为证券的首次计息日。

Settlement 为证券的结算日。结算日是在发行日之后,证券卖给购买者的日期。

Rate 为有价证券的年息票利率。

Par 为证券的票面值，如果省略此参数，则 ACCRINT 使用￥1000。

Frequency 为年付息次数，如果按年支付，frequency = 1；按半年期支付，frequency = 2；按季支付，frequency = 4。

Basis 为日计数基准类型。

0 或省略 US （NASD） 30/360

1　　实际天数/实际天数

2　　实际天数/360

3　　实际天数/365

4　　欧洲 30/360

calc_method Calc_method 为逻辑值，指定当结算日期晚于首次计息日期时用于计算总应计利息的方法。如果值为 TRUE（1），则返回从发行日到结算日的总应计利息。如果值为 FALSE（0），则返回从首次计息日到结算日的应计利息。如果省略此参数，则默认为 TRUE。

公式 1～3 的含义分别是：

1：满足上述条件的国债应计利息

2：满足上述条件（除发行日为 2013 年 5 月 5 日之外）的应计利息

3：满足上述条件（除发行日为 2013 年 5 月 15 日且应计利息从首次计息日计算到结算日之外）的应计利息

4.5.6　购房贷款、银行利息、彩票销售计算（模拟预算表应用）

1．购房贷款

如果要分析两个参数的变化对目标值的影响，例如贷款利率和偿还期限同时变化时，每月偿还金额发生的变化，就必须使用双变量模拟运算表。

假设某企业准备贷款 20 亿元购买职工宿舍，贷款期限预计为 5 年，已知该笔贷款的现行月利率为 4%。企业领导考虑到这笔贷款的期限较长，必须分析利率变动和还款时间变化的影响。因此，双变量模拟运算表分析以上两个因素对偿还金额的影响。

下面介绍这类问题的解决方法：首先打开一个空白工作表，在有关单元格中输入说明数据意义的文字如图 4-54 所示，然后在 B3、B4、B5 和 B6 单元格中依次输入“贷款金额”、“贷款期限”、“利率”和“还贷额”，在 C3 到 C5 输入相应的值。

	B	C
1		
2		
3	贷款金额	200,000
4	贷款期限	5
5	利率	4.000%
6	还贷额	
7		

图 4-54　贷款情况表

接着选中 C6 单元格，在其中输入公式“=PMT（C5/12,C4*12,-C3）。公式中的第一个参数是利率，因为还贷额是按月计算的，所以要将年利率除以 12 变为月利率；第二个参数是还款年限，由于按月还贷的缘故，必须将 C4 中的还贷年限乘以 12；第三个参数为贷款金额，如果不在 C3 前面加负号，计算出来的月还款金额就是负数。为了照顾人们的阅读习惯，事先在贷款金额前加上负号，即可使计算出来的还贷金额变为正数。

为了给模拟运算表提供分析依据，我们还可以设置不同的贷款期限和利率，计算不同利率下的还贷额。需要说明的是：由于利率的变化，在 C6 中需要改变单元格地址的引用，把贷款期限和利率的引用地址改为了绝对引用“=PMT（C5/12,$C$4*12,-$C$3）”，然后复制填充即可，结果如图 4-55 所示。

	B	C	D	E	F	G	H	I	J	K
1										
2										
3	贷款金额	200,000								
4	贷款期限	5								
5	利率	4.000%	4.250%	4.500%	4.750%	5.000%	5.250%	5.500%	5.750%	6.000%
6	还贷额	¥3,683.30	¥3,705.91	¥3,728.60	¥3,751.38	¥3,774.25	¥3,797.20	¥3,820.23	¥3,843.35	¥3,866.56

图 4-55　不同利率下的还贷额

2．银行利息

我们在前面介绍了使用 PMT 函数计算基于固定利率及等额分期付款方式的贷款每期付款额，除此之外，使用 PMT 函数还可以来计算年金的支付额，比如，假设利率不变为 3.5%，每年存储多少金额，可以在 10 年后，得到 10 万元。

创建如图 4-56 所示工作表，在 B4 中输入公式“=PMT（B1/12,B2*12,0, B3）”，得到结果如图 4-57 所示。

	A	B
1	年利率	3.5%
2	计划储蓄的年数	10
3	10年的目标金额	100,000

图 4-56　样张

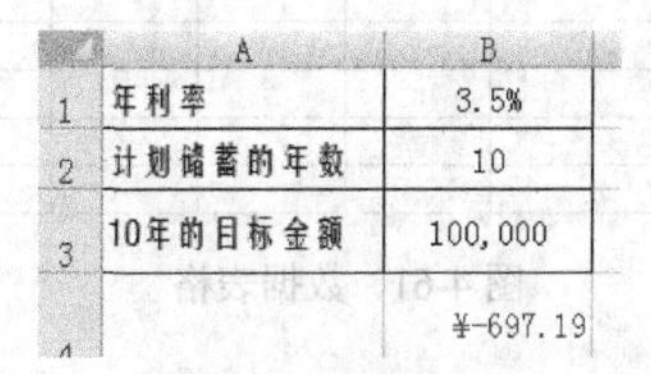

	A	B
1	年利率	3.5%
2	计划储蓄的年数	10
3	10年的目标金额	100,000
4		¥-697.19

图 4-57　计算结果

为了 10 年后最终得到 100 000 元，每个月应存入（-697.19）元。

3. 销售成本计算

（1）单变量求解

在企业管理等领域，管理人员要了解不同因素或方案对经营目标的影响。假设某企业销售利润指标定为 165 万元，各种成本如图 4-58 所示，销售产品数量应达到多少，才能达到目标？利用 Excel 的单变量求解命令，就可以快速计算出结果，还可以针对不同情况反复计算。

	A	B	C
1			
2	生产数量		
3			
4			总计
5	固定成本	成本/件	12,550.00
6	材料/件	12.50	
7	人工/件	4.50	
8	广告宣传		25,000.00
9	总成本		
10			
11		每件收入	总计
12	销售价格	25.00	0.00
13			
14	利润		

图 4-58 销售计划

根据分析，选中 C9 单元格，在编辑栏输入公式“=B6*B2+B7*B2+C5+C8”，选中 B12 单元格，在编辑栏输入公式“=B12*B2”，选中 C14 单元格，在编辑栏输入公式“=C12-C9”。单击“数据→模拟分析→单变量求解”菜单命令，如图 4-59 所示，“目标单元格”为利润值，接着在对话框的“目标值”内输入“1650000”，在“可变单元格”框内输入“$B$2”，单击“确定”按钮，就会弹出“单变量求解状态”对话框，如图 4-60 所示，说明已经求得一个解。

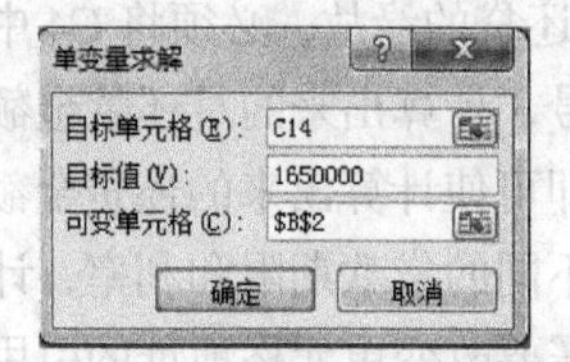

图 4-59 “单变量求解”对话框

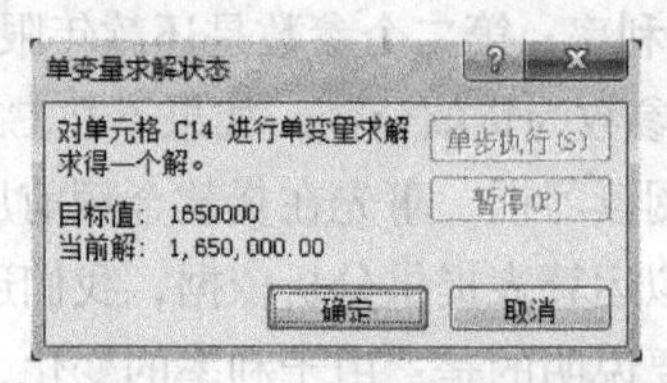

图 4-60 “单变量求解”状态

（2）模拟运算表

假如我们要销售彩票，为此需要借一笔期限在 1～5 年的，10 万～25 万元的贷款，在不同的利润率下，每个月的销售额至少是多少？

参照图 4-61 创建表格，由于贷款额度是变化的，我们将 H2 单元格设置为下拉列表形式来存储不同的数值。

在 B2 中输入公式“ = PMT（A2/12,B1,-H2）”，因为这是一个双变量数据表，所以公式必须在两部分输入值行和列的交叉点单元格 B2 上。

选中 B2:G11 区域，在“数据”选项卡中，选择“数据表”，如图 4-62 所示，在“数据表”对话框中的输入引用行和列的单元格，单击“确定”按钮。单元格引用的位置为任意的，只要与购买公式中的行（月份）；列（利率）相匹配即可。

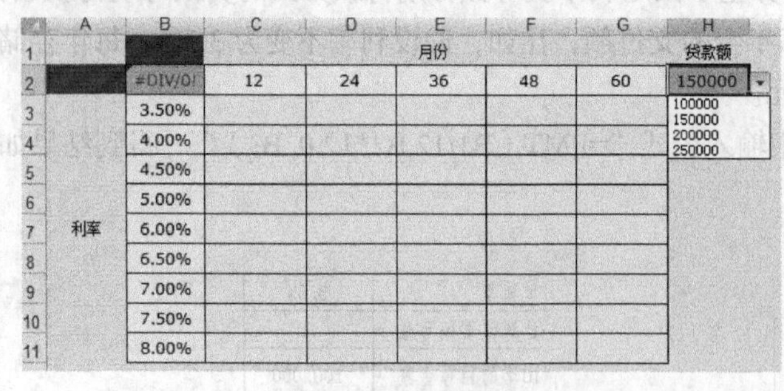

	A	B	C	D	E	F	G	H
1					月份			贷款额
2		#DIV/0!	12	24	36	48	60	150000
3		3.50%						100000
4		4.00%						150000
5		4.50%						200000
6		5.00%						250000
7	利率	6.00%						
8		6.50%						
9		7.00%						
10		7.50%						
11		8.00%						

图 4-61 数据表格

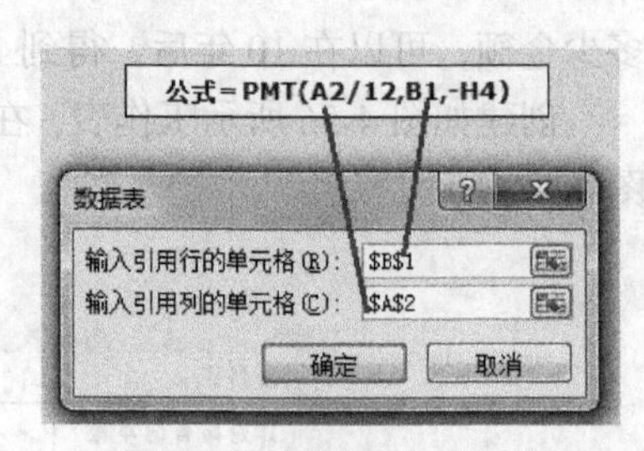

图 4-62 “数据表”对话框

筛选贷款额按钮，选择不同的贷款额，蓝色区域数据可变，结果如图 4-63 所示。

		月份					贷款额
	#DIV/0!	12	24	36	48	60	100000
利率	3.50%	8,492.16	4,320.27	2,930.21	2,235.60	1,819.17	
	4.00%	8,514.99	4,342.49	2,952.40	2,257.91	1,841.65	
	4.50%	8,537.85	4,364.78	2,974.69	2,280.35	1,864.30	
	5.00%	8,560.75	4,387.14	2,997.09	2,302.93	1,887.12	
	6.00%	8,606.64	4,432.06	3,042.19	2,348.50	1,933.28	
	6.50%	8,629.64	4,454.63	3,064.90	2,371.50	1,956.61	
	7.00%	8,652.67	4,477.26	3,087.71	2,394.62	1,980.12	
	7.50%	8,675.74	4,499.96	3,110.62	2,417.89	2,003.79	
	8.00%	8,698.84	4,522.73	3,133.64	2,441.29	2,027.64	

图 4-63　运算结果

4.5.7　销售表合并统计计算（报表合并计算应用）

打开“销售记录”工作簿，在其中包含 4 个工作表，分别为“1 月”、“2 月”、“3 月”和“第一季度销售统计”工作表。其中“1 月”、“2 月”、“3 月”这三个工作表中的数据如图 4-64、图 4-65、和图 4-66 所示。

	A	B	C	D
1	1月配件销售表			
2	名称	数量	单价	总价
3	CPU	10	800.00	8000.00
4	主板	15	600.00	9000.00
5	显卡	30	400.00	12000.00
6	光驱	50	200.00	10000.00
7	显示器	20	2000.00	40000.00
8	内存	20	200.00	4000.00

图 4-64　1 月配件销售

	A	B	C	D
1	2月配件销售表			
2	名称	数量	单价	总价
3	CPU	10	￥800.00	￥8,000.00
4	主板	15	￥600.00	￥9,000.00
5	音箱	30	￥400.00	￥12,000.00
6	光驱	50	￥200.00	￥10,000.00
7	显示器	20	￥2,000.00	￥40,000.00
8	声卡	20	￥200.00	￥4,000.00

图 4-65　2 月配件销售

	A	B	C	D
1	3月配件销售表			
2	名称	数量	单价	总价
3	摄像头	100	￥50.00	￥5,000.00
4	主板	50	￥600.00	￥30,000.00
5	显卡	30	￥400.00	￥12,000.00
6	鼠标键盘	178	￥200.00	￥35,600.00
7	硬盘	230	￥650.00	￥149,500.00
8	内存	72	￥200.00	￥14,400.00

图 4-66　3 月配件销售

切换到“第一季销售统计”工作表中，选择单元格 A2，即可打开“合并计算”对话框，在其中设置所有引用位置，并勾选“首行”和“最左列”复选框，如图 4-67 所示。

单击“确定”按钮，即可将这三个工作表中的数据合并到“第一季销售统计”工作表中，如图 4-68 所示。

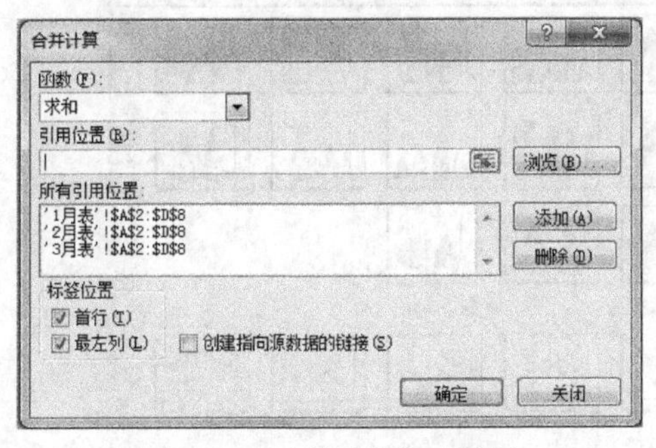

图 4-67　“合并计算”对话框

	A	B	C	D
1	一季度配件销售			
2	名称	数量	单价	总价
3	CPU	20	¥1,600.00	¥16,000.00
4	摄像头	100	¥50.00	¥5,000.00
5	主板	80	¥1,800.00	¥48,000.00
6	显卡	60	¥800.00	¥24,000.00
7	音箱	30	¥400.00	¥12,000.00
8	光驱	100	¥400.00	¥20,000.00
9	显示器	40	¥4,000.00	¥80,000.00
10	鼠标键盘	178	¥200.00	¥35,600.00
11	硬盘	230	¥650.00	¥149,500.00
12	内存	92	¥400.00	¥18,400.00
13	声卡	20	¥200.00	¥4,000.00

图 4-68　合并结果

4.5.8　学生成绩统计分析（数据统计综合分析应用）

成绩分布频率分析是学生成绩分析的一项重要任务，就是统计各分数段中的人数，为研究成绩分布提供基础数据。下面以图 4-69 中的数据为例，说明如何计算 70 分以下、71～79、80～89、90 分及以上，各分数段内的人数。

选中存放统计结果的区域（C2：C5），在编辑栏内输入公式“=FREQUENCY（A2:A10，B2:B4）”，最后让光标停留在公式的末尾。按 Shift+Ctrl+Enter 组合键，编辑栏内将显示“{=FREQUENCY（A2:A10，B2:B4）}”（大括号表示这是一个数组公式），C2~C5 区域就会显示各分数段中的成绩个数。结果如图 4-70 所示。

	A	B	C
1	分数	分数段	人数
2	79	70	
3	85	79	
4	78	89	
5	85		
6	50		
7	81		
8	95		
9	88		
10	97		

图 4-69　待统计数据

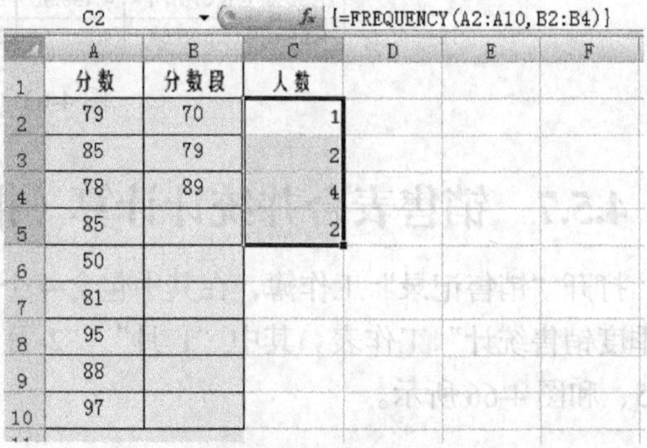

C2　{=FREQUENCY(A2:A10,B2:B4)}

	A	B	C	D	E	F
1	分数	分数段	人数			
2	79	70	1			
3	85	79	2			
4	78	89	4			
5	85		2			
6	50					
7	81					
8	95					
9	88					
10	97					

图 4-70　统计结果

4.6　使用图表分析数据

4.6.1　图表的基本操作

表格中各项数据计算完成后，就可以制作直观的分数分布情况图表了。在数据表中选择数据区域 L11：M15，在“插入选项卡上，单击“图表”功能区右下角的快速启动按钮，弹出“插入图表”对话框，选择“饼图”中的“分离型三维饼图”选项，如图 4-71 所示，单击“确定”按钮，生产的默认图表，如图 4-72 所示。

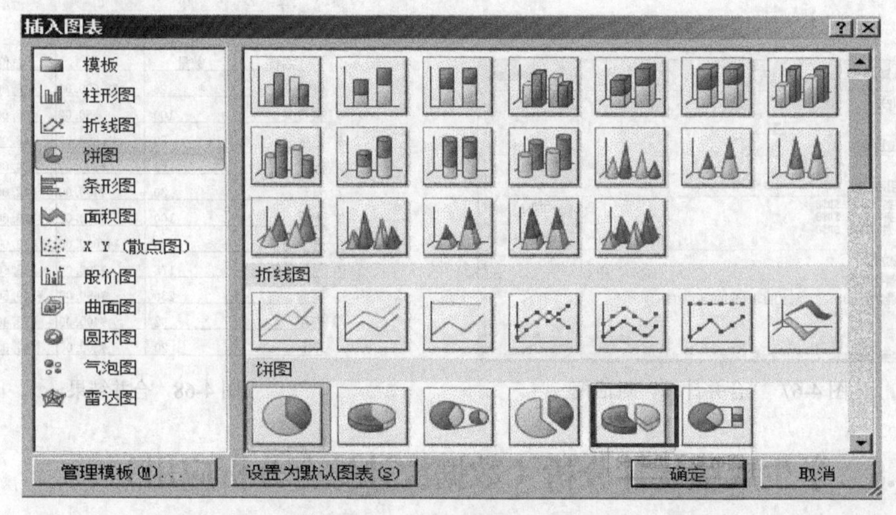

图 4-71　“插入图表”对话框

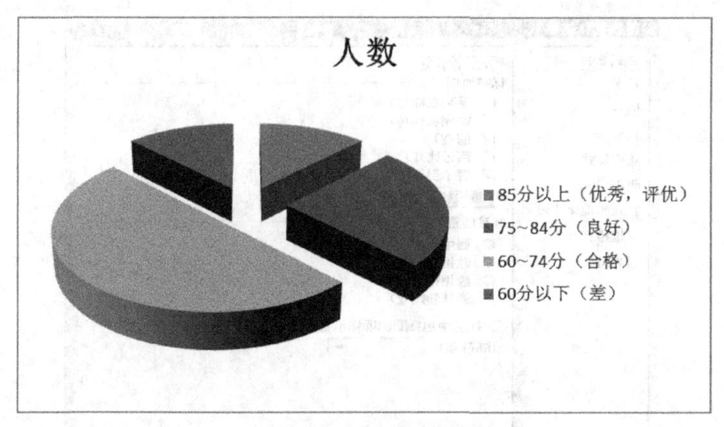

图 4-72　生成的默认图表

单击图表，选择“图表工具”中的“布局”选项卡，在“标签”组中设置“图表标题”为图表上方，在文本框中输入“各分数阶段分布图”，如图 4-73 所示 。

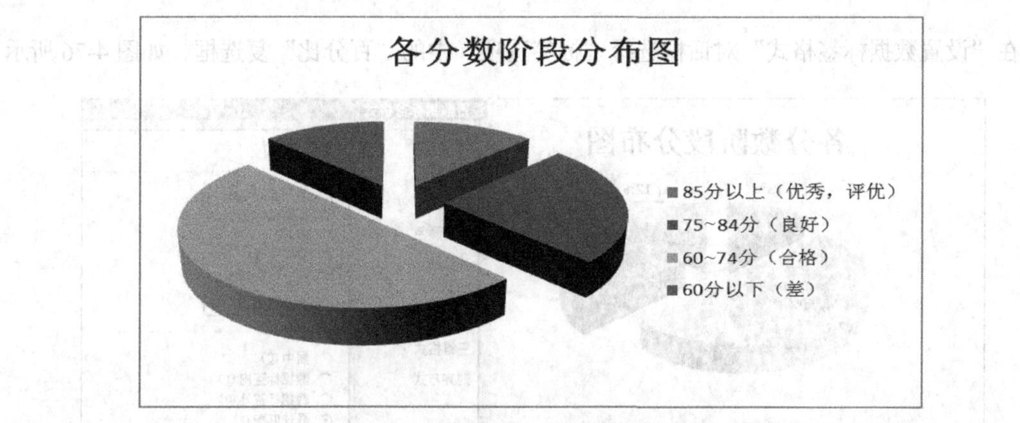

图 4-73　输入标题：各分数阶段分布图

单击“图例”下来按钮，选择“在底部显示图例”选项，如图 4-74 所示。

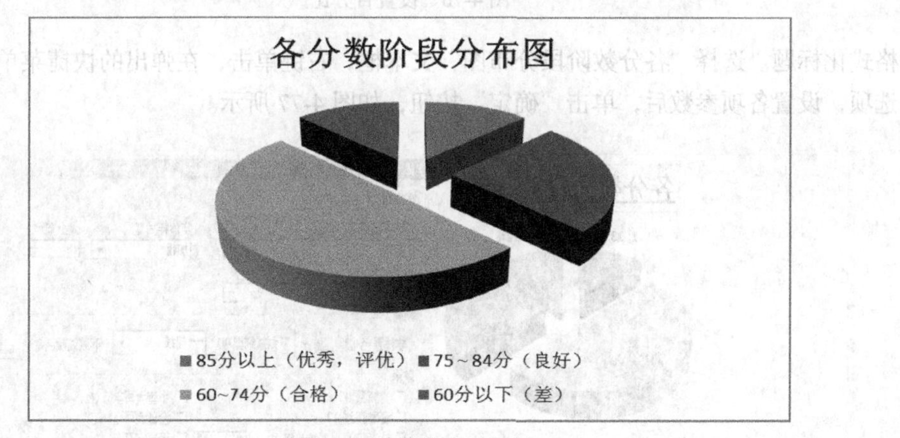

图 4-74　在底部显示图例

在“布局”选项卡的“标签”组中，单击“数据标签”下拉按钮，选择“其他数据标签选项”，弹出“设置数据标签格式”对话框，如图 4-75 所示。

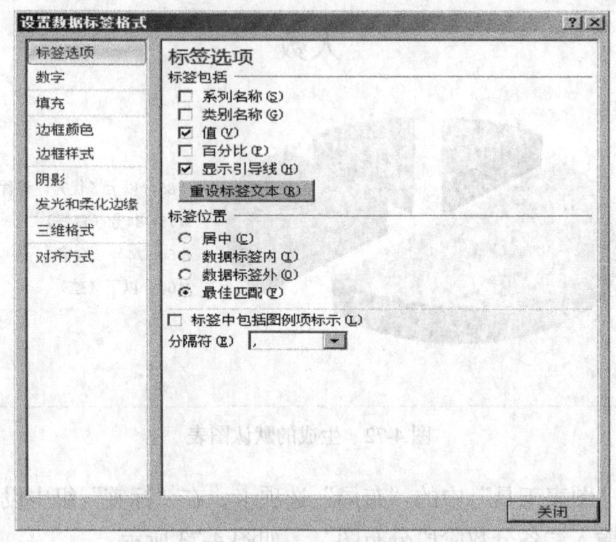

图 4-75 “设置数据标签格式”对话框

在“设置数据标签格式”对话框选择“标签选项”中的“百分比”复选框，如图 4-76 所示。

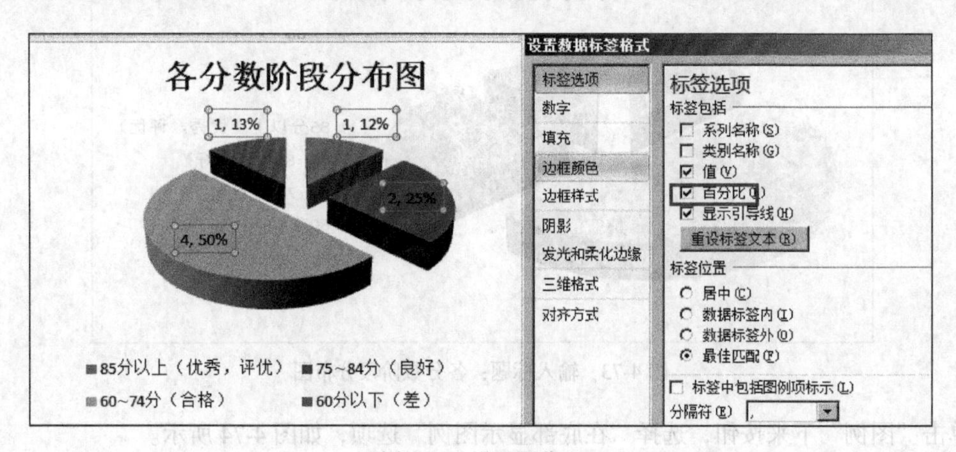

图 4-76 设置百分比

格式化标题。选择“各分数阶段分布图”文本框，右键单击，在弹出的快捷菜单中选择“字体”选项，设置各项参数后，单击“确定”按钮，如图 4-77 所示。

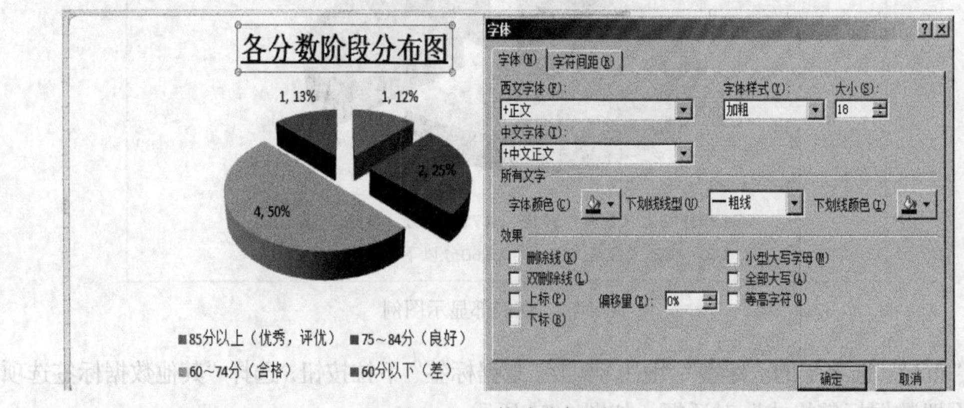

图 4-77 格式化标题

在“格式”选项卡上，单击“形状样式”功能区右下角的快速启动按钮，弹出“设置图标格式”对话框，在“边框样式”选项中，选择“圆角”复选框，如图 4-78 所示，在“设置图表格式”对话框中设置“填充”效果，如图 4-79 所示，单击“关闭”按钮，最终效果如图 4-80 所示。

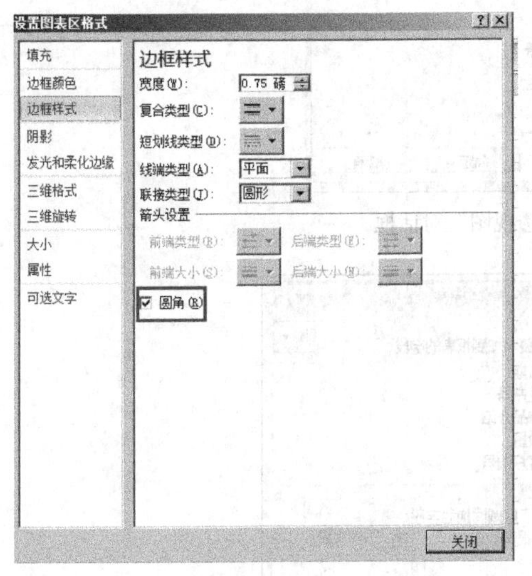

图 4-78　设置“边框样式”

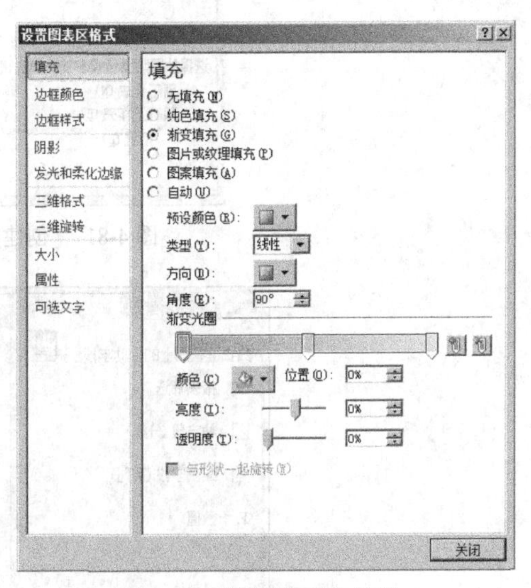

图 4-79　设置“填充”效果

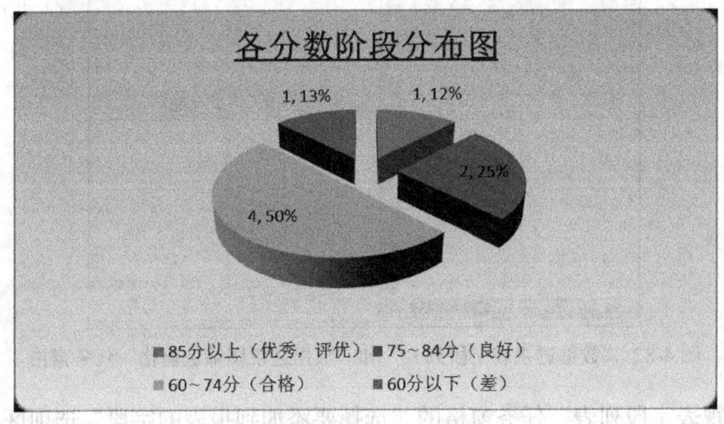

图 4-80　最终效果

4.6.2　利用数据透视表创建视图

使用 Excel 数据透视图可以将数据透视表中的数据可视化，以便于查看、比较和预测趋势，帮助用户做出关键数据的决策。

1. 创建数据透视图

打开要创建数据透视图的工作表，选中任意单元格，单击“插入”选项卡中“数据透视表”按钮下方的下拉按钮，在弹出的下拉菜单中选择“数据透视图”选项，如图 4-81 所示。

弹出“创建数据透视表及数据透视图”对话框，单击“表/区域”文本框右侧的折叠按钮，选择数据区域，再次单击折叠按钮，展开对话框，其他选项保持默认，单击“确定”按钮。在新工作表中创建数据透视表和数据透视图，此时，新工作表中将显示“数据透视表字段列表”和“数据透视图筛选窗格”任务窗格，如图 4-82 所示。

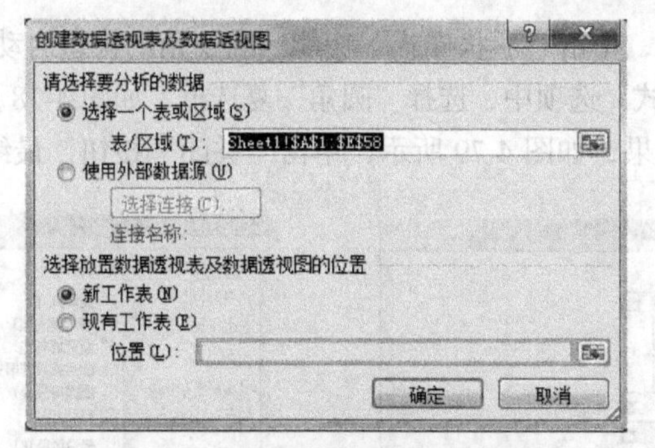

图 4-81 “创建数据透视图”对话框

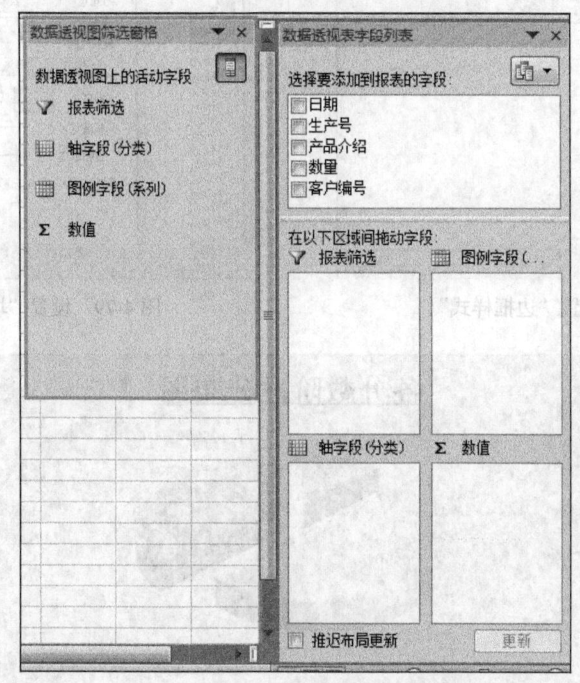

图 4-82 “数据透视表字段列表”和“数据透视图筛选窗格”任务窗格

在“数据透视表字段列表”任务窗格的“选择要添加到报表的字段”选项区中选中要在数据透视表中显示的字段，创建数据透视表和透视图，如图 4-83 所示。

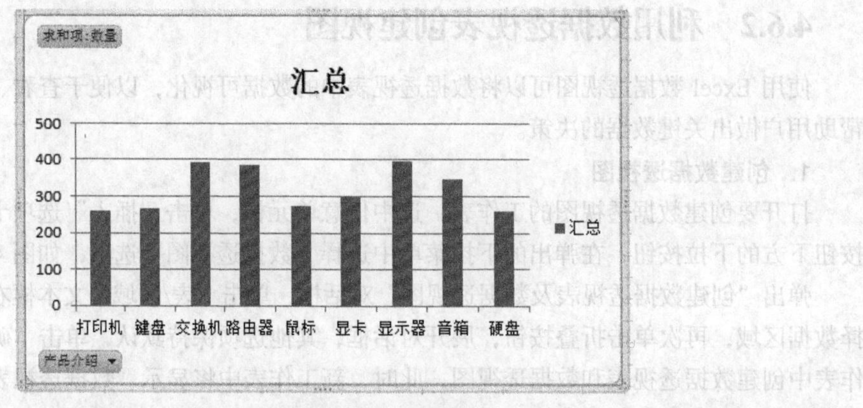

图 4-83 数据透视表和透视图

2. 修改数据透视图类型

Excel 默认的数据透视图类型为簇状柱形图，用户可根据自身的需要，轻松更改其类型，操作方法如下：

选择数据透视图，在其上单击鼠标右键，在弹出的快捷菜单中选择“更改图表类型”选项，弹出“更改图表类型”对话框，如图 4-84 所示，在左侧列表中选择“条形图”选项，在右侧的选项区中选择“簇状条形图”选项，单击“确定”按钮，更改数据透视图类型后的效果如图 4-85 所示。

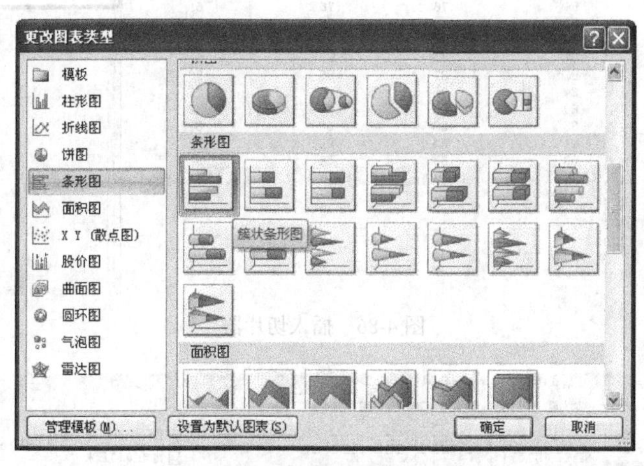

图 4-84 “更改图表类型”对话框

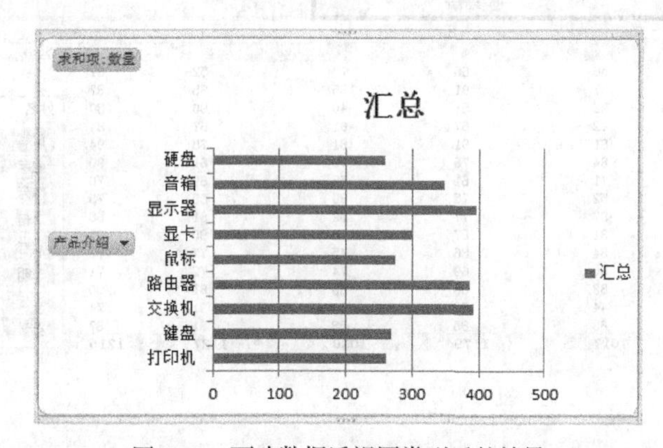

图 4-85 更改数据透视图类型后的效果

4.6.3 切片器的使用

在 Excel 2010 中提供了切片器功能，可以帮助用户使用更少的时间完成更多的数据分析工作，用户还可以通过数据分析透视图来用图示的方式将数据分析结果直观的表达出来。

将光标定位到已经设置好的数据透视表中，通过使用数据透视表工具来进行相关的操作。在选项的“排序和筛选”选项组中单击插入切片器按钮，如图 4-86 所示，在随机打开的对话框中列出了所有可以使用的字段名称，每一个字段名称都对应着一个单独的切片器，可以根据实际的需要进行选择，单击确定按钮就可以快速的插入切片器。

可以通过鼠标单击的方法快速地对透视表进行相关的筛选操作，单击相应的筛选器按钮，如图 4-87 所示，就可以清除某个筛选操作。

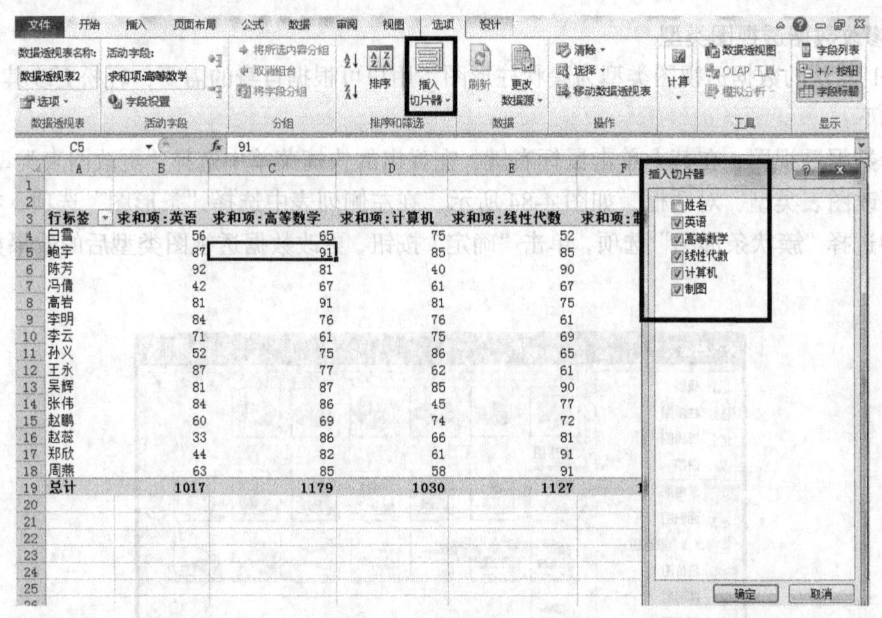

图 4-86　插入切片器

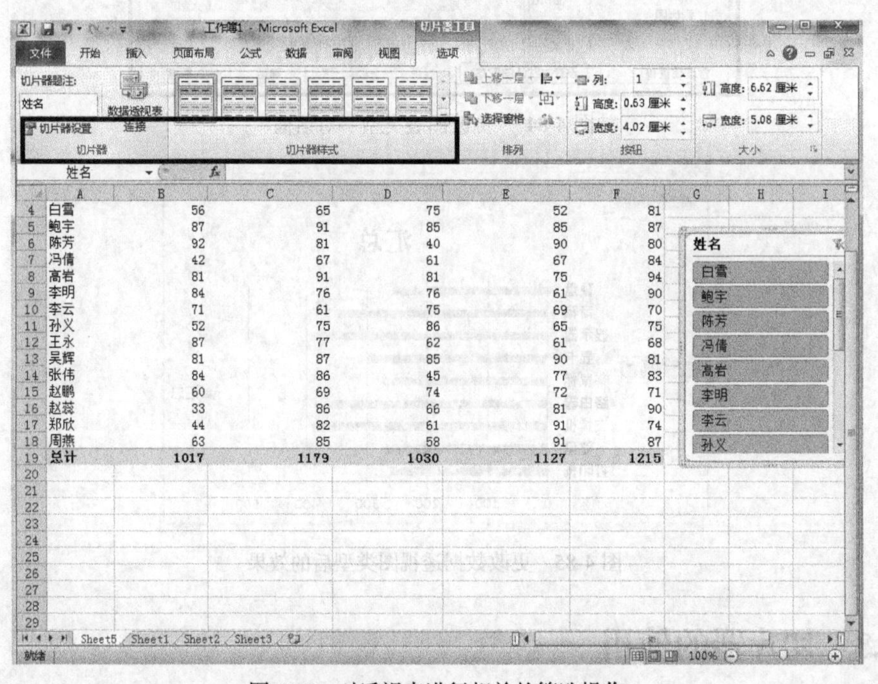

图 4-87　对透视表进行相关的筛选操作

使用数据透视表大量分析汇总数据之后，用户还可以通过数据分析透视图用图示的方式将数据分析结果直观地表达出来。将光标定位到数据透视表当中，在工具选项组中单击数据透视图按钮，如图 4-88 所示，在随机打开的插入图表对话框中选择相应的图表类型，这样基于当前数据透视表中的数据所生成的数据透视图就显示在工作表当中了。

此时可以在数据透视图中直接单击相应的按钮进行相应的筛选工作，如图 4-89 所示。数据透视表和数据透视图是相互关联的，对其中一个进行的任何筛选工作都会直接反应在另一个当中。还可以使用数据透视图工具对数据透视表和数据透视图进行相应的格式化操作。

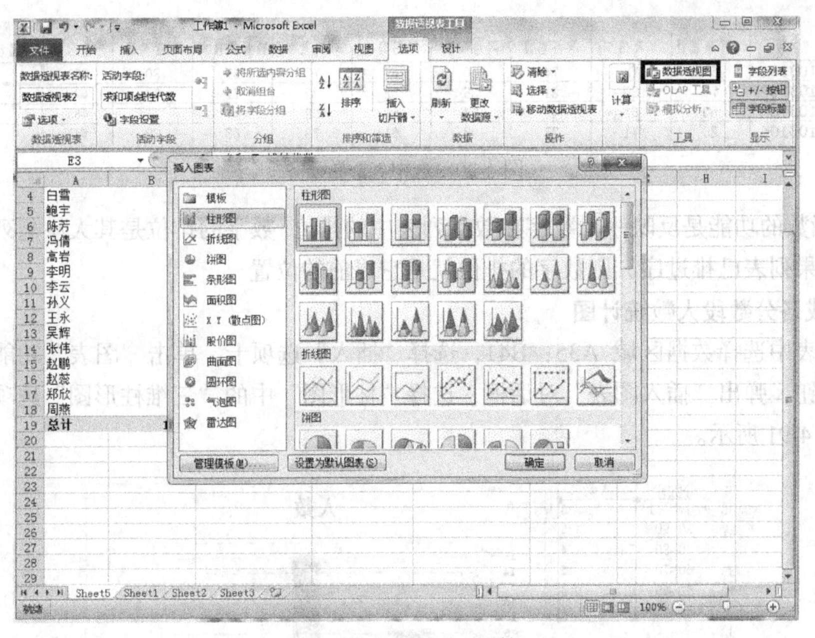

图 4-88 插入图表对话框

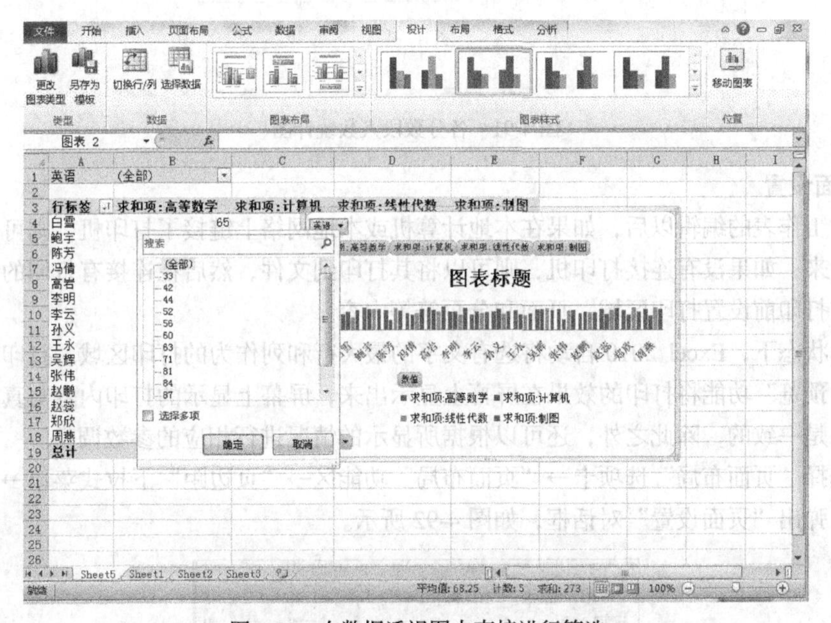

图 4-89 在数据透视图中直接进行筛选

4.6.4 学生成绩分析综合应用

在“4.5.2 学生成绩分析”一节中，我们进行了总分、平均分、最高分、最低分和各分数段的统计，下面我们继续使用这张数据表，进行名次统计，生成各分数段统计图表，进行页面设置，最后打印输出。

1. 名次统计

计算总分名次，选中 K2 单元格，如图 4-90 所示，输入公式“=RANK（J2,$J$2:$J$30）”，然后进行复制填充。

	A	B	C	D	E	F	G	H	I	J	K
1	学号	C#程序设计	英语	网络基础	网络实训	应用数学	软件技术	数据库技术	专业英语	总分	名次
2	103101	63	78	74	70	63	73	61	80	562	
3	103102	71	80	81	85	82	82	71	74	626	
4	103103	60	61	45	74	68	62	47	71	488	
5	103104	86	71	77	93	91	79	63	82	642	

图 4-90　选中 K2 单元格

Rank 函数的功能是反映一个数字在数字列表中的排位。数字的排位是其大小与列表中其他值的比值，如果列表已排过序，则数字的排位就是它当前的位置。

2. 生成各分数段人数统计图

在数据表中选择数据区域 A35：B41，选择“插入”选项卡，单击“图表”功能区右下角的快速启动按钮，弹出“插入图表”对话框，选择“柱形图”中的“三维柱形图”选项，生成统计图表，如图 4-91 所示。

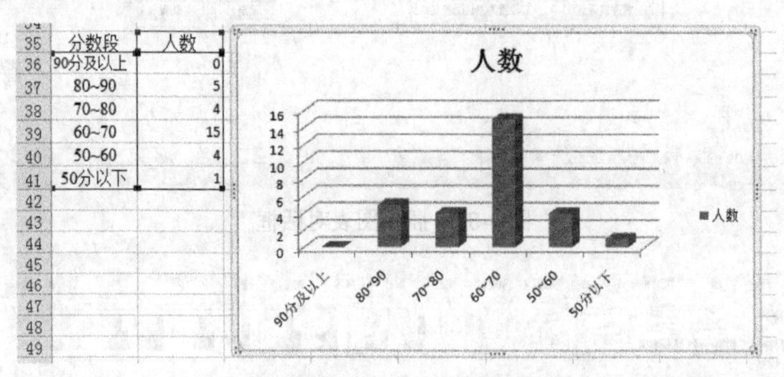

图 4-91　各分数段人数统计图

3. 页面设置

完成对工作表的编辑以后，如果在本地计算机或本地网络上链接了打印机，则可以将工作表直接打印出来；如果没有连接打印机，则可以将其打印到文件，然后在连接有打印的计算机上进行打印。在打印前设置打印区域，页面和分页符等内容。

在默认状态下，Excel 2010 自动将选有文字的最大行和列作为的打印区域。打印输出前，可以用“打印预览”功能将打印的效果在屏幕上显示出来，屏幕上显示的打印内容与真正打印输出打印的效果是一致的，除此之外，还可以根据所显示的情况进行相应的参数调整。

（1）选择“页面布局”选项卡→“页面布局”功能区→“页边距”下拉式菜单→“自定义边距”命令，弹出“页面设置”对话框，如图 4-92 所示。

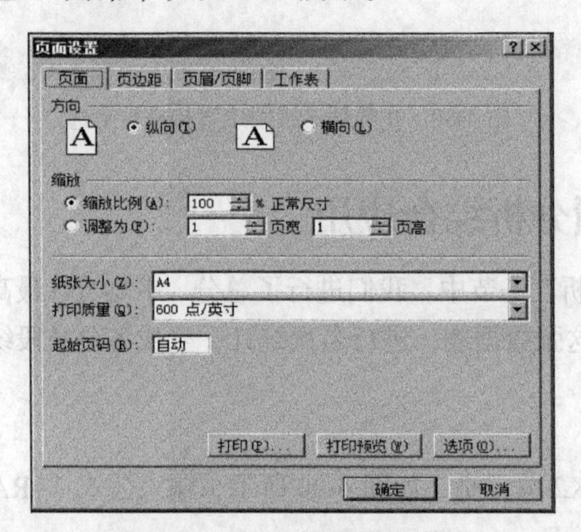

图 4-92　“页面设置”对话框

（2）选择“页面”选项卡，在“方向”区域中选中“纵向”单选按钮（若工作表较宽，可以选择横向”单选按钮）。

（3）在“缩放”区域中 指定工作表的缩放比例，本例比例选择默认的 100%（若工作表比较大，可以选择“调整为 1 页宽，1 页高”）。

（4）在“纸张大小”下拉式列表框中选择所需要的纸张大小，本案例选择 A4.。

（5）在“打印质量”下拉式列表框中指定工作表的打印质量，本案例选择默认值。

（6）在“起始页码”文本框中键入所需的工作表起始页码，本案例输入“自动”（默认值）。

（7）单击“确定”按钮，完成页面设置。

在“页面设置”对话框中可以对页面、页边距、页眉/页脚和工作表进行设置。

4. 打印工作表

打印工作表，如图 4-93 所示。

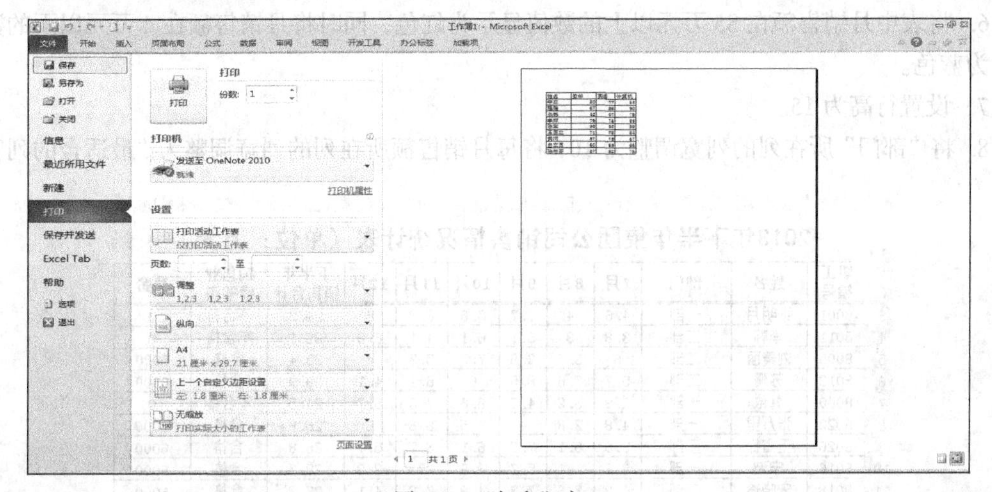

图 4-93 “打印”窗口

5. 打印预览

选择“文件”选项卡→“打印”命令，单击“打印”按钮，可以将工作表打印出来。

综合练习

1. 输入如图所示工作表数据。

	A	B	C	D	E	F	G	H	I	J	K	L
1	2013年下半年集团公司销售情况统计表（单位：万元）											
2	职工编号	姓名	部门	7月	8月	9月	10月	11月	12月	下半年销售合计	销售业绩等级	奖金
3	8001	张明月	一部	4.6	4	3.7	3.6	8.3	6			
4	8011	李韩	二部	3.8	3	5.1	6.1	4.1	6.8			
5	8005	刘美丽	二部	6	3.6	2.8	7.3	5.7	4			
6	8012	苏珊	二部	5.7	3.6	8.5	6	6.1	4.1			
7	8060	韩依	一部	2.9	3.2	4.5	6.6	7.3	5.7			
8	8022	张万里	一部	4.8	2.8	4	8.5	6.8	8			
9	8026	王雪松	三部	3.6	6.1	7.3	6.1	3.7	5.7			
10	8016	宁波	一部	8.3	4.1	5.7	3.6	7	2.8			
11	8018	宋晓玲	二部	4.2	3.6	7.3	4.9	7.3	4.1			
12	8019	周正	一部	7.5	2.8	9	5.4	5.7	5.1			
13	8020	钱玉	三部	4.9	7.3	5.7	2.9	5.7	3.6			
14	8008	孟一凡	一部	5.4	5.7	3.6	3.2	2.8	8.5			
15	8048	孙乔	二部	6.7	4	8.5	4.5	3	6			
16	8049	葛静怡	三部	3.8	2.9	6	6.6	5.4	6.1			
17	8024	欧阳梅	三部	5.5	8.5	6	6.1	4.1	4.1			
18		平均值										
19		最高值										

2. 利用公式计算表中空白单元的值。部分空白单元的计算标准如下：

（1）“销售业绩等级”的评定标准为：“上半年销售合计”值在40万元（含）以上者为“优秀”；在39万～35万元之间者为“良好”；在34万～25万元之间者为“合格”；25万元以下者为“不合格”。在K3单元格中输入：

=IF（J3>=40,"优秀",IF（J3>=35,"良好",IF（J3>=25,"合格","不合格"）））

（2）“奖金”的计算标准为：“销售业绩”优秀者的奖金值为20 000元，良好者的奖金值为10 000元，合格者的奖金值为6000元，不合格者没有奖金。在L3单元格中输入：

=IF（M3="优秀",20000,IF（M3="良好",10000,IF（M3="合格",6000,0）））

3. 按图所示格式设置表格的框线及字符对齐形式。

4. 将表中的数值设置为小数，且保留一位小数。

5. 将表标题设置为楷体、18号，其余文字与数值均设置为宋体、12号。

6. 将表中月销售额在85万元以上的数值显示为红色，同时将月销售额在4万元以下的数值显示为蓝色。

7. 设置行高为15。

8. 将“部门”所在列的列宽调整为10，将每月销售额所在列的列宽调整为“最适合的列宽”。

	A	B	C	D	E	F	G	H	I	J	K	L
1	2013年下半年集团公司销售情况统计表（单位：万元）											
2	职工编号	姓名	部门	7月	8月	9月	10月	11月	12月	下半年销售合计	销售业绩等级	奖金
3	8001	张明月	一部	4.6	4	3.7	3.6	8.3	6	24.2	不合格	0
4	8011	李韩	二部	3.8	3	5.1	6.1	4.1	6.8	22.1	不合格	0
5	8005	刘美丽	二部	6	3.6	2.8	7.3	5.7	4	25.4	合格	6000
6	8012	苏珊	二部	5.7	3.6	8.5	6	6.1	4.1	29.9	合格	6000
7	8060	韩依	一部	2.9	3.2	4.5	6.6	7.3	5.7	24.5	不合格	0
8	8022	张万里	一部	4.8	2.8	4	8.5	6.8	8	26.9	合格	6000
9	8026	王雪松	三部	3.6	6.1	7.3	6.1	3.7	5.7	26.8	合格	6000
10	8016	宁波	一部	8.3	4.1	5.7	3.6	7	2.8	28.7	合格	6000
11	8018	宋晓玲	二部	4.2	3.6	7.3	4.9	7.3	4.1	27.3	合格	6000
12	8019	周正	一部	7.5	2.8	9	5.4	5.7	5.1	30.4	合格	6000
13	8020	钱玉	三部	4.9	7.3	5.7	2.9	5.7	3.6	26.5	合格	6000
14	8008	孟一凡	一部	5.4	5.7	3.6	3.2	2.8	8.5	20.7	不合格	0
15	8048	孙乔	二部	6.7	4	8.5	4.5	3	6	26.7	合格	6000
16	8049	葛静怡	三部	3.8	2.9	6	6.6	5.4	6.1	24.7	不合格	0
17	8024	欧阳梅	三部	5.5	8.5	6	6.1	4.1	4.1	30.2	合格	6000
18	平均值			5.2	4.3	5.8	5.4	5.5	5.4	26.3		4000
19	最高值			8.3	8.5	9.0	8.5	8.3	8.5	30.4		6000

9. 图表操作

根据表中的数据，绘制簇状柱形图。

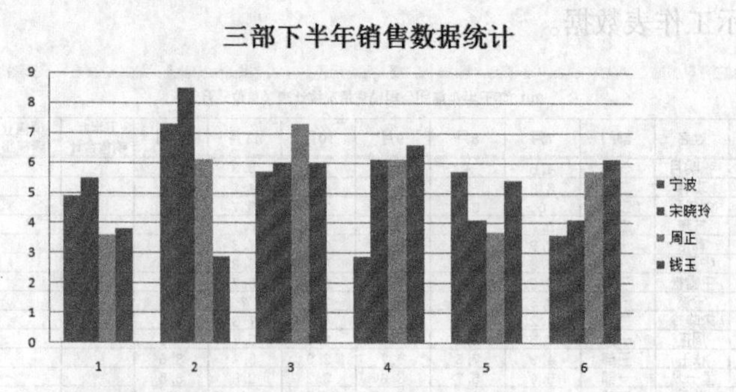

（1）选择区域C3:I17，升序排序。

（2）插入图表，选择簇状柱形图。

（3）选择数据序列选择 B8：B11 和 D8：I11。

（4）输入图表标题，使用默认格式。

习　题

1. 下列 Excel 的表示中，属于绝对地址引用的是（　）。

A. $A2　　B. C$　　C. E8　　D. $G$9

2. 在 Excel 中，一般工作文件的默认文件类型为（　）。

A. .doc　　B. .mdb　　C. .xlsx　　D. .ppt

3. 在 Excel 中，所有文件数据的输入及计算都是通过（　　）来完成的。

A. 工作簿　　B. 工作表　　C. 单元格　　D. 窗口

4. 在 Excel 中，工作簿名称放置在工作区域顶端的标题栏中，默认的名称为（　）。

A. xlc　　B. sheet1、sheet2、…

C. xls　　D. book1、book2、…

5. Excel 中，计算参数中所有数值的平均值的函数为（　　）。

A. SUM（）　　B. AVERAGE（）

C. COUNT（）　　D. TEXT（）

6. 在 Excel 中，选定大范围连续区域的方法之一是：先单击该区域的任一角上的单元格，然后按住（　　）键再单击该区域的另一个角上的单元格。

A. Alt　　B. Ctrl　　C. Shift　　D. Tab

7. 在 Excel 中，运算符一共有几类（　　）。

A. 1 类　　B. 3 类　　C. 2 类　　D. 4 类

8. 在 Excel 中，假设 A1 单元格内输入了"＝2＊2"，关于公式"＝A1<2"的显示结果为（　　）

A. 2＊2〈2　　B. 4　　C. TRUE　　D. FALSE

9. 在 Excel 中，用鼠标拖拽复制数据和移动数据在操作上（　）。

A. 有所不同，区别是：复制数据时，要按住“Ctrl”键

B. 完全一样

C. 有所不同，区别是：移动数据时，要按住“Ctrl”键

D. 有所不同，区别是：复制数据时，要按住“Shift”键

10. 工作表数据的图形表示方法称为（　　）。

A. 图形　　B. 表格　　C. 图表　　D. 表单

11. 在 Excel 中，当前录入的内容是存放在（　）内。

A. 单元格　　B. 活动单元格　　C. 编辑栏　　D. 状态栏

12. 在 Excel 中，公式的定义必须以（　）符号开头。

A. ＝　　B. ”　　C. :　　D. *

13. 在 Excel 文字处理时，强迫换行的方法是在需要换行的位置按（　　）组合键。

A. Ctrl+Enter　　B. Ctrl+Tab　　C. Alt+Tab　　D. Alt+ Enter

14. 在 Excel 中设定日期时，以有前置零的数字（01～31）显示日期数，应使用日期格式符（　　）。

A. d　　B. dd　　C. ddd　　D. dddd

15. Excel 的混合引用表示有（　　）。

A. $B$7　　B. $B6　　C. C7　　D. R7

16. 若某单元格中出现“#VALUE!”的信息时，其含义是（　　）。

A. 在公式单元格引用不再有效　　B. 单元格中的数字太大

C. 计算结果太长超过了单元格宽度　　D. 在公式中使用了错误的数据类型

17. 当在 Excel2000 中进行操作时，若某单元格中出现“#####”的信息时，其含义是（　　）。

A. 在公式单元格引用不再有有效　　B. 单元格中的数字太大

C. 计算结果太长超过了单元格宽度　　D. 在公式中使用了错误的数据类型

18. 在 Excel 中对选定的单元进行清除操作将（　　）。

A. 仅清除单元格中的数据　　B. 清除单元格中的数据和单元格本身

C. 仅清除单元格的格式　　D. 仅清除单元格的边框

19. 下述哪个数据不是 Excel 中的日期格式的数据（　　）。

A. 1989 年 12 月 31 日　　B. 1989.12.31

C. 12-31-89　　D. 一九八九年十二月三十一日

20. 在 EXCEL 中加入数据至所规定的数据库内的方法可以是_____。

A. 输入数组公式　　B. 利用“记录单”输入数据

C. 插入对象　　D. 数据透视表

21. 下各项，对 Excel 中的筛选功能描述正确的是（　　）

A. 按要求对工作表数据进行排序

B. 隐藏符合条件的数据

C. 只显示符合设定条件的数据，而隐藏其他数据

D. 按要求对工作表数据进行分类

22. 在 Excel 2000 中可以创建嵌入式图表，它和创建图表的数据源放置在（　）工作表中。

A. 不同的　　B. 相邻的

C. 同一张　　D. 另一工作簿的

23. 在工作表中，当单元格添加批注后，其（　　）出现红点，当鼠标指向该单元格时，即显示批注信息。

A. 左上角　　B. 右上角　　C. 左下角　　D. 右下角

24. Excel 提供了许多内置函数，使用这些函数可执行标准工作表运算和宏表运算，实现函数运算所使用的数值称为参数，函数的语法形式为"函数名称（参数 1，参数 2......）"，其中的参数可以是（　　）。

A. 常量、变量、单元格、区域名、逻辑位、错误值或其他函数

B. 常量、变量、单元格、区域、逻辑位、错误值或其他函数

C. 常量、变量、单元格、区域名、逻辑位、引用、错误值或其他函数

D. 常量、变量、单元格、区域、逻辑位、引用、错误值或其他函数

第 5 章 轻松创建动态演示文稿 PowerPoint 2010

在计算机日益普及的今天，无论是教师授课、产品宣传、会议报告都使用演示文稿进行展示，PowerPoint 2010 是目前广泛使用的演示文稿制作软件，它的处理功能十分强大，用户可以根据需要为演示文稿加入文本、剪贴画、表格等对象，可以对幻灯片的外观效果进行设计，提供丰富的动画方案及多种放映方式，还可以制作声形俱佳、图文并茂的幻灯片，广泛应用于课程教学、广告宣传、产品演示等方面。

5.1 幻灯片的设计与管理

5.1.1 PowerPoint 的视图方式

演示文稿视图是指在 PowerPoint 2010 应用程序中编辑幻灯片的方式。PowerPoint 2010 的视图有普通、幻灯片浏览、备注页、阅读视图、幻灯片放映视图。各种视图之间可以进行切换，切换视图的操作方法是：

可以通过功能区“视图”选项卡中“演示文稿视图”组中的命令来实现，如图 5-1 所示。

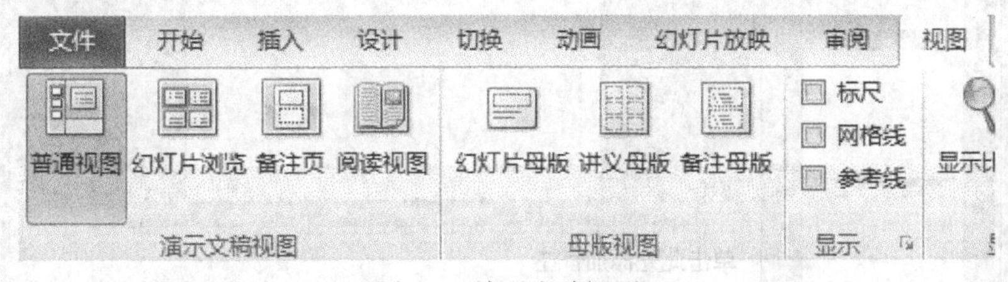

图 5-1 演示文稿视图

视图之间的切换也可通过状态栏中的视图切换按钮来完成，如图 5-2 所示。

图 5-2 状态栏

另外也可以使用状态栏上的显示比例实现对幻灯片编辑状态的缩放操作，图 5-3 和图 5-4 是在幻灯片浏览视图时调整缩放级别的效果，其中一个缩放级别是 100%，一个缩放级别是 40%。

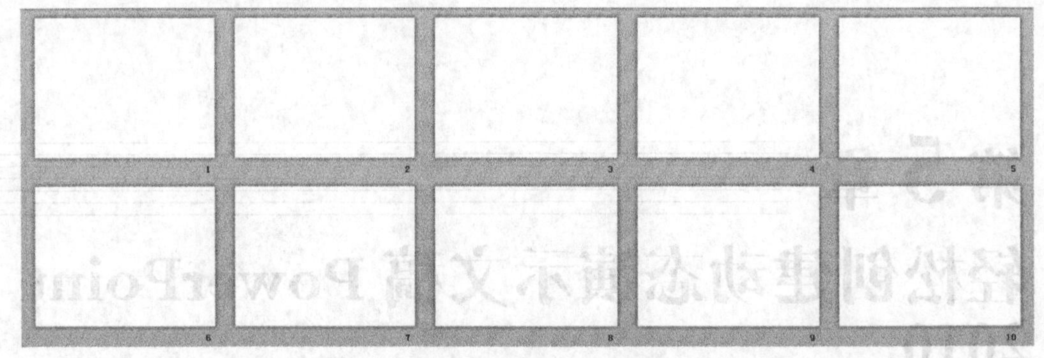

图 5-3　幻灯片浏览视图显示比例为 100%

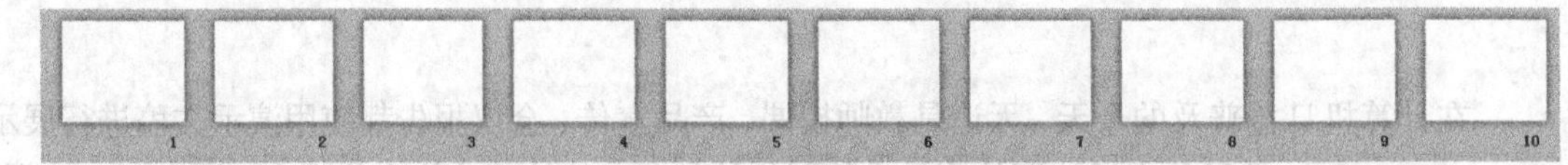

图 5-4　幻灯片浏览视图显示比例为 40%

1. 普通视图

普通视图是主要的编辑视图，可用于撰写或者设计演示文稿。该视图有三个工作区域：左侧为幻灯片大纲和缩略图之间进行切换的选项卡；右侧为幻灯片窗格；底部为备注窗格，如图 5-5 所示。

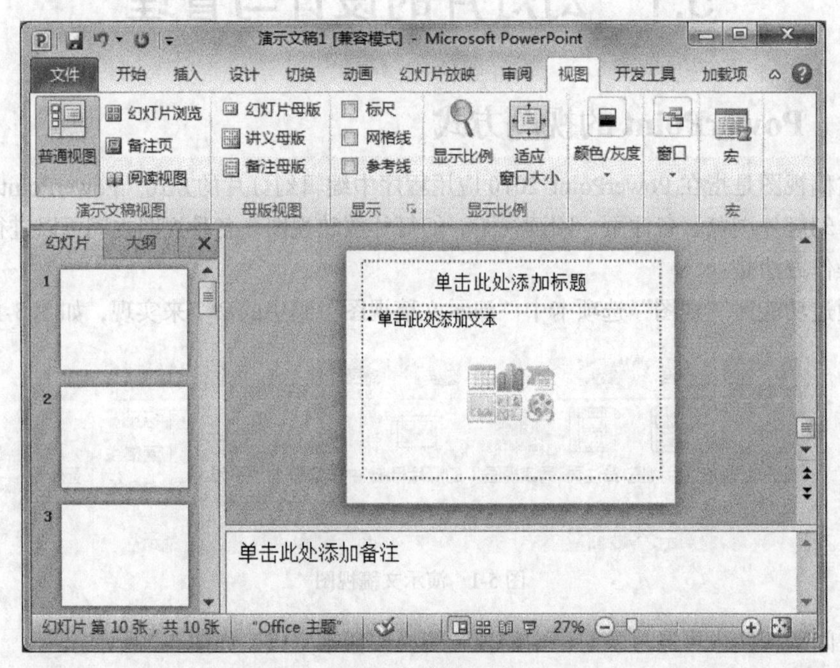

图 5-5　编辑视图

（1）大纲选项卡。此区域能移动幻灯片和文本。“大纲”选项卡以大纲形式显示幻灯片文本。

（2）幻灯片选项卡。此区域是在编辑时以缩略图大小的图像在演示文稿中观看幻灯片的主要场所。使用缩略图能方便地浏览演示文稿，并观看任何设计更改的效果。在这里还可以轻松地重新排列、添加或删除幻灯片。

（3）幻灯片窗格。显示当前幻灯片的大视图，用户可以直接编辑演示文稿的每张幻灯片。在幻灯片窗格中的虚线边框为占位符。绝大部分幻灯片版式中都有占位符。在此视图中显示当前幻灯片时，可以添加文本，插入图片、表、SmartArt 图形、图表、图形对象、文本框、电影、声音、超链接和动画。

（4）备注窗格。在幻灯片窗格下的备注窗格中，可以键入应用于当前幻灯片的备注。用户还可以打印备注，将它们分发给观众，也可以将备注包含在发送给观众或在网页上发布的演示文稿中。在展示演示文稿时进行参考。

2. 幻灯片浏览视图

幻灯片浏览视图是以缩略图形式显示幻灯片的视图，如图 5-6 所示。在该视图下可以很方便地重新排列、添加或删除幻灯片，还可以方便地设置和预览幻灯片切换效果，但在该视图中不能对幻灯片文本和内容进行编辑。

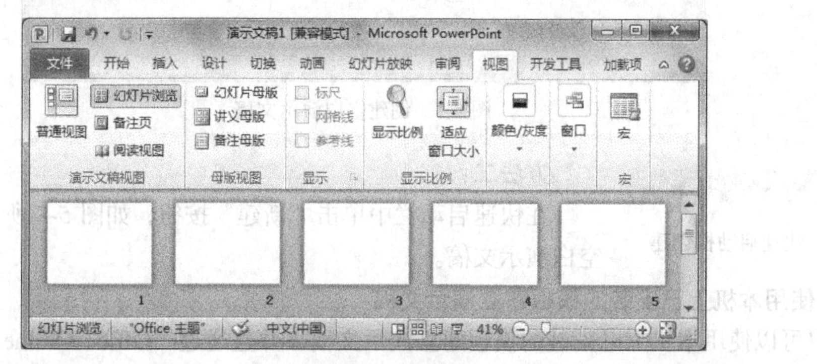

图 5-6 幻灯片浏览视图

3. 备注页视图

可以在“备注”窗格中键入备注，该窗格位于“普通”视图中“幻灯片”窗格的下方。但是，如果要以整页格式查看和使用备注，可在“视图”选项卡的“演示文稿视图”组中单击“备注页”，使用备注页视图方式。

4. 幻灯片放映视图

“幻灯片放映视图”占据整个计算机屏幕，在此视图中，所看到的演示文稿就是观众将看到的效果。可以看到在实际演示中图形、计时、影片、动画效果和切换效果的状态。

5. 阅读视图

如果希望在一个设有简单控件以方便审阅的窗口中查看演示文稿，而不想使用全屏的幻灯片放映视图，则也可以在自己的计算机上使用阅读视图。如果要更改演示文稿，可随时从阅读视图切换至其他视图。

5.1.2 演示文稿的基本操作

1. 创建演示文稿

在默认情况下，Office PowerPoint 将空白演示文稿应用于新演示文稿。空白演示文稿是 Office PowerPoint 中最简单且最普通的模板。首次开始使用 PowerPoint 时，空白演示文稿是一种很好的模板，理由是它比较简单并且可以适用于多种演示文稿类型。创建空白演示文稿的方法如下：

方法一：

（1）要创建基于空白演示文稿模板的新演示文稿，请单击“文件”选项卡。

（2）在打开的菜单上单击“新建”，然后在“可用的模板和主题”下选择“空白演示文稿”，然后单击“创建”按钮，如图5-7所示。

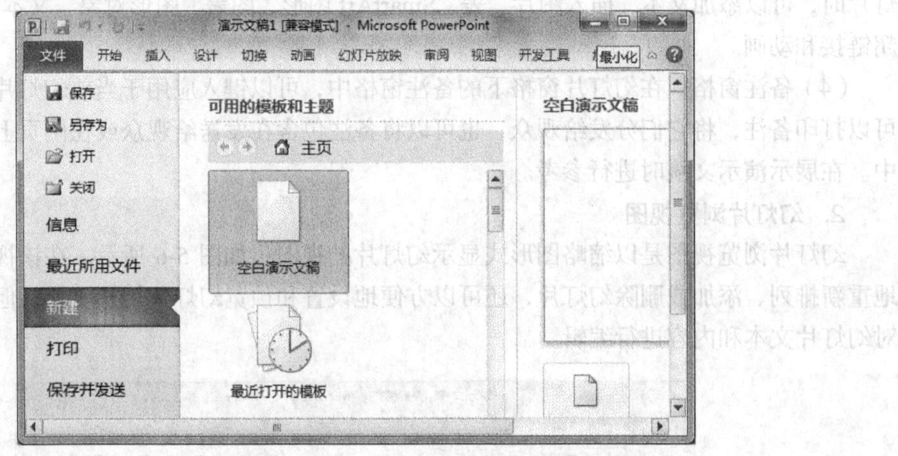

图5-7　创建空白演示文稿

图5-8　快速启动栏创建

方法二：

在快速启动栏中单击“新建”按钮，如图5-8所示，也可以创建空白演示文稿。

2. 使用本机上已安装的模板建立演示文稿

用户可以使用本机上已安装的模板建立演示文稿，并且通过“Office Online模板”得到更多的模板，操作方法如下：

（1）单击“文件”选项卡，在打开的菜单上单击“新建”。然后在“可用的模板和主题”下单击“样本模板”。

（2）在“样本模板”下选择一个模板，如“宣传手册”，然后单击“创建”按钮，如图5-9所示，就可以创建基于“宣传手册”模板的演示文稿。

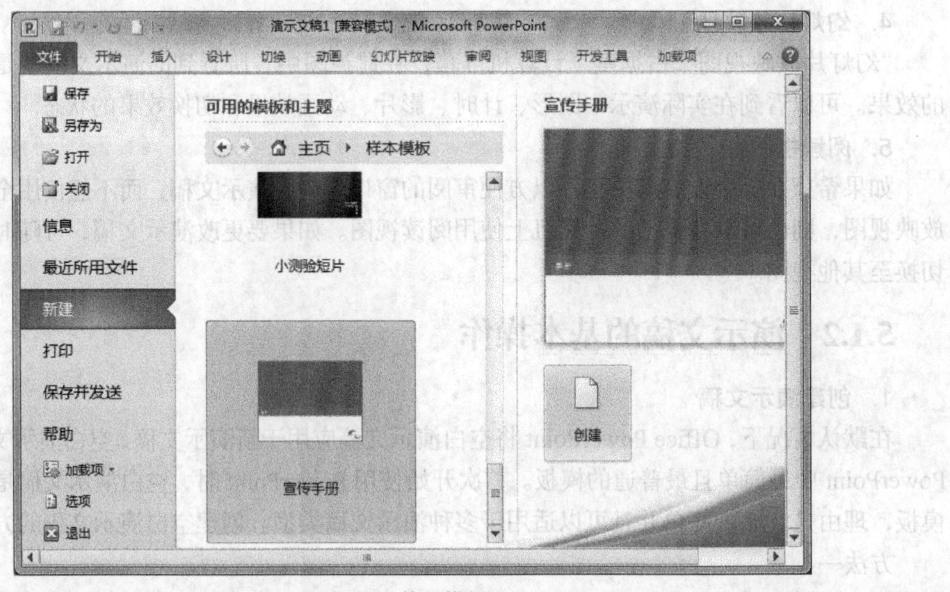

图5-9　使用模板

3. 幻灯片的编辑

（1）幻灯片的添加。当需要向演示文稿中添加新的幻灯片时，操作步骤如下：

① 选中需要添加幻灯片位置的前一张幻灯片，单击 “开始” 选项卡上的“幻灯片” 组中“新建幻灯片” 旁边的箭头，如图 5-10 所示。

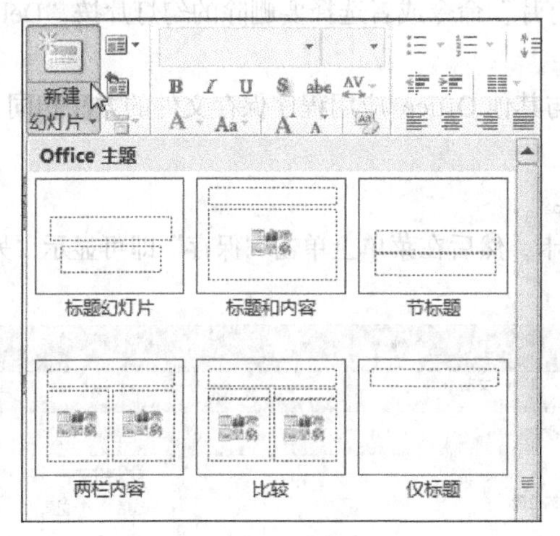

图 5-10　新建幻灯片

② 此时，界面上出现一个幻灯片的模板库，其中显示了各种可用幻灯片布局的缩略图。单击新幻灯片所需的布局，即可添加符合一定布局的幻灯片。

③ 如果用户希望新幻灯片与前面的幻灯片具有相同的布局，则只需单击“新建幻灯片” 而不必单击它旁边的箭头。

（2）幻灯片的选定。对幻灯片进行操作前必须先选定它，可以选定单张幻灯片，也可以选定多张连续的或者不连续的幻灯片。在“大纲” 和 “幻灯片” 选项卡的窗格中完成幻灯片的选定操作，如图 5-11 所示。

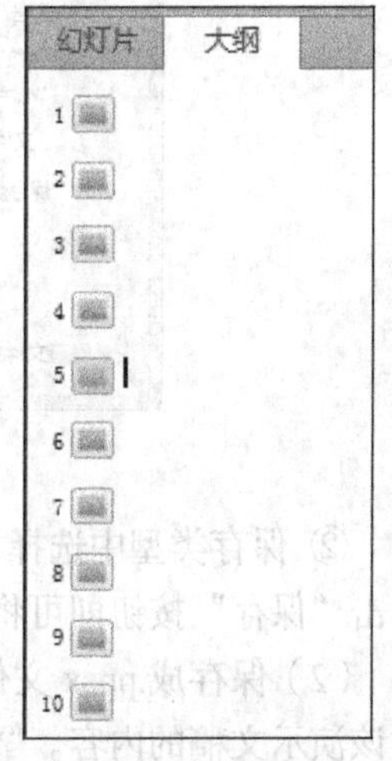

图 5-11 “大纲” 和 “幻灯片” 选项卡

选定单张幻灯片：单击该幻灯片即可选中幻灯片。

多张连续幻灯片：选中首张幻灯片，按住 “Shift” 键后单击选中结束位置幻灯片。

多个不连续的幻灯片：选中首张幻灯片，按住 “Ctrl” 键后逐一单击不连续的幻灯片。

（3）幻灯片的复制。如果用户希望创建两个内容和布局都相似的幻灯片，则可以通过创建一个具有两个幻灯片都能共享的所有格式和内容的幻灯片，然后复制该幻灯片，最后向每个幻灯片单独添加最终的风格，具体的操作方法是：

① 在 “幻灯片” 选项卡上，右键单击要复制的幻灯片，弹出如图 5-12 所示的快捷菜单。

② 执行 “复制” 命令。

③ 然后，在“幻灯片” 选项卡上，右键单击要添加新的幻灯片副本的位置，右击弹出快捷菜，执行“粘贴” 命令。粘贴时可以选择使用目标主题，保留原格式、或者粘贴为图片。

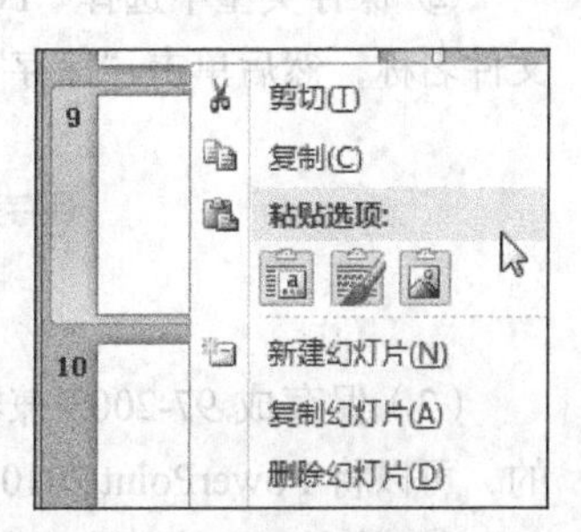

图 5-12　复制幻灯片

④ 另外“复制幻灯片”命令，可以在选中幻灯片的位置插入一张该幻灯片的副本。

（4）幻灯片的移动。与复制幻灯片的方法类似，可以利用剪切和粘贴来移动幻灯片的位置，还可以在窗口左边的“幻灯片”选项卡上，单击要移动的幻灯片，然后直接将其拖动到所需的位置。

（5）幻灯片的删除。在窗口左边的“幻灯片”选项卡上，右键单击要删除的幻灯片，然后在快捷菜单上单击“删除幻灯片”命令或者选择要删除的幻灯片按“Del”键即可删除。

4. 保存演示文稿

保存演示文稿的方法与其他 Office 应用程序保存文件的方法相同，在此仅简单介绍几种常用的演示文稿保存类型。

（1）保存成.pptx 文件。

① 单击“文件”选项卡，然后在菜单上单击“保存”即可显示“另存为”对话框，如图 5-13 所示。

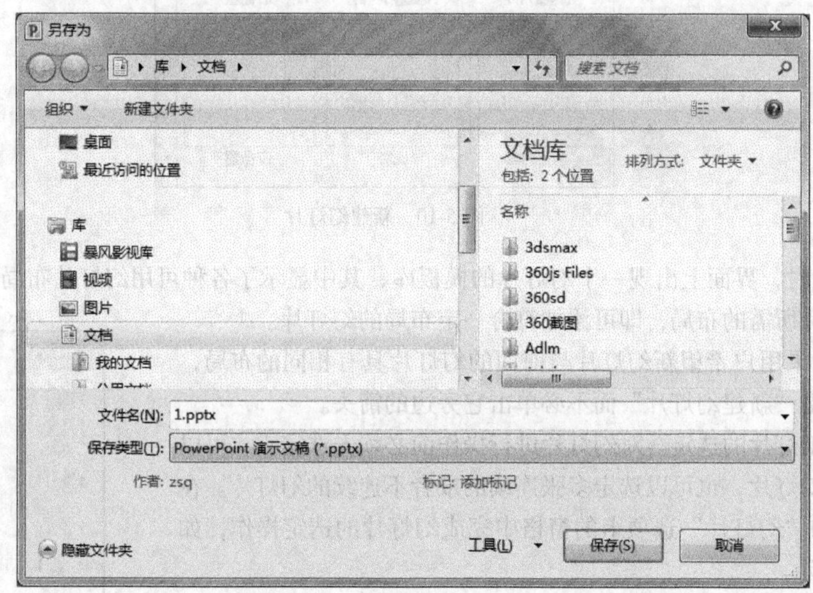

图 5-13 “另存为”对话框

② 保存类型中选择“PowerPoint 演示文稿（*.pptx）”在文件名称框中输入文件名称，然后单击“保存”按钮即可将演示文本保存为“*.ppt”文件。

（2）保存成.ppsx 文件。将演示文稿保存成“*.ppsx”文件，当双击打开该文件时，将直接播放该演示文稿的内容。“*.ppsx”文件需要 PowerPoint 2010 的支持才能正常放映。

① 单击“文件”选项卡，然后在菜单上单击“保存”即可显示“另存为”对话框。

② 保存类型中选择“PowerPoint 放映（*.ppsx）”，如图 5-14 所示，在文件名称框中输入文件名称，然后单击“保存”按钮即可将演示文本保存为“*.ppsx”文件。

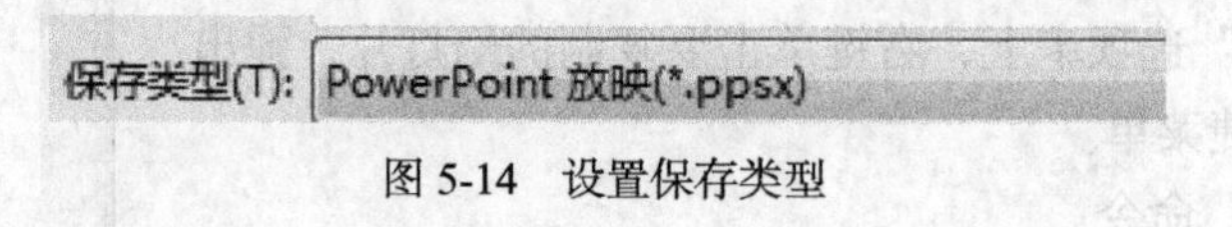

图 5-14 设置保存类型

（3）保存成 97-2003 兼容模式。保存成.pptx 文件后，无法在早期版本的 PowerPoint 中打开的，可以将 PowerPoint 2010 保存为早期版本，操作方法如下：

① 单击“文件”选项卡，然后在菜单上单击“另存为”。

② 在弹出的“另存为”对话框中，输入文件名称，选择保存路径及位置，选择其中的“PowerPoint 97-2003 演示文稿”，如图 5-15 所示。单击“保存”按钮。

保存类型(T): PowerPoint 97-2003 演示文稿 (*.ppt)

图 5-15　另存为

③ 如果想要每次保存时都自动保存为早期兼容版本，可以单击“文件”选项卡，单击“选项”命令，打开“PowerPoint 选项”窗口，在“保存”选项中设置将文件保存格式为“PowerPoint 97-2003 演示文稿”，如图 5-16 所示，以后每次保存会自动保存为早期版本。

图 5-16　保存格式为“PowerPoint 97-2003 演示文稿”

（4）保存为模板。如果需要制作同种风格类型的幻灯片课件，而 PowerPoint 提供的设计模板又不太符合需要，所以只好一次次地从零开始重新编排格式。其实只要精心设计好一个幻灯片，然后把它保存为 PowerPoint 设计模板就可以了。今后再制作同类幻灯片时，就可以随时轻松调用。用户自己创建的模板。将演示文稿保存为模板文件的操作方法是：

① 单击“文件”选项卡，然后在菜单上单击“保存”即可显示“另存为”对话框。

② 保存类型中选择“PowerPoint 模板（*.potx）”，如图 5-17 所示，在文件名称框中输入文件名称，然后单击“保存”按钮即可将演示文稿保存为模板。

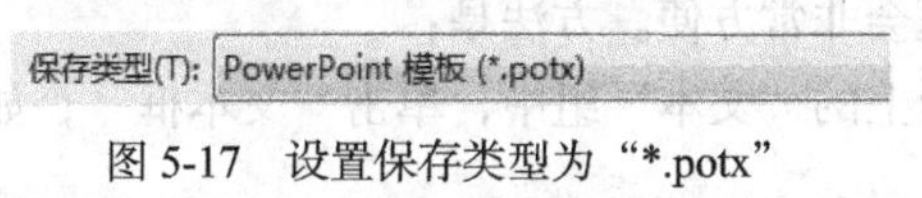

图 5-17　设置保存类型为“*.potx”

5.2　制作演示文稿的基本技巧

5.2.1　编辑幻灯片中的文本信息

幻灯片的主体是文字，因此，幻灯片上文本的操作是每一个用户必须熟悉的内容。在 PowerPoint 中，对于文本格式的设置，如字体、字型、字号的设置，文本的特殊效果的设置，文字背景、颜色的设置，以及段落的对齐方式、项目符的使用等相应操作与 Word 软件中的操作相同。在 PowerPoint 中文本可以添加到占位符、形状和文本框中。注意文本太多会使幻灯片杂乱并且会分散访问群体的注意力。用户可以将一些文本输入在每张幻灯片的“备注”窗格中，以确保屏幕演示文稿内容的精简度。

1. 在占位符中添加正文或标题文本

幻灯片版式包含以各种形式组合的文本和对象占位符，占位符就是一种带有虚线或阴影线边缘的框，如图 5-18 所示，可以在文本和对象占位符中键入标题、副标题和正文文本。要向幻灯片中添加文本，请单击要添加文本的占位符，然后键入或粘贴要添加的文本即可。如果用户的文本的大小超过占位符的大小，PowerPoint 会在用户键入文本时以递减方式减小字体大小和行间距以使文本适应占位符的大小。

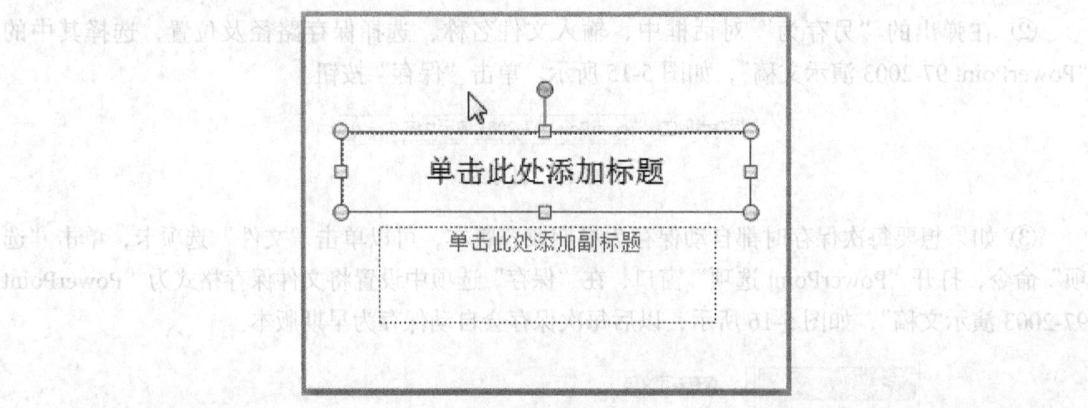

图 5-18　占位符

2. 将文本添加到形状中

图 5-19　添加文本到形状

正方形、圆形、标注批注框和箭头等形状可以包含文本。在形状中键入文本时，文本会附加到形状并随形状一起移动和旋转。添加作为形状组成部分的文本，请选定该形状，单击右键选择“编辑文字”直接键入或粘贴文本。如图 5-19 所示。

3. 将文本添加到文本框中

使用文本框可将文本放置在幻灯片上的任何位置上，如文本占位符外部。可以通过创建文本框并将其放置在图片旁边来为图片添加标题。此外，如果要将文本添加到形状中但不希望文本附加到形状，那么使用文本框会非常方便。方法是：

（1）在“插入”选项卡上的“文本”组中，单击“文本框”，如图 5-20 所示。

图 5-20　插入文本框

（2）单击幻灯片，然后拖动指针以绘制文本框。

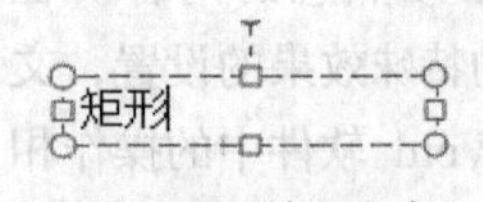

图 5-21　输入文本

（3）要向文本框中添加文本，请在文本框内单击，然后键入或粘贴文本，如图 5-21 所示。

5.2.2　修饰幻灯片的外观

在 PowerPoint 中，用户可以快速地设计格局统一且有特色的幻灯片外观，这主要是通过 PowerPoint 提供的设置演示文稿外观功能来实现的，对演示文稿外观进行设置的方法有使用母版、主题和背景样式。

1. 使用版式

可以使用版式排列幻灯片上的对象和文字。版式是定义幻灯片上待显示内容的位置信息的幻灯片母版的组成部分。版式包含占位符，占位符可以容纳文字和幻灯片内容，版式本身只定义了幻灯片上要显示内容的位置和格式设置信息。图 5-22 显示了 Office PowerPoint 幻灯片中可以包含的所有版式元素。

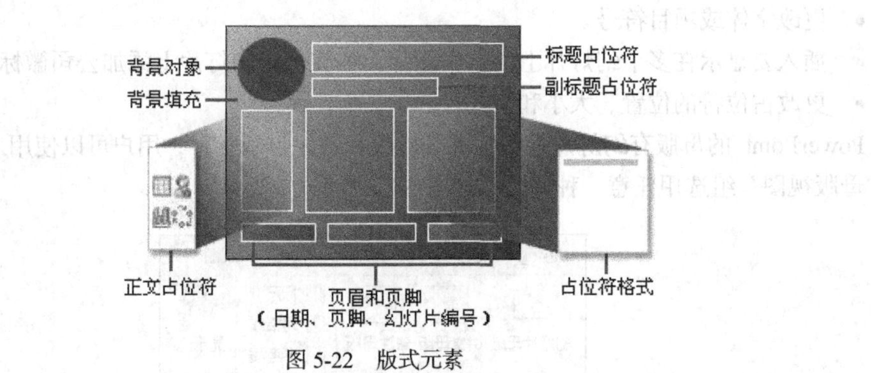

图 5-22　版式元素

单击此处添加标题

单击此处添加副标题

图 5-23　标题幻灯片

在 PowerPoint 中打开空白演示文稿时，将显示名为“标题幻灯片”的默认版式，如图 5-23 所示，但还有其他的标准版式可供使用。应用版式的操作方法是：

（1）在包含“大纲”和“幻灯片”选项卡的窗格中，单击选中要应用版式的幻灯片。

（2）在“开始”选项卡的“幻灯片”组中，单击“版式”，然后单击选择一种版式，如图 5-24 所示，幻灯片的布局方式将发生更改。

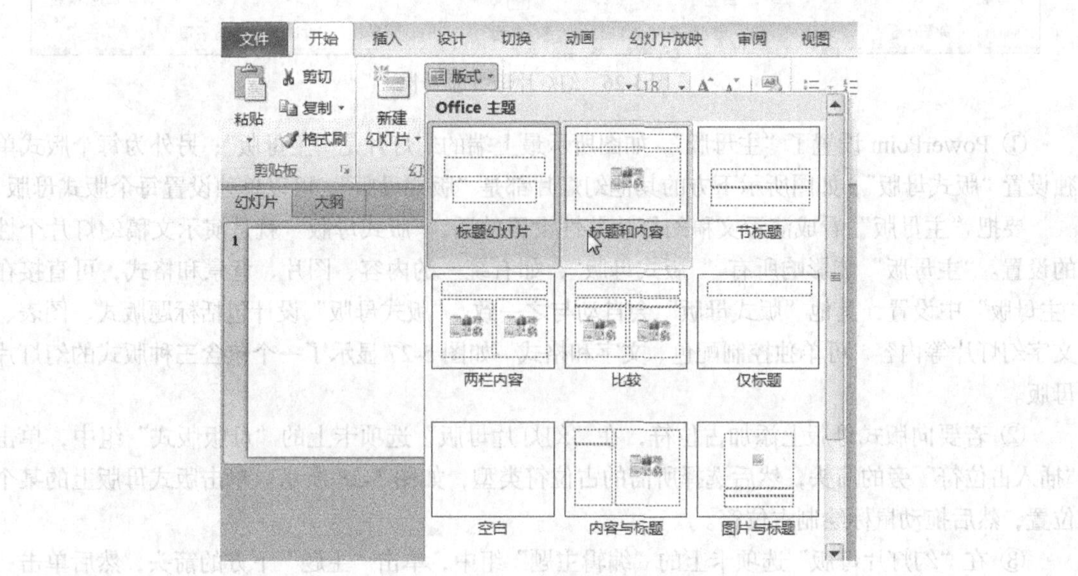

图 5-24　选择版式

2. 使用母版

一个演示文稿可以由许多幻灯片组成，为保证演示文稿内的幻灯片具有统一的风格和布局，可以通过母版功能来设计整个演示文稿所使用的幻灯片母版。它可以被看作是一个用于构建幻灯片的基本框架，母版中存储包括字形、字体、占位符大小和位置、背景设计和配色方案等模板信息。

幻灯片母版满足用户进行全局更改的需求，并将更改应用到演示文稿中的所有幻灯片，通常可以使用幻灯片母版进行下列操作：

- 更改字体或项目符号。
- 插入要显示在多个幻灯片上的艺术图片，如在每个幻灯片上添加公司徽标。
- 更改占位符的位置、大小和格式。

PowerPoint 的母版有幻灯片母版、讲义母版和备注母版三种，用户可以使用“视图”选项卡的“母版视图”组选用任意一种母版，如图 5-25 所示。

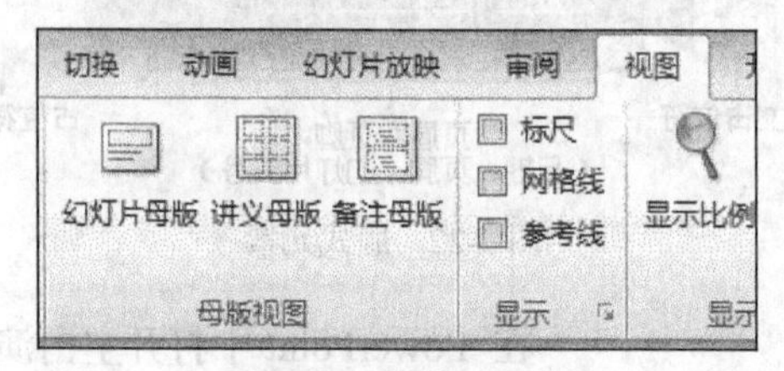

图 5-25　使用母版

（1）幻灯片母版。选择“视图”选项卡中的“幻灯片母版”对幻灯片母版进行设计，程序会自动打开“幻灯片母版”选项卡，如图 5-26 所示。

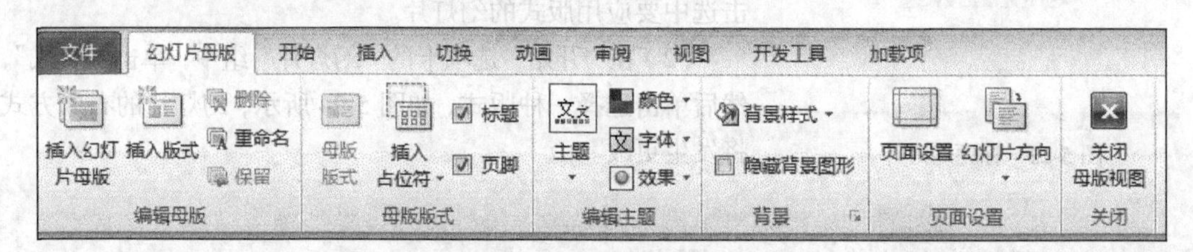

图 5-26　幻灯片母版选项卡

① PowerPoint 设置了“主母版”，如图所示最上端的幻灯片是“主母版”；另外为每个版式单独设置“版式母版”，如图所示下方的其他幻灯片都是“版式母版”，可以单独设置每个版式母版。

要把“主母版”看成演示文稿幻灯片共性设置的话，“版式母版”就是演示文稿幻灯片个性的设置。“主母版”能影响所有“ 版式母版”，如有统一的内容、图片、背景和格式，可直接在“主母版”中设置，其他“版式母版”会自动与之一致。“版式母版”设计包括标题版式、图表、文字幻灯片等内容，可单独控制配色、文字和格式。如图 5-27 显示了一个包含三种版式的幻灯片母版。

② 若要向版式母版上添加占位符，在“幻灯片母版”选项卡上的“母版版式”组中，单击“插入占位符”旁的箭头，然后选择所需的占位符类型，如图 5-28 所示。单击版式母版上的某个位置，然后拖动鼠标绘制占位符。

③ 在“幻灯片母版”选项卡上的“编辑主题”组中，单击“主题”下方的箭头，然后单击一个主题可以将内置主题应用于幻灯片母版。

④ 如果找不到适合需求的标准版式，则可以为幻灯片母版添加自定义的版式。操作方法是在“幻灯片母版”选项卡上的“编辑母版”组中，单击“插入版式”，如图 5-29 所示。然后在包含幻灯片母版和版式的左侧窗格中，单击幻灯片母版下方添加的新版式。在该版式母版上添加各种占位符设置布局。

⑤ 单击“关闭母版视图”按钮退出对幻灯片母版的编辑，如图 5-30 所示。

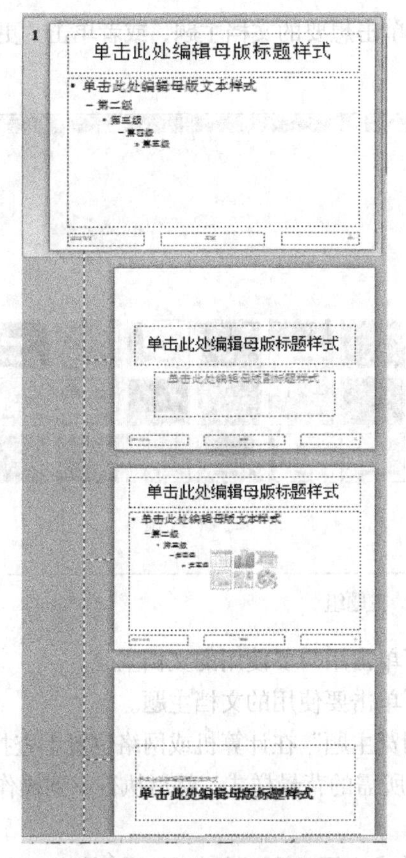

图 5-27　幻灯片母版编辑

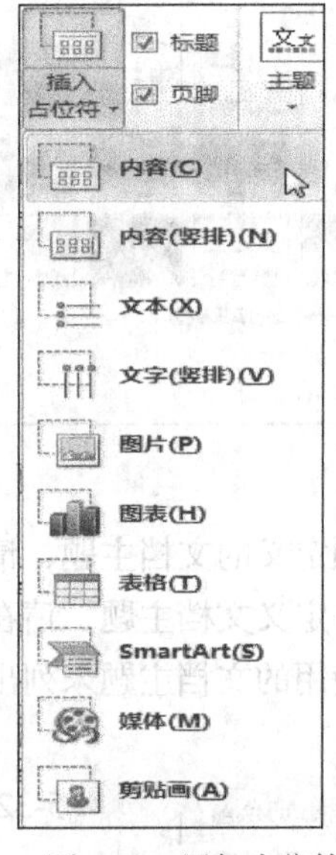

图 5-28　添加占位符

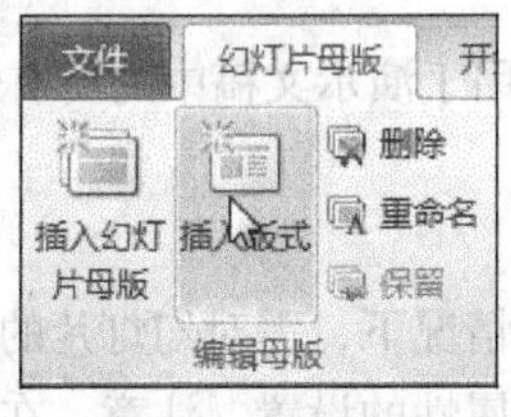

图 5-29　插入版式

图 5-30　关闭母版视图

（2）讲义母版和备注母版。讲义母版可以用来控制所打印的演示文稿讲义外观。在讲义母版中可以添加或修改讲义的页眉或页脚信息，并可以重新设置讲义的格式。对讲义母版的修改只能在打印出的讲义中得到体现。

备注母版主要用来控制备注页的版式和格式。

3. 使用主题

使用母版可以根据用户需要设计制作个性化的演示文稿，但需要花费大量的时间，PowerPoint 提供了可应用于演示文稿外观设计的内置主题，通过应用文档，可以快速而轻松地设置整个文档的格式，赋予它专业和时尚的外观。

文档主题是一组格式选项，包括一组主题颜色、一组主题字体和一组主题效果。主题包括项目符号和字体的类型和大小、占位符大小和位置、背景设计和填充、配色方案以及幻灯片母版和可选的标题母版。用户既可以将主题应用于所有幻灯片，也可以只应用选定幻灯片，同时也可以在单个的演示文稿中应用多种类型的文档主题。应用文档主题的操作方法是：

（1）在“设计”选项卡上的“主题”组中，单击想要的文档主题，或者单击“更多”以查看所有可用的文档主题，如图5-31所示。

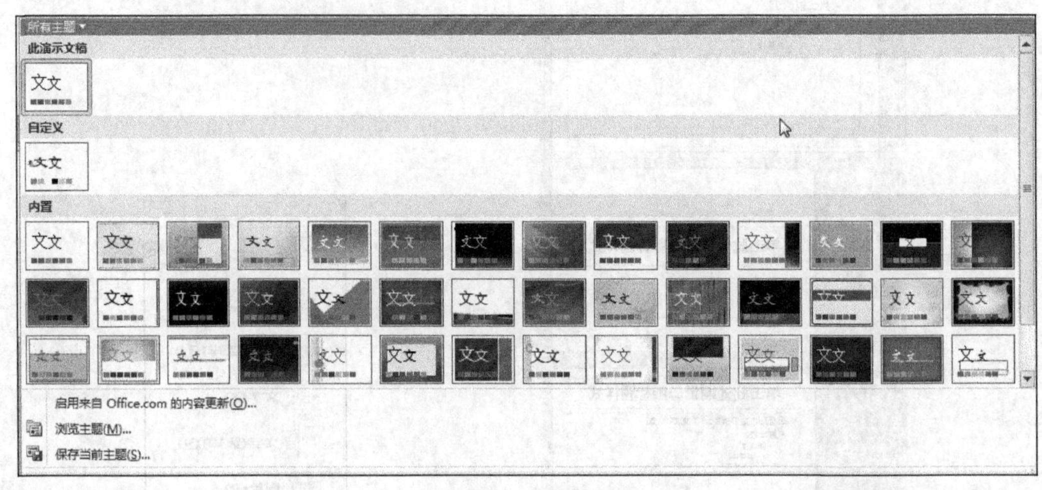

图5-31　主题组

要应用预定义的文档主题，请在“内置”下单击用户要使用的文档主题。

要应用自定义文档主题，请在“自定义”下单击要使用的文档主题。

如果要使用的文档主题未列出，请单击“浏览主题”在计算机或网络位置上查找它。

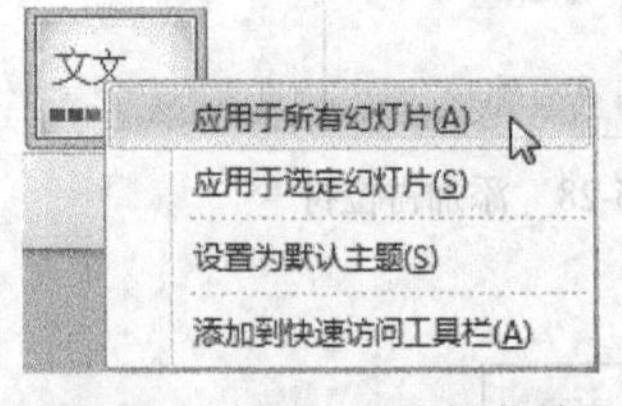

图5-32　样式上的右键菜单

（2）右键单击所需的背景样式，然后执行下列操作之一，如图5-32所示：

要将该背景样式应用于所选幻灯片，请单击“应用于所选幻灯片”。

要将该背景样式应用于演示文稿中的所有幻灯片，请单击“应用于所有幻灯片”。

4. 使用背景样式

为了使制作出的幻灯片更符合设计要求，在多数情况下，需对幻灯片的背景进行设置。幻灯片的背景包括颜色、过渡效果、纹理、图案和图片等属性的设置。注意：在一张幻灯片上只能使用一种背景类型。

背景样式是来自当前文档“主题”中主题颜色和背景亮度组合的背景填充变体。当更改文档主题时，背景样式会随之更新以反映新的主题颜色和背景。如果希望只更改演示文稿的背景，则应选择其他背景样式。更改文档主题时，更改的不止是背景，同时会更改颜色、标题和正文字体、线条和填充样式以及主题效果。

向演示文稿中添加背景样式的方法如下：

（1）单击要向其添加背景样式的幻灯片。要选择多张幻灯片，请单击第一张幻灯片，然后在按住Ctrl键的同时单击其他幻灯片。

（2）在“设计”选项卡上的“背景”组中，单击“背景样式”旁边的箭头，如图5-33所示，背景样式在“背景样式”库中显示为缩略图。将指针置于某个背景样式缩略图上时，可以预览该背景样式对演示文稿的影响。

（3）右键单击所需的背景样式，然后执行下列操作之一：

要将该背景样式应用于所选幻灯片，请单击“应用于所选幻灯片”。

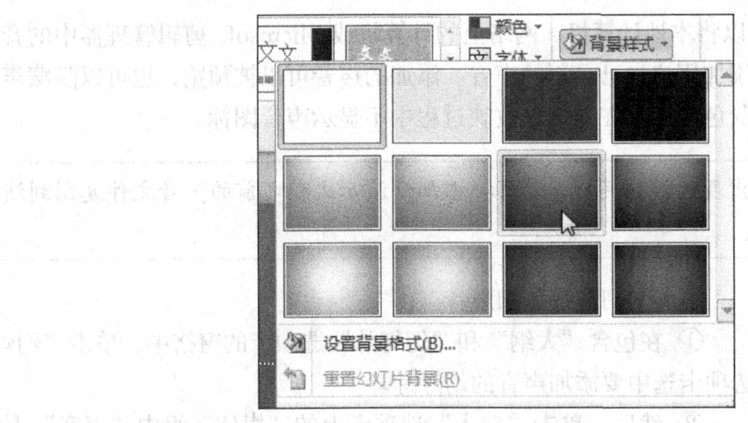

图 5-33　背景样式

要将该背景样式应用于演示文稿中的所有幻灯片，请单击“应用于所有幻灯片”。

（4）也可以选择“设置背景格式”，打开“设置背景格式”对话框进行背景样式的细节设置，如图 5-34 所示。

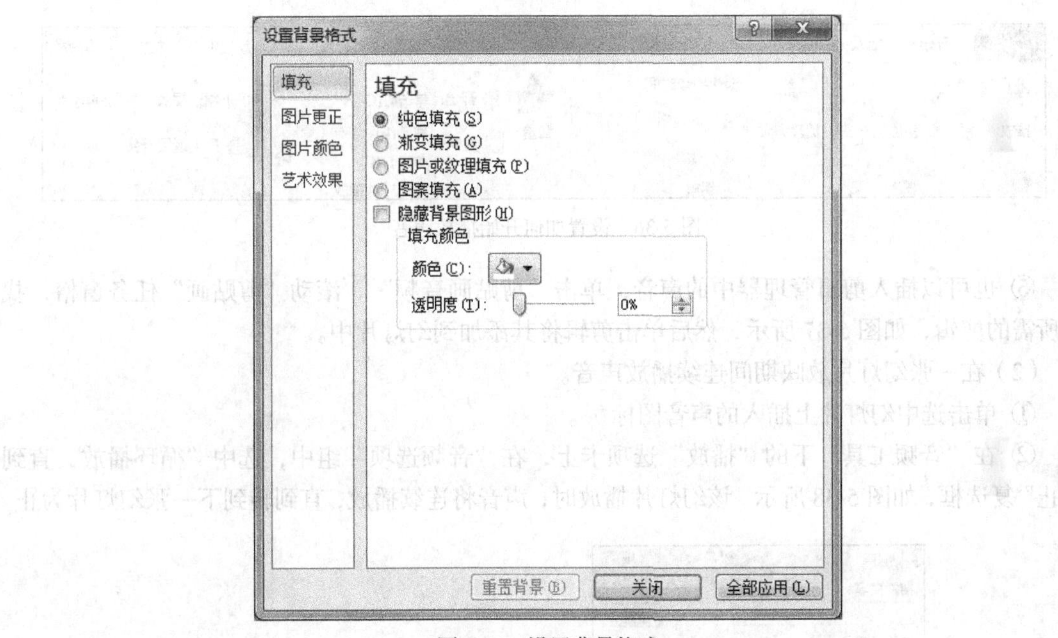

图 5-34　设置背景格式

5.2.3　添加多媒体及超级链接

对象是幻灯片的重要组成元素。在幻灯片中所插入的文字、图表、结构图、图形、表格以及其他元素，都可称为对象。用户可以选择对象，输入对象内容、修改对象的属性，对对象进行移动、复制、删除等操作。

1. 插入声音

在幻灯片上插入声音时，将显示一个插入声音文件的图标。PowerPoint 若要在进行演示时播放声音，可以将声音设置为“在显示幻灯片时自动开始播放”、“在单击鼠标时开始播放”、“在一定的时间延迟后自动开始播放”。在 PowerPoint 中，还可以向演示文稿添加旁白。

在 PowerPoint 中，可以将本地计算机、网络上的计算机或 Microsoft 剪辑管理器中的音频文件添加到幻灯片，也可以添加用户自己录制的声音。添加的声音可以被预览，也可以隐藏声音图标，将其从幻灯片中移到灰色区域或在幻灯片放映过程中不显示声音图标。

注意　为防止可能出现的链接问题，最好把添加到演示文稿之前的声音文件复制到演示文稿所在的文件夹。

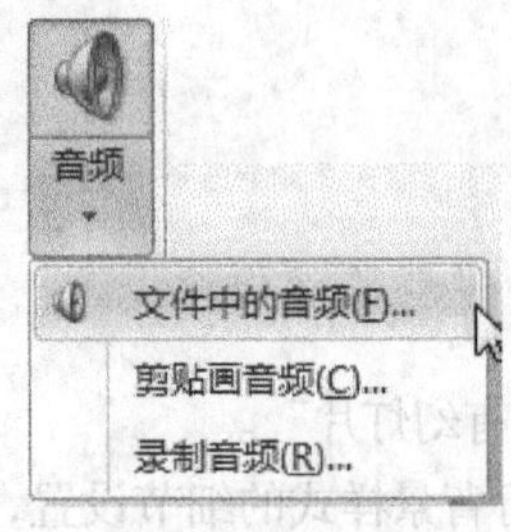

图 5-35　插入声音

（1）为幻灯片添加声音。

① 在包含“大纲”和“幻灯片”选项卡的窗格中，单击“幻灯片”选项卡选中要添加声音的幻灯片。

② 然后，单击“插入”选项卡上的“媒体”组中“声音”下的箭头，如图 5-35 所示。

③ 如果要插入文件中的声音，单击“文件中的声音”，找到包含所需文件的文件夹，然后双击要添加的文件。

④ 可以设置如何播放声音，如图 5-36 所示。

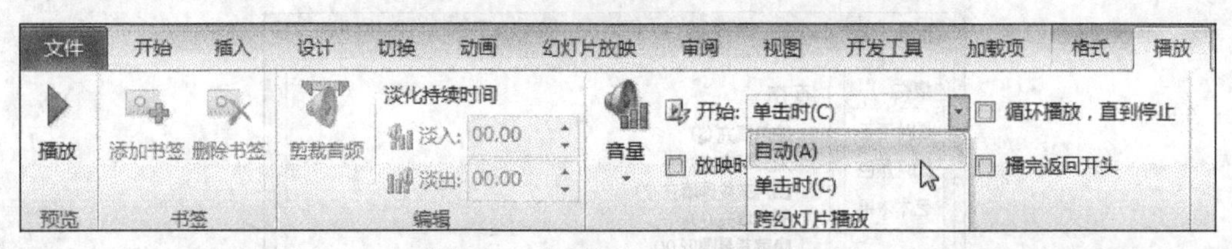

图 5-36　设置如何开始播放声音

⑤ 也可以插入剪辑管理器中的声音，单击“剪贴画音频”，滚动“剪贴画”任务窗格，找到所需的剪辑，如图 5-37 所示，然后单击剪辑将其添加到幻灯片中。

（2）在一张幻灯片放映期间连续播放声音。

① 单击选中幻灯片上插入的声音图标。

② 在“音频工具”下的“播放”选项卡上，在“音频选项”组中，选中“循环播放，直到停止”复选框，如图 5-38 所示。该幻灯片播放时，声音将连续播放，直到转到下一张幻灯片为止。

图 5-37　插入剪辑管理器中的声音

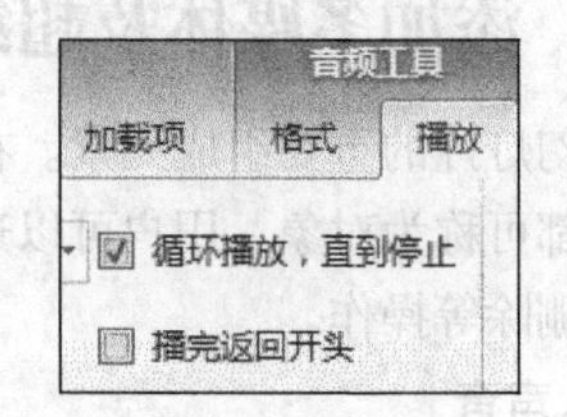

图 5-38　循环播放声音

（3）隐藏声音图标。

如果将声音设置为自动播放，在放映幻灯片的时候可以将声音图标隐藏，操作方法是：

① 单击选中幻灯片上插入的声音图标。

② 在“音频工具”下的“播放”选项卡上，在“音频选项”组中，选中“放映时隐藏”复选框，如图 5-39 所示。

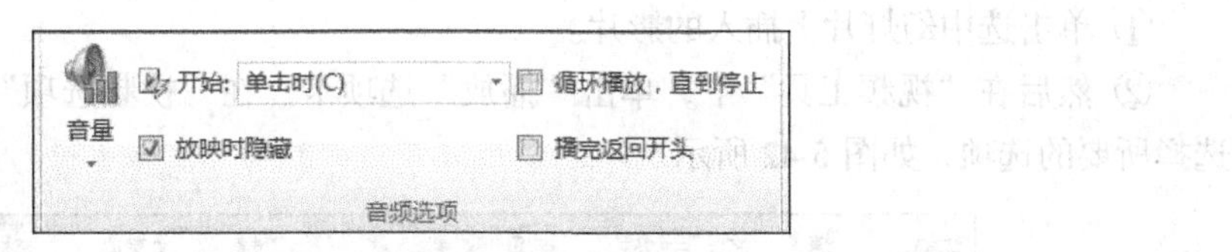

图 5-39　放映时隐藏声音图标

2. 插入影片

影片属于桌面视频文件,其格式包括 AVI 和 MPEG,文件扩展名包括.avi、.mov、.mpg 和.mpeg。用户可以从计算机中的文件、Microsoft 剪辑管理器、网络或 Intranet 中向幻灯片添加影片和动态 GIF 文件。若要添加影片或动态 GIF 文件，请将其插入到特定的幻灯片中，可以使用多种方式播放影片或 GIF 文件。插入影片时，会添加暂停触发器效果。这种设置之所以称为触发器是因为用户必须单击幻灯片上的某个区域才能播放影片。在幻灯片放映中，单击影片框可暂停播放影片，再次单击可继续播放。

为防止可能出现的链接问题，最好把添加到演示文稿之前的视频文件复制到演示文稿所在的文件夹。

（1）为幻灯片添加影片。

① 在包含“大纲”和“幻灯片”选项卡的窗格中，单击“幻灯片”选项卡选中要添加影片的幻灯片。

② 然后，单击“插入”选项卡上的“媒体”组中“视频”下的箭头，如图5-40所示。

③ 如果要插入文件中的影片，单击“文件中的视频”，找到包含所需文件的文件夹，然后双击要添加的文件。

④ 也可以插入剪辑管理器中的影片，单击“剪贴画视频”，滚动“剪贴画”任务窗格，找到所需的剪辑，如图 5-41 所示，然后单击剪辑将其添加到幻灯片中。

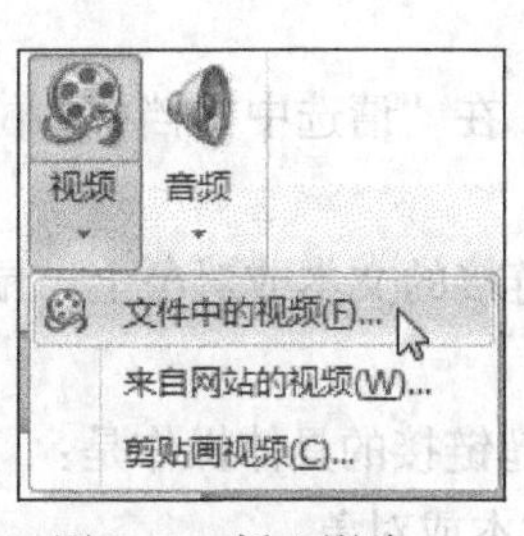

图 5-40　插入影片

图 5-41　插入剪贴画视频

（2）选择“自动”或“单击时”。若要在放映幻灯片时自动开始播放影片，请单击“自动”。影片播放过程中，可单击影片暂停播放。要继续播放，请再次单击影片。若要通过在幻灯片上单击影片来手动开始播放，请单击“在单击时”。影片播放方式操作方法是：

① 单击选中幻灯片上插入的影片。

② 然后在“视频工具”下，单击“播放”选项卡。在“视频选项”组中，从“开始”列表选择所要的选项，如图5-42所示。

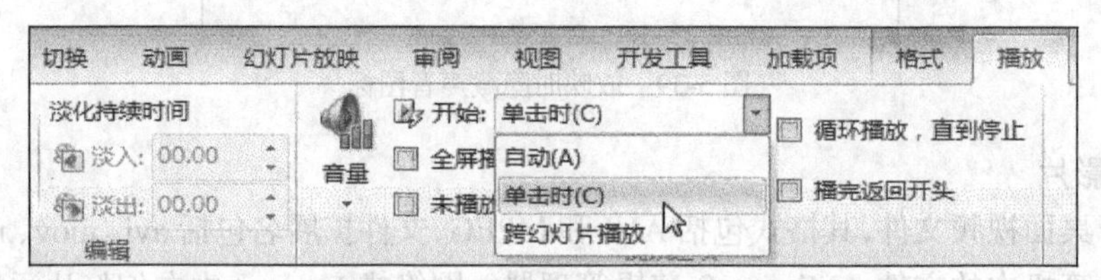

图5-42　设置影片是否自动播放

3. 插入超链接

超链接是从一张幻灯片到同一演示文稿中的另一张幻灯片的连接或是从一张幻灯片到不同演示文稿中的另一张幻灯片、电子邮件地址、网页或文件的连接。创建超链接的对象有文本、图片、图形、形状或艺术字等。

（1）链接到演示文稿的幻灯片。创建连接到相同演示文稿中的幻灯片的超链接的具体操作方法是：

① 在“普通”视图的幻灯片上，选择要用作超链接的文本或对象。

② 在“插入”选项卡上的“链接”组中，单击“超链接”。

③ 打开如图5-43所示“插入超级链接”对话框。

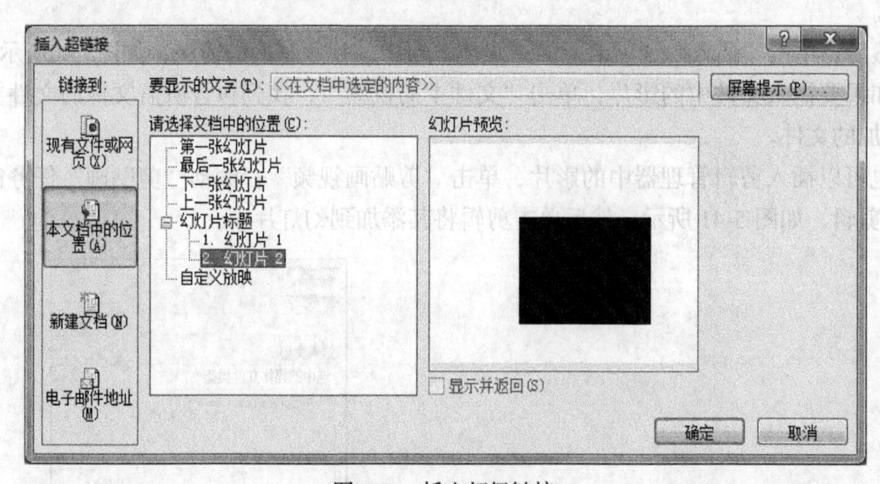

图5-43　插入超级链接

④ 在“链接到”下，单击“本文档中的位置”。然后，在“请选中文档中的位置”下，单击要用作超链接目标的幻灯片。

⑤ 单击“确定”按钮完成设置，将鼠标移到设置好超链接的文本或对象上，鼠标形状变为手的形状。

（2）链接到电子邮件地址。创建连接到电子邮件地址的超链接的具体操作是：

① 在“普通”视图的幻灯片上，选择要用作超链接的文本或对象。

② 在“插入”选项卡上的“链接”组中，单击“超链接”，打开“超链接”对话框。

③ 在“链接到”下单击“电子邮件地址”。在“电子邮件地址”框中，键入要链接到的电子邮件地址或在“最近用过的电子邮件地址”框中，单击电子邮件地址。在“主题”框中，键入电子邮件的主题，如图 5-44 所示。

④ 单击“确定”按钮完成设置。

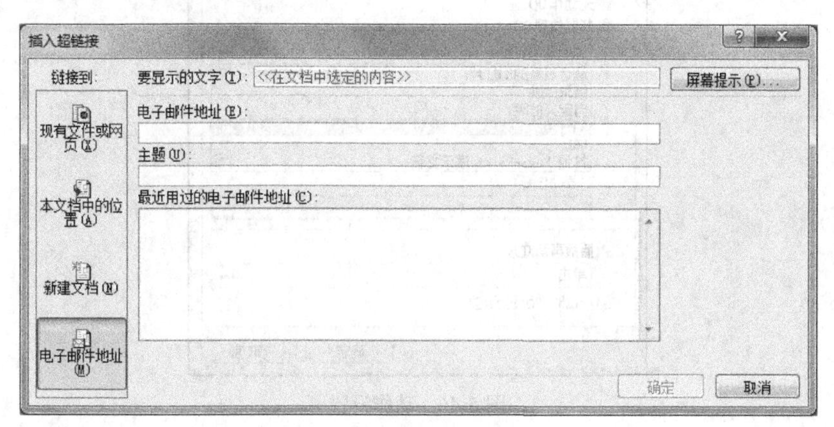

图 5-44　链接到电子邮件地址

（3）链接到网站上的页面或者文件。创建连接到网站页面或文件的超链接的具体操作方法是：

① 在“普通”视图的幻灯片中，选择要用作超链接的文本或对象。

② 在“插入”选项卡上的“链接”组中，单击“超链接”打开“超链接”对话框。

③ 在“链接到”下单击“现有文件或网页”，然后单击“浏览 Web”。找到并选择要链接到的页面或文件，或者直接在 http 框中输入网页网址，然后单击“确定”按钮。

4. 插入动作按钮

动作按钮是指图形中的内置按钮形状、剪贴画和文本或者是添加到演示文稿然后向其分配动作的图片。当演示者单击动作按钮或将鼠标悬停在动作按钮上时，动作即会执行。使用动作按钮可执行的操作主要有：“转到下一张幻灯片”、“上一张幻灯片”、“第一张幻灯片”、“最后一张幻灯片”、“最近查看过的幻灯片”、“特定幻灯片编号”与“不同的 Microsoft Office PowerPoint 演示文稿或网页”，还可以运行程序或播放声音等。

添加动作按钮的具体操作方法是：

① 在“插入”选项卡上的“插图”组中，单击“形状”下的箭头，打开形状选择框。

② 在“动作按钮”下，单击要添加的按钮，如图 5-45 所示。

图 5-45　插入动作按钮

③ 单击幻灯片上的一个位置，然后通过拖动为该按钮绘制形状。此时系统弹出一个“动作设置”对话框。

④ 在“动作设置”对话框中，根据具体情况进行选择，如果要选择动作按钮在被单击时的行为，请单击“单击鼠标”选项卡；如果要选择鼠标移过时动作按钮的行为，请单击“鼠标移过”选项卡。

⑤ 然后设置发生的动作，如图 5-46 所示，设置超级链接到本演示文稿中的某一张幻灯片，并且当单击鼠标的时候播放“单击”声音。

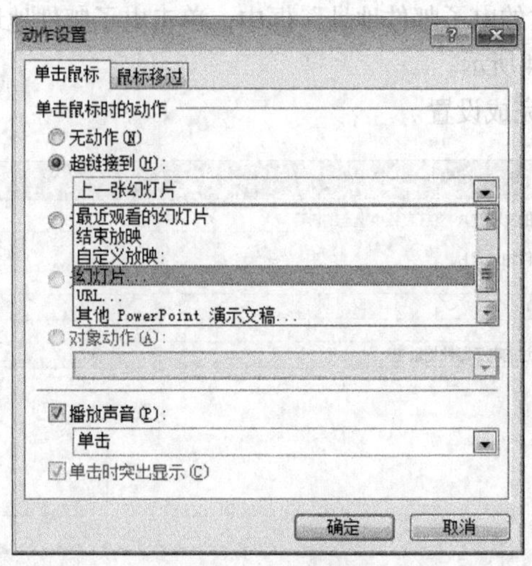

图 5-46 动作设置

⑥ 也可以设置当单击该按钮的时候，运行某个应用程序。要运行程序，请选中“运行程序”，单击“浏览”，然后找到要运行的程序。如图 5-47 所示，运行 storm.exe 即打开暴风影音播放器。

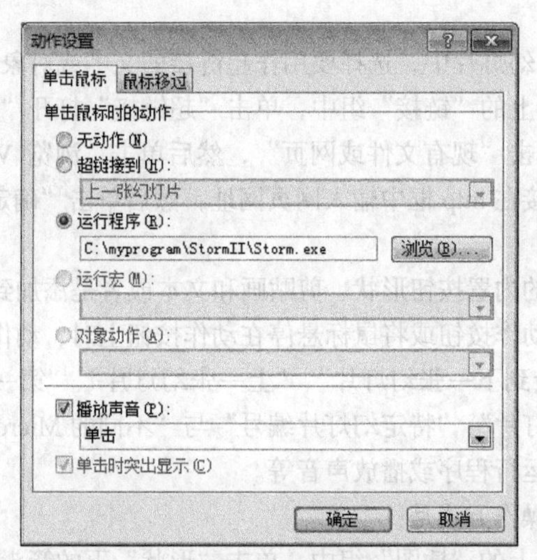

图 5-47 设置动作为允许应用程序

⑦ 如果在插入动作按钮的时候没有进行动作设置，随后也可以选中该动作按钮，打开“插入”选项卡，在“链接”面板组中单击“动作”按钮，如图 5-48 所示，从而打开动作设置对话框进行设置。

图 5-48 动作按钮设置

5.3　制作动感活力的演示文稿

PowerPoint 提供了非常丰富的动画方案、幻灯片切换效果和不同的放映方式，使演示文稿在放映时具有更好的视觉效果，并且在不同场合以不同的放映方式满足用户需要。

5.3.1　设置动画效果

为了让演示文稿在放映时具有更好的视觉效果、突出重点、控制信息流，增加演示文稿的趣味性，可以为每张幻灯片上的文本、图形、图表等对象添加特殊的动画方案，制作出简洁又富于表现力的动画效果。

1. 添加动画效果

PowerPoint 中内置了很多精彩的动画效果，用户需要创建动画时，设置动画效果的方法如下：

（1）单击“动画”选项卡下的“动画窗格”按钮，如图 5-49 所示。

（2）在窗口右侧即可出现“动画窗格”，如图 5-50 所示。

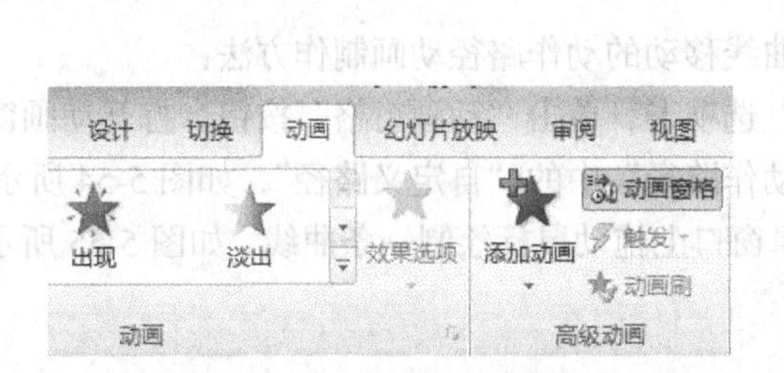

图 5-49　单击自定义动画按钮

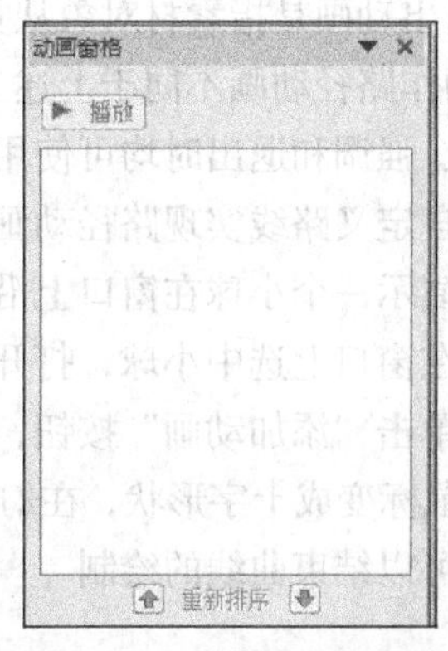

图 5-50　自定义动画窗格

（3）选择需要设置动画的对象，单击“动画”选项卡下的“添加动画”按钮，选择需要的动画效果完成设置，如图 5-51 所示。

（4）一个素材对象可以有多个动画操作，图 5-52 所示即按顺序设置标题 1 的三个动画操作和副标题 2 的一个动画操作。

图 5-51　添加动画效果

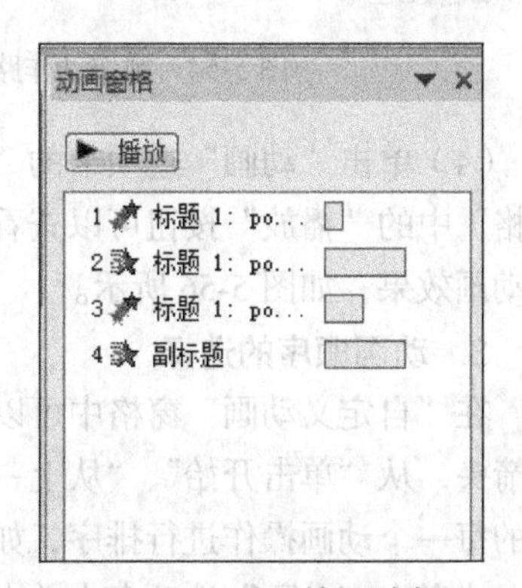

图 5-52　动画效果列表

2. 动画效果的选择

PowerPoint 在创建动画时，可以进行灵活的自定义设置，下面就各个选项的设置和技巧进行介绍。

自定义动画包括进入、强调、退出、动作路径四大类效果，如图 5-53 所示，巧妙的使用它们可以制作出非常精美的动画效果。

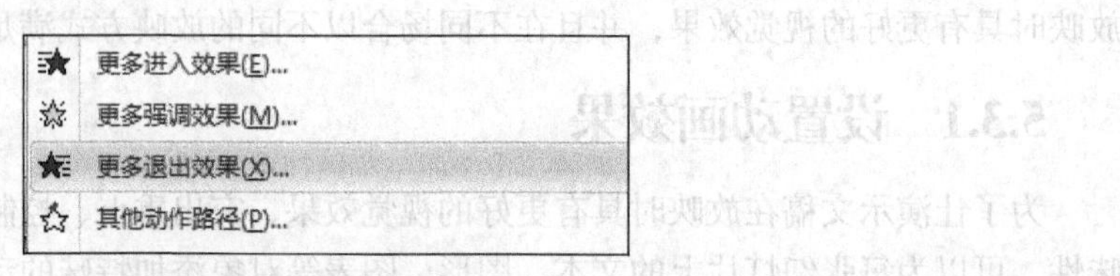

图 5-53　动画效果类型

- 进入动画是指 PPT 页面出现后，素材对象在页面中从无到有的移动过程。进入动画效果分为基本型、细微型、温和型、华丽型四类。
- 强调动画是指素材已在页面出现，需要对素材对象进行强调的动画操作，主要包含字体、颜色更改等效果。
- 退出动画是指素材对象从页面退出时的移动过程，它是进入动画的逆过程。
- 动作路径动画不同于上述三种动画效果，是 PowerPoint 动画中自由度最大的动画效果，它在进入、强调和退出时均可使用。用户既可根据系统自带的基本、直线和曲线、特殊三类效果也可绘制自定义路线实现路径动画。

下面演示一个小球在窗口上沿着一定曲线移动的动作路径动画制作方法：

（1）在窗口上选中小球，打开“动画”选项卡，单击“动画窗格”按钮，打开动画窗格。

（2）单击“添加动画”按钮，选择“动作路径”中的“自定义路径”，如图 5-54 所示。

（3）鼠标变成十字形状，在幻灯片编辑窗口上拖动鼠标绘制一条曲线，如图 5-55 所示，双击鼠标左键可以结束曲线的绘制。

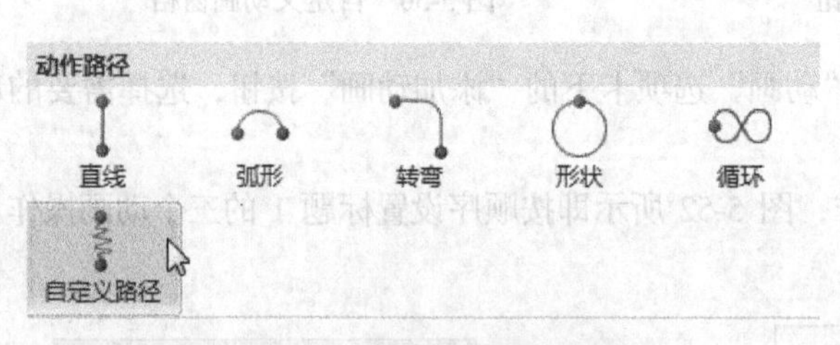

图 5-54　制作动作路径动画

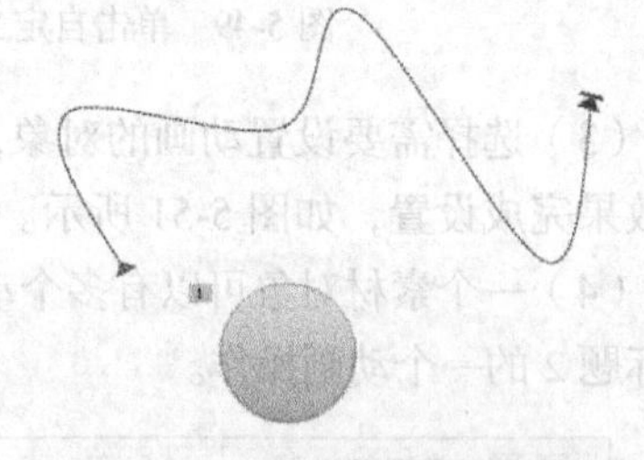

图 5-55　绘制动作路径曲线

（4）单击“动画”选项卡的“预览”按钮或者“动画窗格”中的“播放”按钮可以查看小球沿着曲线路径移动的动画效果，如图 5-56 所示。

图 5-56　预览按钮及播放按钮

3. 动画顺序的选择

在“自定义动画”窗格中可以对所有的动画操作进行排序，用户可以在动画列表中单击右侧的箭头，从“单击开始”、“从上一项开始”、“从上一项之后开始”选项中选择任意一项对演示文稿的每一个动画操作进行排序，如图 5-57 所示。

或者在“动画”选项卡中单击“开始”下拉列表，进行选择，如图 5-58 所示。

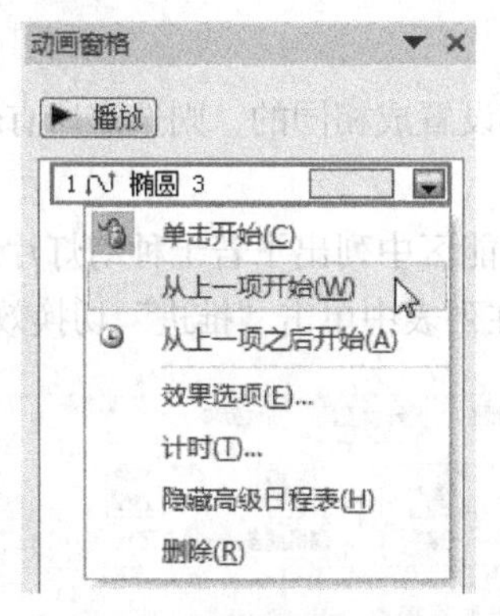

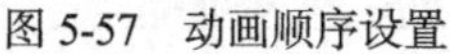
图 5-57　动画顺序设置

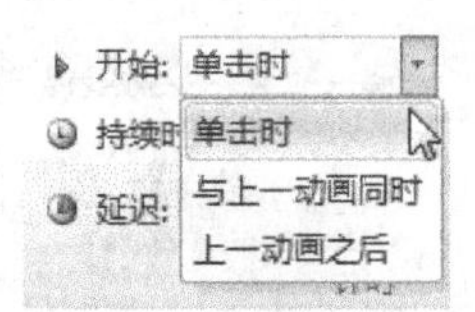

图 5-58　开始下拉列表

- “单击开始”是指等前一个对象出现后，单击鼠标下一个对象才出现。
- “从上一项开始”是指幻灯片素材对象随上一个对象一起出现。
- “从上一项之后开始”是指幻灯片素材对象等前一个对象操作完毕后再出现。

如果要更改动画播放顺序，可以在动画列表中按住鼠标不放上下拖动即可更改，如图 5-59 所示。

4．动画属性的选择

单击“动画”选项卡中的“效果选项”可以改变素材对象的属性，如图 5-60 所示，百叶窗进入效果，属性可以设置进入的方向是水平百叶窗效果或者垂直百叶窗效果。

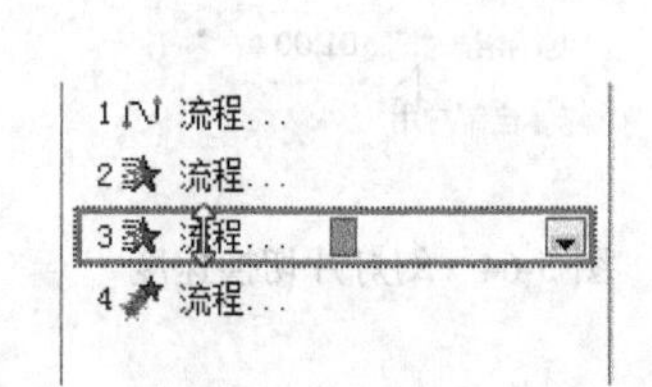

图 5-59　改变动画顺序

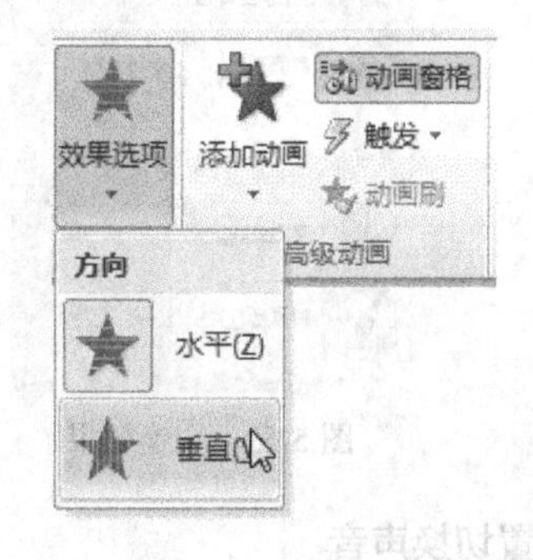

图 5-60　动画属性设置

5．动画持续时间的设置

设置好动画后会有一个默认的持续时间，可以对动画速度进行更改。动画速度包括非常慢、慢速、中速、快速、非常快 5 种。非常慢是指素材对象的持续时间为 5 秒，慢是指素材对象的持续时间为 3 秒，中速是指素材对象的持续时间为 2 秒，非常快是指素材对象的持续时间为 1 秒。设置动画持续时间的方法是：选中对象，单击“动画”面板，在“计时”组中设置“持续时间”，如图 5-61 所示。

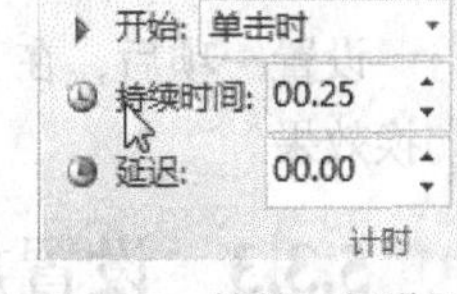

图 5-61　持续时间设置

5.3.2　设置切换效果

幻灯片的切换效果是指两张幻灯片之间如何过渡的效果。若不设置则直接跳转，经过设置则用动画过渡，还可设置切换过程中的声音效果。可以在所有幻灯片中设置同一效果，也可以在幻灯片之间添加不同的切换效果，还可以控制每个幻灯片切换效果的速度。

1．添加切换效果

如果要将整篇演示文稿的幻灯片切换效果都设置成相同的，则选定所有幻灯片；若要有所区别，则选定一张设置一张。

在“切换”选项卡的“切换到此幻灯片”功能区中列出了若干种幻灯片切换的样式，可以直接选择其中的某种切换效果。如图 5-62 所示，在列表中单击“推进”切换效果。

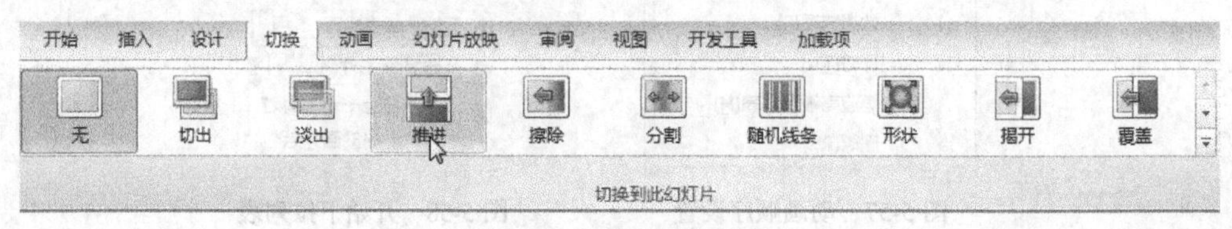

图 5-62　幻灯片切换样式

如果要设置“推进”的方式，可以单击“切换”选项卡的“效果选项”，在弹出的下拉列表中选择一种方式，如图 5-63 所示。

2．设置切换速度

若要设置幻灯片切换速度，请在“切换”选项卡的“计时”功能区中，设置“持续时间”，如图 5-64 所示。

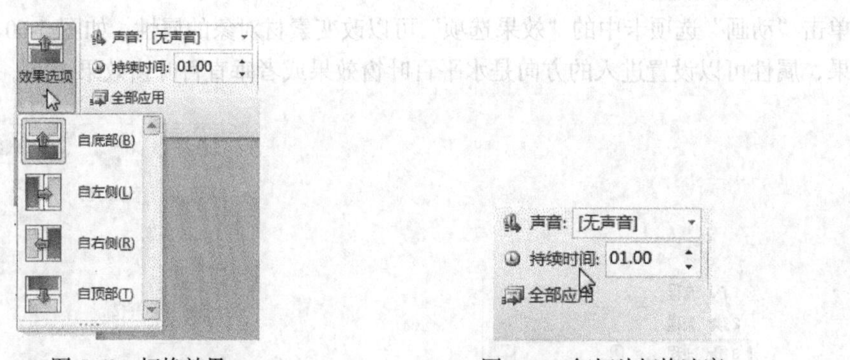

图 5-63　切换效果

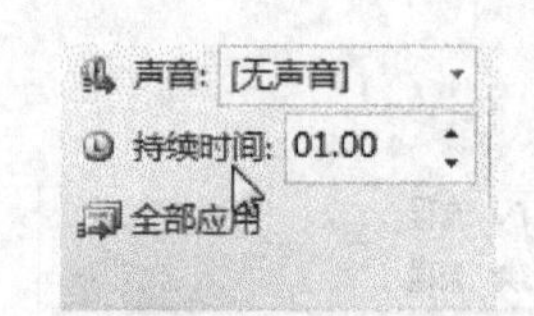

图 5-64　幻灯片切换速度

3．设置切换声音

在“切换”选项卡中，单击“声音”旁边的箭头，然后执行下列操作之一：

- 若要添加列表中的声音，请选择所需的声音。
- 若要添加列表中没有的声音，请选择“其他声音”，找到要添加的声音文件，然后单击“确定”按钮。

设置一项后，在工作区会自动预演，也可单击“切换”选项卡的“预览”按钮，观看设置的切换效果。

5.3.3　设置放映方式

幻灯片放映时，可以根据放映者和放映场合的不同，设置演示文稿的放映类型、放映选项和换片方式。

1．设置放映类型

放映模式一般分为自动放映和手工放映两种，系统默认是后一种。如果设置成自动放映模式，只要一打开演示文稿就会按照事先设定的放映顺序和速度自动放映。

（1）打开要设置放映方式的演示文稿，单击打开“幻灯片放映”选项卡。在“设置”功能区选择“设置幻灯片放映”选项，如图 5-65 所示。会弹出“设置放映方式”对话框，如图 5-66 所示。在该对话框中选择一种放映类型，演示文稿的放映方式有“演讲者放映（全屏幕）”（此为默认方式）、“观众自行浏览（窗口）”、“在展台浏览（全屏幕）”三种。

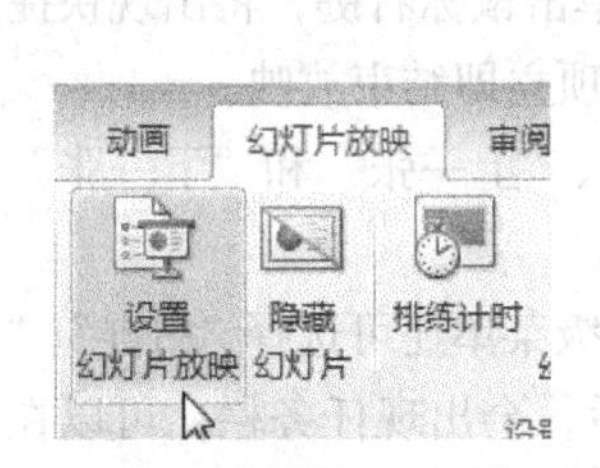

图 5-65　设置幻灯片放映

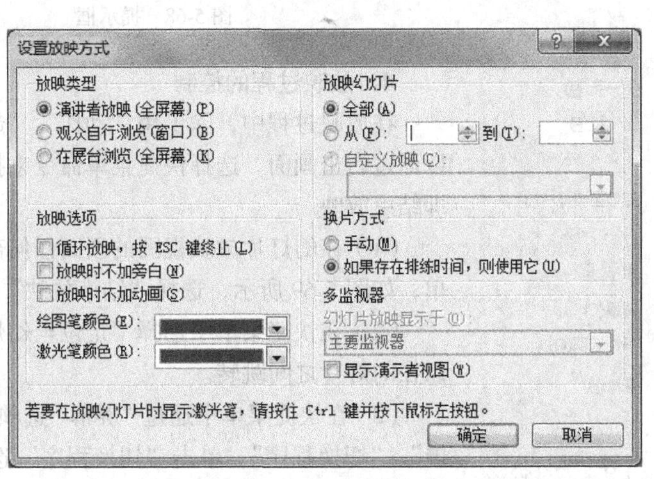

图 5-66　设置放映方式

（2）还可在“设置放映方式”对话框中设置放映的范围（默认“全部”幻灯片，还有一个选项是指定从几号到几号幻灯片）、换片方式（默认“如果存在排练计时，则使用它”）。

（3）有时候需要将幻灯片设置成“循环放映”的方式。可以在“设置放映方式”对话框选中放映选项区的“循环放映，按 Esc 键中止”复选框和换片方式选项区中的“如果存在排练时间，则使用它”复选框。设置成“循环放映”后，只要执行了放映幻灯片的指令就会自动循环放映，按下键盘上的“Esc”键方可停止放映。

2. 设置放映次序

放映次序分从头开始放映和从当前幻灯片开始放映，如要设置进入“幻灯片放映”功能区，选择功能区左侧第一个功能选项“从头开始放映”或者按下“F5”键将从第一张幻灯片开始放映。选择第二个功能选项“从当前幻灯片开始放映”或者单击状态栏的“幻灯片放映”按钮则忽略前面的幻灯片，从选中的这张开始放映。

3. 使用排练计时功能

使用排练计时，可以通过演示文稿预演，设置幻灯片的时间间隔，然后在实际演示时使用记录的时间自动播放幻灯片。设置排练计时的具体操作如下：

（1）打开演示文稿，进入“幻灯片放映”选项卡，单击“排练计时”按钮。

（2）PowerPoint 会立即进入放映状态，且开始计时，同时在屏幕左上角出现一个动态时钟（显示时间）工具条，如图 5-67 所示。

图 5-67　预演工具条

（3）用户手动控制放映的全过程，每换一个镜头 PowerPoint 会自动记录下所经历的时间。在排练计时过程中，可以通过单击时钟工具条中的“暂停”、“重复”按钮来暂停放映和计时、返回到片头重新开始。

（4）整个演示文稿放映结束，只要单击鼠标，立即出现一个提示框，如图 5-68 所示。提示放映的总时间，询问是否保留幻灯片的排练计时，单击“是”按钮则以后的每次放映都按照这个放映进度进行。如果觉得刚才的时间掌握得不够准确，可以单击“否”按钮，再来一遍，直到理想为止。

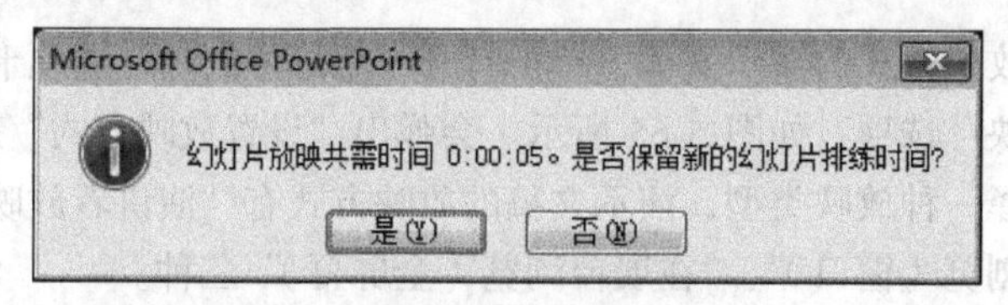

图 5-68　提示框

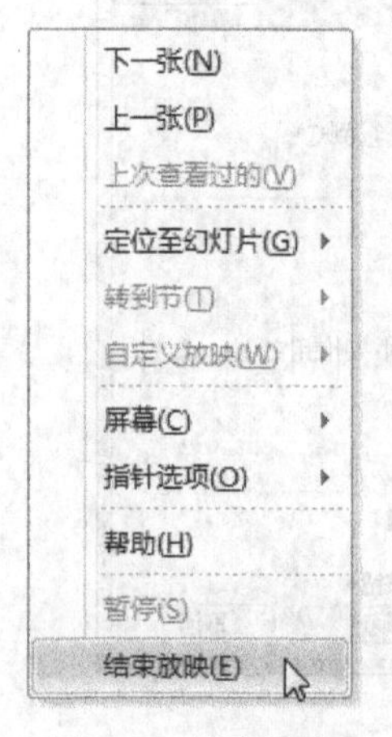

图 5-69　结束放映

4．放映过程的控制

在放映过程中，除了用“动作”、“超链接”实现交互式放映外，还可以通过右击画面，选择快捷菜单命令来控制幻灯片放映的跳转，也可以立即结束放映。

（1）在幻灯片放映视图的画面任何部位单击鼠标右键，将出现快捷菜单，如图 5-69 所示，选择“结束放映”菜单项立即结束放映。

（2）在快捷菜单中选择“定位至幻灯片”、“上一张”和“下一张”可以在幻灯片之间跳转。

（3）在快捷菜单中通过“屏幕”选项的下级菜单还可选择“白屏”、“黑屏”、“切换程序”。单击“切换程序”选项后，会出现任务栏，可以在其中自由切换已启动的或未启动的程序。

（4）为了突出显示放映画面中的某些内容，可以给它加上着重标记线。在快捷菜单中指向“指针选项”菜单项，在下级菜单中选择一种画笔，如图 5-70 所示。在画面中拖动鼠标可画出着重线，也可以在“墨迹颜色”中设置笔触的颜色。

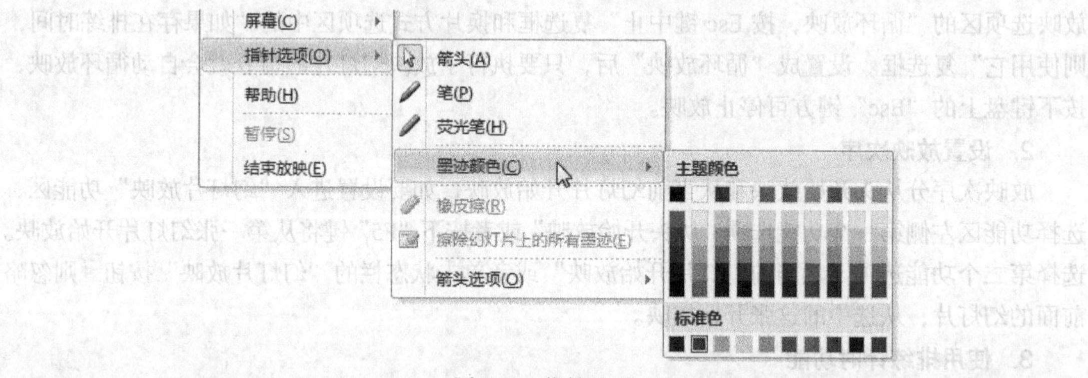

图 5-70　指针选项

5.4　综合应用——制作“诗词欣赏”演示文稿

本例完成了诗词欣赏演示完稿的制作，演示文稿中使用了三种版式，分别是：标题幻灯片、标题和内容幻灯片、仅标题幻灯片。通过设置幻灯片母版中的“主母版”更改所有幻灯片的背景样式。通过设置仅标题幻灯片母版，对使用到该版式的幻灯片添加动作按钮。制作过程的操作步骤如下：

（1）打开 PowerPoint，新建一个“空白演示文稿”。

（2）在第 1 张标题幻灯片中插入“PowerPoint 实例”→“诗词欣赏”→“0.jpg”，调整图片的大小，将图片移到合适的位置，效果如图 5-71 所示。

图 5-71　标题幻灯片

（3）插入新幻灯片 2，版式设置为“标题和内容”，输入标题“走进志摩”，内容文本框为“PowerPoint 实例”→“诗词欣赏”→“1 走进志摩.txt”中的文本。在该幻灯片中插入“PowerPoint 实例”→“诗词欣赏”→“1.jpg”图片，调整图片的大小及位置，设置图片样式为“柔化边缘椭圆”，效果如图 5-72 所示。

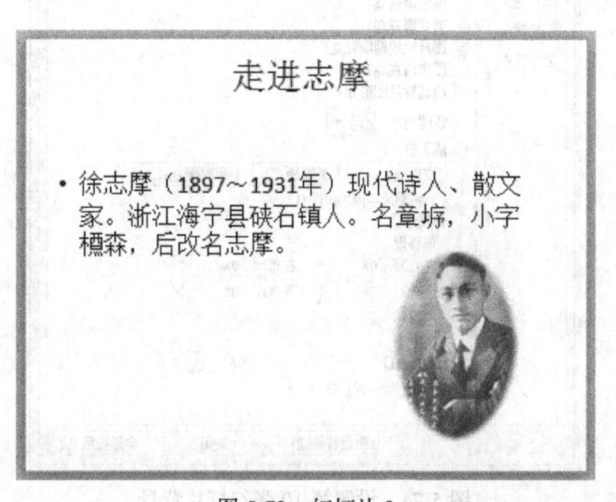

图 5-72　幻灯片 2

（4）插入新幻灯片 3，版式设置为“标题和内容”，输入标题“创作背景”，内容文本框为“PowerPoint 实例”→“诗词欣赏”→“2 创作背景.txt”中的文本。

（5）插入新幻灯片 4，将版式设置为“仅标题”，输入标题“诗歌朗诵”，在幻灯片中插入 PowerPoint 实例”→“诗词欣赏”→“2.jpg”和“3.jpg”，调整图片的大小及位置，效果如图 5-73 所示。

（6）同样的操作再插入新幻灯片 5、6、7、8、9，版式都设置为“仅标题”，标题都是“诗歌朗诵”，在第 5 张幻灯片中插入“4.jpg”和“5.jpg”；在第 6 张幻灯片中插入“6.jpg”和“7.jpg”；在第 7 张幻灯片中插入“8.jpg”和“9.jpg”；在第 8 张幻灯片中插入“10.jpg”和“11.jpg”；在第 9 张幻灯片中插入“12.jpg”、“13.jpg”和“14.jpg”。

图 5-73 幻灯片 4

（7）插入新幻灯片 10，版式设置为“标题和内容”，输入标题“诗词赏析”，内容文本框为“PowerPoint 实例”→“诗词欣赏”→“3 诗词赏析.txt”中的文本。设置幻灯片背景样式填充效果为“图片或纹理填充”，单击“插入自”下的“文件”按钮，选择“15.jpg”插入，设置背景透明度为“50%”，如图 5-74 所示，最终效果如图 5-75 所示。

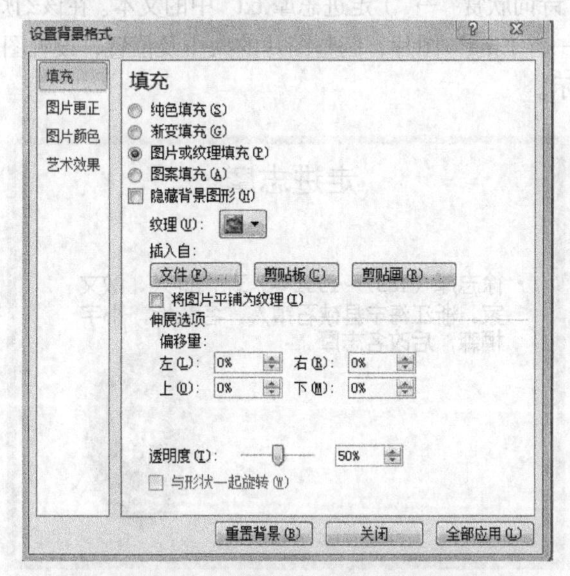

图 5-74 设置第 10 张幻灯片背景

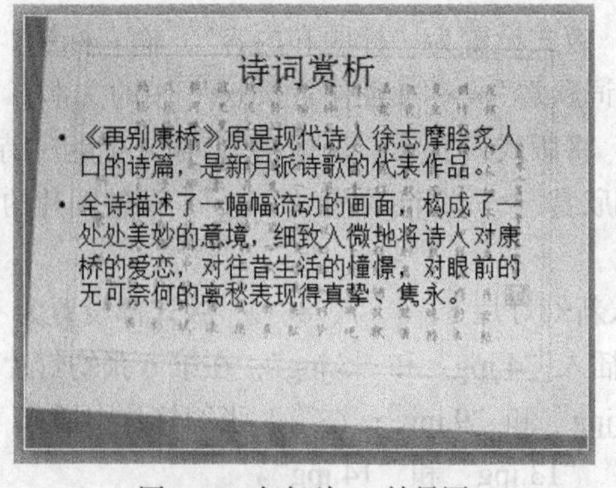

图 5-75 幻灯片 10 效果图

（8）选择“视图”选项卡中的“幻灯片母版”对幻灯片母版进行设计。单击选中最上端的幻灯片“主母版”，设置背景样式为系统默认的“样式 6”，如图 5-76 所示，可以发现所有版式的幻灯片背景样式都发生了变化。

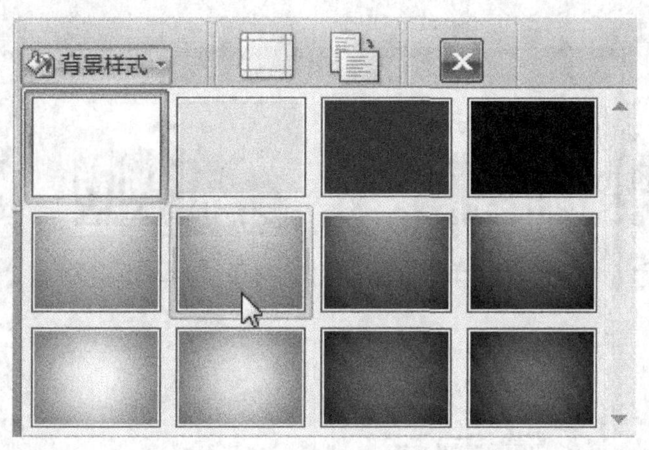

图 5-76　设置所有幻灯片的背景样式

（9）在“版式母版”中单击“仅标题”母版，在该版式母版的底部插入动作按钮“上一张”，动作设置为单击鼠标时超链接到上一张幻灯片，如图 5-77 所示。同样再插入动作按钮“下一张”，动作设置为单击鼠标时超链接到下一张幻灯片。

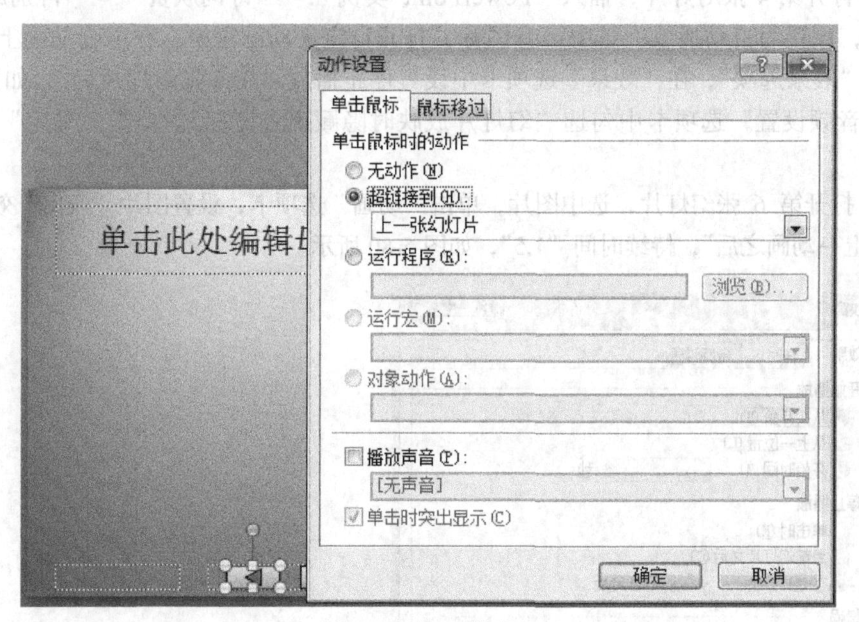

图 5-77　设置动作按钮

（10）在“绘图工具”的“格式”选项卡中设置两个按钮的形状样式为“细微效果—黑色，深色 1”。

（11）切换到“幻灯片母版”选项卡，单击“关闭母版视图”按钮返回到普通视图，发现演示文稿中所有幻灯片的背景样式都变成了渐变的淡灰色，所有的“仅标题”版式幻灯片底部都添加了两个动作按钮，幻灯片效果如图 5-78 所示。

图 5-78　最终效果

（12）打开第 4 张幻灯片，插入“PowerPoint 实例”→“诗词欣赏”→“再别康桥.mp3”音频文件，设置为自动播放。选中声音图标，打开自定义动画窗格，在声音动画上单击鼠标右键选择“效果选项”，在“效果”选项卡中设置停止播放“在 6 张幻灯片后”，如图 5-79 所示，在“音频设置”选项卡中勾选“幻灯片放映时隐藏声音图标”。单击“确定”按钮完成设置。

（13）打开第 6 张幻灯片，选中图片，单击“动画”选项卡，设置图片“淡出”效果，并且开始于“上一动画之后”，持续时间“1.5”，如图 5-80 所示。

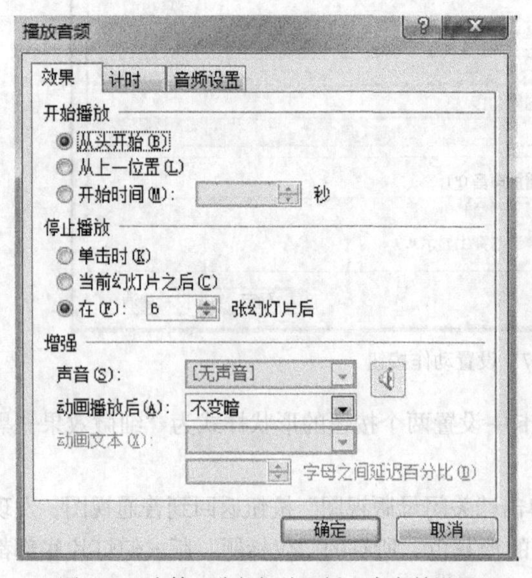

图 5-79　在第 4 张幻灯片上插入声音并设置

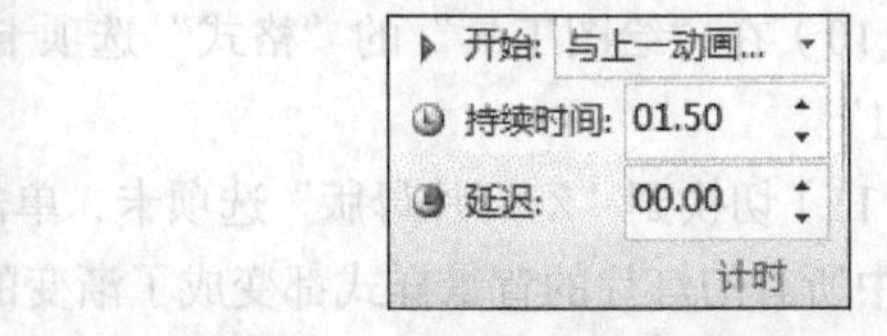

图 5-80　设置动画

习　　题

一、选择题

1. PowerPoint 2010 是一个_____软件。

A. 文字处理　B. 表格处理　C. 图形处理　D. 文稿演示

2. PowerPoint 2010 默认其文件的扩展名为_____。

A. . pps　B. . ppt　C. . pptx　D. . ppn

3. 用户编辑演示文稿时的主要视图是_____。

A. 普通视图　B. 幻灯片浏览视图

C. 备注页视图　D. 幻灯片放映视图

4. 在幻灯片中需按鼠标左键和_____键来同时选中多个不连续幻灯片。

A. Ctrl　B. Insert　C. Alt　D. Shift

5. 在幻灯片浏览视图中，可使用_____键+拖动来复制选定的幻灯片。

A. Ctrl　B. Alt　C. Shift　D. Tab

6. 在空白幻灯片中不可以直接插入_____。

A. 文本框　B. 文字　C. 艺术字　D. Word 表格

7. 幻灯片中占位符的作用是_____。

A. 表示文本长度　B. 限制插入对象的数量

C. 表示图形大小　D. 为文本、图形预留位置

8. 在幻灯片中插入艺术字，需要单击“插入”选项卡，在功能区的_____工具组中，单击“艺术字”按钮。

A. “文本”　B. “表格”　C. “图形”　D. “插画”

9. 下列哪一项不属于”插图”选项卡？_____

A. 图片　B. 剪贴画　C. 表格　D. Smart 图形

10. Smart 图形不包含下面的_____。

A. 图表　B. 流程图　C. 循环图　D. 层次结构图

11. 设置幻灯片放映时间的命令是_____。

A. “幻灯片放映”选项卡中的“预设动画”命令

B. “幻灯片放映”选项卡中的“动作设置”命令

C. “幻灯片放映”选项卡中的“排练计时”命令

D. “插入”菜单中的“日期和时间”命令

12. 下面的对象中，不可以设置链接的是_____。

A. 文本上　B. 背景上　C. 图形上　D. 剪贴画上

13. 备注栏中可以添加的对象有_____。

A. 文本　B. 影片　C. 图表　D. 图片

14. 改变演示文稿外观可以通过_____。

A. 修改主题　B. 修改背景样式　C. 修改母板　D. 以上三种都可以

15. PowerPoint 2010 默认其模板的扩展名为_____。

A. . pps　　B. . ppt　　C. . pptx　　D. . pot

二、填空题

1. 放映模式一般分为____________和____________两种。

2. PowerPoint 2010 按照面向任务的方式重新排列，相关的任务组织成一个_____。

3. 普通视图由_____窗格、_____窗格以及_____窗格 3 个窗格组成。

4. 如果想以整页的方式查看和使用备注，要选择_____视图。

5. _____是一组格式选项，包括一组主题颜色、一组主题字体（包括标题字体和正文字体）和一组主题效果（包括线条和填充效果）。

6. _____是一种带有虚线边缘的框，绝大部分幻灯片版式中都有这种框。

7. 当我们需要非标准样式的表格时，可以通过_____功能，修改表格的样式。

8. 可以通过创建 PowerPoint_____来展示一组图片。

9. _____包括以下几类：列表、流程、循环、层次结构、关系、矩阵和棱锥图。

10. 关于影片的放映方式：_____表示进入本幻灯片即开始播放，_____表示单击鼠标后再开始播放。

第6章 上网冲浪

将地理位置不同并具有独立功能的多个计算机系统通过通信设备和线路连接起来，且以功能完善的网络软件（网络协议、信息交换方式及网络操作系统等）实现网络资源共享的系统，可统称为计算机网络。

以网络作用的地域范围对网络进行分类，可以分为局域网、城域网和广域网 3 类。广域网（Wide Area Network，WAN），它的作用范围通常为几十公里到几千公里，广域网有时也称为远程网。局域网（Local Area Network，LAN），一般通过专用高速通信线路把许多台计算机连接起来，速率一般在 10 Mb/s 以上，甚至可达 1000Mb/s，但在地理上则局限在较小的范围（如 1 个建筑物、1 个单位内部或者几公里左右的 1 个区域）。城域网（Metropolitan Area Network，MAN），其作用范围在广域网和局域网之间，约为 5km～100km。其传输速率一般在 100Mb/s 以上。

互联网（Internet）又称因特网，是通过路由器将世界不同地区、规模、类型的网络互相连接起来的网络。是一个全球性的计算机互联网络，它是一个信息资源极其丰富的、世界上最大的计算机网络。

6.1 连接网络

6.1.1 建立网络连接

在连接 Internet 之前，了解连接方式是十分重要的，这不但加深了用户对网络的了解，而且还能帮助用户选择适合自己的上网方式。

（1）拨号上网方式。拨号上网是以前使用最广泛的 Internet 接入方式，它通过调制解调器和电话线将电脑连接到 Internet 中，并进一步访问网络资源。拨号上网的优点是安装和配置简单，一次性投入成本低，用户只需从 ISP（网络运营商）处获取一个上网账号，然后将必要的硬件设置连接起来即可。缺点是速度慢和接入质量差，而且用户在上网的同时不能接收电话。这种上网方式适合于上网时间比较少的个人用户。

（2）宽带上网方式。ADSL 英文全称为 Asymmetric Digital Subscriber Line，即非对称数字用户线。ADSL 技术的主要特点是可以充分利用现有的电话网络，在线路两端加装 ADSL 设备即可为用户提供高速宽带服务。另外，ADSL 可以与普通电话共存于一条电话线上，在一条普通电话线上接听和拨打电话的同时进行 ADSL 传输而又互不影响。

ADSL 宽带上网的优点是采用星型结构、保密性好、安全系数高、速度快以及价格低；缺点是不能传输模拟信号。

（3）光纤上网方式。光纤上网是指采用光纤线取代铜芯电话线，通过光纤收发器、路由器和交换机接入 Intemet 中。这种接入 Internet 的方式可以使下载速度最高达到 6Mbps，上传速率达到 640kbps。

（4）无线上网方式。无线上网就是指不需要通过电话线或网络线，而是通过通信信号来连接到 Intenet。只要用户所处的地点在无线接入口的无线电波覆盖范围内，再配一张兼容的无线网卡就可以轻松上网了。

一、建立宽带连接

在建立宽带网络连接以前，确保计算机连接好网线，然后进行以下操作。

（1）在 Windows 中打开控制面板，进入“网络和 Internet”下的“连接到 Internet”，Windows 会识别出目前的网络环境，然后选择“宽带（PPPoE）（R）”，如图 6-1 所示。

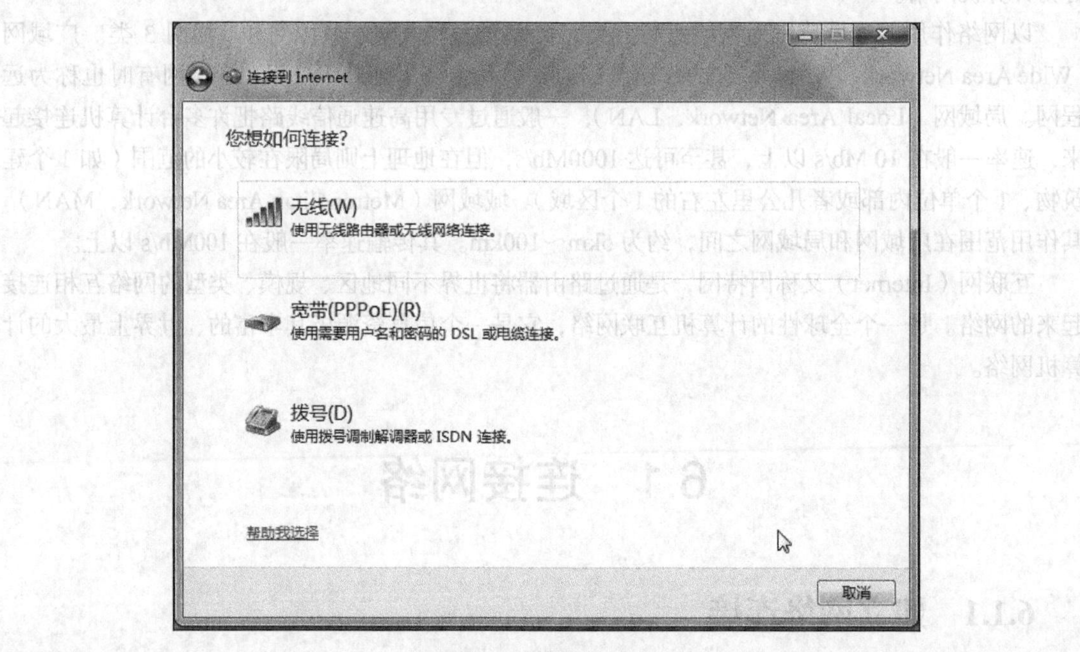

图 6-1　连接到 Internet

（2）输入宽带提供商给你的账号和密码，选择是否记住密码，这样不用每次连接都输入一次密码，再给它取个喜欢的名字。如果计算机是多人使用，而不想让其他人使用宽带，不要勾选“允许其他人使用此连接”，如图 6-2 所示。稍等片刻后，即可看到“立即浏览 Internet”，这时宽带连接就已经建立好了。

（3）以后要连接的时候，可以不用再操作上述步骤，只要单击桌面右下角的“网络”图标即可看到刚才建立的宽带连接，如图 6-3 所示，单击“连接”就可以了。

（4）单击“连接”按钮后，打开“连接宽带连接”对话框，因为前面的设置已经保存用户名和密码，这里只需要单击“连接”按钮，如图 6-4 所示。

（5）这时可以看到正在连接宽带的提示信息，如图 6-5 所示。当网络注册成功后，系统托盘处的小电脑显示为▣。

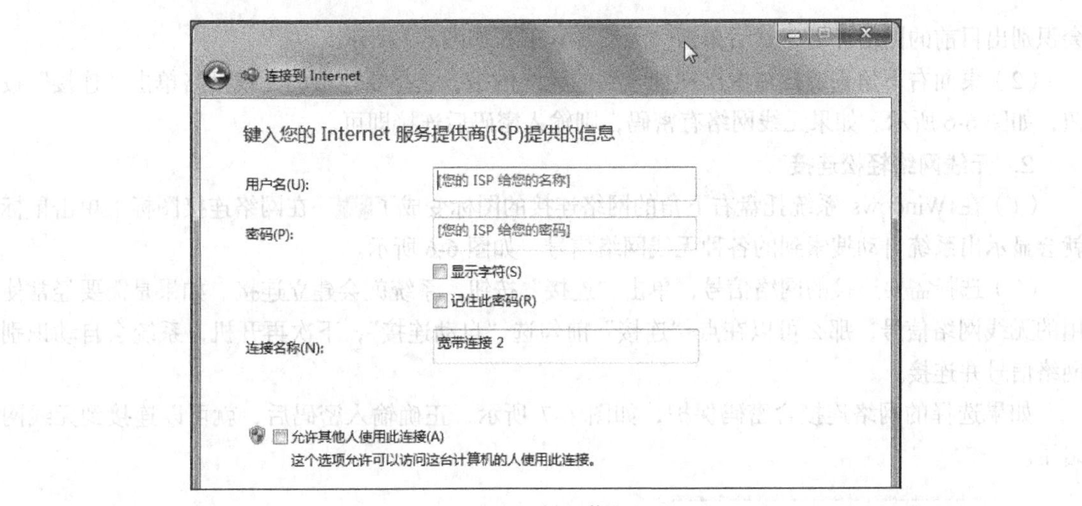

图 6-2　键入信息

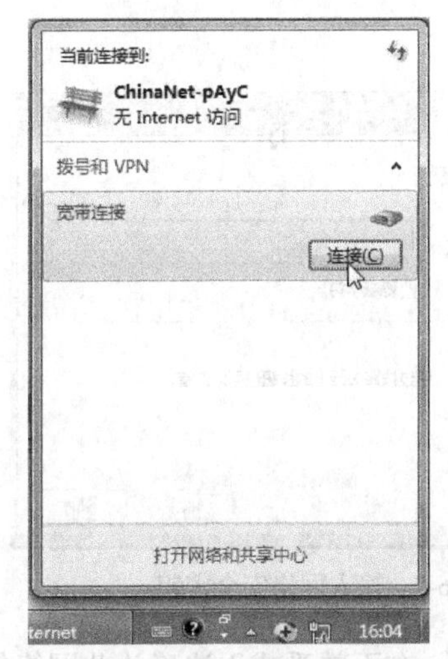

图 6-3　连接

图 6-4　连接宽带连接

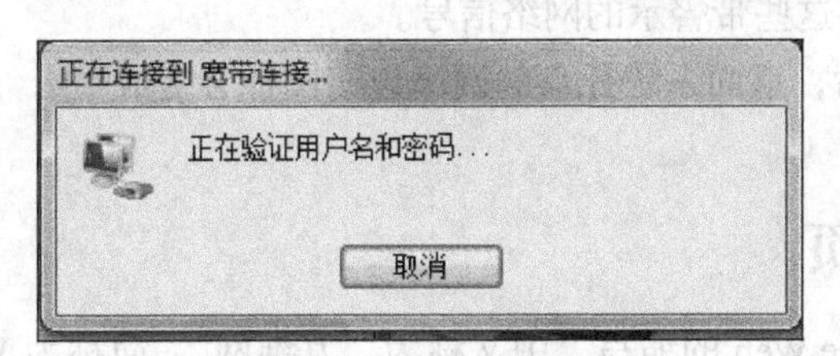

图 6-5　正在连接宽带

二、无线上网

无线上网是指使用无线连接的互联网登录方式。它使用无线电波作为数据传送的媒介。速度和传送距离虽然没有有线线路上网的优势，但它以移动便捷为杀手锏，深受广大商务人士喜爱。无线上网现在已经广泛的应用在商务区、大学、机场及其他各类公共区域，其网络信号覆盖区域正在进一步扩大。

1．创建链接

（1）在 Windows 中打开控制面板，进入“网络和 Internet”下的“连接到 Internet”，Windows

会识别出目前的网络环境，然后单击“无线（W）”，如图6-1所示。

（2）桌面右下角系统托盘中出现搜索到的无线网络，选择要连接的无线网络单击“连接”按钮，如图6-6所示。如果无线网络有密码，则输入密码后连接即可。

2. 无线网络轻松连接

（1）在Windows系统托盘右下角的网络连接的图标变成了 。在网络连接图标上单击鼠标就会显示出系统自动搜索到的各种无线网络信号，如图6-6所示。

（2）选择需要连接的网络信号，单击“连接”按钮，系统就会建立连接。如果是需要经常使用的无线网络信号，那么可以在点“连接”前勾选“自动连接”，下次再开机，系统会自动识别网络信号并连接。

如果选择的网络连接含密码保护，如图6-7所示，正确输入密码后，就可以连接到无线网络了。

图6-6　创建无线连接

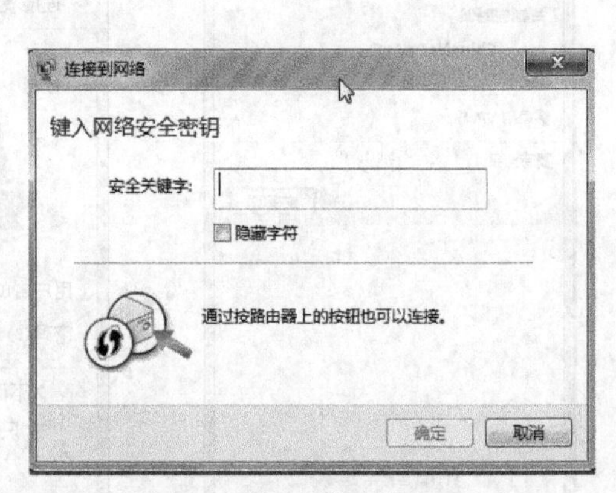

图6-7　输入网络安全密钥

请一定注意，现在无线网络状况复杂，为了信息安全，在不熟悉或无法确认此网络信号是否安全的时候，请避免连接这些带警示的网络信号。

无线网络连接上以后，桌面系统托盘的网络连接图标会变成 ，还可以随时看到无线信号强弱的变化。

6.1.2　浏览网页

WWW是World Wide Web的缩写，中文称为“万维网”，简称为Web。分为Web客户端和Web服务器程序。WWW可以让Web客户端（常用浏览器）访问浏览Web服务器上的页面。WWW提供丰富的文本和图形，音频，视频等多媒体信息，并将这些内容集合在一起，并提供导航功能，使得用户可以方便地在各个页面之间进行浏览。由于WWW内容丰富，浏览方便，目前已经成为互联网最重要的服务。Internet Explorer，简称IE，是美国微软公司（Microsoft）推出的一款网页浏览器，本节重点介绍IE浏览器的使用方法。

一、启动IE浏览器

方法一：双击桌面上的“Internet Explorer”图标。

方法二：单击“开始”按钮，选择“所有程序”中的“Internet Explorer”命令。

二、IE 浏览器选项设置

1. 设置起始页为“http://www.sohu.com”

（1）选择“工具”菜单，单击“Internet 选项”命令，弹出“Internet 选项”对话框。

（2）在“常规”选项卡中的地址框键入：http://www.sohu.com，如图 6-8 所示，单击“确定”按钮完成设置。

（3）关闭 IE，再打开 IE 窗口，观察效果。

2. 设置历史记录保存天数为 10 天，清除历史记录

（1）在图 6-8“Internet 选项”对话框中选择“常规”选项卡。

（2）在“浏览历史记录”一栏内单击“设置”按钮，弹出“Internet 临时文件和历史记录设置”对话框。

（3）在“Internet 临时文件和历史记录设置”对话框中设置网页保存在历史记录中的天数为 10 天，如图 6-9 所示，单击“确定”按钮完成设置。

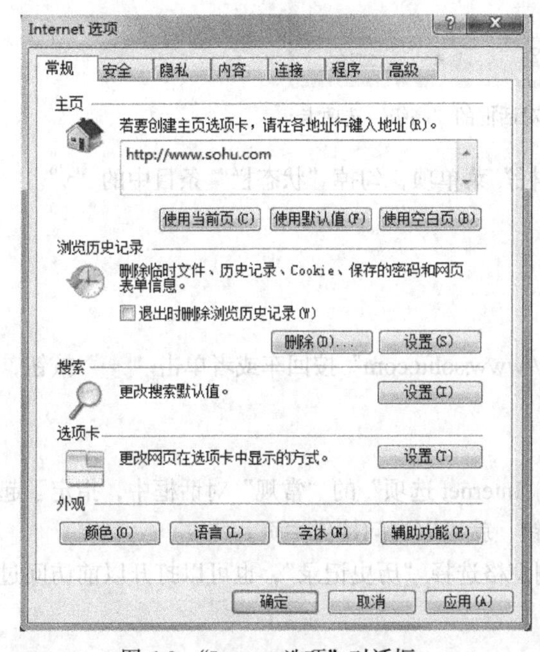

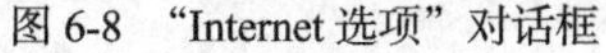
图 6-8 “Internet 选项”对话框

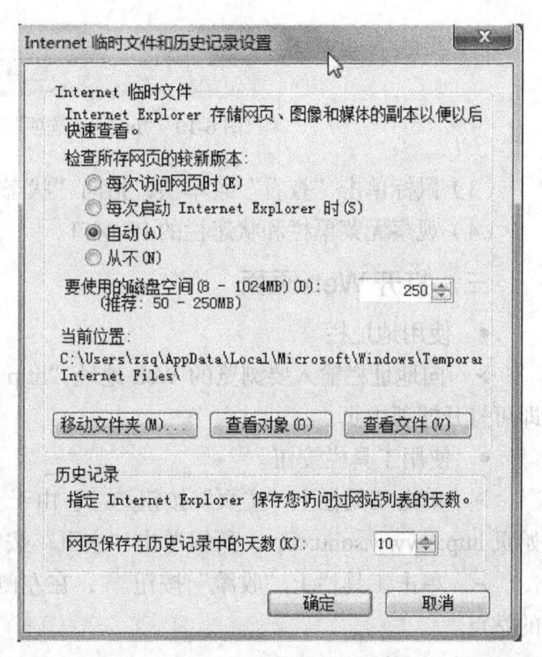

图 6-9 “Internet 临时文件和历史记录设置”对话框

（4）在图 6-8“Internet 选项”对话框中选择“常规”选项卡，在“浏览历史记录”一栏内单击“删除”按钮。

（5）在弹出的对话框中单击“删除历史记录”按钮，弹出信息框，单击“是”设置完成。

3. 设置浏览网页时不显示图片

（1）在图 6-8“Internet 选项”对话框中选择“高级”选项卡。

（2）在“高级”选项卡中，将“显示图片”前方框中的“√”勾掉，如图 6-10 所示，单击“确定”按钮完成设置。

4. 将 IE 的菜单栏和状态栏屏蔽

（1）鼠标单击“查看”菜单项，指向“工具栏”菜单项，打开级联菜单。

（2）勾掉“菜单栏”条目中的“√”。

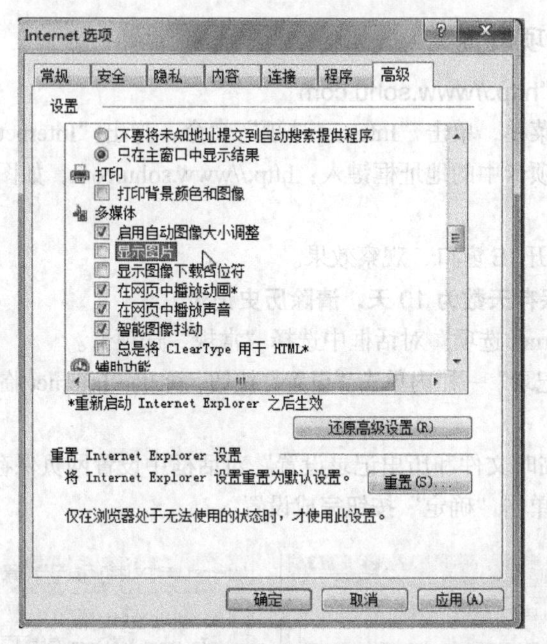

图 6-10 “Internet 选项”对话框的“高级”选项卡

（3）鼠标单击“查看”菜单项，指向“状态栏”菜单项，勾掉“状态栏”条目中的“√”。

（4）观察无菜单栏和状态栏的 IE 窗口。

三、打开 Web 页面

- 使用地址栏

➢ 向地址栏输入要浏览的 Web 地址“http://www.sohu.com”按回车或者单击“→”按钮，即可打开搜狐主页。

- 使用工具栏按钮

➢ 单击工具栏上“主页”按钮，由于“Internet 选项”的“常规”对话框中，指定了起始页 http://www.sohu.com，所以单击“主页”按钮，就可以访问搜狐主页。

➢ 单击工具栏上“收藏”按钮，在左侧窗格选择“历史记录”，也可以打开以前访问过的站点。

四、浏览 Web 页面

（1）在 Web 页中选取某一链接进入另一网页，例如：在搜狐主页中单击“新闻”进入“搜狐新闻”网页，再单击“国内”进入“搜狐国内新闻”网页，并利用浏览器的垂直及水平滚动条浏览整个页面。

（2）单击“后退”按钮，返回到“搜狐新闻”网页。

（3）单击“前进”按钮，作用与“后退”按钮恰恰相反，进入“搜狐国内新闻”网页。

（4）单击“前进”按钮右侧的三角形按钮，弹出下拉菜单，选择最后一项可以返回到搜狐主页，如图 6-11 所示。

五、保存 web 页面

1. 保存搜狐主页

（1）在 IE 浏览器中打开搜狐主页。

图 6-11 浏览 Web 页面

（2）选择“文件”菜单，单击“另存为”命令，弹出“保存网页”对话框，如图 6-12 所示。

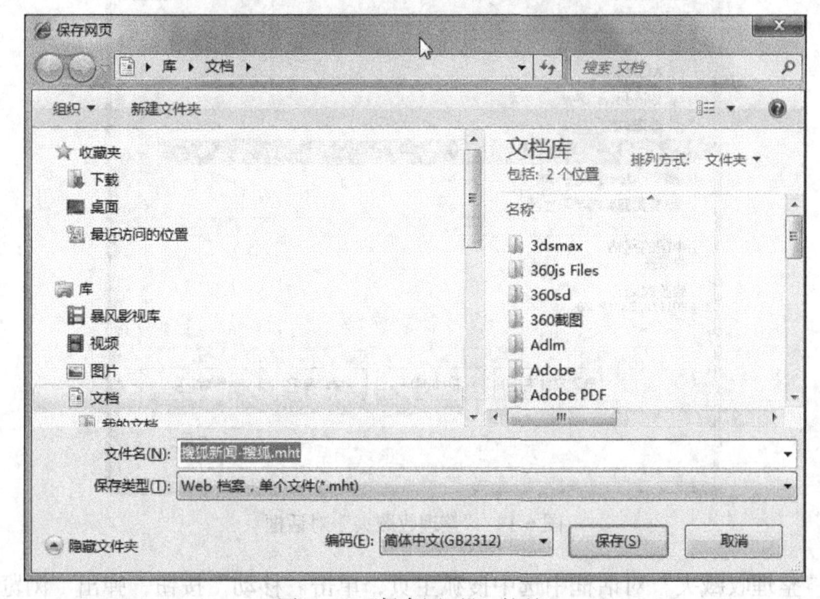

图 6-12 “保存网页”对话框

（3）在“保存网页”对话框中选择保存类型为“网页，全部（*.htm，*.html）”，输入文件名“sohu.htm”，选择保存路径，单击“保存”完成操作。

2. 保存主页中的图片

（1）在搜狐主页中任选一图片，鼠标右键单击图片，弹出快捷菜单，从中选择“图片另存为”命令，弹出“保存图片”对话框。

（2）输入文件名，选择保存目录，最后单击“保存”按钮。

六、管理收藏夹

1. 将搜狐主页添加到收藏夹中

（1）打开搜狐主页，选择“收藏夹”菜单，单击“添加到收藏夹”命令，弹出“添加收藏”对话框。

（2）在“添加收藏”对话框中输入名称“搜狐”，如图 6-13 所示，单击“确定”按钮。

2. 整理收藏夹

（1）选择“收藏夹”菜单，单击“整理收藏夹”命令，弹出“整理收藏夹”对话框，如图 6-14 所示。

（2）在“整理收藏夹”对话框中单击“新建文件夹”按钮，建立“门户网”文件夹。

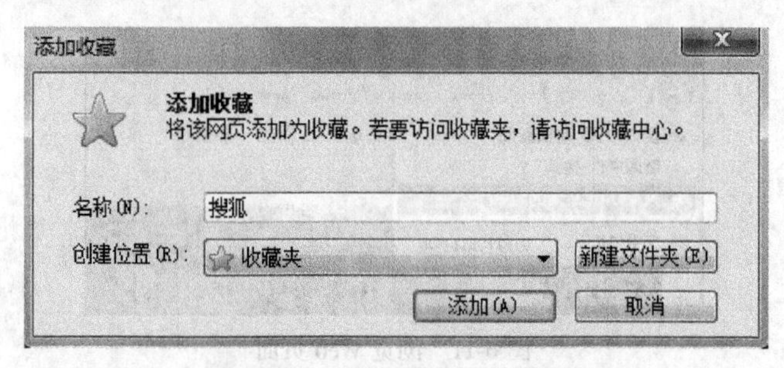

图 6-13 “添加收藏”对话框

图 6-14 “整理收藏夹”对话框

（3）在“整理收藏夹”对话框中选中搜狐主页，单击“移动”按钮，弹出“浏览文件夹”对话框，如图 6-15 所示。

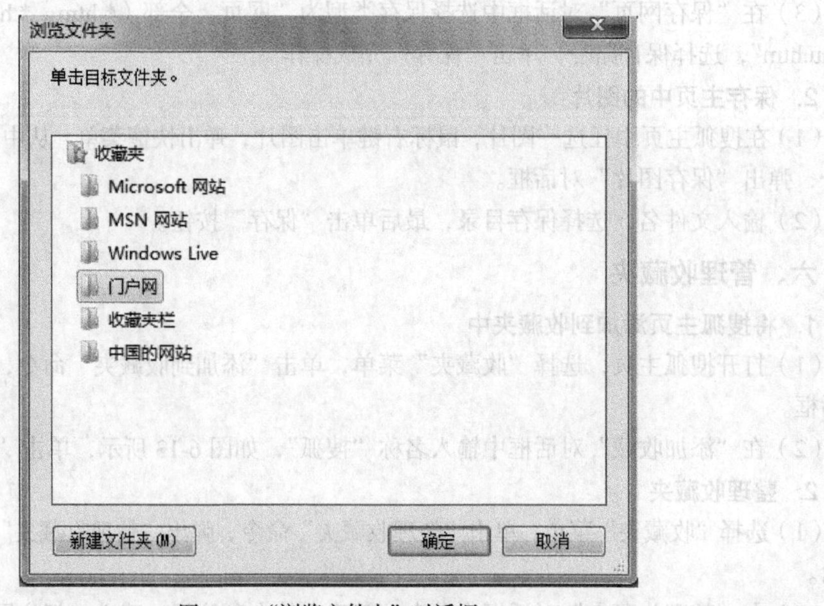

图 6-15 “浏览文件夹”对话框

（4）在“浏览文件夹”对话框中选择“门户网”文件夹，单击“确定”按钮完成操作。

6.2　搜索网络信息

百度搜索引擎致力于向人们提供“简单，可依赖”的信息获取方式。百度搜索引擎使用了高性能的“网络蜘蛛”程序自动地在互联网中搜索信息，可定制、高扩展性的调度算法使得搜索器能在极短的时间内收集到最大数量的互联网信息。百度在中国各地和美国均设有服务器，搜索范围涵盖了中国大陆、香港、台湾、澳门、新加坡等华语地区以及北美、欧洲的部分站点。百度搜索引擎拥有目前世界上最大的中文信息库，总量达到 6000 万页以上，并且还在以每天几十万页的速度快速增长。

6.2.1　使用百度搜索网页

（1）本例介绍在百度中搜索网页的方法，如搜索计算机基础中 IP 地址的相关内容。启动浏览器，在浏览器地址栏输入：http://www.baidu.com 并按回车键，进入百度页面。

（2）在搜索框内输入需要查询的内容“计算机基础”，如图 6-16 所示，敲回车键或者鼠标单击搜索框右侧的百度搜索按钮。

图 6-16　百度搜索引擎输入查询内容

（3）查询结果界面如图 6-17 所示，该页面列出找到的相关网页，并且按照相关程度依次排序。

（4）为了获得更加精确的搜寻结果，可以输入多个词语进行搜索，不同字词之间用一个空格隔开，如图 6-18 所示。

（5）如果无法打开某个搜索结果或者打开速度特别慢，可以使用百度快照。每个未被禁止搜索的网页，在百度上都会自动生成临时缓存页面，称为“百度快照”。当遇到网站服务器暂时故障或网络传输堵塞时，可以通过“快照”快速浏览页面文本内容。百度快照只会临时缓存网页的文本内容，所以那些图片、音乐等非文本信息，仍是存储于原网页。当原网页进行了修改、删除或者被屏蔽后，百度搜索引擎会根据技术安排自动修改、删除或者屏蔽相应的网页快照。请单击右下角的“百度快照”链接，如图 6-19 所示。

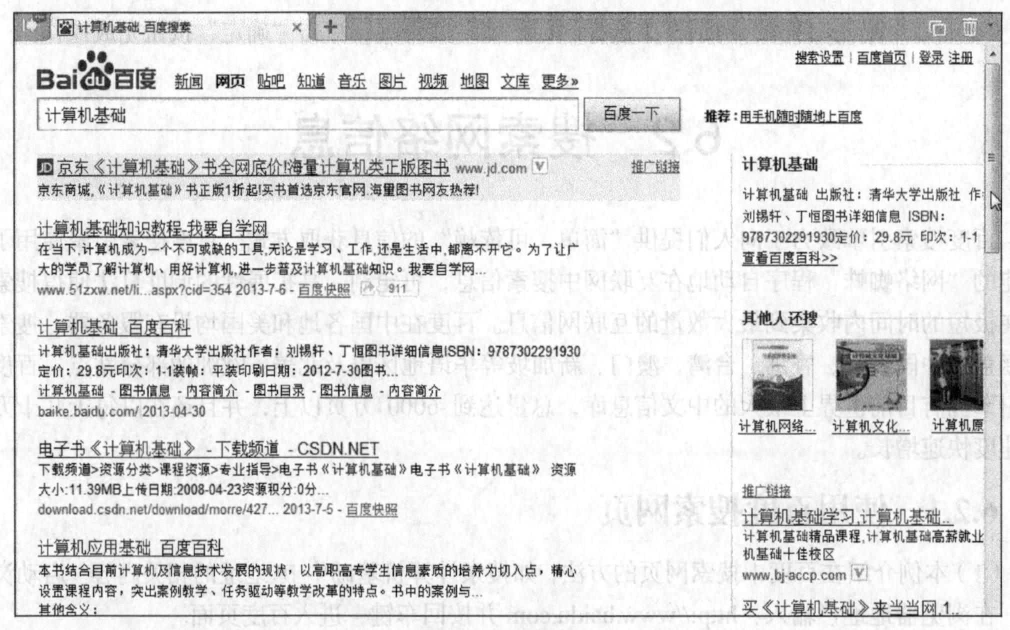

图 6-17　查询结果

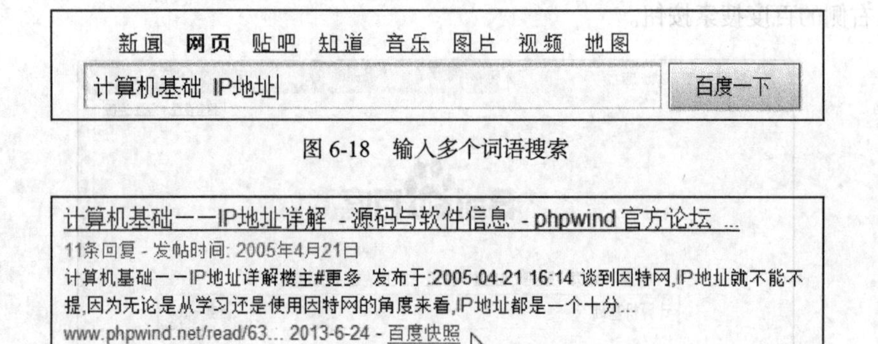

图 6-18　输入多个词语搜索

图 6-19　百度快照

（6）为了获得关于计算机基础中 IP 地址的 word 文档内容，可以使用百度的文库搜索功能，如图 6-20 所示，设置搜索网页格式是微软 Word（.doc），也可以搜索其他文件格式。

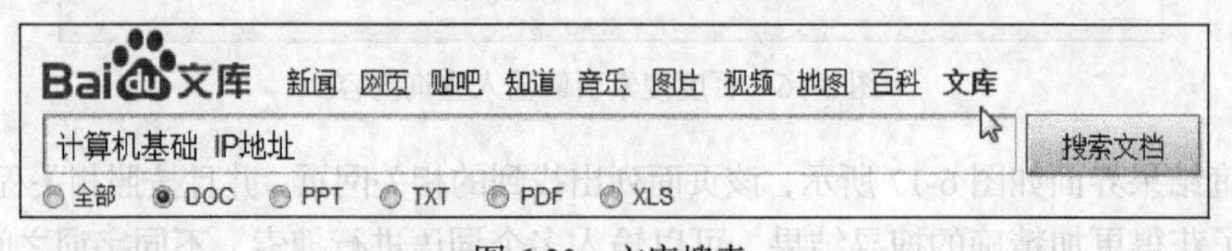

图 6-20　文库搜索

6.2.2　使用百度搜索音乐

百度在每天更新的数十亿中文网页中提取 MP3 链接从而建立了庞大的 MP3 歌曲链接库。百度 MP3 搜索拥有自动验证链接有效性的卓越功能，总是把最优的链接排在前列，最大化保证用户的搜索体验。

（1）启动浏览器，在浏览器地址栏输入："http://www.baidu.com"，回车，进入百度页面。

（2）选择“音乐”链接，进入音乐门户页面，如图 6-21 所示。页面分页有多个栏目，如新歌榜、热歌榜、歌手榜、经典老歌榜。

图 6-21　音乐门户页面

（3）如果没有找到需要的音乐，可以在搜索框中输入歌曲名、歌手名或者歌词的一部分，如图 6-22 所示，单击“百度一下”按钮。

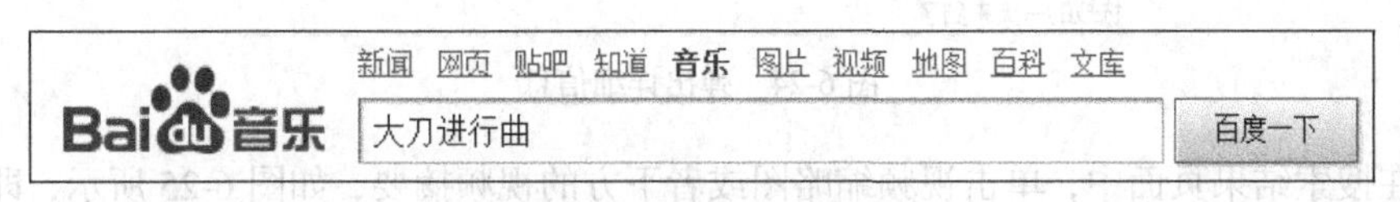

图 6-22　输入歌曲名

（4）搜索结果页面显示所有找到的音频文件名称，如图 6-23 所示，单击▶按钮可以播放音乐在线试听；单击＋按钮可以添加到百度音乐盒在线播放；单击⬇按钮可以下载到本地。

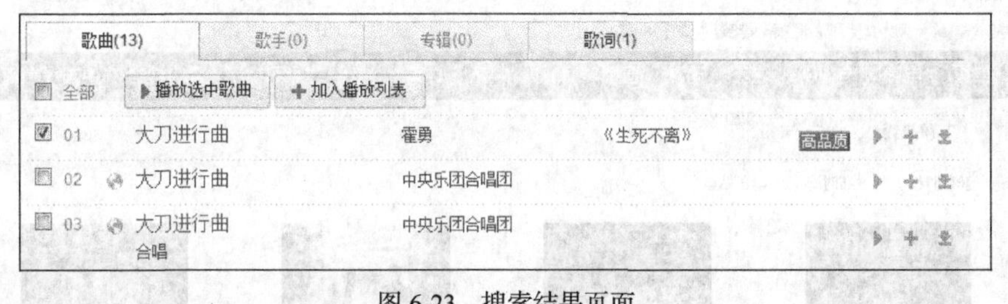

图 6-23　搜索结果页面

（5）用鼠标左键点击搜索结果链接，弹出的页面如图 6-24 所示，显示音乐的详细信息以及歌词内容，在该页面也可以将音乐下载到本地电脑。

6.2.3　使用百度搜索视频

百度视频搜索是百度汇集多个在线视频资源而建立的庞大视频库。使用百度搜索引擎搜索视频的方法如下。

（1）启动浏览器，在浏览器地址栏输入：http://www.baidu.com 回车，进入百度页面。

（2）选择视频链接，进入百度视频搜索页面。

（3）在搜索框中输入要搜索的关键字“国庆”，再单击“百度一下”按钮，即可搜索出相关的全部视频。

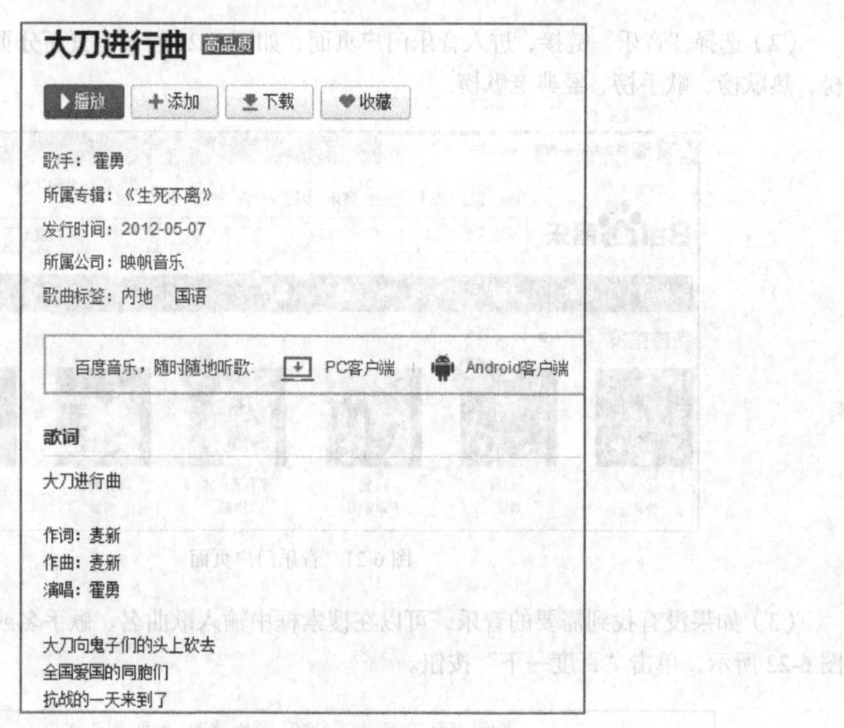

图 6-24　弹出详细信息

（4）在搜索结果页面中，单击视频缩略图或者下方的视频摘要，如图 6-25 所示，即可打开该视频的播放页面。如果想看到更多的视频，可以单击页面底部的翻页来查看更多搜索结果。

图 6-25　搜索视频结果页面

6.3　网上聊天与通信

6.3.1　QQ 上网聊天

腾讯 QQ（统一简称“QQ”）是腾讯公司开发的一款基于 Internet 的即时通信（IM）软件。

腾讯 QQ 支持在线聊天、视频电话、点对点断点续传文件、共享文件、网络硬盘、自定义面板、QQ 邮箱等多种功能，并可与移动通讯终端等多种通信方式相连。腾讯 QQ 是中国目前使用最广泛的聊天软件之一。

一、安装与登录

（1）若想体验最新的 QQ 版本，请进入 http://im.qq.com/的相应栏目页面下载即可。

（2）安装成功后运行 QQ，界面如图 6-26 所示。输入 QQ 号码和密码即可登录 QQ。也可以选择手机号码，电子邮箱等多种方式登录 QQ。

（3）如果没有 QQ 账号，单击右边的注册账号，就可申请 QQ 号码。

（4）在登录的时候可以设置是否“记住密码”和“自动登录”。

（5）另外还可以设置登录 QQ 时的状态，如图 6-27 所示，希望好友看到您在线设置为“我在线上”；如果现在忙碌设置为“忙碌”状态，这种状态表示不会及时处理消息；也可以设置为“隐身”状态，好友看到您是离线状态。

图 6-26　QQ 登录界面

图 6-27　QQ 状态设置

二、查找添加好友

新号码首次登录时，好友名单是空的，要和其他人联系，必须先添加好友。成功查找添加好友后，你就可以体验 QQ 的各种特色功能了。

在主面板下方单击查找按钮［查找］，打开“查找联系人”窗口。QQ 提供了多种方式查找，可以找人、找群、找企业，如图 6-28 所示。

在“找人”选项卡中可以查看“可能认识的人”和“附近的人”。若您知道对方的 QQ 号码、昵称、手机号或电子邮件，即可进行“精确查找”。

找到希望添加的好友，选中该好友并单击“加为好友”。对设置了身份验证的好友输入验证信息。若对方通过验证，则添加好友成功。

三、发送即时消息

（1）双击好友头像，打开聊天窗口，如图 6-29 所示。在聊天窗口中输入消息，单击“发送”，即可向好友发送即时消息。

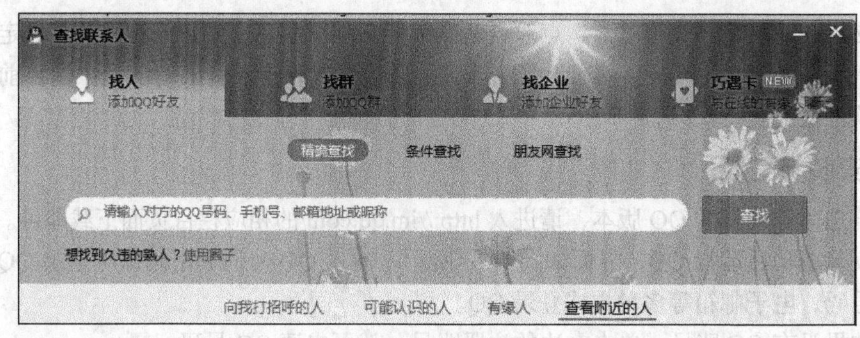

图 6-28　查找好友

（2）在即时消息窗口单击按钮，可以打开“字体选择工具栏”，在该工具栏中可以设置文本的字体、颜色、大小和风格，如图 6-30 所示。

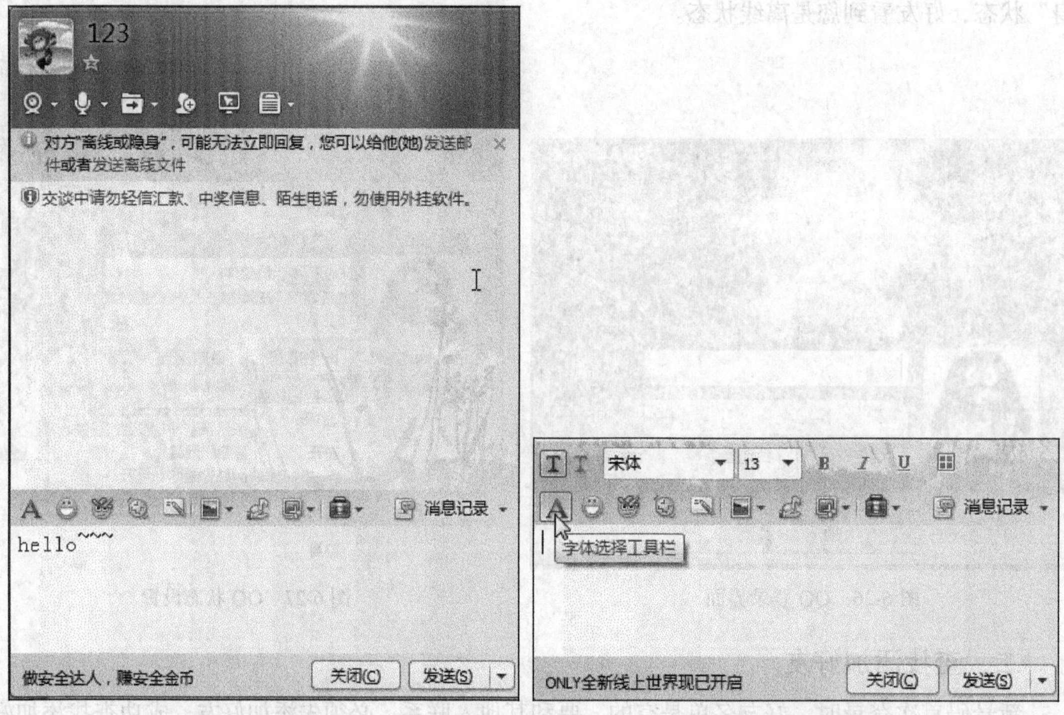

图 6-29　发送消息　　　　图 6-30　设置字体

（3）单击按钮，可以在发送即时消息时插入一些表情图标。如图 6-31 所示。

图 6-31　QQ 表情

（4）单击按钮或者按键盘上的 Ctrl+Alt+A，鼠标就会变为如图6-32所示的状态，此时可以进行屏幕截图。

（5）截图时只需要框选所需区域，如图6-33所示，单击完成按钮可以完成截图，单击按钮取消截图。完成截图后，图片就会显示在聊天窗口中，单击“发送”按钮即可将截图发送给好友。

图6-32　屏幕截图

四、传送文件

此功能可以跟好友传递任何格式的文件，例如图片、文档、歌曲等。需要注意的是，传送文件已经实现断点续传，传大文件再也不用担心中间断开了。

图6-33　完成截图

（1）在聊天窗口上面的控制菜单单击“传送文件”按钮，选择其中的“发送文件/文件夹”按钮，如图6-34所示。也可以发送离线文件，即使对方不在线，也可以发送。

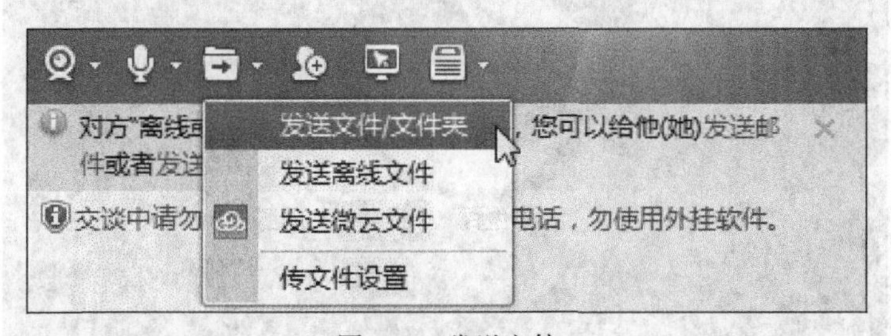

图6-34　发送文件

（2）弹出“选择文件/文件夹”窗口，选取计算机上需要传送的文件，单击“发送”按钮，即可看到窗口右侧列出的传送文件列表，如图6-35所示。

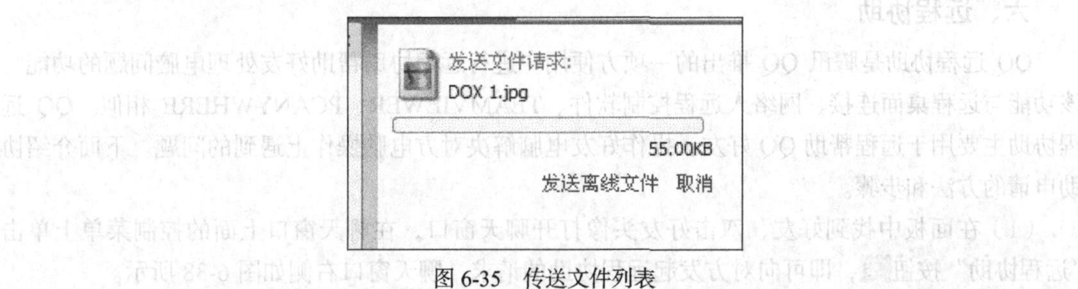

图6-35　传送文件列表

（3）如果对方没有及时接收文件，或者好友不在线的时候，可以选择“发送离线文件”，当对方上线的时候就能收到文件。

五、视频聊天

（1）在面板中找到好友，双击好友头像打开聊天窗口，在聊天窗口上面的控制菜单上单击“开始视频会话”按钮，选择其中的“开始视频会话”按钮，如图6-36所示。

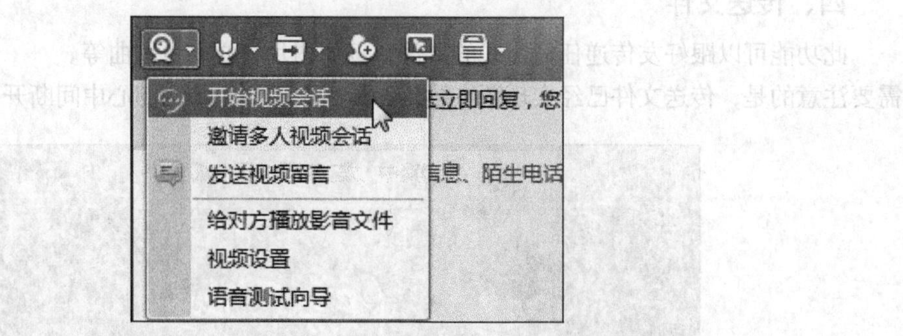

图6-36 开始视频会话

（2）弹出一个视频面板窗口，如图6-37所示，等待对方的回应。在好友的面板里也弹出一个视频面板，提示“接受”或者“拒绝”，单击“接受”同意视频。

图6-37 视频聊天

六、远程协助

QQ远程协助是腾讯QQ推出的一项方便用户进行远程协助帮助好友处理电脑问题的功能。该功能与远程桌面连接、网络人远程控制软件、TEAMVIEWER、PCANYWHERE相似。QQ远程协助主要用于远程帮助QQ好友，操作好友电脑解决对方电脑操作上遇到的问题。下面介绍协助申请的方法和步骤。

（1）在面板中找到好友，双击好友头像打开聊天窗口，在聊天窗口上面的控制菜单上单击“远程协助”按钮，即可向对方发起远程协助的请求，聊天窗口右侧如图6-38所示。

（2）对方接受后，进入远程协助状态。成功建立连接后，在接受方就会出现你的桌面，并且是实时刷新的。如不勾选“允许对方控制计算机”对方不能直接控制你的电脑，如图 6-39 所示。

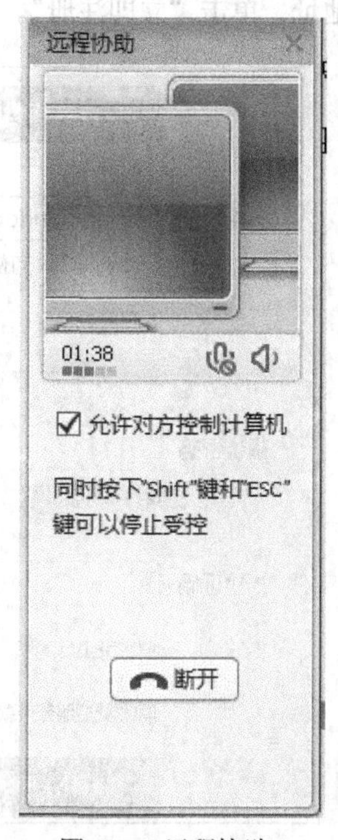

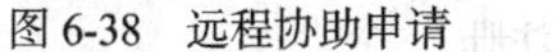

图 6-38　远程协助申请　　图 6-39　远程协助

6.3.2　电子邮箱的使用

一、申请 126 免费邮箱

（1）在 IE 浏览器的地址栏输入“http://www.126.com”，按回车键，打开 126 免费邮箱首页。

（2）在 126 免费邮箱首页单击“注册”按钮，如图 6-40 所示，进入 126 免费邮注册页面。

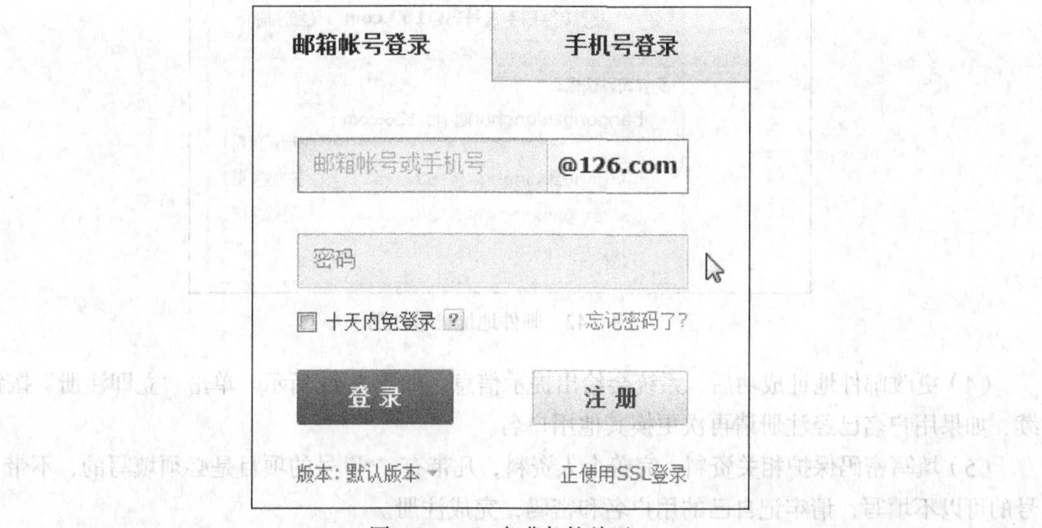

图 6-40　126 免费邮箱首页

（3）填写需要使用126免费邮的“邮件地址”和“密码”，如图6-41所示，126免费邮箱要求所有用户名为6~18个字符，每个126免费邮箱账号都能够以一个用户名建立一个账户，注册后不可以更改邮箱地址，单击“立即注册”。如果邮件地址已被注册显示如图6-42所示。

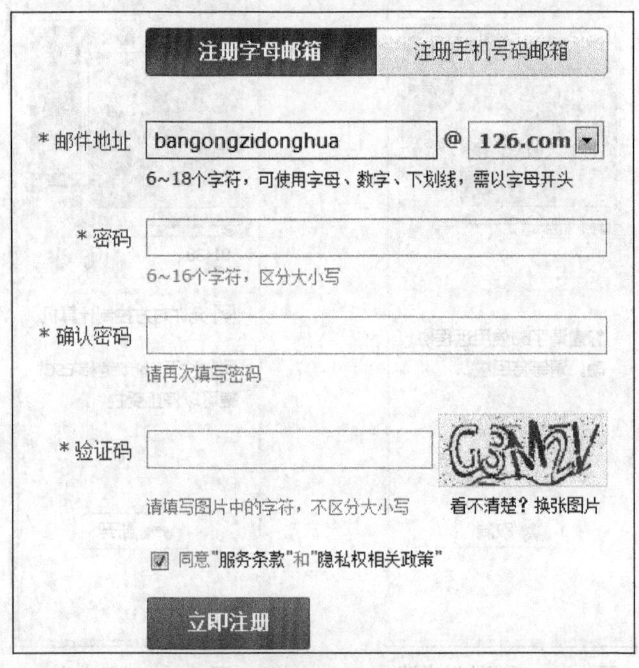

图6-41　注册

图6-42　邮件地址已被注册

（4）更改邮件地址成功后，系统会给出提示信息，如图6-43所示。单击“立即注册”按钮继续，如果用户名已经注册请再次更换其他用户名。

（5）填写密码保护相关资料、完善个人资料，凡带有“*”号的项目是必须填写的，不带“*”号的可以不填写，请牢记自己的用户名和密码，完成注册。

图 6-43 邮件地址可注册

二、使用 126 免费邮箱

1. 登录邮箱

（1）关闭刚才打开的所有 IE 页面。

（2）重新打开 IE 浏览器，在 IE 浏览器的地址栏输入“http://www.126.com”，按回车键打开 126 免费邮箱首页，如图 6-44 所示。

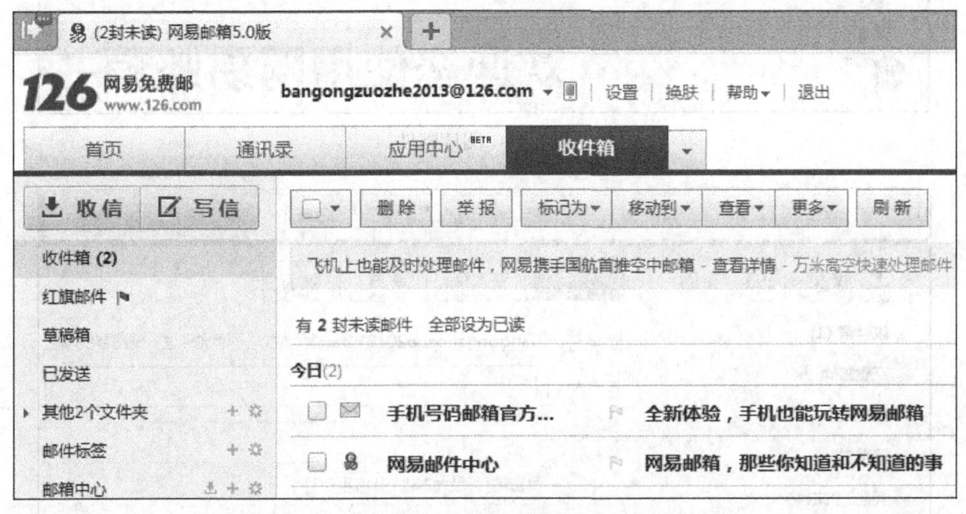

图 6-44 126 邮箱

（3）输入用户名“bangongzuozhe2013”和密码，单击“登录”按钮，进入个人邮箱。

2. 查看邮件

（1）在收件箱中可以看到有两封未读邮件，这是网易邮件中心发送的邮件，如图 6-44 所示。

（2）单击收件箱，进入收件箱页面。

（3）单击需要阅读的电子邮件主题链接，在新网页中打开该电子邮件，如图 6-45 所示。

3. 发送带附件的邮件

（1）在个人邮箱中单击写信，打开写信网页如图 6-46 所示。

（2）在收件人一栏填写收件人地址：bangongzuozhe2013@126.com，如果有多个收件人中间用“，”隔开。或者单击右边“通讯录”中一位或多位联系人，选中的联系人地址将会自动填写在“收件人”一栏中，如果单击联系组，该组内的所有联系人地址都会自动填写在“收件人”栏。

（3）在主题栏填写邮件主题，如“计算机基础课件”。

（4）在正文窗口填写信件内容，如“祝取得好成绩！”，可以使用工具栏按钮对正文的字体进行美化，也可以在邮件中使用信纸，插入图片。

图6-45　阅读邮件

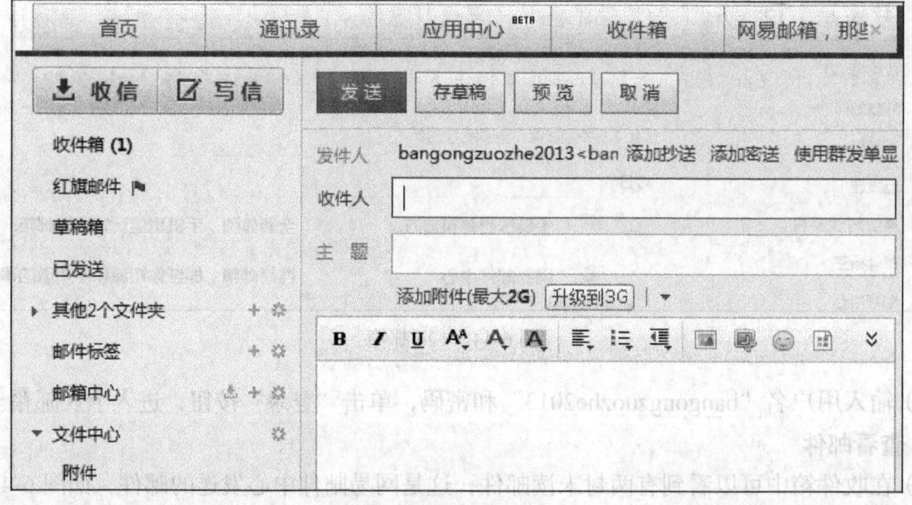

图6-46　写邮件

（5）单击“添加附件”链接，弹出如图6-47所示的选择文件对话框，选择需要作为附件发送的文件打开，添加附件完成如图6-48所示。如果要添加多个附件，请重复单击“添加附件”。如果要删除添加的附件，单击附件文件名称后面红色叉子即可。一个邮件可以添加附件的总字节数是有限的，126免费邮箱目前规定附件不超过20GB，否则无法发送该邮件。对于较大的附件可以用压缩工具压缩后再上传。

（6）写完的邮件单击“发送”按钮，弹出发送成功提示，如图6-49所示。

4. 保存草稿

在写邮件的时候，如果网络不稳定，需要及时保存邮件编辑状态，可以使用“存草稿”把目前邮件的编辑状态保存起来，如图6-50所示。

图 6-47 “选择文件”对话框

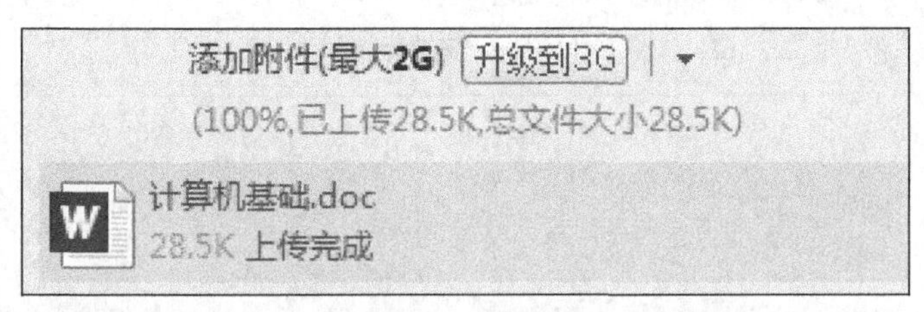

图 6-48 附件列表

图 6-49 发送成功提示网页

图 6-50 保存草稿

5. 查看带附件的邮件

（1）登录个人邮箱，进入收件箱网页如图 6-51 所示，可以看到带有附件的邮件有一个📎标记。

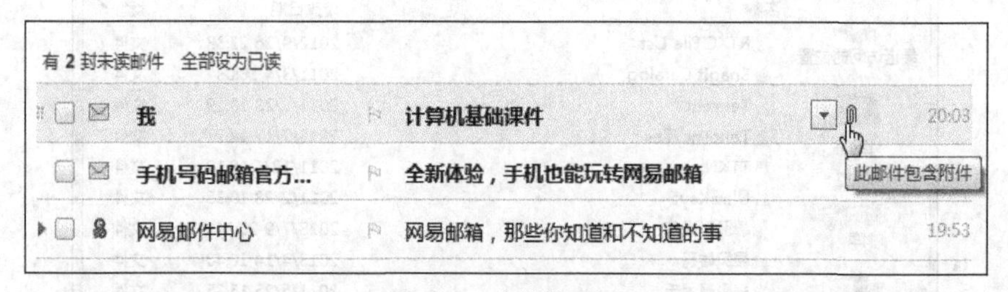

图 6-51 收件箱网页

（2）打开带有附件的电子邮件，弹出如图 6-52 所示的阅读邮件网页。

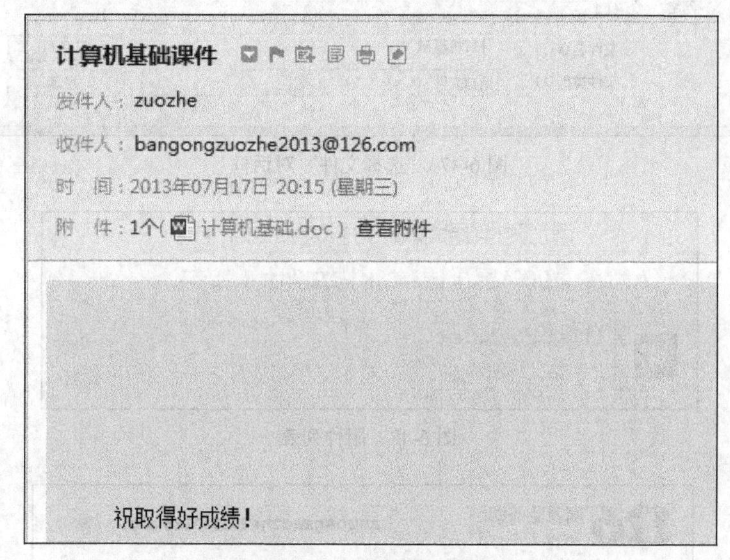

图 6-52 阅读邮件网页

（3）在阅读邮件网页单击附件文件名右侧的“查看附件”链接，可以看到邮件中的附件，将鼠标移动到附件上，单击“下载”按钮，如图 6-53 所示。弹出“文件下载”对话框，选择本地磁盘目录，将下载的附件保存。

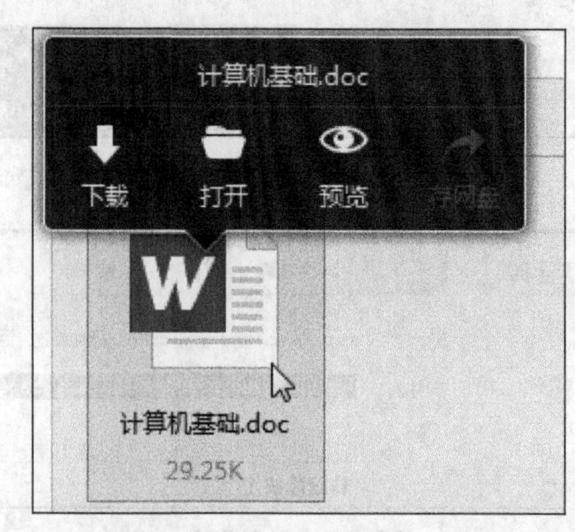

图 6-53 下载附件

6. 管理邮件

（1）登录个人邮箱，单击收件箱，进入收件箱页面，如图 6-54 所示。

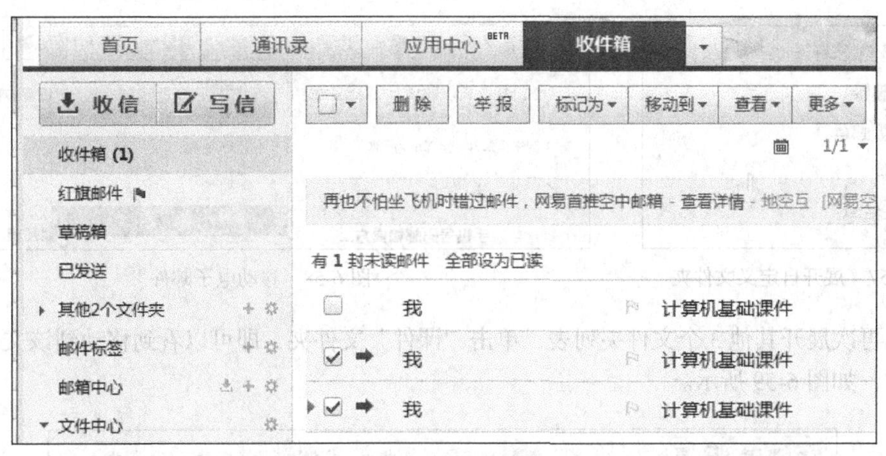

图 6-54　收件箱页面

（2）在网易邮件中心发送邮件前面的“□”中划“√”，选中该封邮件。

（3）然后单击“删除”按钮，该邮件就被移到“已删除”文件夹中。

（4）打开“已删除”文件夹，可以看到刚才删除的邮件，如果在“已删除”文件夹中再删除邮件，会弹出系统提示对话框如图 6-55 所示，如果确认删除，这些邮件将无法恢复。

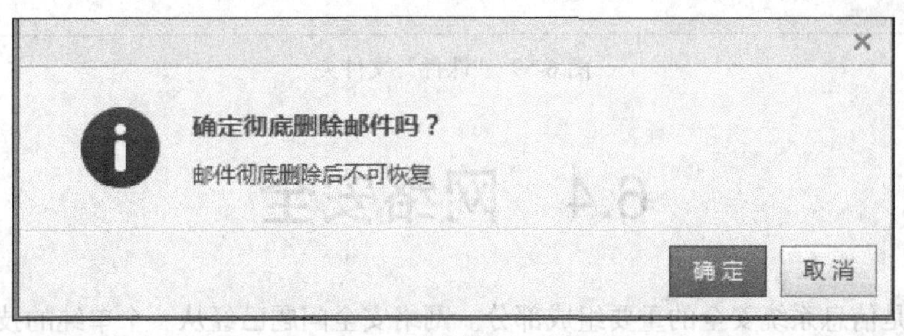

图 6-55　“系统提示”对话框

（5）在左侧列表栏，单击“其他 2 个文件夹”后面的“+”号，弹出“新建文件夹”对话框，如图 6-56 所示，可以添加新的文件夹。

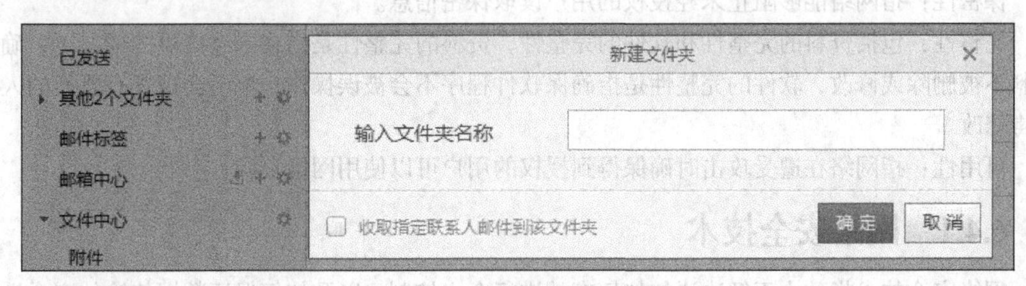

图 6-56　“新建文件夹”对话框

（6）在“新建文件夹”对话框中输入文件夹名称“课件”，然后单击“确定”完成操作。

（7）展开其他 3 个文件夹列表，如图 6-57 所示可以看到刚刚新建的“课件”文件夹。

（8）单击收件箱，进入收件箱页面，选中主题为“计算机基础课件”的邮件，单击“移动到”按钮，展开一个下拉菜单，从其中选择“课件”文件夹，如图6-58所示。

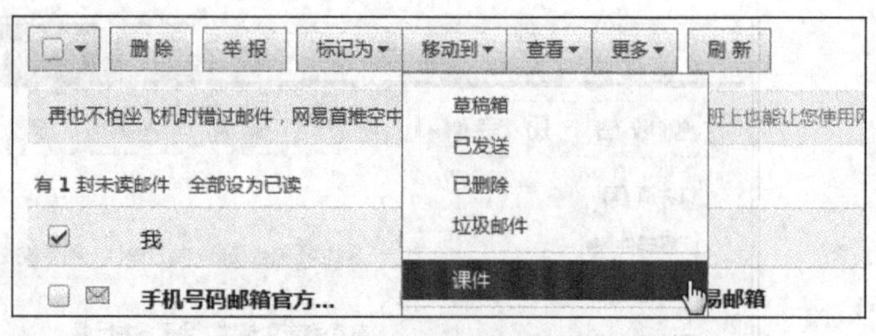

图6-57 展开自定义文件夹　　图6-58 移动电子邮件

（9）再次展开其他3个文件夹列表，单击“课件”文件夹，即可以看到移动到该文件夹中的电子邮件，如图6-59所示。

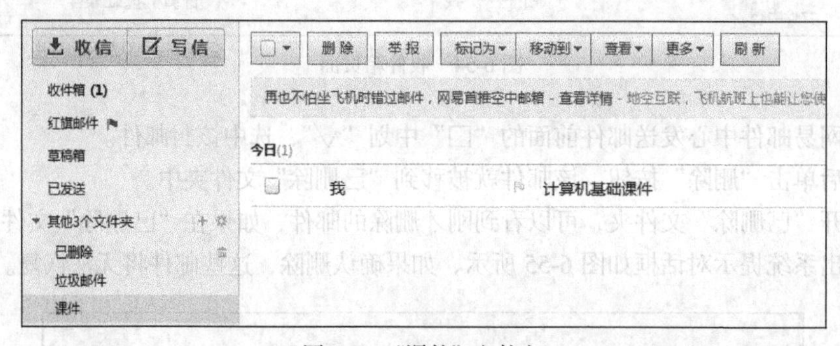

图6-59 “课件”文件夹

6.4 网络安全

网络安全是信息系统安全的重要组成部分。网络安全问题已经从一个单纯的技术问题上升到关乎社会经济乃至国家安全的战略问题，同时也是关乎人们的工作和生活的重要问题。

网络安全是指为保护网络不受任何损害而采取的所有措施的综合，一般包含网络的保密性、完整性和可用性。

保密性：指网络能够阻止未经授权的用户读取保密信息。

完整性：包括资料的完整性和软件的完整性，资料的完整性是指在未经许可的情况下，确保资料不被删除或修改，软件的完整性是指确保软件程序不会被误操作，也不会被怀有恶意的人或病毒修改。

可用性：指网络在遭受攻击时确保得到授权的用户可以使用网络资源。

6.4.1 网络安全技术

网络安全技术指致力于解决诸如如何有效进行介入控制，以及如何保证数据传输的安全性的技术手段，主要包括物理安全分析技术，网络结构安全分析技术，系统安全分析技术，管理安全分析技术，及其他的安全服务和安全机制策略。网络安全技术分为：虚拟网技术、防火墙枝术、病毒防护技术、入侵检测技术、安全扫描技术、认证和数字签名技术、VPN技术以及应用系统的安全技术。

其中虚拟网技术防止了大部分基于网络监听的入侵手段。通过虚拟网设置的访问控制，使在虚拟网外的网络节点不能直接访问虚拟网内节点。

防火墙枝术是一种用来加强网络之间访问控制，防止外部网络用户以非法手段通过外部网络访问内部网络资源，保护内部网络操作环境的特殊网络互联设备。它对两个或多个网络之间传输的数据包如链接方式按照一定的安全策略来实施检查，以决定网络之间的通信是否被允许，并监视网络运行状态。但是防火墙无法防范通过防火墙以外的其他途径的攻击，不能防止来自内部用户们带来的威胁，也不能完全防止传送已感染病毒的软件或文件，也无法防范数据驱动型的攻击。防火墙的分类有包过滤型、地址转换型、代理型以及检测型。

病毒防护技术是指阻止病毒的传播、检查和清除病毒、对病毒数据库进行升级，同时在防火墙、代理服务器及 PC 上安装 Java 及 ActiveX 控制扫描软件，禁止未经许可的控件下载和安装的技术。

入侵检测技术（IDS）可以被定义为对计算机和网络资源的恶意使用行为进行识别和相应处理的技术。是一种用于检测计算机网络中违反安全策略行为的技术。

安全扫描技术是为管理员能够及时了解网络中存在的安全漏洞，并采取相应防范措施，从而降低网络的安全风险而发展起来的一种安全技术。

认证和数字签名技术，其中的认证技术主要解决网络通信过程中通信双方的身份认可，而数字签名是身份认证技术中的一种具体技术，同时数字签名还可用于通信过程中的不可抵赖要求的实现。

VPN 技术就是在公网上利用加密技术来传输数据。但是由于是在公网上进行传输数据，所以有一定的不安全性。应用系统的安全技术主要有域名服务、Web Server 应用安全、电子邮件系统安全和操作系统安全。

6.4.2　计算机病毒

一、计算机病毒概述

计算机病毒是一种人为编制的具有破坏性的程序代码。这种称之为病毒的程序在一定条件下能够修改其他程序，并把自身嵌入其他程序中，能通过信息媒体扩散和传播。计算机病毒会干扰系统的正常运行，抢占系统资源，修改或删除数据，会对系统造成不同程度的破坏，更有甚者会破坏计算机的硬件部分，危害很大。

计算机病毒一般具有如下主要特点：

（1）隐蔽性。由于病毒的编制者大都具有很强的计算机专业知识，所设计出来的病毒程序短小精悍，技巧性很高，极具隐蔽性，使人们很难察觉它的存在。

（2）潜伏性。病毒具有依附于其他信息媒体的寄生能力。病毒侵入系统后，一般不立即发作，往往要经过一段时间后才发生作用，潜伏期长短不一。

（3）传染性。这是计算机病毒最基本的特征，计算机病毒的传播主要通过文件拷贝、文件传送、文件执行等方式进行。

（4）激发性。许多病毒传染某些对象后，并不立即发作，而是在一定条件下，才被控制激发。激发条件可能是时间、日期以及文件使用次数等。

（5）破坏性。计算机病毒对系统具有不同程度的危害性，具体表现在抢占系统资源（造成大部分正常软件无法使用）、破坏文件、删除数据、干扰运行、格式化磁盘、摧毁系统等方面。严重的可以破坏计算机的硬件部分。

计算机网络的主要特点是资源共享。一旦共享资源感染病毒，网络各结点间信息的频繁传输会把病毒传染到所共享的机器上，从而形成多种共享资源的交叉感染。病毒的迅速传播、再生、发作将造成比单机病毒更大的危害。对于金融等系统的敏感数据来说，一旦遭到破坏，后果就不堪设想。因此，网络环境下病毒的防治就显得更加重要了。

网络计算机病毒实际上是一个笼统的概念。一种情况是，网络计算机病毒专指在网络上传播、并对网络进行破坏的病毒。另一种情况是指 HTML 病毒、E-mail 病毒、Java 病毒等与 Internet 有关的病毒。病毒入侵网络的主要途径是通过工作站传播到服务器硬盘，再由服务器的共享目录传播到其他工作站。

发现计算机感染病毒后，一定要及时清除，以免造成损失。使用杀毒软件清除，操作简单。并不是所有的病毒都能被杀毒软件清除，需要不断地将杀毒软件升级、更新。才能对新病毒予以有效清除。目前知名度较高的杀毒软件有：360 杀毒软件、瑞星杀毒软件、金山毒霸杀毒软件、卡巴斯基杀毒软件。

二、清除病毒

360 杀毒软件是完全免费的杀毒软件，它创新性地整合了四大领先防杀引擎，包括国际知名的 BitDefender 病毒查杀引擎、360 云查杀引擎、360 主动防御引擎、360QVM 人工智能引擎。四个引擎智能调度，为用户提供及时全面的病毒防护，不但查杀能力出色，而且能第一时间防御新出现的病毒木马。此外，360 杀毒轻巧快速不卡机，误杀率远远低于其他杀毒软件，荣获多项国际权威认证，已有超过 2 亿用户选择 360 杀毒软件保护电脑安全。

360 杀毒软件具备以下特点：

（1）全面防御 U 盘病毒：彻底剿灭各种借助 U 盘传播的病毒，第一时间阻止病毒在 U 盘运行，切断病毒传播链。

（2）领先四引擎，及时防杀病毒：独有四大核心引擎，包含领先的人工智能引擎，全面及时保护安全。

（3）坚固网盾，拦截钓鱼挂马网页：360 杀毒包含上网防护模块，拦截钓鱼挂马等恶意网页。

（4）独有可信程序数据库，防止误杀：依托 360 安全中心的可信程序数据库，实时校验，360 杀毒的误杀率极低。

（5）轻巧快速不卡机，游戏无打扰：轻巧快速，在上网本上也能运行如飞，独有免打扰模式让用户玩游戏时绝无打扰。

（6）快速升级及时获得最新防护能力：每日多次升级，让用户及时获得最新病毒防护能力。

要安装 360 杀毒，首先请通过 360 杀毒官方网站下载最新版本的 360 杀毒安装程序。360 杀毒具有实时病毒防护和手动扫描功能，为系统提供全面的安全防护。

（1）实时防护功能在文件被访问时对文件进行扫描，及时拦截活动的病毒。在发现病毒时会通过提示窗口警告用户，如图 6-60 所示。

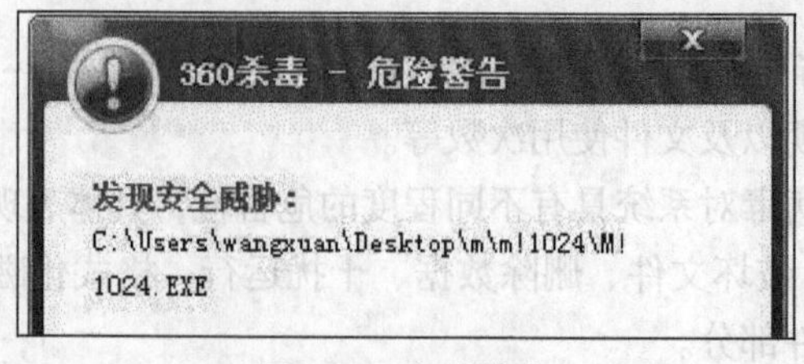

图 6-60　危险警告

（2）单击 360 杀毒软件主界面右上角的“设置”命令，打开“360 杀毒—设置”对话框，如图 6-61 所示，设置实时防护级别、实时监控文件类型及处理方式。

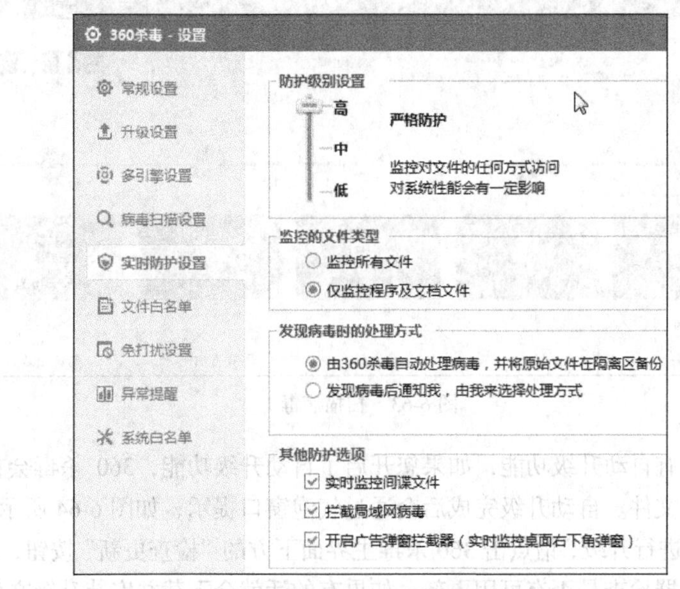

图 6-61　实时防护设置

（3）360 杀毒提供了四种手动病毒扫描方式：快速扫描、全盘扫描、指定位置扫描及右键扫描。

快速扫描：扫描 Windows 系统目录及 Program Files 目录。

全盘扫描：扫描所有磁盘。

指定位置扫描：扫描用户指定的目录。

右键扫描：集成到右键菜单中，当用户在文件或文件夹上点击鼠标右键时，可以选择“使用 360 杀毒扫描”对选中文件或文件夹进行扫描。

其中前三种扫描都已经在 360 杀毒主界面中做为快捷任务列出，只需点击相关任务就可以开始扫描，如图 6-62 所示。

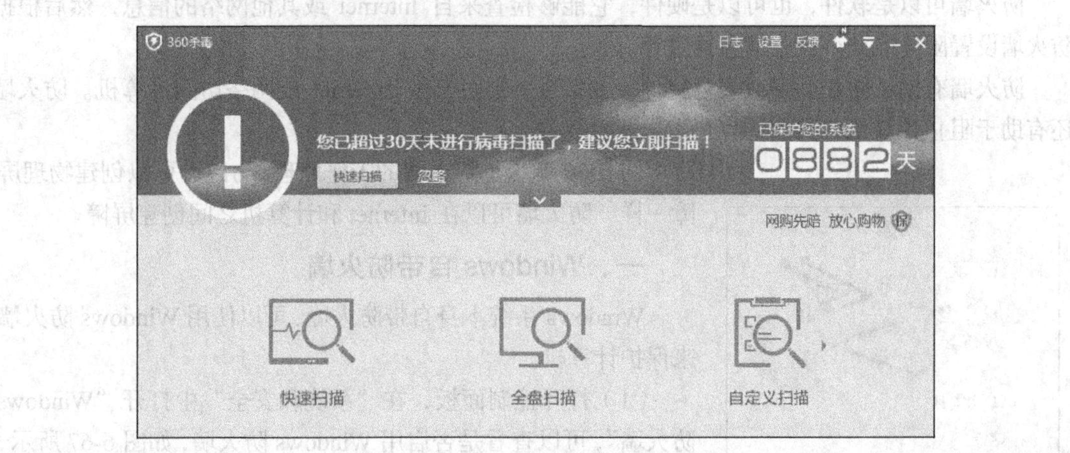

图 6-62　360 杀毒主界面

（4）启动扫描之后，会显示扫描进度窗口，如图 6-63 所示。在这个窗口中可看到正在扫描的文件、总体进度，以及发现问题的文件。如果希望 360 杀毒在扫描完电脑后自动关闭计算机，请选中“扫描完成后自动处理威胁并关机”选项。

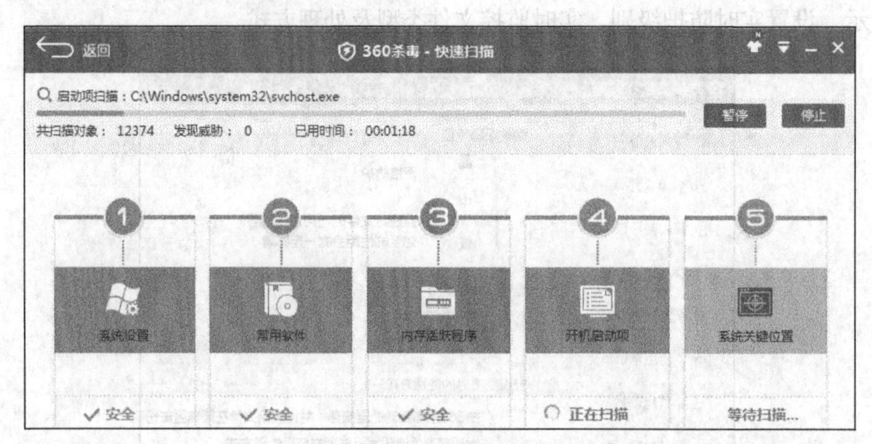

图 6-63 扫描病毒

（5）360 杀毒具有自动升级功能，如果您开启了自动升级功能，360 杀毒会在有升级可用时自动下载并安装升级文件。自动升级完成后会通过气泡窗口提示，如图 6-64 所示。

（6）如果想手动进行升级，请点击 360 杀毒主界面下方的“检查更新”按钮，如图 6-65 所示。升级程序会连接服务器检查是否有可用更新，如果有的话就会下载并安装升级文件。病毒库升级完成后，360 杀毒就可以查杀最新病毒。

图 6-64 自动升级完成

图 6-65 检查更新

6.4.3 防火墙及其使用

防火墙可以是软件，也可以是硬件，它能够检查来自 Internet 或其他网络的信息，然后根据防火墙设置阻止或允许这些信息通过计算机。

防火墙有助于防止黑客或恶意软件（如蠕虫）通过其他 Internet 或网络访问计算机。防火墙还有助于阻止计算机向其他计算机发送恶意软件。

图 6-66 显示了防火墙的工作原理，与砖墙可以创建物理屏障一样，防火墙可以在 Internet 和计算机之间创建屏障。

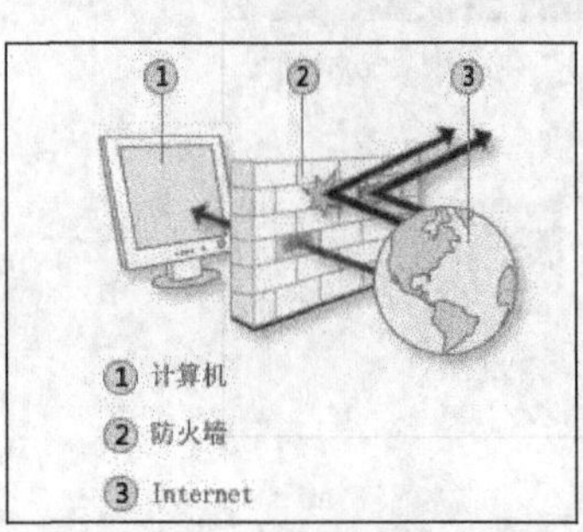

① 计算机
② 防火墙
③ Internet

图 6-66 防火墙工作原理

一、Windows 自带防火墙

Windows 系统本身自带防火墙，可以使用 Windows 防火墙来保护计算机。

（1）打开控制面板，在“系统和安全”中打开“Windows 防火墙”，可以查看是否启用 Windows 防火墙，如图 6-67 所示，已经启用系统自带防火墙，可以阻止所有与未在允许程序列表中的程序的连接。

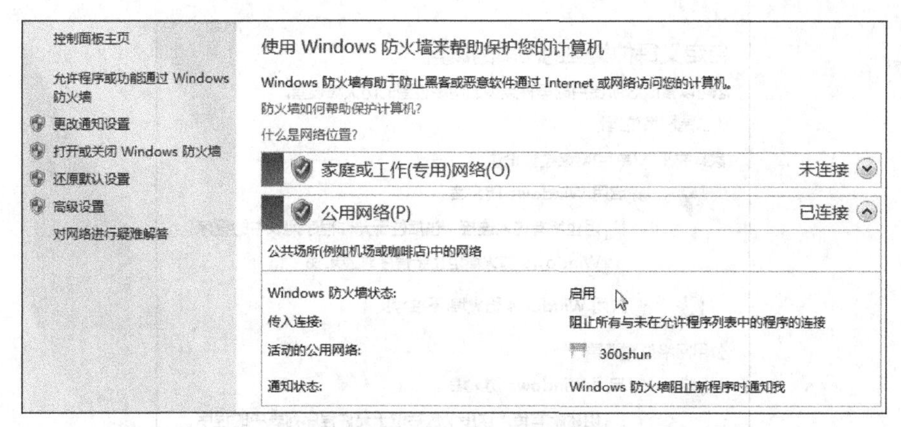

图 6-67　Windows 防火墙

（2）单击左侧栏目中的“允许程序或功能通过 Windows 防火墙”可以看到如图 6-68 所示的程序列表，将某个程序添加到防火墙中允许的程序列表或打开一个防火墙端口时，则允许特定程序通过防火墙与您的计算机之间发送或接收信息。

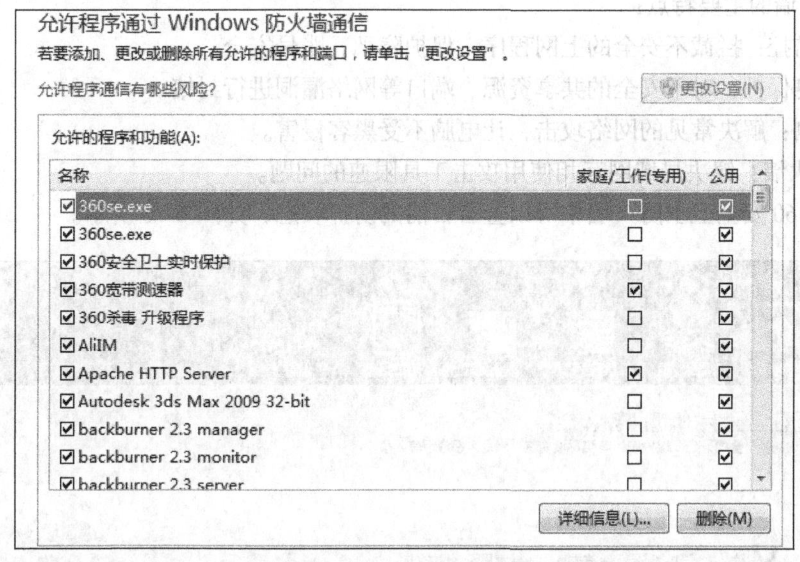

图 6-68　允许的程序和功能

（3）单击图 6-67 左侧栏目中的“打开或关闭 Windows 防火墙”，打开“自定义每种类型的网络的设置”，如图 6-69 所示。可以在其中修改所使用家庭或工作网络位置、公用网络位置的防火墙设置。

二、360 安全卫士防火墙

360 网络防火墙（集成在 360 安全卫士中，程序文件名 360Tray.exe）是一款保护用户上网安全的产品，在您看网页、玩网络游戏、聊天时阻截各类网络风险。防火墙拥有云安全引擎，解决了传统防火墙频繁拦截，识别能力弱的问题，可以轻巧快速地保护上网安全。360 网络防火墙的智能云监控功能，可以拦截不安全的上网程序，保护隐私、账号安全；上网信息保护功能，可以对不安全的共享资源、端口等网络漏洞进行封堵；入侵检测功能可以解决常见的网络攻击，让电脑不受黑客侵害；ARP 防火墙功能可以解决局域网互相使用攻击工具限速的问题。

图 6-69　防火墙设置

360 防火墙的主要特点：

智能云监控：拦截不安全的上网程序，保护隐私、账号安全。

上网信息保护：对不安全的共享资源、端口等网络漏洞进行封堵。

入侵检测：解决常见的网络攻击，让电脑不受黑客侵害。

ARP 防火墙：解决局域网互相使用攻击工具限速的问题。

（1）在 360 安全卫士防火墙中可以查看目前的防护状态，如图 6-70 所示。

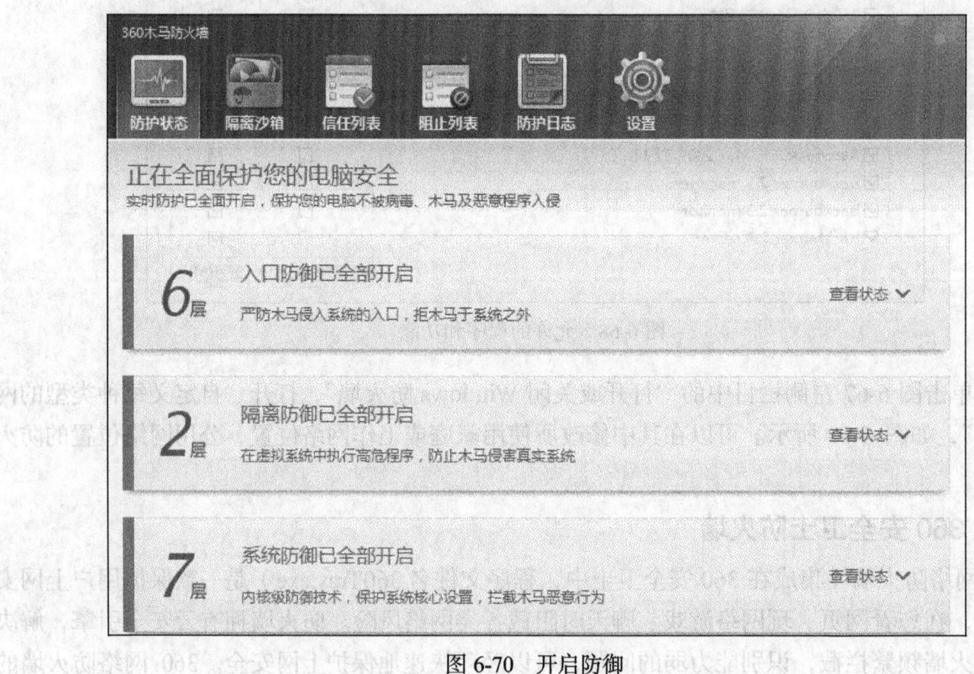

图 6-70　开启防御

（2）单击“查看状态”链接可以查看详细情况，如图 6-71 所示。可以看到该电脑局域网防护 ARP 攻击没有开启。

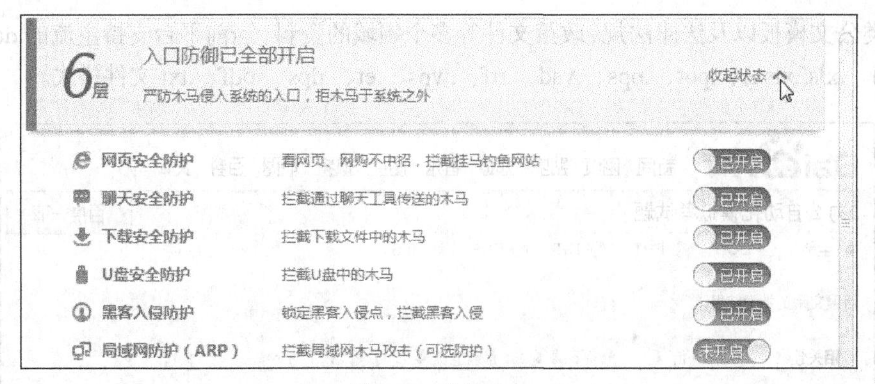

图 6-71　防护状态

（3）单击图 6-70 上方的“信任列表”和“阻止列表”按钮可以查看和管理信任或者不信任的程序和操作，如图 6-72 所示。

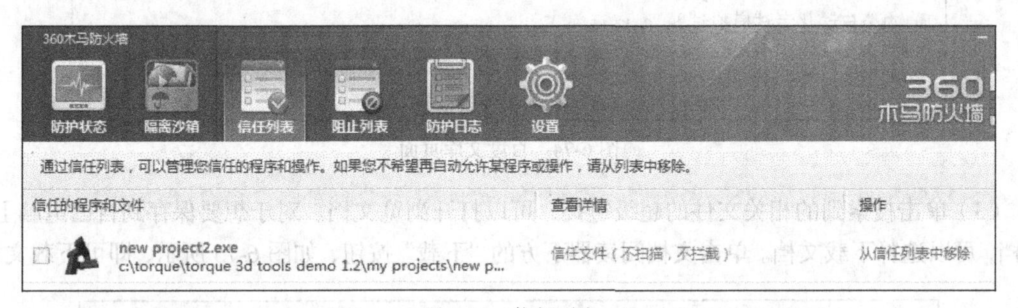

图 6-72　信任列表

6.5　综合实例——网络搜索与空间共享

本例使用百度文库搜索引擎查找有关“办公自动化模拟考试题”的相关文档，将其传给 QQ 好友，并且在 QQ 同学群中共享该文档。制作过程操作步骤如下：

（1）启动浏览器，在浏览器地址栏输入：“http://www.baidu.com”，并按回车键，进入百度页面。输入“办公自动化模拟考试题”，单击“文库”链接，如图 6-73 所示。

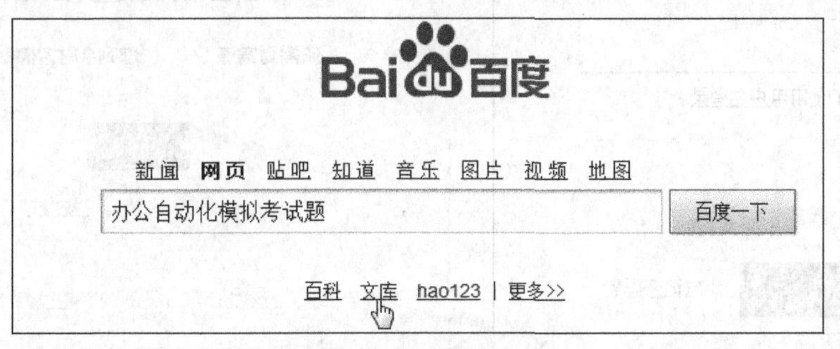

图 6-73　输入查询内容

（2）进入百度文库搜索页面，如图 6-74 所示。百度文库是百度为网友提供的信息存储空间，是供网友在线分享文档的开放平台。用户可以在线阅读和下载包括课件、习题、论文报告、专业资料、各类公文模板以及法律法规、政策文件等多个领域的资料。当前平台支持主流的.doc(.docx)、.ppt(.pptx)、.xls(.xlsx)、.pot、.pps、.vsd、.rtf、.wps、.et、.dps、.pdf、.txt 文件格式。

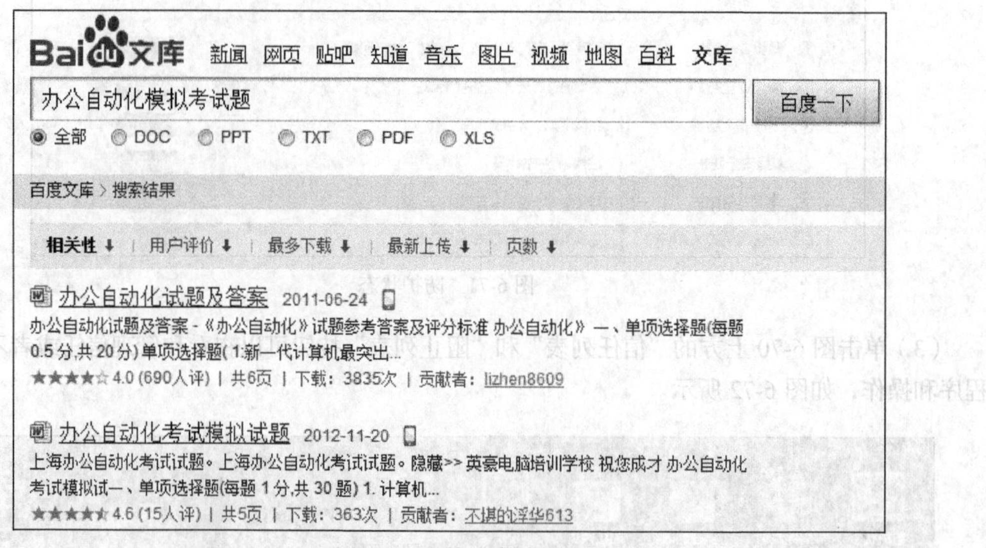

图 6-74　百度文库页面

（3）单击搜索到的相关文件的超级链接，可以打开浏览文档。对于想要保存到自己电脑上的文档，可以选择下载文档。单击文档阅读器下方的“下载”按钮，如图 6-75 所示，即可下载文档。

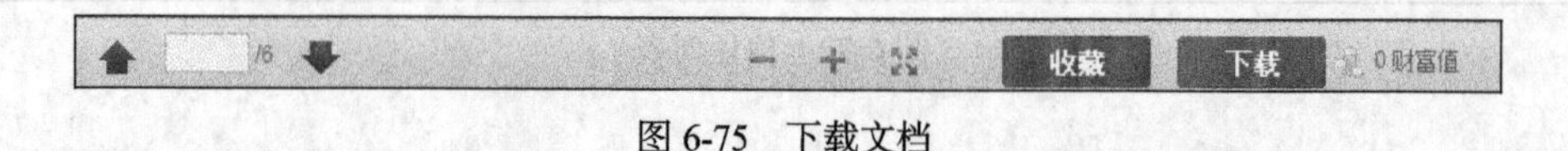

图 6-75　下载文档

（4）下载文档需要登录百度账号，如图 6-76 所示。并且您所拥有的文库财富值能够满足所下载的文档的标价，如图 6-77 所示。如果在文库找到了需要的文档，又觉得下载到本地比较杂乱，还要花费财富值，可以选择免费收藏该文档，单击文档阅读器下方的“收藏”按钮，即可收藏文档。

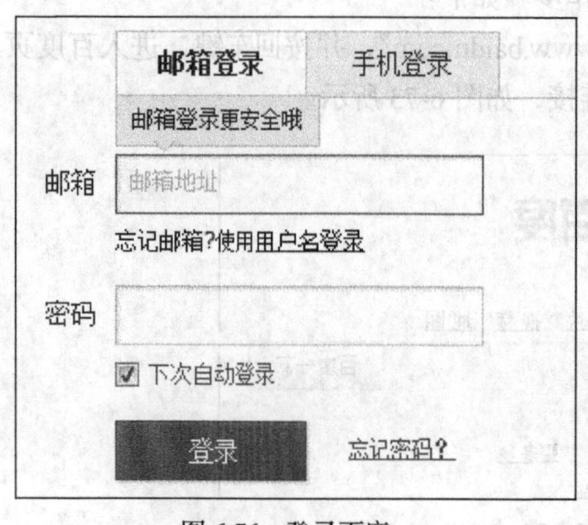

图 6-76　登录百度

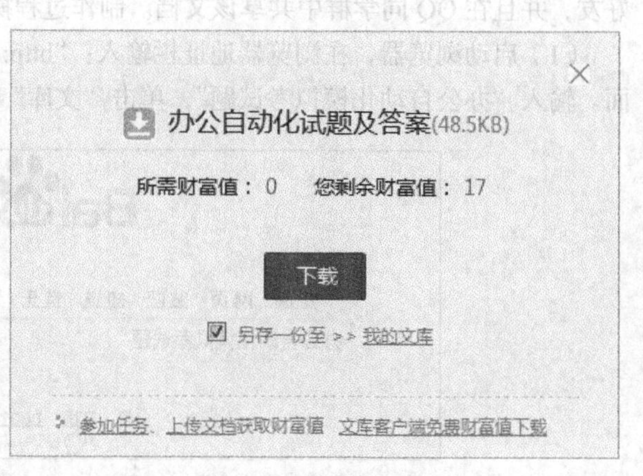

图 6-77　下载文档

（5）将文档下载并保存到本地电脑。然后登录 QQ，双击好友头像，打开聊天窗口，在聊天窗口上面的控制菜单单击“传送文件”按钮，选择其中的“发送文件/文件夹”按钮，如图 6-78

所示。也可以发送离线文件，即使对方不在线，也可以发送。

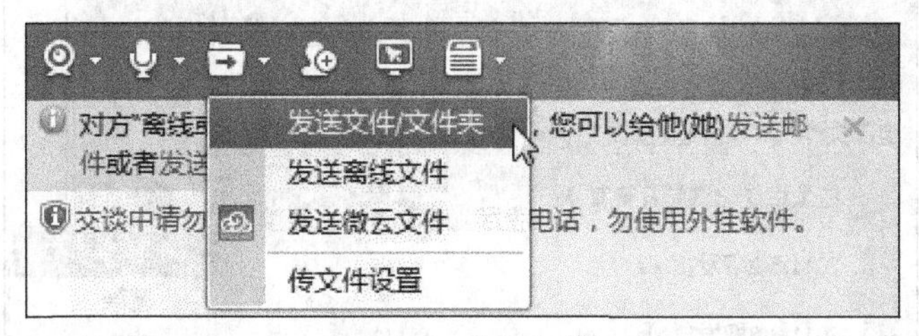

图 6-78　发送文件

（6）上述方法是将文档发送给单个好友，也可以将文档在 QQ 群中共享，这样群中所有成员都可以自行浏览和下载文档了。操作方法是双击群头像，打开聊天窗口，在聊天窗口上面的控制菜单单击“群共享”下拉按钮，选择其中的“上传永久文件”按钮，如图 6-79 所示。

图 6-79　上传永久文件

（7）弹出“打开”窗口，选取计算机上需要共享的文件，单击“打开”按钮，上传成功后，即可看到窗口右侧列出的传送文件列表，如图 6-80 所示。

图 6-80　传送文件列表

（8）传送成功后，可以对文档重命名，不需要的文件也可以进行删除，只需要单击“下载”按钮旁边的下拉菜单，如图 6-81 所示，从中选择相应的命令就可以。

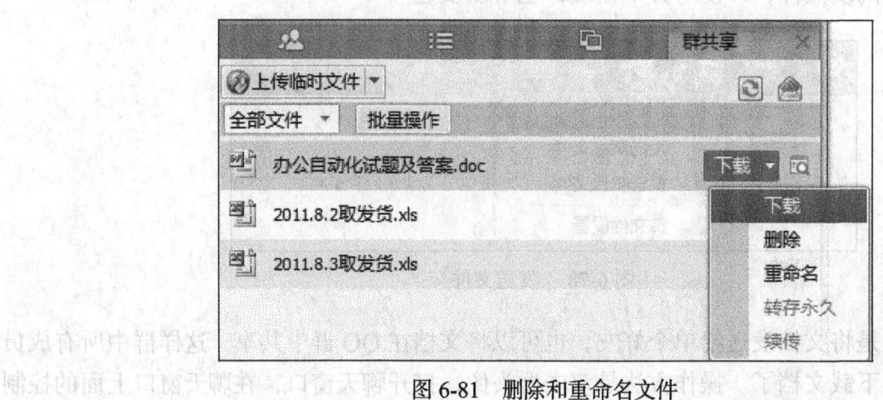

图 6-81　删除和重命名文件

（9）群里的其他成员就可以在共享空间里下载该文档，只需要单击文件后面的“下载”按钮即可。

习　题

一、填空题

1. Internet 连接方式是包含拨号、__________、__________、__________、__________。

2. WWW 是 World Wide Web 的缩写，中文称为“__________”，简称为 Web。分为 Web 客户端和 Web 服务器程序。

3. __________使用了高性能的“网络蜘蛛”程序自动地在互联网中搜索信息，可定制、高扩展性的调度算法使得搜索器能在极短的时间内收集到最大数量的互联网信息。

4. __________是腾讯公司开发的一款基于 Internet 的即时通信（IM）软件。

5. __________是一种人为编制的具有破坏性的程序代码。

6. __________有助于防止黑客或恶意软件（如蠕虫）通过网络或 Internet 访问计算机。还有助于阻止计算机向其他计算机发送恶意软件。

7. __________指致力于解决诸如如何有效进行介入控制，以及如何保证数据传输的安全性的技术手段，主要包括物理安全分析技术，网络结构安全分析技术，系统安全分析技术，管理安全分析技术，及其他的安全服务和安全机制策略。

8. 入侵检测技术（IDS）可以被定义为对计算机和网络资源的恶意使用行为进行识别和相应处理的技术。是一种用于检测计算机网络中违反安全策略行为的技术。

9. __________主要用于远程帮助 QQ 好友，操作好友电脑解决对方电脑操作上遇到的问题。

10. __________是指使用无线连接的互联网登陆方式，它使用无线电波作为数据传送的媒介，速度和传送距离虽然没有有线线路上网的优势，但它以移动便捷为杀手锏，深受广大商务人士喜爱。

11. 360 杀毒提供了四种手动病毒扫描方式：__________、__________、__________及__________。

12. Windows 系统本身自带防火墙，可以使用 Windows 防火墙来保护计算机。打开控制面板，在“__________”中打开“Windows 防火墙”，可以查看是否启用 Windows 防火墙。

13. 发送电子邮件时，如果有多个收件人中间用“__________”隔开或者单击右边“通讯录”中一位或多位联系人，选中的联系人地址将会自动填写在“收件人”一栏中，如果单击联系组，该组内的所有联系人地址都会自动填写在“收件人”栏。

14. 设置浏览器起始页为 http://www.sohu.com 的步骤是：选择“工具”菜单，单击“__________”命令，弹出“Internet 选项”对话框。在“常规”选项卡中的地址框键入：http://www.sohu.com，单击确定按钮完成设置。

15. 每个未被禁止搜索的网页，在百度上都会自动生成临时缓存页面，称为__________。当遇到网站服务器暂时故障或网络传输堵塞时，可以通过它快速浏览页面文本内容。

二、简述题

1. 简要说明防火墙的主要用途。
2. 计算机病毒一般具有哪些特点？
3. 请叙述使用 QQ 远程协助的过程。
4. 请叙述使用 126 邮箱发送带附件邮件的过程。
5. 请简要回答无线网络连接方法。

第7章 常用电脑软件高手速成

7.1 压缩软件

WinRAR 是目前流行的压缩工具，界面友好，使用方便，在压缩率和速度方面都有很好的表现。当前大量文件需要在网络之间或者不同的计算机之间进行传递，因此，对于文件夹的压缩与解压缩已成为必不可少的工作之一。

7.1.1 快速压缩

在 WinRar 中要压缩文件非常简单，方法如下：

（1）鼠标右键单击要压缩的文件，这时菜单会出现如图 7-1 所示的菜单：

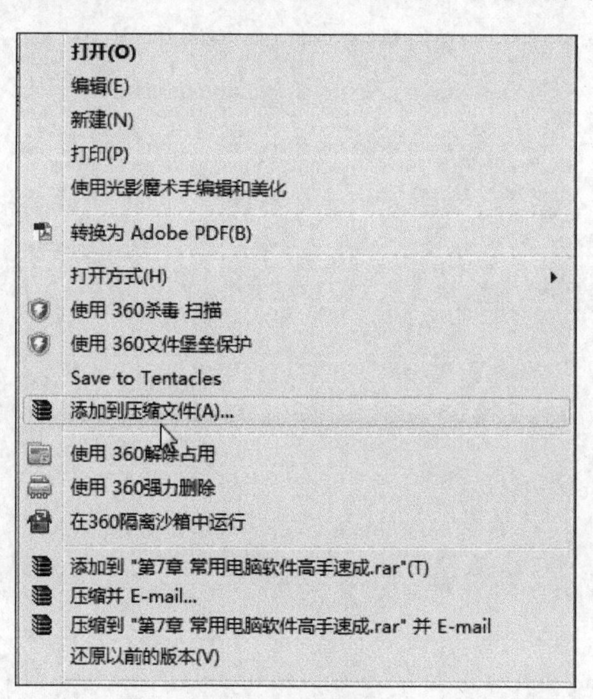

图 7-1 快速压缩

（2）可以选择“添加到‘文件名’（T）”将文件直接压缩到同一路径下。也可以选择“添加到压缩文件（A）”，在弹出的对话框中指定压缩文件的文件名，存放的路径，存放的类型（RAR 或 ZIP），以及其他一些设置，如图 7-2 所示。

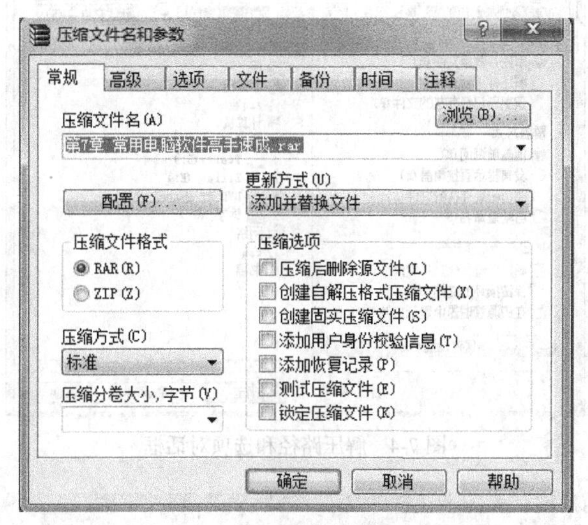

图 7-2　压缩文件名和参数对话框

7.1.2　快速解压

（1）使用 WinRar 可以快速进行解压缩操作，在压缩文件上单击右键，弹出菜单如图 7-3 所示。

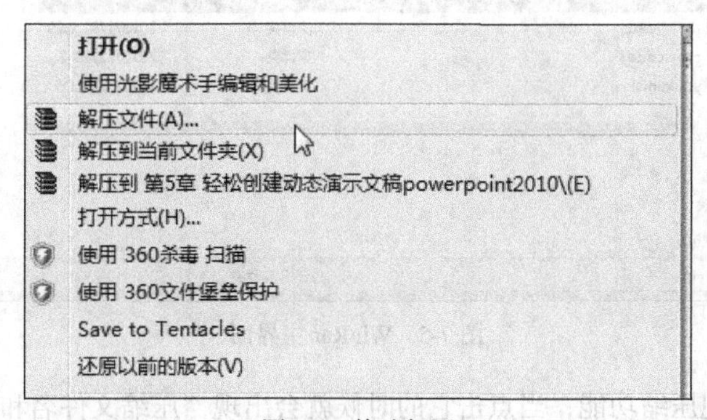

图 7-3　快速解压

（2）选择“解压文件”后出现“解压路径和选项”对话框，如图 7-4 所示。在“目标路径”处选择出解压缩后的文件将被安排至的路径和名称，然后单击“确定”按钮就可以解压了。

7.1.3　WinRar 的主界面

安装好 WinRar 后，双击 WinRar 图标便进入操作界面，如图 7-5 所示。其实对文件进行压缩和解压的操作的话，在右键菜单中的功能就足以胜任了，一般不用在 WinRAR 的主界面中进行操作，但是在主界面中又有一些额外的功能，下面将对主界面中的每个按钮进行说明。

WinRar 采用了 Windows 中流行的浮动式工具栏，在工具栏下面是文件列表框，文件列表框和我们的资源管理器的用法差不多，用鼠标双击一个文件夹，可以进入这个文件夹，在 WinRar 中也可以用鼠标来选择要压缩的文件，如果需要改变当前的驱动器，单击向上按钮，然后从中选择合适的驱动器。单击工具栏上的这些按钮可实现 WinRar 的常用功能。

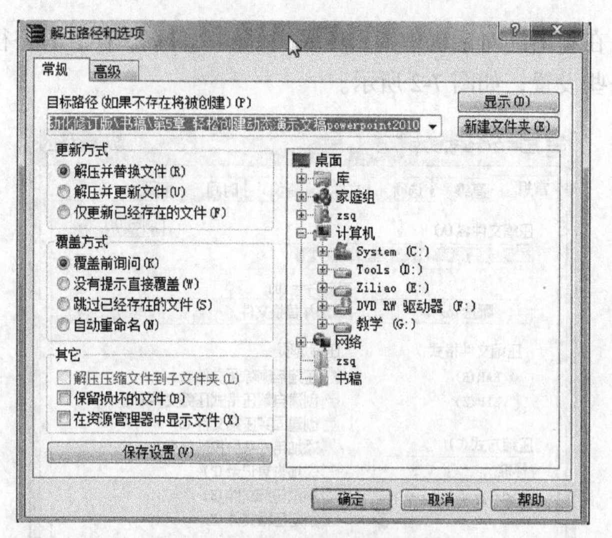

图 7-4　解压路径和选项对话框

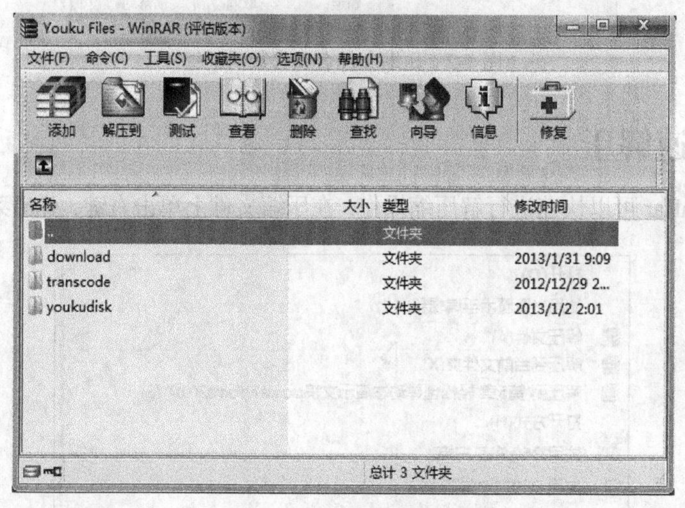

图 7-5　WinRar 主界面

“添加”按钮实现压缩功能，当点击它的时候就会出现“压缩文件名和参数”对话框界面，在弹出的对话框中指定压缩文件的文件名，存放的路径，存放的类型（RAR 或 ZIP），以及其他一些设置，如图 7-6 所示。

在文件列表中选择一个压缩文件，单击“解压到”按钮后出现“解压路径和选项”对话框，可以实现对文件的解压缩。

“修复”是修复一个文件的功能。修复后的文件 WinRAR 会自动为它起名为 *_recover.rar* 或 *_reconst.rar*，所以只要在“被修复的压缩文件保存的文件夹”处为修复后的文件找好路径就可以了，当然也可以自己为它起名。

“测试”是允许对选定的文件进行测试，它会指出是否有错误等测试结果。

“删除”按钮的功能十分简单，就是删除选定的文件。

在 WinRAR 的主界面中双击打开一个压缩包的时候，又会出现几个新的按钮，如图 7-7 所示，其中有“自解压格式”按钮，是将压缩文件转化为自解压可执行文件，“保护”是防止压缩包受额外损害。“注释”是对压缩文件做一定的说明。

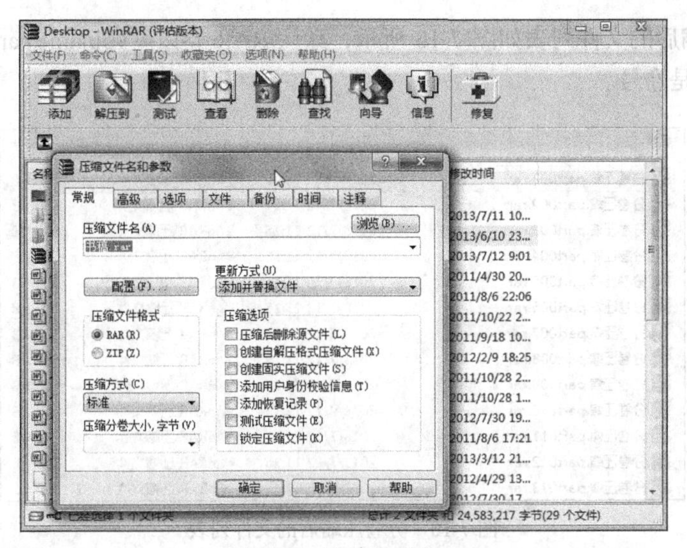

图 7-6 “添加”按钮

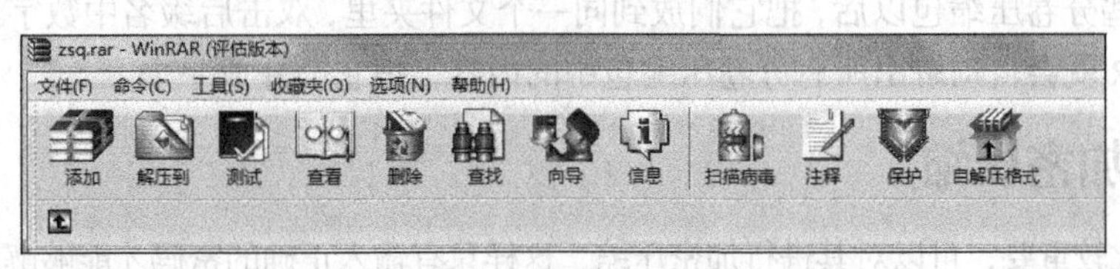

图 7-7 主界面中其他按钮

7.1.4 分卷压缩

分卷压缩是拆分压缩文件的一部分，并且仅支持 RAR 压缩文件格式，通常分卷压缩在将大型的压缩文件保存到数个磁盘或是可移动磁盘时使用。下面以分卷压缩不超过 512KB 为例介绍分卷压缩方法。

（1）右键单击要分卷压缩的文件，从弹出的快捷菜单中选择“添加到压缩文件（A）”。

（2）弹出在“压缩文件夹名和参数”对话框，设置压缩分卷的大小，以字节为单位。如压缩分卷大小为 500KB，则 1024 × 500=512 000 字节，如图 7-8 所示。

（3）单击“确定”按钮，开始进行分卷压缩，如图 7-9 所示。

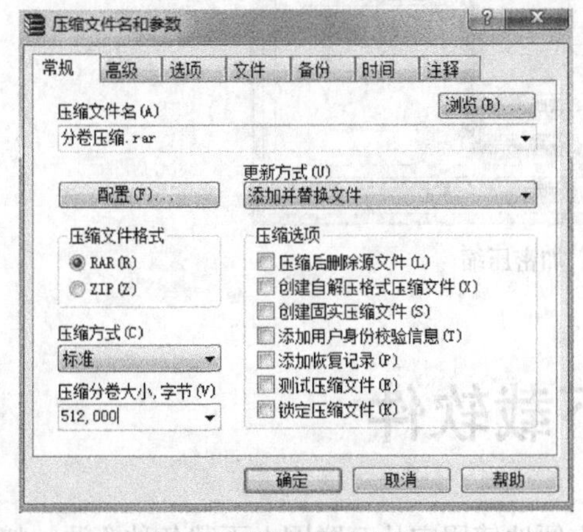

图 7-8 压缩分卷大小设置

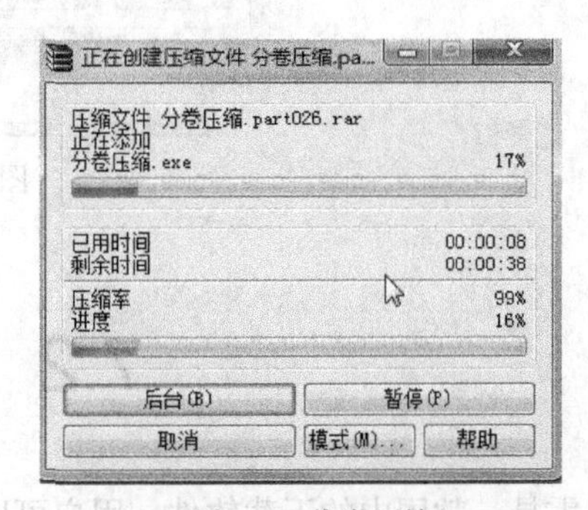

图 7-9 分卷压缩

（4）分卷压缩后的文件列表如图 7-10 所示，默认 RAR 卷以“volname.partNNN.rar”格式命名，NNN 的位置是卷号。

名称	修改日期	类型	大小
分卷压缩.part001.rar	2013/7/12 11:15	WinRAR 压缩文件	500 KB
分卷压缩.part002.rar	2013/7/12 11:15	WinRAR 压缩文件	500 KB
分卷压缩.part003.rar	2013/7/12 11:15	WinRAR 压缩文件	500 KB
分卷压缩.part004.rar	2013/7/12 11:15	WinRAR 压缩文件	500 KB
分卷压缩.part005.rar	2013/7/12 11:15	WinRAR 压缩文件	500 KB
分卷压缩.part006.rar	2013/7/12 11:15	WinRAR 压缩文件	500 KB
分卷压缩.part007.rar	2013/7/12 11:15	WinRAR 压缩文件	500 KB
分卷压缩.part008.rar	2013/7/12 11:15	WinRAR 压缩文件	500 KB
分卷压缩.part009.rar	2013/7/12 11:15	WinRAR 压缩文件	500 KB
分卷压缩.part010.rar	2013/7/12 11:15	WinRAR 压缩文件	500 KB
分卷压缩.part011.rar	2013/7/12 11:15	WinRAR 压缩文件	500 KB
分卷压缩.part012.rar	2013/7/12 11:15	WinRAR 压缩文件	500 KB
分卷压缩.part013.rar	2013/7/12 11:15	WinRAR 压缩文件	500 KB

图 7-10　分卷压缩后的文件列表

下载完这些分卷压缩包以后，把它们放到同一个文件夹里，双击后缀名中数字最小的压缩包，解压，WinRAR 就会自动解出所有分卷压缩包中的内容，把它合并成一个。

7.1.5　加密压缩

如果文件比较重要，可以对其进行加密压缩，这样只有输入正确的密码才能够解压，方法如下。

（1）右键单击要压缩的文件或文件夹，从弹出的快捷菜单中选择“添加到压缩文件”，在“压缩文件名和参数”窗口的“高级”选项卡中单击“设置密码”按钮。

（2）弹出“带密码压缩”对话框，在该对话框中输入密码，如图 7-11 所示。单击“确定”按钮完成密码设置，再次单击“确定”按钮开始进行加密压缩。

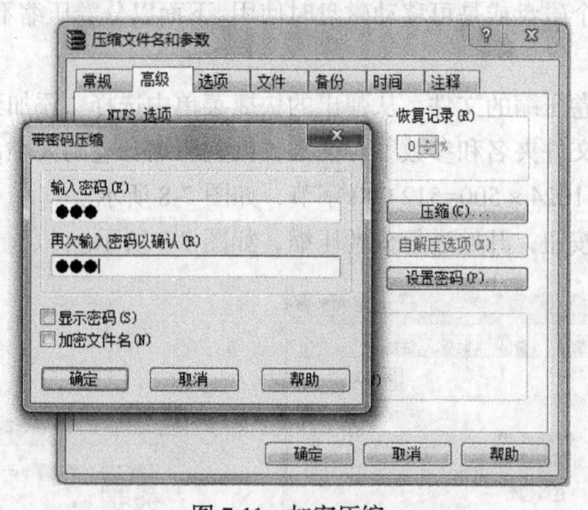

图 7-11　加密压缩

7.2　下载软件

迅雷是一款国内的下载软件，用户可以很方便地使用它从互联网上下载各种资源，如电影、音乐、软件、电子书等。

迅雷使用先进的超线程技术基于网格原理，能够将存在于第三方服务器和计算机上的数据文件进行有效整合，通过这种先进的超线程技术，用户能够以更快的速度从第三方服务器和计算机获取所需的数据文件。这种超线程技术还具有互联网下载负载均衡功能，在不降低用户体验的前提下，迅雷网络可以对服务器资源进行均衡，有效降低了服务器负载。

下载并安装好迅雷后，启动界面如图7-12所示。在迅雷的主界面左侧就是任务管理窗口，该窗口中包含一个目录树，分为“正在下载”、“已下载”和“垃圾箱”三个分类，鼠标左键点击一个分类就会看到这个分类里的任务，每个分类的作用如下。

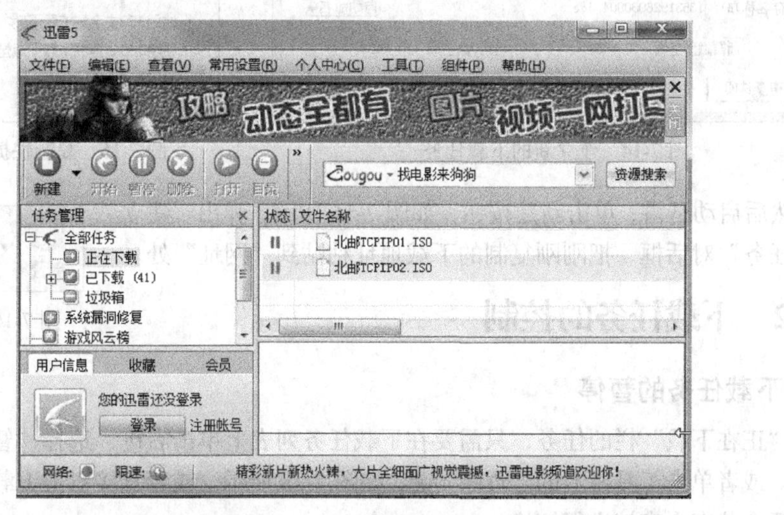

图7-12 迅雷主界面

正在下载：没有下载完成或者错误的任务都在这个分类，当开始下载一个文件的时候就需要点“正在下载”查看该文件的下载状态。

已下载：下载完成后任务会自动移动到“已下载”分类，如果你发现下载完成后文件不见了，点一下“已下载”分类就看到了。

垃圾箱：用户在“正在下载”和“已下载”中删除的任务都存放在迅雷的垃圾箱中，“垃圾箱”的作用就是防止用户误删，在“垃圾箱”中删除任务时，会提示是否把存放于硬盘上的文件一起删除。

7.2.1 从网页下载

（1）一般在网页中浏览到需要下载的资源时，在有下载资源的超链接单击鼠标右键，选中“使用迅雷下载”，如图7-13所示。

（2）之后便自动启动迅雷，进入“建立新的下载任务”界面，如图7-14所示。设置“存储分类”和“存储目录”，然后点击“确定”，便开始进入下载状态。

（3）也可右键单击下载地址，在弹出的菜单里选择“复制快捷方式”，把下载地址复制到系统剪贴板，如图7-15所示。

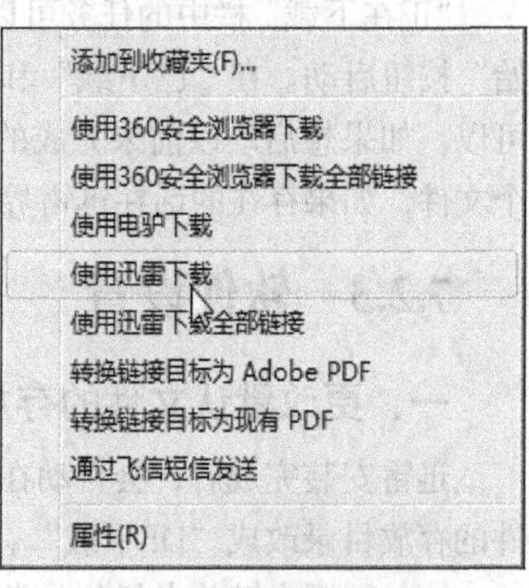

图7-13 使用迅雷下载

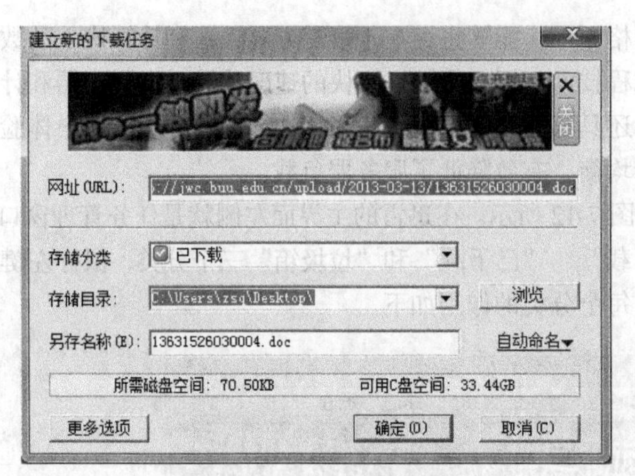

图7-14　建立新的下载任务

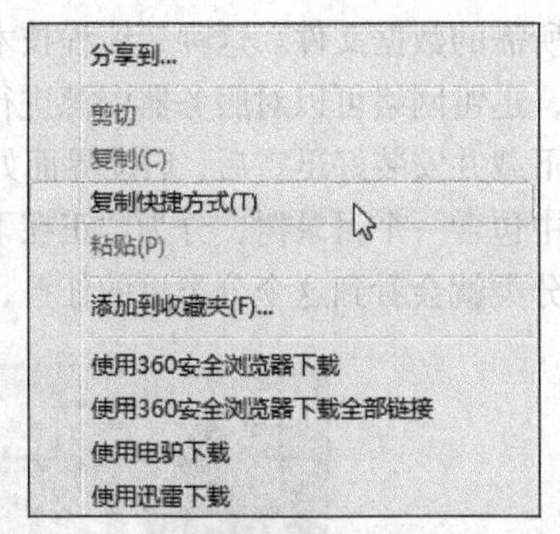

图7-15　复制快捷方式

（4）然后启动迅雷，单击新建按钮，如图7-16所示，弹出“建立新的下载任务”对话框，把刚刚复制的下载地址粘贴到“网址”处。

图7-16　新建下载任务

7.2.2　下载任务的控制

一、下载任务的暂停

停止“正在下载”栏的任务，只需要在下载任务列表上单击右键，选择“暂停任务”，如图7-17所示。或者单击工具栏上的“暂停”键，如图7-18所示。或者直接双击下载任务就可以在暂停和开始两个状态中直接进行切换。

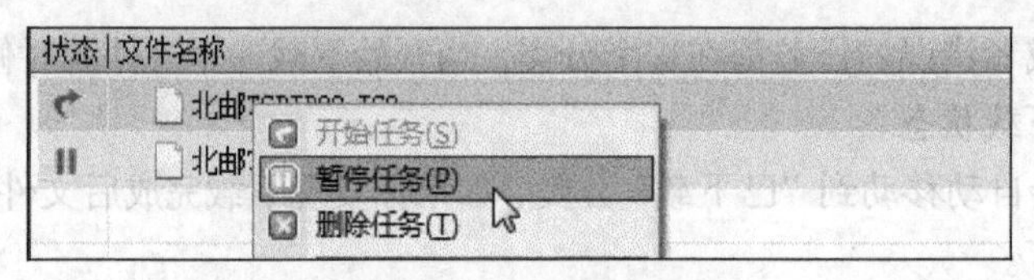

图7-17　暂停任务菜单

图7-18　暂停任务按钮

二、下载任务的重启

“正在下载”栏中的任务可以通过右键中的“开始任务”按钮启动，或者单击工具栏上的“开始”按钮启动。在“已下载”和“垃圾箱”中右键重新开始或者直接拖住任务到“正在下载”也可以。如果想启动以前未完成的任务，先到你的文件保存目录查看有没有“*.td”和“*.cfg”两个文件，如果存在的话在迅雷界面的“文件”—“导入未完成的下载”中启动“*.td”文件即可。

7.2.3　软件设置

一、更改默认文件的存放目录

迅雷安装完成后，会自动在C盘建立一个“C:\TDDOWNLOAD\”目录，如果用户希望把文件的存放目录改成“D:\下载”，方法如下。

（1）需要右键单击任务分类中的“已下载”，选择“属性”，打开“任务类别属性”对话框，如图7-19所示。

（2）使用“浏览”更改目录为“D:\下载”，然后单击“确定”按钮，即可将原来的“C:\TDDOWNLOAD\”变成“D:下载。

二、子分类的建立

在“已下载”分类中迅雷自动创建了“软件”、“游戏”、“音乐”、“影视”和“手机”等子分类，如图 7-20 所示，可以把不同的文件放在不同的目录。

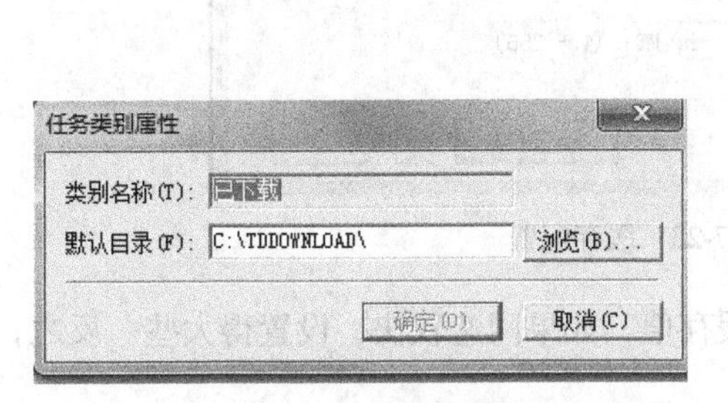

图 7-19 任务类别属性对话框

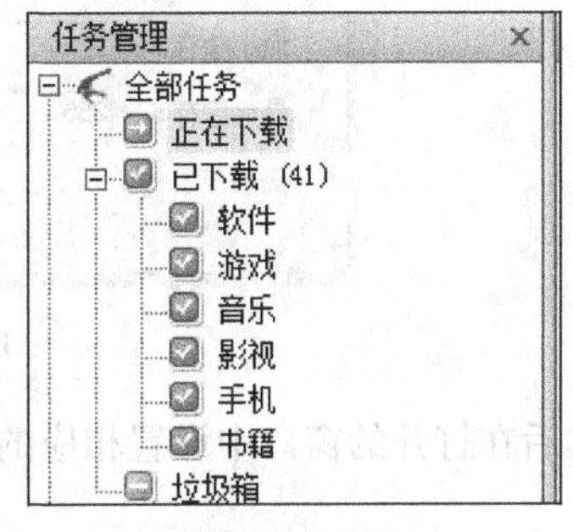

图 7-20 分类

用户可以新建子分类，如新建学习资料子分类，放在“D:”目录下，方法如下。

（1）右键单击“已下载”分类，选择“新建类别”，弹出“新建任务类别”对话框，如图 7-21 所示。

（2）然后指定类别名称为“学习资料”，目录为“D:\学习资料”，父类别为“已下载”，然后单击“确定”按钮，这时可以看到“学习资料”这个分类了，以后要下载学习资料，在新建任务时选择“学习资料”分类就可以了。

如果不想使用迅雷默认建立的这些分类，可以删除，例如删除“软件”这个分类，右键单击“软件”分类，选择“删除”，迅雷会提示是否真的删除该分类，单击“确定”就可以了。如图 7-22 所示。

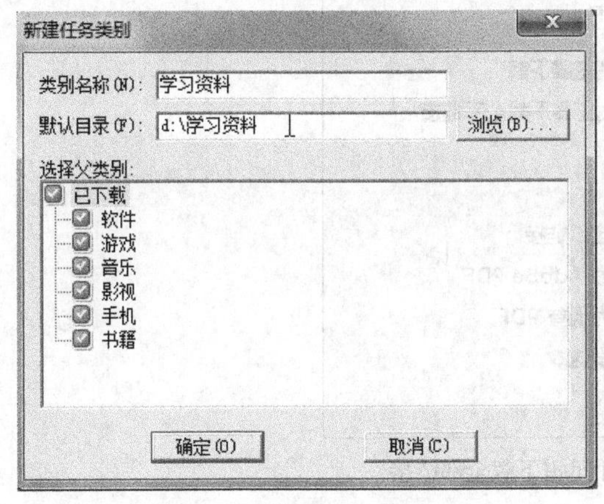

图 7-21 新建任务类别

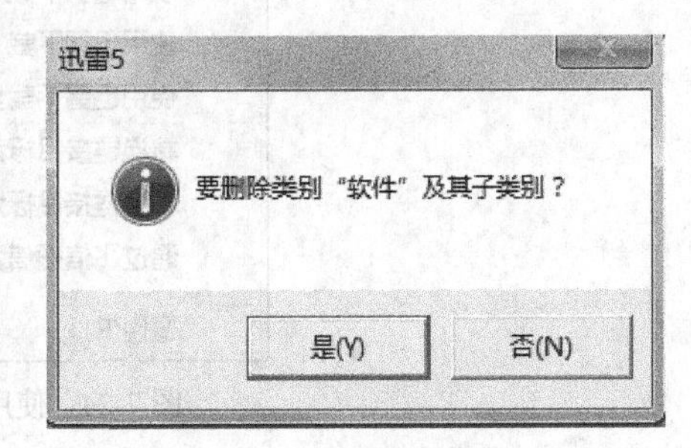

图 7-22 删除子类别

三、配置硬盘保护

现在网速越来越快，如果迅雷缓存设置得较小的话，极有可能会对硬盘频繁进行写操作，时间长了，会对硬盘不利，在迅雷中可以配置硬盘保护，设置适当的缓存值，方法如下。

（1）选择“常用设置”下的“配置硬盘保护”，单击选择“自定义”，打开“缓存配置”对话框，如图 7-23 所示。

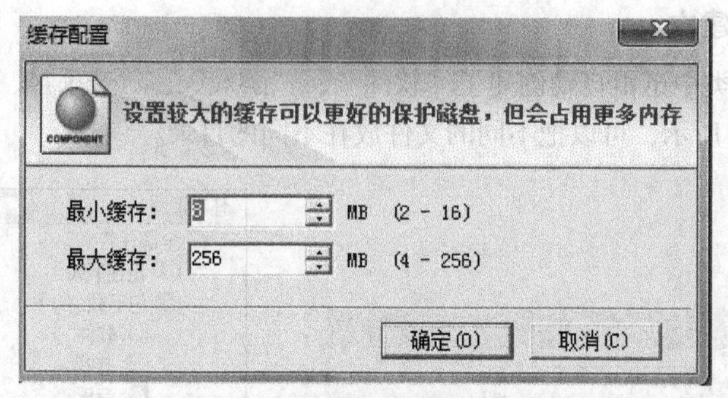

图 7-23　缓存配置

（2）然后在打开的窗口中设置相应的缓存值，如果网速较快，设置得大些。反之，则设置得小些。

7.2.4　批量下载

有时在网上会发现很多有规律的下载地址，如遇到成批的 mp3、图片、动画等，比如某个有很多集的动画片，如果按照常规的方法需要一次一次地添加下载地址，非常麻烦，其实这时可以利用迅雷的批量下载功能，只添加一次下载任务，就能让迅雷批量将它们下载回来，下面具体介绍使用迅雷进行批量下载。

一、右键单击页面任意位置

（1）右键单击页面任意位置，在弹出菜单里，选择“使用迅雷下载全部链接”，如图 7-24 所示。

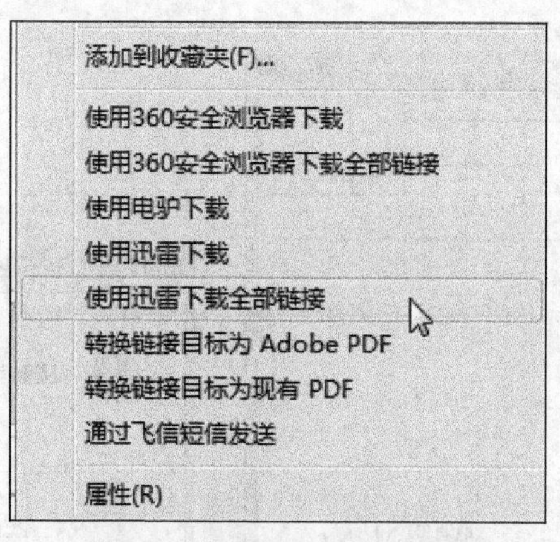

图 7-24　使用迅雷下载全部链接

（2）弹出一个对话框，如图 7-25 所示，使用迅雷下载全部链接会把网页上的所有链接都给找出来。

（3）单击“筛选”按钮，把不需要下载的链接类型给去掉了。如图 7-26 所示，取消其他类型的链接，只保留 *.jpg（想要下载的类型）。筛选后，在图中就得到想要下载的地址了，再单击右下角的“确定”就可以了。

图 7-25　选择要下载的 URL

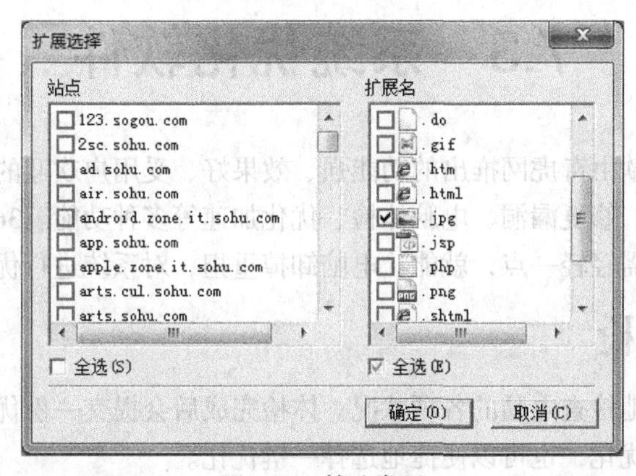

图 7-26　筛选类型

二、使用迅雷的批量任务功能

批量下载功能可以方便地创建多个包含共同特征的下载任务。例如网站 A 提供了 10 个这样的文件地址：

http://www.a.com/01.zip

http://www.a.com/02.zip

...

http://www.a.com/10.zip

这 10 个地址只有数字部分不同，如果用(*)表示不同的部分，这些地址可以写成：

http://www.a.com/(*).zip

同时，通配符长度指的是这些地址不同部分数字的长度，例如：

从 01.zip – 10.zip，那通配符长度就是 2，

从 001.zip – 010.zip 通配符长度就是 3。

（1）单击工具栏上“新建”的下拉列表，从中选择“新建批量任务”，如图 7-27 所示。

（2）打开“新建批量任务”对话框，如图 7-28 所示，在 URL 中输入带有通配符的下载地址，

设置好通配符的长度，单击“确定”按钮开始批量下载。

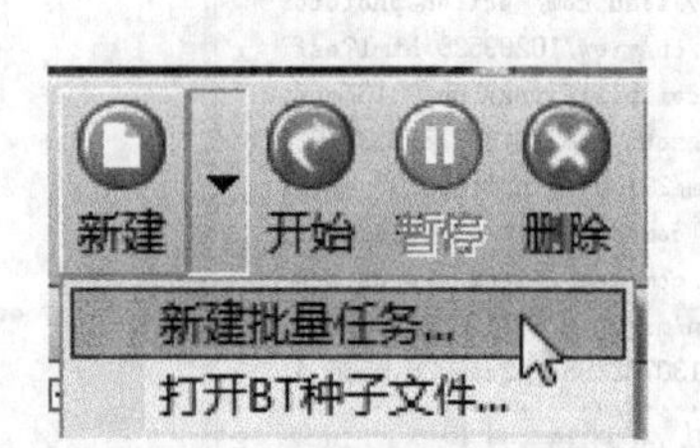

图 7-27　新建批量任务

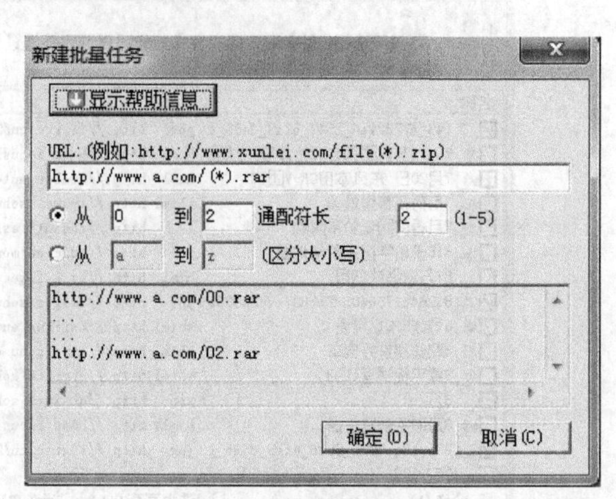

图 7-28　新建批量任务

7.3　系统优化软件

360 安全卫士是一款由奇虎网推出的功能强、效果好、受用户欢迎的软件。360 安全卫士拥有查杀木马、清理插件、修复漏洞、电脑体检、优化加速等多种功能。360 安全卫士可以智能分析电脑的运行状态，只需轻轻一点，就能让电脑卸掉重担，对系统进行优化。

7.3.1　电脑体检

体检功能可以全面地检查电脑的各项状况。体检完成后会提交一份优化电脑的意见，用户可以根据需要对电脑进行优化，也可以便捷地选择一键优化。

（1）打开 360 安全卫士的界面，单击“立即体检”体检就会自动开始进行，如图 7-29 所示。

图 7-29　360 安全卫士界面

（2）检测完毕后，窗口中会出现电脑当前的体检指数，如图 7-30 所示，代表电脑的健康状况。同时会出现提醒是否对电脑进行优化和安全项目列表，单击“一键修复”按钮可以对系统进行自动修复。

图 7-30　电脑体检

（3）另外通过“修改体检设置”还能够利用设置 360 电脑体检的方式和频率。单击“主菜单”中的“设置”命令，如图 7-31 所示。

图 7-31　主菜单

（4）打开设置对话框，在“体检设置”选项卡中 360 安全卫士体检频度，如图 7-32 所示。

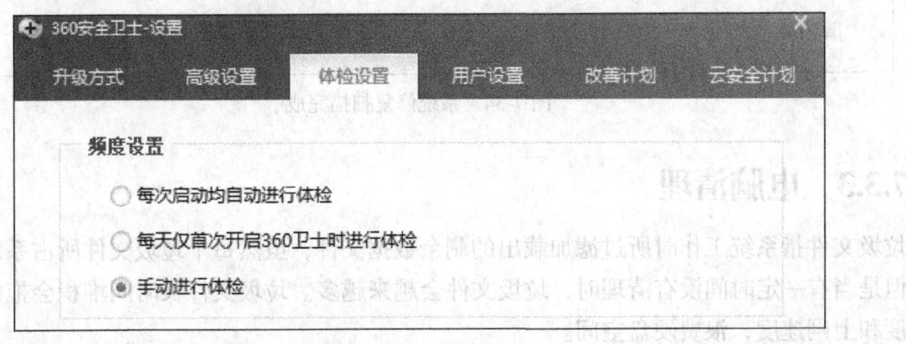

图 7-32　体检设置

7.3.2 系统修复

当浏览器主页、开始菜单、桌面图标、文件夹、系统设置出现异常时，使用系统修复功能，可以帮助找出问题出现的原因并修复问题。

（1）选择“系统修复”，单击其中的“常规修复”按钮，如图 7-33 所示，可以自动扫描系统。

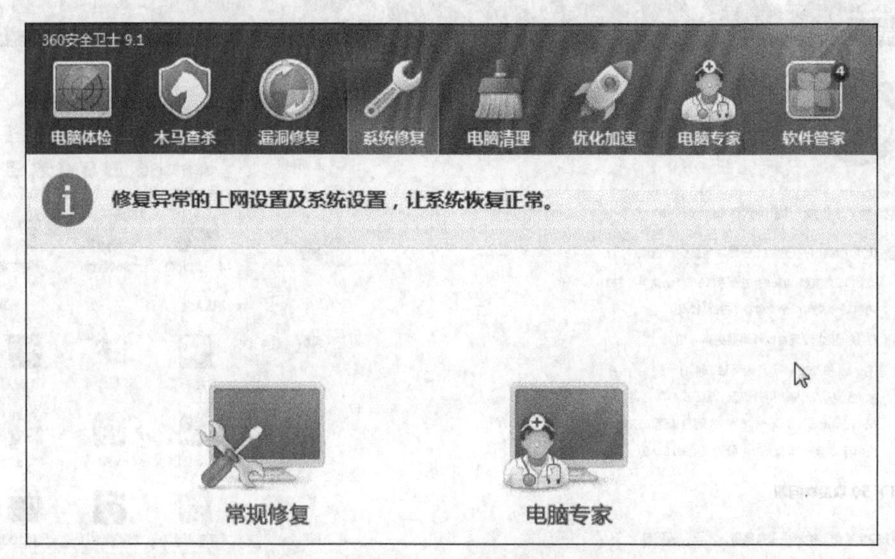

图 7-33　系统修复

（2）扫描完成后，系统会列出推荐修复项目和可选修复项目，如图 7-34 所示，单击“立即修复”按钮进行自动修复或者手动修复每一项。

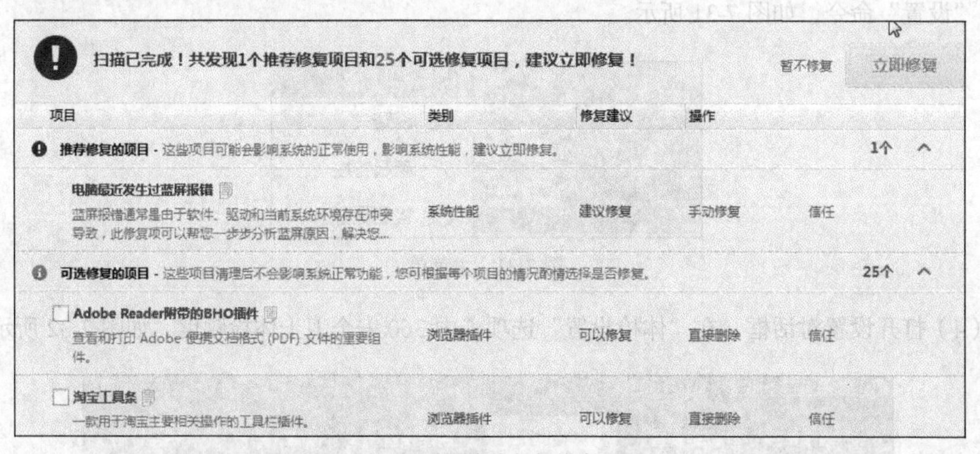

图 7-34　系统修复扫描完成

7.3.3 电脑清理

垃圾文件指系统工作时所过滤加载出的剩余数据文件，虽然每个垃圾文件所占系统资源并不多，但是当有一定时间没有清理时，垃圾文件会越来越多。垃圾文件长时间堆积会拖慢电脑的运行速度和上网速度，浪费硬盘空间。

（1）单击“电脑清理”中的“一键清理”按钮，如图 7-35 所示。可以清理电脑中的上网、购物、游戏等记录；清除系统中的垃圾；可以清除注册表中的多余项目，优化注册表结构，提高系统性能；还可以清除电脑中不必要的插件，提升运行速度。

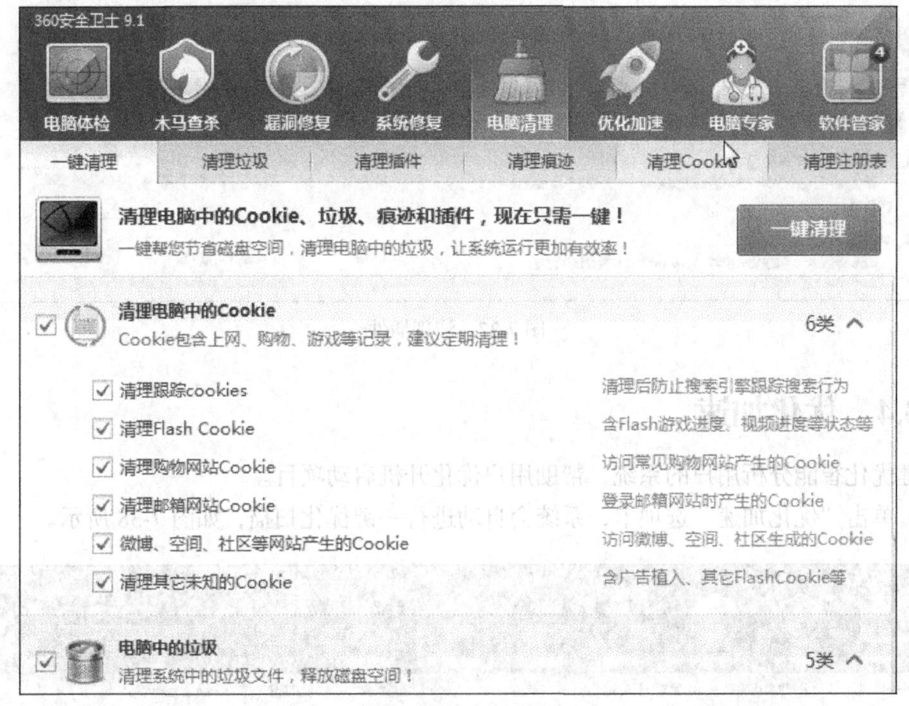

图 7-35　电脑清理

（2）用户可以选择每一项前面的☑，从而确定是否要清理该项内容。

（3）还可以设置是否要自动进行清理，清理时机，清理内容等内容，如图 7-36 所示。

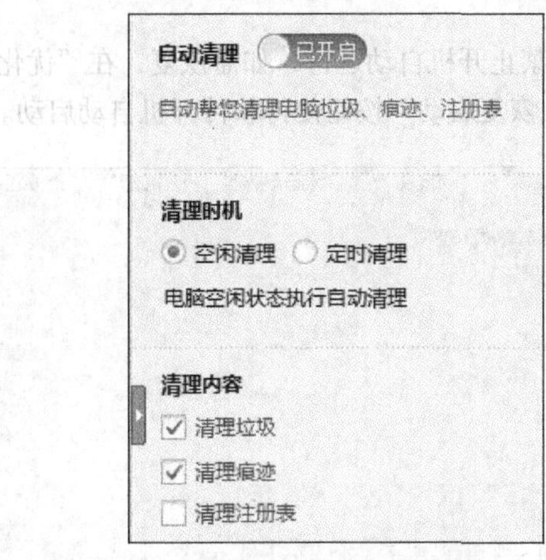

图 7-36　自动清理设置

（4）除了“一键清理”外，可以单独对每一项进行清理，如“清理插件”选项卡，如图 7-37 所示。清理插件功能会检查电脑中安装了哪些插件，可以根据网友对插件的评分以及自己的需要来选择清理哪些插件，保留哪些插件。单击进入清理插件界面后，单击“开始扫描”按钮，360 安全卫士就会开始检查电脑。扫描完成后用户可以选择不需要的插件，进行立即清理。

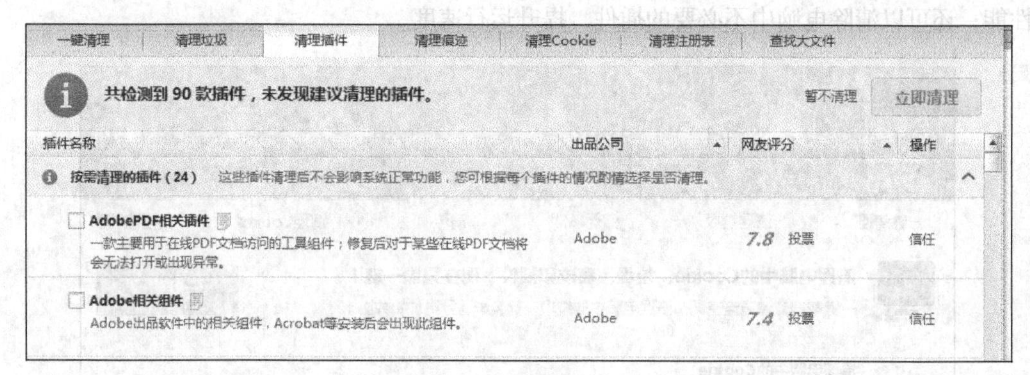

图 7-37　清理插件

7.3.4　优化加速

一键优化智能分析用户的系统，帮助用户优化开机启动项目。

（1）单击“优化加速”选项卡，系统会自动进行一键优化扫描，如图 7-38 所示。

图 7-38　优化加速

（2）已经优化过的项目将被禁止开机自动运行，如需恢复，在“优化记录与恢复”中设置，如图 7-39 所示，可以通过单击“恢复启动”按钮使得软件开机自动启动。

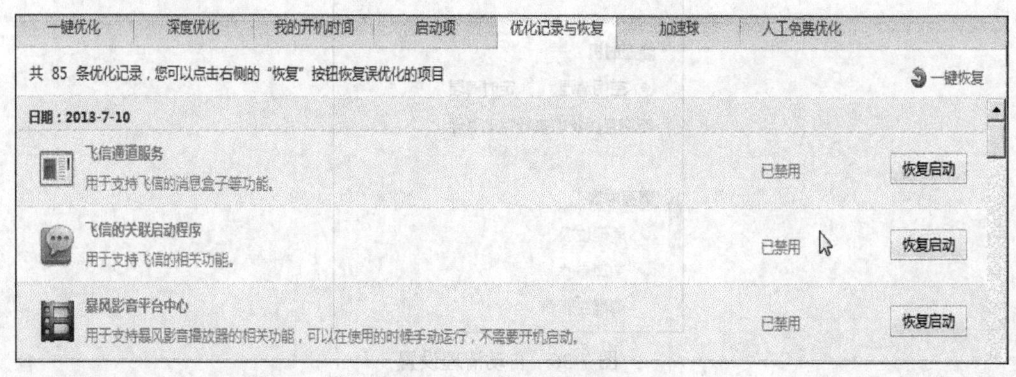

图 7-39　优化记录与恢复

（3）用户可以在“我的开机时间”和“启动项”里手工禁止运行程序，如单击如图 7-40 所示的“工商银行网银助手程序”行中的“禁止启动”按钮可以禁止其运行，从而提高电脑运行速度。

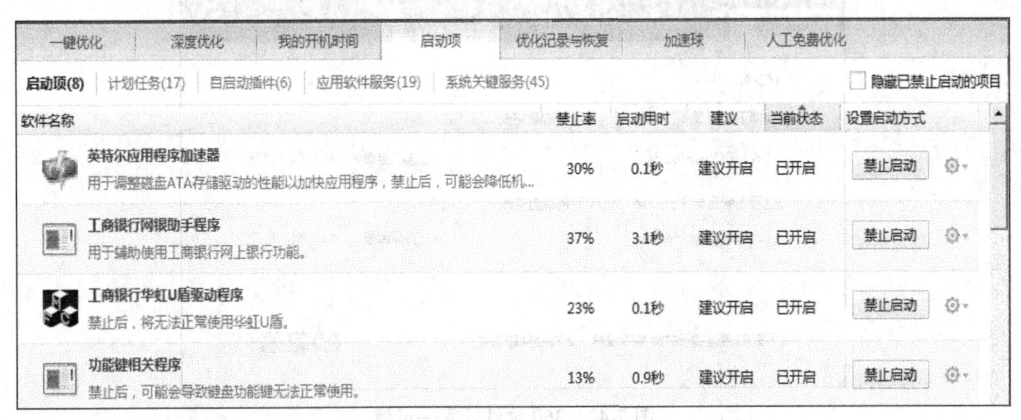

图 7-40　启动项

7.3.5　软件管家

对于时常重装系统的用户来讲，有两点是他们看重的：一是便捷，最好是一次装完所有软件；二是安全，如果不小心下载了有木马或者恶意插件的软件，刚装的系统又将毁于一旦。

在 360 软件管理中选择“软件管家”会默认打开“装机必备”，如图 7-41 所示。这里列出了 40 多款装机必备软件，只需要单击“下载“并安装，即可在后台下载安装。而且不用担心安全问题，所有 360 安全卫士推荐的软件都经过官方安全认证，绝对不含木马和恶意插件。

图 7-41　装机必备

选择“主菜单”下的“设置”选项，弹出“360 软件管家—设置”对话框，在此可以设置软件下载的目录、应用下载目录，如图 7-42 所示。

定期整理电脑里的软件能够节约硬盘空间，提高电脑的运行效率。360 安全卫士提供了一个比 Windows“添加/删除程序”功能更加强大的应用软件管理功能。切换到“软件卸载”界面，如图 7-43 所示，这里列出了电脑里已经安装的所有软件。

查看一下网友对某款软件的评价，安装时间，使用频率，对于经常不用的软件，可以直接单击其后的“卸载”按钮对这款软件进行卸载。

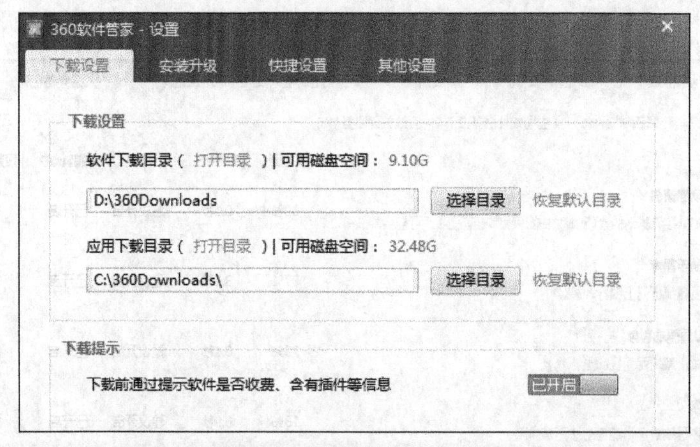

图 7-42　360 软件管家—设置

图 7-43　软件卸载

7.3.6　木马查杀

此项主要是用来查杀系统中存在的木马，保障系统账号及个人信息安全。扫描木马的方式有三种，如图 7-44 所示。

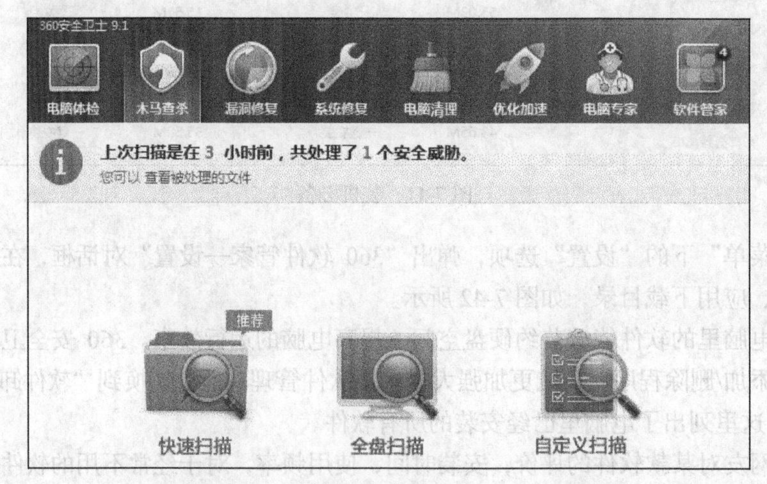

图 7-44　木马查杀

- 快速扫描木马：只对系统内存，启动对象等关键位置进行扫描，速度较快。
- 自定义扫描木马：可以通过“扫描区域设置”指定需要扫描的范围。
- 全盘扫描木马：扫描系统内存，启动对象以及全部磁盘，速度较慢。

选择一项开始扫描，耐心等待一段时间后得到结果，如果电脑中有木马扫描结束后会在列表中显示感染了木马的文件名称和所在位置。选择要清理的文件，点击“立即清理”清除木马文件。

7.3.7　漏洞修复

360 安全卫士为用户提供的漏洞补丁均由微软官方获取。如果系统漏洞较多则容易招致病毒，请及时修复漏洞，保证系统安全。

点击选择需要修复的漏洞，单击“立即修复”开始修复漏洞，如图 7-45 所示。下载安装都是“360”自动完成。修复完毕后，一般都需要重新启动系统来完成安装。

图 7-45　漏洞修复

7.4　文档阅读软件

PDF 是 Portable Document Format（便携文件格式）的缩写，是一种电子文件格式，与操作系统平台无关，由 Adobe 公司开发而成。PDF 文件是以 PostScript 语言图像模型为基础，无论在哪种打印机上都可保证精确的颜色和打印效果，即 PDF 会忠实地再现原稿的每一个字符、颜色以及图像。

Adobe 公司设计 PDF 文件格式的目的是支持跨平台上的多媒体集成的信息出版和发布，尤其是提供对网络信息发布的支持。为了达到此目的，PDF 具有许多其他电子文档格式无法相比的优点。PDF 文件格式可以将文字、字型、格式、颜色及独立于设备和分辨率的图形图像等信息封装在一个文件中。该格式文件还可以包含超文本链接、声音和动态影像等电子信息，支持特长文件，集成度和安全可靠性都较高。本节介绍 PDF 文档阅读软件 Adobe Acrobat。

安装好 Adobe Acrobat，运行后效果如图 7-46 所示。Acrobat Professional 窗口包含显示 Adobe PDF 文档的文档窗格和位于左边的帮助浏览当前 PDF 文档的导览窗格。窗口顶部的工具栏和底部的状态栏提供了其他可用于处理 PDF 文档的控件。

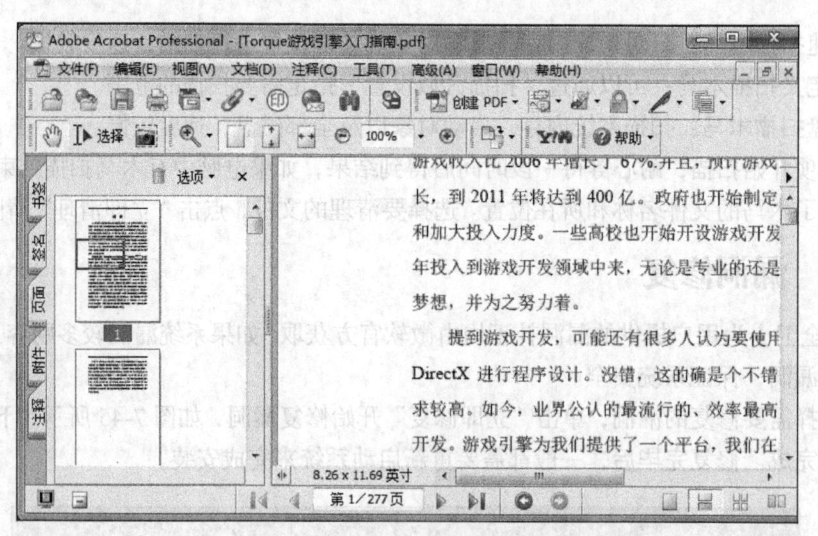

图 7-46 Adobe Acrobat 主界面

7.4.1 查看 PDF 文档

可以从电子邮件应用程序、文件系统、网络浏览器网络中打开 Adobe PDF 文档，方法是选择“文件”→“打开”。PDF 文档的初始外观取决于创建者设置的文档属性。例如，文档可打开到特定的页面或以特定的放大率打开。

可通过翻阅或使用导览工具（例如，书签、缩略图页面和链接）来导览 Adobe PDF 文档。也可顺着以前的文档导览路径来返回起始位置。

一、使用导览控件

在窗口底部状态栏中的导览控件提供了快速导览文档的方式，如图 7-47 所示。另外，还可以使用菜单命令、“导览”工具栏和键盘快捷方式来翻阅 PDF 文档。

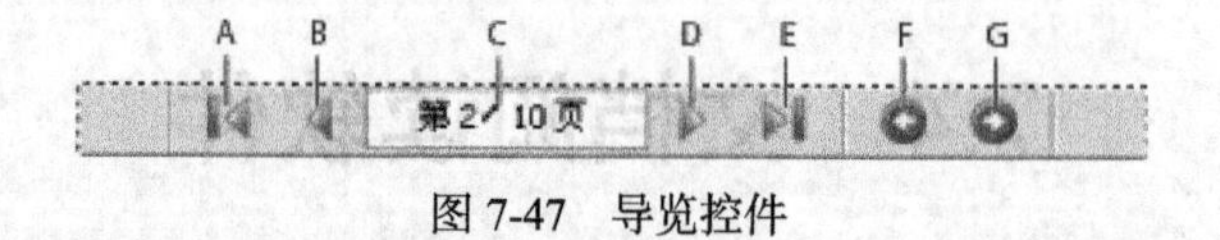

图 7-47 导览控件

其中 A、B、C、D、E、F、G 分别代表：

A：“第一页”按钮；B：“上一页”按钮；C：“当前”页面；D：“下一页”按钮；E：“最后一页”按钮；F：“跳至上一视图”按钮；G：“跳至下一视图”按钮。

二、沿着查看路径返回起始位置

在用户翻阅文档之后，可以顺着查看路径返回起始位置。要顺着 Adobe PDF 文档中的查看路径返回，请选择“视图”→“跳至”→“上一视图”或“下一视图”。“下一视图”命令仅在已选择“上一视图”之后可用。或者使用“导览”工具栏上的选项在视图之间切换。

三、使用页面缩略图导览

页面缩略图提供了文档页面的缩图预览。可使用“页面”书签中的缩略图来更改页面显示和跳至其他页面。页面缩略图中的红色页面查看框表示正在显示的页面区域，可以通过调整此框来更改缩放率。

要使用页面缩略图浏览：

（1）请单击窗口左边的“页面”标签，或选择“视图”→“导览标签”→“页面”来显示“页面”标签。

（2）要跳至其他页面，请单击该页面的缩略图，效果如图 7-48 所示。

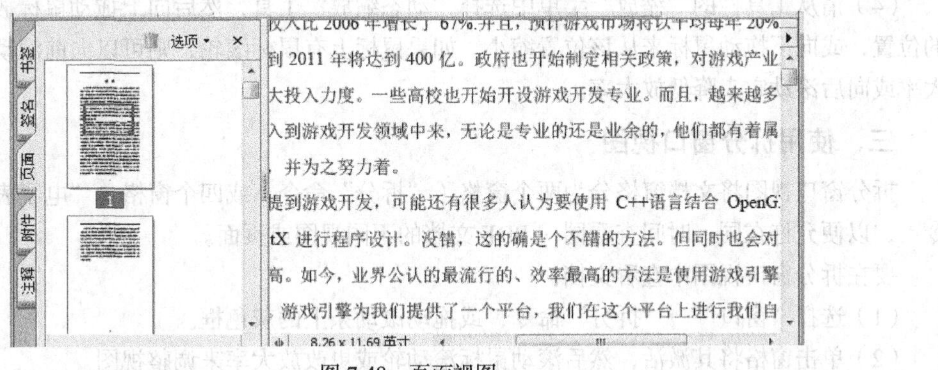

图 7-48　页面视图

7.4.2　调整 PDF 视图

Acrobat 提供了一组工具以方便调整 Adobe PDF 文档的视图，包括简单的工具，如“放大”和“缩小”工具，以及多种高级工具。也可以通过旋转页面和决定单页显示还是连续页面显示等方式来调整视图。可以通过分割窗口视图以便在不同的窗格中查看同一 PDF 文档，或者使用“新建窗口”命令在不同窗口中查看同一文档的副本。

一、调整页面位置

可以使用“手形工具”移动页面以便于查看页面的所有区域。使用“手形工具”移动 Adobe PDF 页面就好象用手在桌面上移动一张纸一样。

（1）单击工具栏中的手形工具。

（2）请向上或向下拖动页面，松开鼠标按钮停止滚动。如果页面已达到较高的放大率，向左或向右拖动页面可查看不同的区域。

二、放大和缩小页面

工具栏按钮提供了多种方法来放大 PDF 文档的视图，如图 7-49 所示。“放大”和“缩小”工具允许更改文档的放大率。“动态缩放”工具允许通过向上或向下拖动鼠标或滚动鼠标滑轮来放大或缩小文档的放大率。“平移和缩放窗口”工具允许使用小的窗口来调整视图区域的放大率和位置，这与使用页面缩略图很相似。“放大镜”工具允许在一个小窗口中查看 PDF 文档的放大部分。此工具在放大查看 PDF 文档的细节时特别有用。

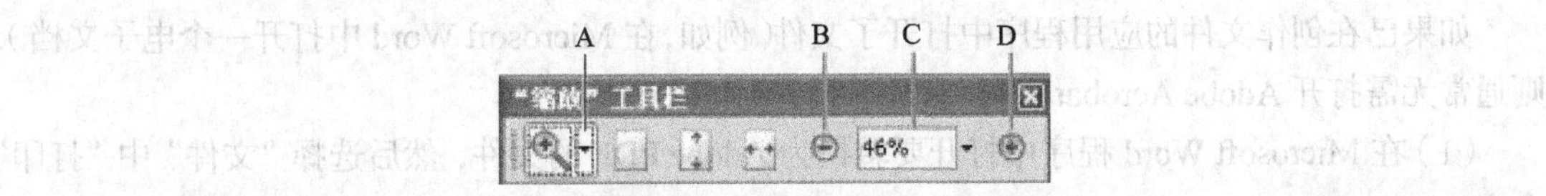

图 7-49　工具栏上的“缩放”选项

A：“放大”工具；B：“缩小”按钮；C：“缩放”菜单；D：“放大”按钮。

要提高或降低放大率，请执行以下步骤之一：

（1）请单击工具栏中的“放大”按钮或“缩小”按钮，或从工具栏菜单中选择放大率百分比。

（2）请从工具栏中的“缩放”菜单中选择“放大”工具或“缩小”工具，然后单击页面要放大特定的区域，请使用“放大”工具拖画矩形。当完成缩放之后，可能需要选择“手形工具”。

（3）请单击工具栏中的放大率百分比区域，输入新的百分比值，然后按回车键或返回键。

（4）请从工具栏的“缩放”菜单中选择“动态缩放”工具，然后向上拖动鼠标放大拖动起始的位置，或向下拖动鼠标来从该位置缩小。如果鼠标上有鼠标滚轮，则可以向前滚动它来提高放大率或向后滚动它来降低放大率。

三、使用拆分窗口视图

拆分窗口视图将文档窗格分为两个窗格（“拆分”命令）或四个窗格（“电子表格拆分”命令），以便允许在同一时间查看同一 PDF 文档的不同视图或页面。

要在拆分窗口视图中查看文档：

（1）选择“窗口”→“拆分”命令，或拖动滚动条上的灰色框。

（2）单击窗格将其激活，然后滚动鼠标滚动轮或更改放大率来调整视图。

（3）向上或向下拖动拆分栏来调整窗格大小。

（4）再次选择“窗口”→“删除分割”将文档窗口恢复为单个窗格。

四、以阅读模式阅读文档

阅读模式的设计宗旨是当阅读 PDF 文档时，为用户提供一个整洁的工作区。

（1）请单击隐藏工具栏按钮 来保留菜单栏和导览窗格，并且将部分选定的工具移到工作区底部的状态栏。在单击“隐藏工具栏”按钮之后，工具菜单和缩放功能按钮将出现在“隐藏工具栏”按钮的右边，请单击工具菜单来选择工具，如图 7-50 所示。

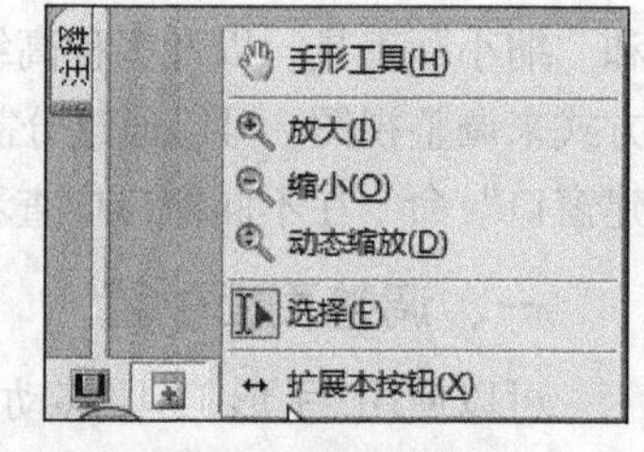

图 7-50　工具菜单

（2）要退出阅读模式，请单击显示工具栏按钮 。

7.4.3　创建 PDF 文档

可以将各种不同的文件格式转换为“Adobe 便携式文档格式”（PDF）。这是一种通用的文件格式，它保留了源文件的所有字体、格式、图像和颜色，而不考虑创建源文件的应用程序和平台。Adobe PDF 文件紧凑，而且任何人都可以使用免费的 Adobe Reader 软件来交换、查看、导览和打印，同时完整地保留了文档。

多种应用程序，包括 Microsoft Access、Excel、IE、Outlook、PowerPoint、Project、Publisher、Visio、Word 和 Autodesk AutoCAD 创建的文件都可以直接转换为 Adobe PDF 文件。

一、使用 Adobe PDF 打印机

如果已在创作文件的应用程序中打开了文件（例如，在 Microsoft Word 中打开一个电子文档），则通常无需打开 Adobe Acrobat 即可将该文件转换为 PDF。

（1）在 Microsoft Word 程序中打开要转换为 Adobe PDF 的文件，然后选择“文件”中“打印”命令。

（2）从打印机列表选择 Adobe PDF，如图 7-51 所示，在 Microsoft Word 2010 中选择 Adobe PDF 的效果。

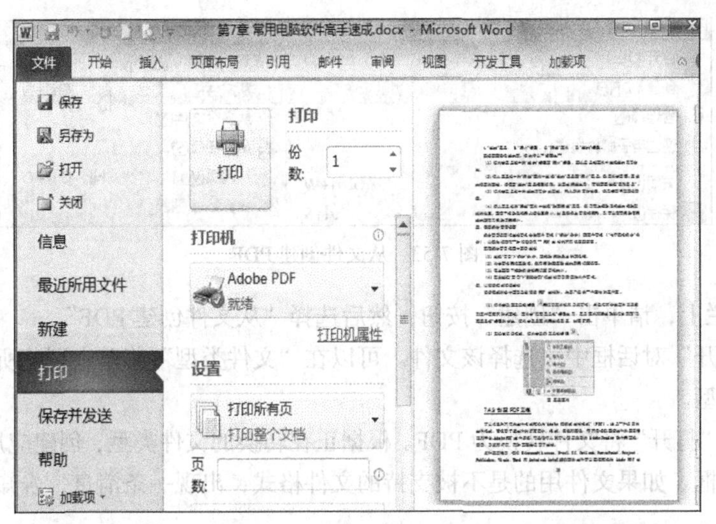

图 7-51　选择 Adobe PDF

（3）单击“打印机属性”（或“首选项”）按钮来自定义 Adobe PDF 打印机设置（在某些应用程序中，可能需要单击“打印”对话框中的“设置”来访问打印机列表，然后单击“属性”或“首选项”）。如图 7-52 所示。

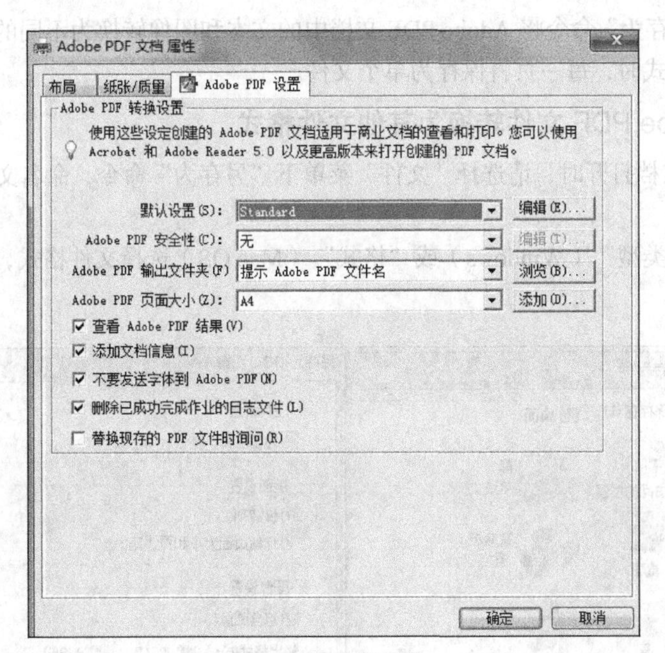

图 7-52　打印属性

（4）在打印界面中，单击“打印”按钮。在默认情况下，Adobe PDF 文件将被保存在打印机端口设定的文件夹中。默认位置为“我的文档”。文件名和目标由“打印首选项”的“Adobe PDF 文件名提示”设置控制。

二、用 Acrobat 创建简单的 PDF

（1）在 Acrobat 中，执行以下任一操作：

- 请选择“文件”菜单下的“创建 PDF”操作，从中选择“从文件”，如图 7-53 所示。

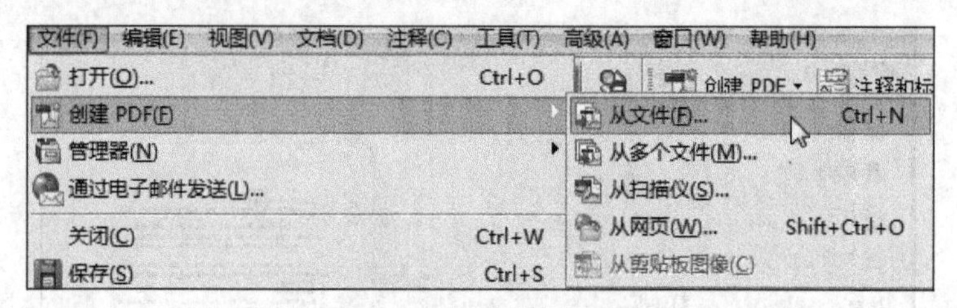

图 7-53　从文件创建 PDF

- 在工具栏上，请单击“创建”按钮，然后选择“从文件创建 PDF”。

（2）在“打开”对话框中，选择该文件。可以在“文件类型”菜单中浏览所有文件类型或者选择某个特定类型。

（3）请单击“打开”将文件转换为 PDF。根据正在转换的文件类型，创建应用程序自动打开，或显示进度对话框。如果文件用的是不被支持的文件格式，出现一条消息，告知用户该文件无法被转化为 PDF。

（4）当新的 PDF 打开，请选择“文件”→“保存”或者“文件”→“另存为”，然后选择 PDF 的名称和位置。

7.4.4　导出 PDF 文档

可以使用“另存为”命令将 Adobe PDF 文档中的文本和图像转换为不同的文件格式。当文件保存为图像文件格式时，每一页将保存为单个文件。

一、将 Adobe PDF 文件转换为其他文件格式

（1）当 PDF 文档打开时，请选择“文件”菜单下“另存为”命令，命名文件，然后选择保存文件的位置。

（2）为“保存类型”（Windows）或“格式”（Mac OS）选择文件格式，并选择转换选项，如图 7-54 所示。

图 7-54　转换为其他文件格式

二、提取 PDF 文档内容

也可以从 PDF 文档中提取内容，方法是使用选择工具选择文本、表和图像并将他们复制、粘贴到其他应用程序中。有三种工具，即“选择工具”、“选择图像”工具和“选择表”工具可以帮助选择不同的页面项目。

1. 选择文本并且复制的操作

单击工具栏上的选择工具，并拖划过选定的文本。可以随时通过按 Esc 键恢复到“手形工具”。也可以通过按住空格键来临时切换“手形工具”。如果将指针悬停于选定文本之上，会出现一个菜单有帮助复制、高亮和下划线文本等选项，如图 7-55 所示。

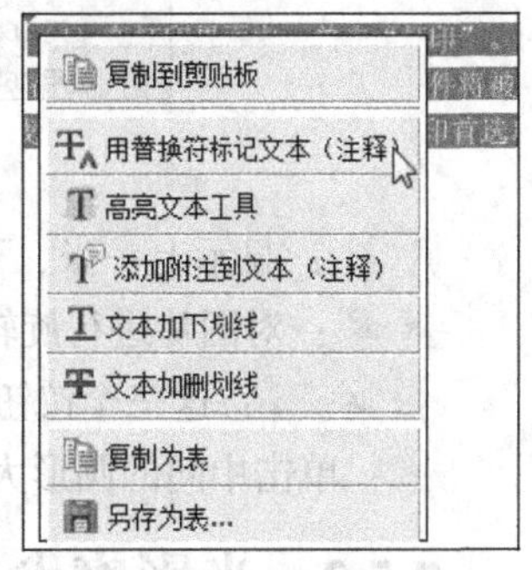

图 7-55　复制文本

选择“编辑”菜单下的“复制”命令来将选定的文本复制到其他应用程序中。当指针悬停于选定文本之上直至菜单出现，然后选择“复制到剪贴板”或“复制时包含格式”也可以。“复制时包含格式”将保留栏布局，只有在文档标签正确的情况下才会出现。

2. 选择图像

可以使用选择工具选择图像，单击图像或在其周围拖画选取框，然后复制即可。

3. 快照工具

可以使用“快照工具”将选取框（文本、图像、或文本和图像组合）中的内容复制到剪贴板或其他应用程序中，文本和图像都作为图像被复制。

（1）单击工具栏上的“快照工具”，然后在文本、图像或其组合周围拖画选取框。

（2）选定区域的颜色将即刻反色来高亮显示该区域。当松开鼠标按钮时，选定区域将自动复制到剪贴板。如果您已在其他应用程序中打开了文档，可以使用“编辑菜单”中的“粘贴”命令来直接将复制内容粘贴到目标文档中。

7.5　看图及处理软件

目前，随着科技与经济的发展，人们对电脑、数码相机、扫描仪等高科技产品的使用越来越广泛。光影魔术手是（NEO IMAGING）可以查看图片，也可以对数码照片画质进行改善及效果处理的软件，使用简单方便、易于上手。不需要任何专业的图像技术，就可以制作出专业胶片摄影的色彩效果，是摄影作品后期处理、图片快速美容、数码照片冲印整理时必备的图像处理软件。

7.5.1　光影看看

光影看看是一款和 WINDOWS 照片查看器功能基本一样的图片查看器,在安装光影魔术手时自动安装。

（1）在一张图片上单击鼠标右键，在打开方式中选择“光影看看”，如图 7-56 所示，就可以使用该软件进行图片浏览。

（2）启动光影看看以后，可以使用界面下方的按钮进行图片浏览，每个按钮的作用如下：

：可以对图片进行放大和缩小。

：以最佳大小显示图片。

：以实际大小显示图片。

图 7-56　打开光影看看

：显示上一张、下一张图片。

：对图片进行旋转。

：这三个按钮的作用分别是复制图片、删除图片、以幻灯片方式播放图片。

：单击中间的圆形大按钮打开光影魔术手对图片进行编辑操作。

7.5.2　光影魔术手

光影魔术手工作界面由菜单栏、工具栏、右侧栏及图像编辑区四个区域组成，如图 7-57 所示。光影魔术手的工作界面并不是一成不变的，可以随时对界面的外观及操作的方法和形式进行不同的设置。菜单栏、工具栏、右侧栏的设置可以在“查看”菜单中进行勾选，用以设置它们是否在界面中出现。

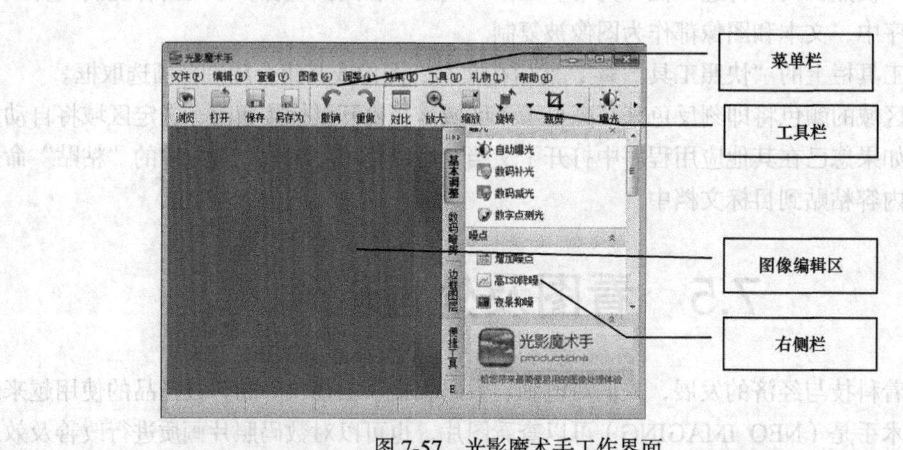

图 7-57　光影魔术手工作界面

光影魔术手的图像编辑区，可以分为两种工作模式：

（1）在进行图像处理的时候，图像编辑区为编辑图像的区域。

（2）在浏览图片时图像编辑区为图片显示区。

以上两种功能可以在“查看”菜单中的“选项”对话框进行置换。在光影魔术手中，可以通过各种操作，很方便地进行图片浏览。操作方法如下：

① 选择工具栏上的“打开”或者“浏览”按钮可以将图片载入图像编辑区，当处于浏览模式时，在窗口的左下方显示的是被浏览的图片。

② 在“右侧栏”选定“EXIF”状态时，则显示图片的相关信息，如图像大小、拍摄日期、光圈、焦距。

③ 当上下滚动鼠标滚轮的时候，可以浏览当前图片文件夹中的前一张图片或者下一张图片。也可以通过单击“空格键”或者 page Up 键，打开前一张图片，而当单击“回退键”或者 Page

Down 键的时候，则可以打开下一张图片进行浏览。

若单击 Home 键，则可以打开当前文件夹中的第一张图片，而单击 End 键的时候，则会打开当前文件夹中的最后一张图片。

在按下 Ctrl 键或者 Shift 键的情况下，可以通过上、下拨动鼠标滚轮，将当前的图片进行放大或缩小，以便于浏览。

若按“回车键”，则可以全屏显示图片，再按“回车键”或者 Esc 键，便会返回原“光影魔术手”的浏览窗口。

7.5.3 图像的旋转、裁剪和缩放

在编辑处理图像的过程中，经常会用到图像的旋转、裁剪和缩放。这些命令不但在工具栏中都设有它们的快捷图标，而且在“右侧栏”的“便捷工具”中也有这些命令，应用起来都非常方便，图像的旋转、裁剪和缩放操作命令一般位于“图像”菜单中。

一、图像的旋转

在编辑处理图像的时候，旋转图像是经常使用的操作。操作方法如下：

（1）在图像编辑区域打开该图片，然后单击工具栏上“旋转”按钮旁边的黑色小三角形，如图 7-58 所示。

（2）根据图片情况，如果需要图片顺时针旋转 90°，对照命令执行即可。图像被旋转之后，要单击“确定”进行确认。如果原图需要保留，要通过“另存为”按钮将旋转之后的图像进行保存。

（3）除了进行 90° 的旋转之外，有时候需要将图像旋转一定的角度，或者进行微小角度的调整，因为在摄像的时候难以保证照相机永远是水平的。如果要调整，单击“旋转”列表中的“自由旋转”命令，打开“自由旋转”对话框。

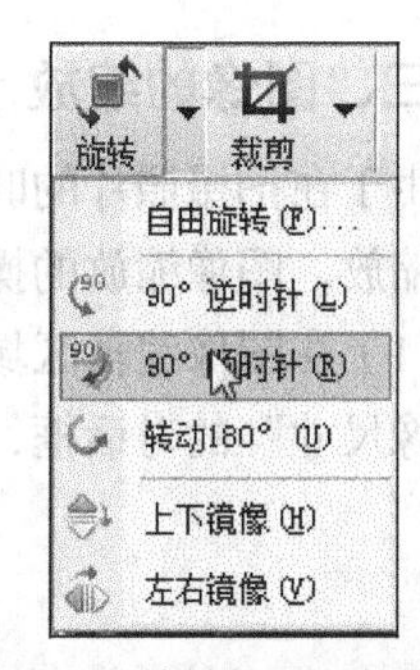

图 7-58 旋转按钮下拉列表

在这个窗口中，当鼠标指向图片时，会出现可供参考的水平线和垂直线，可以很明显地看出图像的倾斜程度。这时就可以用鼠标沿着要调整的参照物画条直线，需要调整的角度会出现在“旋转角度”之内。接着单击“确定”按钮，即可完成图像旋转的调整。当然也可以直接输入旋转角度再单击“确定”。在“自由旋转”窗口中的“填充色”处，可以选择图片旋转之后的背景颜色。

二、图像的裁剪

一个好的摄影作品除了光线、色彩好之外，巧妙的取景，画面合理布局，都是不可缺少的艺术手段，在合理构图方面，有一个很简单而实用的方法就是想象在画面中有一个九宫格，参考九宫格的格线，便于使画面中的景物、背景主次分明，比例恰当，合理布局。可以对图像进行裁剪，操作步骤如下：

（1）打开被裁剪的图像之后，单击“裁剪”工具图标，或者单击右侧栏中“快捷工具”内的“自定义裁剪”。

（2）打开“裁剪”对话框，然后在对话框中的“查看”菜单中勾选“显示构图九宫格”，这时在图像上面，就会画出一个带有九宫格的裁剪框，如图 7-59 所示。然后调整裁剪框的大小，并且移动裁剪框的位置，参考九宫格裁剪区域，将图像布局调到满意的状态，然后单击“确定”即可。

（3）另外，在光影魔术手中还设有按比例裁剪、按身份证、驾驶证、护照等特定尺寸裁剪。打

开工具栏内“裁剪”中的列表，或者单击右侧栏内“快捷工具”中的“比例裁剪”，都可以打开一个下拉列表，如图7-60所示。单击列表中的某一比例、尺寸或证件比例，即可按相应的尺寸进行裁剪。

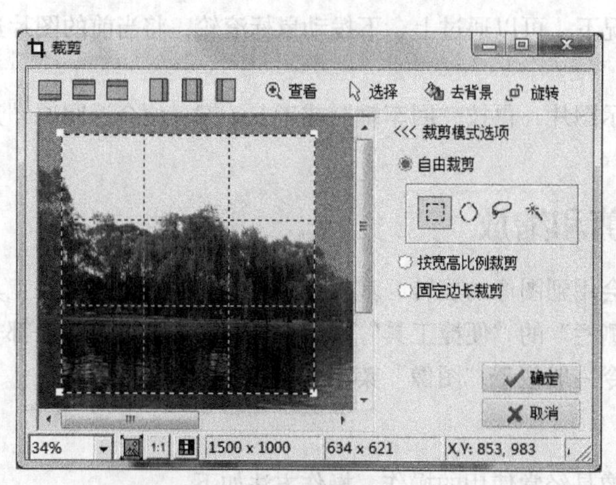

图7-59　裁剪窗口

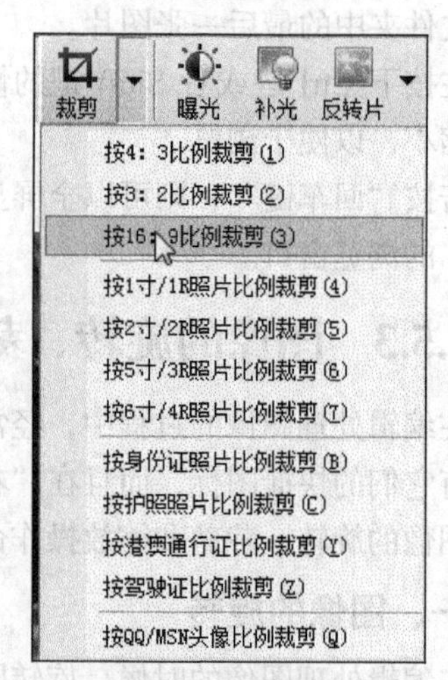

图7-60　裁剪列表

三、图像的缩放

由于在拍摄照片的时候，所选用的分辨率不同，得到图像的尺寸也不一样。后期可以对图像进行缩放，图像缩放的操作方法如下：

（1）在图像编辑区域打开图片，单击工具栏或者右侧栏内的“缩放”命令，都可以打开“调整图像尺寸”的对话框，如图7-61所示。

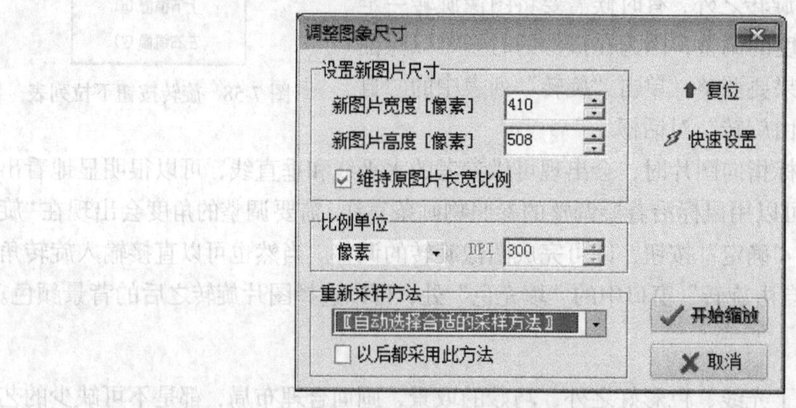

图7-61　调整图像尺寸窗口

（2）在对话框中，给定“新图片宽度”，在勾选了“维持原图片长宽比例”的情况下，“新图片高度”会自动确定。接着再单击“开始缩放”按钮，即可按给定的尺寸缩放图片。

（3）也可以单击对话框中的“快速设置”，打开一个尺寸列表，可以从中选择并单击某一标准的缩放尺寸，即可按着相应的尺寸进行缩放。

7.5.4　图像的光影调整

在拍摄照片的时候，曝光是决定效果好坏的重要因素之一。在调整图像的时候，改善曝光也是首选的手段。“光影魔术手”在这方面具有完善的功能。它可以自动调整曝光，也可以多次进行补光，还有手动完成“数码补光”和“数码减光”的功能。下面介绍它们的使用方法：

（1）打开需要编辑的图像，单击工具栏中的“曝光”图标即可自动执行曝光调整。

（2）对于被编辑的图像，也可以多次进行补光，单击工具栏中的“补光”即可自动执行一次补光。再次单击，则继续执行补光，根据需要可以多次进行补光。在操作的过程中，也可以随时单击工具栏中的“撤销”按钮，撤销所作的操作。与原图比较，调整效果满意之后就进行可以保存或者另存。

（3）在右侧栏的“基本调整”中，有“数码补光”和“数码减光”两项功能，如图 7-62 所示。执行这两个命令，可以更方便更有效地调整图像。

当拍摄面向光线的人物或景观的时候，常常会出现黑脸或者阴影的现象，另外也经常会遇到一些照片出现欠曝的情况。在这个时候，应用“数码补光”功能，可以有效地提高暗部的亮度，而且亮部的画质也不会受到影响，从而可以使照片明暗之间的过渡变得十分协调自然。其具体的操作方法是：单击右侧栏中的“数码补光”，被调整的图像即刻执行一次补光，并且随即打开如图所示的“数码补光”窗口，如图 7-63 所示。通过窗口中“范围选择”滑标，选择一个补光的范围，再通过“补光亮度”滑标进一步调整亮度的强弱，即可取得明显的效果。如果仍感到补光效果不足，还可以通过“强力追补”滑标作进一步地调整。

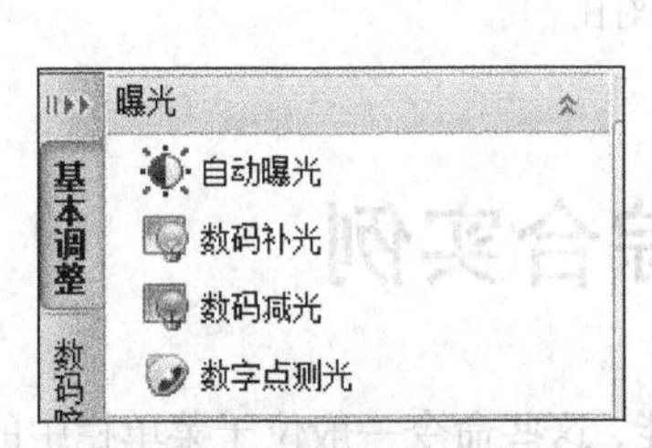

图 7-62　右侧栏中曝光命令

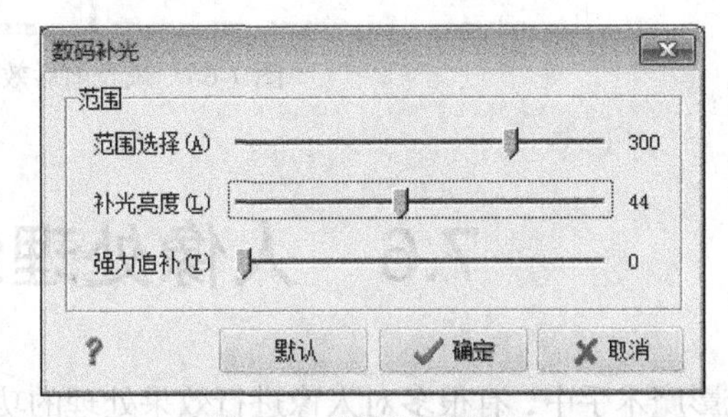

图 7-63　数码补光窗口

图 7-64 是一幅调整前（左图）后（右图）对比图像。

图 7-64　补光前后效果对比

另外还有一种情况也经常会发生，拍摄照片的时候光线太强，或离闪光灯太近，致使图像的某些部分曝光太强太亮，以至于看不清楚照片的颜色和影像。也有时候会出现这样的情况：本来是蓝蓝的天空，但拍摄出来却不那么蓝，其实这是由于补光过度造成的，遇到上述情况可以应用“数码减光”进行调整。其具体操作方法是：单击右侧栏中的“数码减光”，被调整的图像会即刻执行一次减光，并且随即打开如图 7-65 所示的“数码减光”窗口。在“减光”窗口中，通过调整“范围选择”和“强力增效”两个滑块，即能取得较好的效果。在通常情况下不会影响图像中正常曝光的部位，却能使过亮的部位调整到正常。

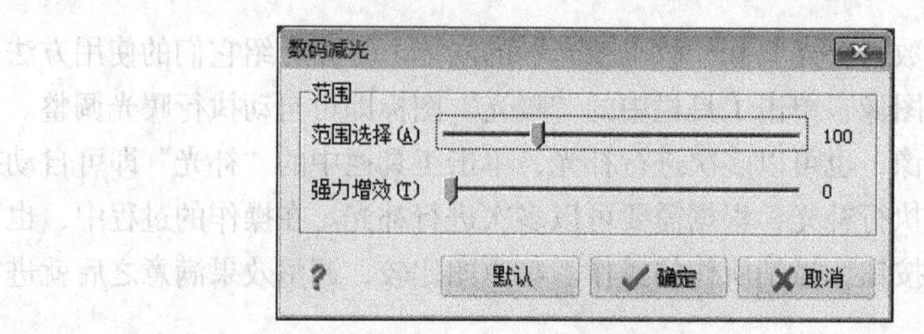

图 7-65　数码减光窗口

图 7-66 是一幅调整前（左图）后（右图）的对比图像。

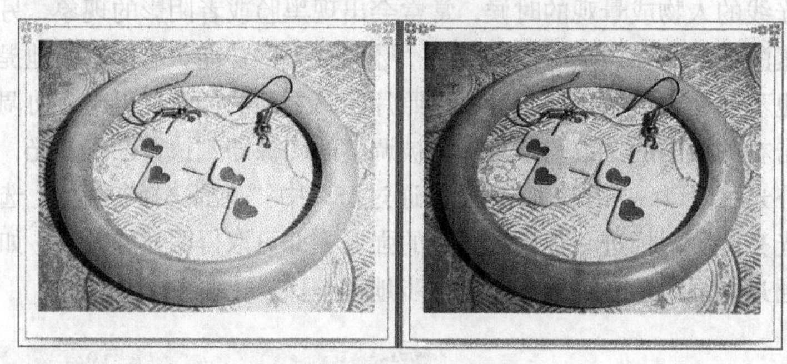

图 7-66　减光前后效果对比

7.6　人像处理综合实例

在光影魔术手中，有很多对人像进行效果处理的功能，这些命令一般位于菜单栏中的“效果”菜单。本例通过效果处理的艺术手段，去除红眼，美化人物图像，使图像达到希望的效果。具体操作过程如下：

（1）下面操作对照片中人物的肤色进行磨皮亮白处理。适用于以人物面部为主体的照片。由于在该图片中面部有一些斑点，特应用人像美容进行去斑，然后进行面部磨皮处理。

（2）单击工具栏中的“美容”按钮右侧的小三角形，选择“祛斑去红眼”，如图 7-67 所示。会打开如图 7-68 所示“去红眼”窗口。

图 7-67　选择“祛斑去红眼”

图 7-68　去红眼窗口

（3）在功能选择中选择“去斑”，调整光标半径大小，为了进行细节处理，可以通过窗口左下角的显示比例将图像放大。当图像大于显示窗口时，可用鼠标左键拖动图像，以便观察不同的部位，当然也可以通过滚动条来移动图像。然后在面部斑点处一一单击鼠标左键，处理完成单击“确定”按钮。

（4）单击工具栏中的“美容”按钮右侧小三角形，这次选择“全局美容”，打开如图 7-69 所示人像美容窗口。通过磨皮力度、亮白、范围 3 个滑块来调整人像美容的参数，每移动一次滑块，图像都随即进行调整。可以随时对比原图，观察实际效果，调整到满意为止，单击“确定”完成设置。

图 7-69　人像美容窗口

（5）在“人像美容”窗口中，选中“柔化”选项，可使图像加入少许高光柔化和模糊的效果，能使图像显得更加光滑细腻和柔化。

（6）在光影魔术手中还有“柔光镜”效果处理的功能，也能起到类似的效果。柔光镜比较适合人像照片的处理。这种滤镜效果比较适合制作雨雾濛濛的风景、光线朦胧的小镇、浪漫风格的人像等图像。单击工具栏中的“柔光镜”，可打开如图 7-70 所示窗口，调整窗口中柔化程度和高光柔化滑块，设置满意的效果，柔化前后的效果对比如图 7-71 所示。

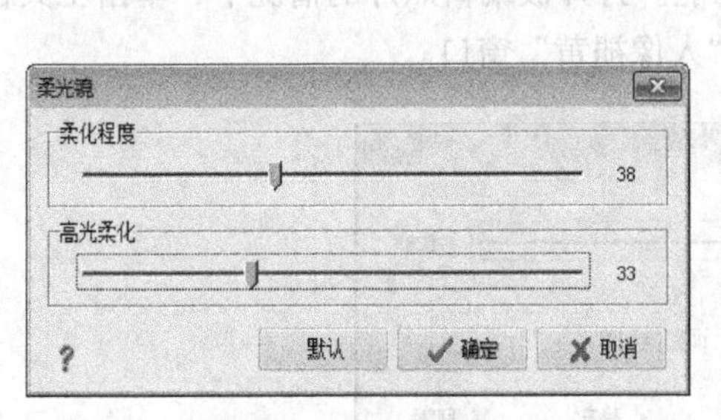

图 7-70　柔光镜窗口

图 7-71　柔光镜效果图

（7）在使用闪光灯拍摄相片时，有时人的眼睛会将红光反射到相机中，可以利用祛除红眼工具对相片进行编辑。打开被编辑照片的情况下，单击工具栏中的“美容”按钮右侧栏中小三角形，选择“祛斑去红眼”，打开如图 7-72 所示窗口。

图 7-72　去红眼窗口

（8）可以看到图像有明显的红眼现象，需要去除。在功能选择中选择“去红眼”，光标半径应根据红眼的大小适当调整，调好后将鼠标指向红眼处，单击左键即可祛除红眼。

（9）祛除红眼之后，要单击“确定”按钮，退出窗口，被编辑照片中的红眼被祛除，最后要将照片进行保存，效果对比如图 7-73 所示。

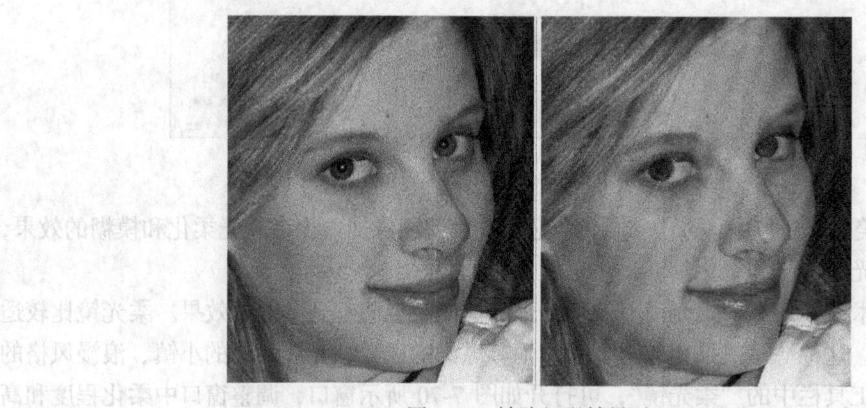

图 7-73　祛除红眼效果对比

（10）有些数码相机拍摄的照片，经常会出现偏黄的现象，特别是亚洲人的人像照片，本身皮肤偏黄。在光影魔术手中，有人像褪黄的效果功能。打开被编辑照片的情况下，单击工具栏或者右侧栏中的“人像褪黄”，即可打开如图 7-74“人像褪黄”窗口。

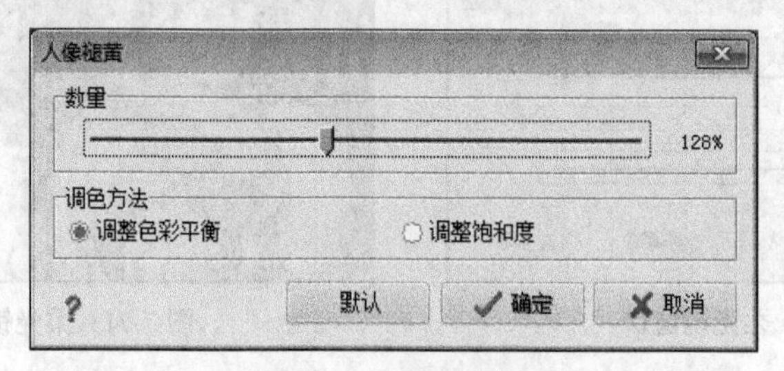

图 7-74　人像褪黄窗口

（11）随着窗口的打开，图像自动进行褪黄调整。如不满意，还可进一步通过“数量”滑块改变调整的程度。随时观察照片，调到满意为止。

在调整过程中，还可以根据需要，将调色方式选择为“调整彩色平衡”或者“调整饱和度”。“人像褪黄”调整照片时只处理照片中人像的皮肤部分，而其他景物的颜色不会受到影响。当照片调整好之后，要单击“确定”按钮进行确认。

（12）最后要将编辑后的照片进行保存，或者另存为，设置前后的效果对比如图 7-75 所示。

图 7-75 人像褪黄效果对比

习 题

一、填空题

1. 360 安全卫士主要有 3 种杀毒方式：分别是__________、__________和__________。

2. __________是拆分压缩文件的一部分，并且仅支持 RAR 压缩文件格式，通常分卷压缩是在将大型的压缩文件保存到数个磁盘或是可移动磁盘时使用。下面以分卷压缩不超过 512KB 为例介绍分卷压缩方法。

3. __________文件格式可以将文字、字型、格式、颜色及独立于设备和分辨率的图形图像等信息封装在一个文件中。该格式文件还可以包含超文本链接、声音和动态影像等电子信息，支持特长文件，集成度和安全可靠性都较高。

4. 在光影魔术手中旋转图像的步骤是打开该图片，然后单击工具栏上__________按钮旁边的黑色小三角形。

5. 所谓__________就是从已有的图像中抠下一部分，作为一个图层，而把其余部分看做是背景。

6. 遇到成批的 mp3、图片、动画等，比如某个有很多集的动画片，如果按照常规的方法需要一次一次地添加下载地址，非常麻烦，其实这时可以利用迅雷的__________功能。

7. 在 Adobe 中，可以使用__________工具移动页面以便于查看页面的所有区域。

8. 当拍摄面向光线的人物或景观的时候，常常会出现黑脸或者阴影的现象，另外也经常会遇到一些照片出现欠曝的情况。在这个时候，应用__________功能，可以有效地提高暗部的亮度，而且亮部的画质也不会受到影响，从而可以使照片明暗之间的过渡变得十分协调自然。

9. 现在网速越来越快，如果迅雷缓存设置得较小的话，极有可能会对硬盘频繁进行写操作，时间长了，会对硬盘不利，在迅雷中可以配置硬盘保护，设置适当的__________。

10. 360 安全卫士中，单击__________选项卡，一键优化智能分析用户的系统，帮助用户优化开机启动项目。

二、简述题

1. 360 安全卫士能实现哪些主要功能？
2. 请简述使用光影魔术手祛除红眼的操作步骤。
3. 请简述将 Word 文档转换为 PDF 文件的过程。
4. 如何使用 WinRAR 进行分卷压缩？
5. 如何使用迅雷进行批量下载？

第 8 章 办公室达人——常见办公设备的使用和维护

随着办公自动化的不断普及，办公自动化设备的不断涌现，掌握办公设备的使用和维护方法，保障设备的正常运行就变得日益重要。

本章主要讲述各种常用办公设备的使用和日常维护方法，以及常见故障的排除。

8.1 办公设备的特点

要做好办公设备的使用和维护工作，就要全面地掌握与设备使用和维护有关的基本知识，明确其内涵，为处理实际问题打下良好的基础。

8.1.1 办公设备的分类

办公自动化设备可以分为信息复制设备、信息处理设备、信息传输设备、信息存储设备以及其他辅助设备。

1. 信息复制设备

信息复制设备包括复印机和轻印刷系统等，可快速产生原稿的复制品，满足一定量的复制要求。操作简便、快捷、忠实于原稿。

2. 信息处理设备

信息处理设备包括计算机、文字处理机、打印机和图形图像处理系统等。在信息处理设备中，信息经过相应的手段（挑选、计算、编辑、压缩以及合并等）处理后，产生人们需要的、有用的结果。

3. 信息传输设备

信息传输设备包括各种局域通信网络和广域通信网络，以及电话机和传真机等。使用信息传输设备可加快信息传送的速度，实现资源共享，提高办公工作的质量和效率。

4. 信息存储设备

信息存储设备包括磁盘存储系统、光盘存储系统、缩微胶片系统以及摄录像设备等。现代信息存储设备具有容量大、速度快、使用方便和保存时间长等特点。在相应的软件环境下，可快速实现信息的检索、浏览、统计以及备份等工作。

5. 其他辅助设备

其他辅助设备主要指为保证上述设备正常工作而必需的设备。包括稳压电源、不间断电源、碎纸机以及空气调节器等设备。

8.1.2 办公设备的使用环境

办公自动化设备的工作环境直接影响到办公活动的工作效率及设备的使用寿命，用户在使用时应注意以下几个工作环境方面的问题。

1. 温度

办公自动化设备的环境温度要求一般在10℃～35℃。环境温度过高，设备自身的热量排不出去，导致设备工作异常，寿命缩短；环境温度过低，设备启动、运转等较为困难。另外，环境温度过高或过低也不利于办公活动的开展。

2. 湿度

办公自动化设备的环境湿度要求在30%～70%（有些设备要严格一些）。环境湿度过高，容易导致设备中部件接触不良、接触点生锈以及接触电阻变大，使设备的工作状态不正常；环境湿度过低，容易产生静电，影响设备的正常使用，严重时可能烧毁设备。

3. 电源

大部分办公自动化设备的电源取自市电（交流电220V），其波动范围是±10%，即198V～242V。并且电流要达到设备的要求。火线、零线和地线要连接正确。

有些地区的供电质量不好，表现为功率不够、电压波动较大以及经常停电等情况。这时应考虑加装稳压电源或不间断电源，保证设备的正常运行。

办公自动化设备不要与用电量大的设备或非线性设备（如空调和白炽灯等）共用一条线路，否则会造成用电异常。

由于办公自动化设备中有磁设备（磁盘存储器等），所以，办公环境应远离强磁场，以免设备受到干扰，造成数据丢失或混乱显示。

4. 洁净

办公设备及周围环境的洁净是非常重要的。因为灰尘中含有带电的物质，如果吸附在器件上，会使得设备的散热不好，也容易造成短路等故障。应定期做好设备及周围环境的清洁工作。

有些设备（复印机等）在工作过程中会产生对人体有害的气体，所以要注意工作环境的通风，使用各种空气净化装置消除设备工作时产生的有害气体。选择使用达到绿色环保要求的设备。

8.1.3 办公设备的发展趋势

目前，办公自动化设备正朝着数字化、智能化、无纸化和综合化的方向发展。

1. 数字化

随着计算机技术的不断发展，尤其是多媒体技术的出现，使得对各种信息（文字、声音、图形图像）的处理都可以通过计算机及其配套设备进行，形成数字化的信息。数字信息的优势是大家有目共睹的，办公自动化设备的数字化也是顺理成章的事情，主要体现为信息的数字化处理、数字化网络传输、相应标准的制定等方面。

2. 智能化

办公自动化设备的智能化要以人们的办公过程为参考，建立良好的人机界面，简化操作步骤，最大限度地发挥设备的作用，主要体现在以下两个方面。

第一是办公过程的智能化，其表现形式是通过运行相应的办公软件，由系统自身自动完成相应工作，在越来越多的场合减少人的干预。例如，出现新设备可自动识别，并能处理相应的配置工作，使设备正常工作。对于运行过程中出现的问题，可进行自我诊断、发出提示信息、自动排除，具有容错、纠错功能。有规律地自动存储、整理相应信息，根据要求进行转发、播发等操作。

第二是设备自身的智能化，通过对办公设备中各种参数的设置，使设备具有相应的功能。例如，实现整机和部件的节能工作方式。设置自动接收、应答模式。自动卸载故障部件等。

3. 无纸化

信息在进行相应的处理后，通常的做法是将要保存的数据、结果记录在纸上，用纸张作为主要的信息载体。当需要对数据进行更新、充实、查找、修改时，其工作量很大而效率很低，而且容易出错，不易保管，管理成本高，效果不好。

采用先进的技术可以实现信息处理、传送、保管、使用的一体化。数据记录在磁带、磁盘、光盘、陶瓷材料、缩微胶片等介质上，这些存储信息的介质可以与各种设备连接，具有良好的适应性，携带方便，可大量压缩信息载体的体积，降低管理成本。在互联网络及相应软件的支持下，准确、快速地实现信息的各种应用及共享，实现高速信息传输。

4. 综合化

办公自动化设备的综合化体现在两个方面。第一，通过计算机及计算机网络连接各种现有的独立设备，在网络技术的支持下，充分发挥每个设备的作用，做到物尽其用，构成综合的办公自动化系统。第二，随着制造技术的提高，集多种功能于一身的设备逐步取代那些功能单一的设备。例如，复印设备内部有存储器，可以直接处理电子稿件、可以收发传真、接入局域网和广域网等。

8.2　办公设备的日常维护

8.2.1　办公自动化设备故障的种类

办公自动化设备故障是指造成办公自动化设备功能失常的硬件损坏或软件系统的现象。设备故障可导致办公自动化系统的某个部分不能正常工作或产生错误结果，甚至可使整个系统瘫痪，数据丢失，产生严重的后果。

办公自动化设备故障的分类有多种，主要包括硬件故障、软件故障、人为故障以及病毒故障等。

1. 硬件故障

办公自动化设备的硬件故障是指由于设备中的元器件损坏或性能不良而引起的故障，例如器件物理指标失效和参数超过极限值所产生的故障。这些故障可以造成电路短路、断路、元器件参数漂移范围超过允许范围使主频时钟变化以及逻辑关系产生混乱等。

硬件故障通常可分为机械故障和电子故障两大类。机械故障主要是指设备的机械部分所产生的故障，如打印机打印头断针和软盘驱动器机械变形移位等。电子故障主要指系统中因电子元器件方面的原因造成的故障。

引起硬件故障的原因之一是由于制造工艺不良。表现为焊接点虚焊、焊锡焊点太大、漏电、印刷板电阻值变大、印刷板铜膜有裂痕以及各种接插件的接触不良等情况。

引起硬件故障的另外一个原因是设备疲劳工作。其中机械磨损可能造成永久性的疲劳性损坏（如按键及传动机构损坏、磁盘或磁头磨损、打印针磨损以及色带磨损等），电气、电子元器件长期使用的疲劳性损坏，如显像管、荧光屏和荧光粉老化使发光逐渐减弱；灯丝老化；电解电容中电解质干涸；集成电路寿命到期等）。

另外，电磁波干扰或其他原因引起的故障以及磁盘和其他存储介质损坏造成的故障也属于硬件故障。

2. 软件故障

办公自动化设备的软件故障是指由于系统软件或应用软件本身的缺陷，造成软件之间不兼容现象以及使用中的操作不当产生的错误。这些故障可以造成程序运行异常以及结果出错等情况。

软件故障分为软件本身故障和软件使用故障两大类。软件本身故障属于先天性设计故障，这种故障只有在软件设计中不断加以更新和完善，或在使用中巧妙合理地设置运行环境才能解决。软件使用故障是因为使用操作错误、磁盘存储介质发生划伤或内存单元故障等原因造成的数据丢失和软件工作异常。

3. 人为故障

人为故障是指使用者操作不当而造成的故障。从实际使用情况来看，人为故障是导致设备故障的主要原因之一，主要表现为电源接错、带电操作、信号线接错等情况。

电源接错是指将不同规格的交流电混淆，例如把220V的电源转换档转拨到110V。这种错误大多会造成破坏性故障，并伴有炸响、火花、冒烟、焦臭以及发烫等现象。此时应马上切断电源供电，以免发生严重事故。

在设备通电工作的情况下，随意拔插外设板卡、连接线或集成块芯片可能造成设备损坏。在设备运行的时候掉电或搬动设备引起震动，也有可能致使某些部件造成损坏。

信号线接错也可导致设备工作异常。例如，计算机中硬盘的信号线接反，开机后，硬盘的工作指示灯常亮，并且不能通过硬盘引导系统。

4. 病毒故障

由于病毒而引起的故障称为病毒故障。此类故障可通过相应的杀毒软件和防病毒系统来消除与预防。因为计算机病毒可能会使系统工作异常、数据丢失甚至硬件损坏，造成严重危害，习惯上把病毒这种特殊的软件故障独立出来作为一类进行处理。

病毒可通过不同的途径潜伏或寄生在存储介质（磁盘、内存）或程序里，当某种条件或动机成熟时，便会自动复制并传播，使得资源信息、程序和数据受到不同程度的损坏。

由于病毒的隐蔽性和多样化，不能指望一种防毒、杀毒软件就能避免病毒的侵害。病毒的防范必须做到消防结合、管理手段与技术措施相结合以及加强法律保障意识，只有这样才能有效减少病毒故障的产生，防止病毒的蔓延。

8.2.2 办公自动化设备的维护原则

面对出现的各种故障，工作人员要保持冷静，不要惊惶失措，应视故障的轻重缓急，遵循以下原则制订方案，再采取措施动手诊治。

1. 先简单后复杂原则

先解决简单的、难度小的故障，如接插件接触不良、预热时间不够以及信号线没有连接等容易处理且花费时间不多的故障，然后再解决复杂的故障。

2. 先电源后负载原则

电源故障是全局性的，电源不正常会影响整个系统的运行。因此，出现指示灯不亮以及电源风扇声音异常等故障时，要先检修电源，查看交流电压（220V）是否正常、电源保险丝（或热敏电阻）是否烧断以及直流电源是否正常等，然后再检修负载（主机、外部设备）。

3. 先静态后动态原则

如果发生机器加电不工作、声音不正常，或产生异味、烟雾等危险故障现象，应先进行静态检查。静态检查就是指在不给系统加电的情况下，通过看、摸等方式找出故障的检查。及时发现接头没有插好、导线短路、器件松脱等可能损坏硬件的故障，避免再损坏别的部件。处理好发现的问题后再通电进行动态检查。动态检查是指设备带电运行过程中的检查，可检查出软件故障或硬件系统的非致命故障。

4. 先软件后硬件原则

从目前的技术条件来看，在全部的故障中，硬件故障的比例要远远低于软件故障。因此，当发生故障后，应首先确定是软件故障还是硬件故障，先排除由软件引起的故障，然后再从硬件上逐步分析故障原因，动手检修硬件。

5. 先一般后特殊原则

分析某一故障时，先考虑最常见、最有可能的原因，之后再分析特殊的原因。应首先检查各设备的外表情况，如机械是否损坏、插头接触是否良好以及各开关旋钮位置是否合适等。然后，再检查部件内部。当然，什么是一般故障，并不是一个容易回答的问题。这个问题在刚开始从事维护工作时，可能并不容易判断，它需要一定的经验。因此，应该在处理故障的同时，注意总结哪些是常见故障，某种型号的设备容易发生什么故障，这将有利于判断什么是一般故障。

6. 先外设后主机原则

一般来说，主机可靠性高于外部设备。发现故障后，应遵循先外设后主机，由小到大地逐步缩小范围，直到找出故障点。通常应该先根据故障的现象，确定大致是哪个部件发生故障。检查有关设备之间的连接，确认连接没有故障后，检查易发生故障的外设及软件是否有故障，最后检查不容易查看的主机接口及其他部件。这样就能比较容易找到故障点，节省时间。

7. 先公用后专用原则

公用性问题往往影响全局，而专用性问题只影响局部。例如在 Windows 环境下找不到鼠标和声卡，则要先解决找不到鼠标的问题，然后再去处理找不到声卡的问题。

8.2.3　办公设备的故障检测

办公自动化设备故障的检测方法有很多，主要有以下几种。

1. 原理分析法

原理分析法是根据设备自身的基本工作原理，从逻辑关系上进行分析，进而找出故障原因。例如计算机出现不能引导的故障，可根据系统启动流程，仔细观察系统启动时的屏幕信息，分析启动失败的原因，找出故障环节和引起故障的大致范围。原理分析法能较快地确定故障，是维修中使用得最普遍的一种方法。

2. 诊断程序测试法

诊断程序测试法是用一些专门为检查诊断办公自动化设备而编制的程序来帮助查找故障原因的方法，是考核机器性能的重要手段和常用的方法。

一般的诊断程序都具有多个测试功能模块，可对中央处理器、存储器、显示卡、软盘驱动器、硬盘、键盘和打印机等进行检测，通过显示错误代码、错误标志以及发出提示音为用户提供故障原因和故障部位。除测试软件之外，还可以利用设备的自检程序来检查设备自身状况。如利用打印机的自检功能，在脱机状态下打印出自检页，通过观察自检页可以检查打印机有无故障。

3. 直接观察法

直接观察法就是通过看、听、摸、闻等方法检查设备故障。这种方法一般用来检查比较明显的硬件故障。如观察机器是否有异常声响、异常气味、报警信号、插头及插座松动、电缆线损坏、断线或碰线、元件发烫、烧焦、封蜡熔化、元件损坏或管脚断裂、接触不良等现象。

直接观察法可以检查出电路板上有无断线、焊锡片、杂物和虚焊点等，还可以通过观察器件表面的字迹和颜色，通过焦色、龟裂或字迹变黄等现象，判断出哪个器件发生故障。

耳听一般要听有无异常的声音，如有碰撞或异常声音（风扇噪声、打印机和复印机走纸机异常等），应立即停机处理。

4. 插拔法

插拔法是通过将插件"拔出"或"插入"来寻找故障原因的方法。采用该方法能迅速确定故障发生的部件，从而查到故障的原因。此法虽然简单，但却是一种非常实用而有效的常用方法，因此也是维修中使用得最多的方法之一。例如，微机经常出现"死机"现象，却又很难确定故障原因，这时从理论上分析故障的原因是很困难的，有时甚至是不可能的。采用"插拔法"有可能迅速查到故障的原因及故障部件。

插拔法的基本作法是将故障设备一块一块地依次拔出插件，每拔出一块，则开机测试一次机器状态。它不仅适用于插件，而且也适用于印刷板上装有插座的集成电路芯片，只要不是直接焊接在板上的芯片和器件都可以采用这种方法。一旦拔出某块插件后，机器工作正常，那么故障原因就在这块插件或芯片上，也可能是该插件、芯片的有关部件有故障。应该特别注意的是每次拔、插部件时，一定要关掉电源后再进行。

5. 替换法

替换法是通过用相同的插件或器件替代所怀疑的部件来确认故障原因的方法，这也是一种广泛使用的维修方法。通常，在排除故障时很难使用测量或分析的方法来确定故障，相比起来最简单的方法就是用同类的部件替换，这样就能很快排除故障。此种方法的缺点是用户要拥有较丰富的备用部件。

6. 比较法

比较法是用设备正常时的特征与故障时的特征相比较来判断故障原因的方法。适用于部件、器件很难拆卸和安装，或拆卸和安装后将会造成该器件或部件损坏以及在不清楚应该如何配置参数的情况。一般情况下，两台设备要处于同一工作状态或具有相似外界条件，分别检查两台设备，将正常机器的参数与故障机器的参数进行比较来帮助判别和排除故障。

特别要注意的是，在对设备进行维护的过程中，无论是故障设备还是所使用的检修设备，它们既有强电系统，又有弱电系统。注意检修中的安全是十分重要的问题。检修工作中的安全问题，主要有3方面内容：工作人员的人身安全；故障设备的安全；所使用的检修设备，特别是贵重仪器仪表的安全。为了保证安全，在实际操作过程，必须特别注意以下问题。

- 弄清故障原因之前，切记不能冒然加电

设备内部高压系统有市电220V甚至更高的交流电，这样高的电压无论是对人体还是维修的设备都是很危险的。这也是不能冒然加电的重要原因，必须引起高度重视。

在对故障做一般检查时，能断电操作的必须断电操作。在不能断电检查的情况下，加电检测时要注意人身安全和设备安全。对于刚断电又通电的操作，要等待一段时间，或者预先采取放电措施，待有关储能元件（如大电容、电感等）完全放电后再进行操作，以防止烧坏设备。当无法确定是否发生故障或不知有无部件短路时，不要马上加电，可以先在断电的情况下进行相应的检查（有无断路、短路等现象），确认无误后才能继续使用。

■ 检修过程中，切忌带电插、拔各部件和插头

不要带电插拔插件和插头，带电插拔各种控制插件很容易造成芯片的损坏。因为在加电情况下，插拔控制卡会产生较强的瞬间高电压，足以将芯片击穿烧毁。因此，带电插拔打印口、串行口和键盘口等外部设备的连接电缆常常是造成相应接口损坏的直接原因。

8.2.4 常用维修工具

1. 软件工具

软件工具在系统故障轻微且能运行的情况下使用，对故障的判断起辅助的作用。

常用的软件工具包括随机携带的故障诊断及系统参数设置等专用软件，还有通用的检测软件等。有些设备的检测软件是固化在机器内部的（如设备的自检软件等）。

杀毒软件可以对计算机病毒进行查找、清除，具有实时监控病毒的“防火墙”功能，并且能够恢复被病毒感染的文件和系统。常见的杀毒软件有瑞星、KV300 和 KILL 等。用户应使用正版的杀毒软件，并且及时地升级。工作人员要了解杀毒软件的使用方法，及时发现并清除病毒。

另外，工作人员还应准备好相应的系统软件（Windows、Linux 等）、数据库软件、备份数据软件等，以便进行相应的恢复工作。

2. 硬件工具

常用的硬件工具包括工具包、万用表以及其他一些必备工具。其中，工具包包括各种规格的螺丝刀（“十”字、“一”字等），用于拧各种螺钉；尖嘴钳子、桃口钳子用于剪切导线和剥线；试电笔用于测试线路中有无供电；电烙铁用来焊接连线、开焊点等；万用表用于测量电压、电流、电阻等电性能参数，分指针式和数字式两类。数字式万用表采用液晶方式指示数据，操作简便，功能多样，读数方便快捷。指针式万用表的灵敏度较高，但读数时可能会产生一定误差。其他硬件工具还包括清洁剂、清洁盘片、网线及接头、网线专用钳和网线测试仪等。

8.3 常用办公设备的正确使用

办公设备发展很快，应用领域非常广泛，本节介绍的常用的办公设备主要包括微型计算机、打印机、投影仪、复印机、扫描仪等。

8.3.1 微型计算机

1. 微型计算机的发展和分类

（1）微型计算机的发展。微型计算机是在集成电路制造技术不断发展的基础上出现的。最早的个人计算机是由美国 MITS 公司在 1975 年推出的 Altair 8080，这是在市场上销售的第一台个人计算机。1976 年创办的苹果公司在个人计算机发展中起着重要的作用，苹果公司从 1977 年推出 Apple Ⅱ计算机以后，它的产品在美国乃至世界微机市场上都占有极大的份额。苹果公司的成功，使一些以前专营中、小型机和大型机的公司也开始进行个人计算机的研制和生产。

1981 年 8 月，世界上最大的计算机公司 IBM 推出了 IBM PC，这是以准 16 位微处理器 Intel 8088 为 CPU 的个人计算机，此后 IBM 每 2～3 年就有新的机型推出。由于 IBM PC 系列机的技术先

进，加之它采取开放式的策略，使得PC被广泛使用。其他的微机制造厂商又竞相推出与IBM PC系列机相兼容的“PC兼容机”（包括PC 286，PC 386、PC A86以及各类奔腾机等）。由于微型计算机具有工作速度快、性能价格比高、应用范围广阔等特点，加速了其在社会各行业的普及和应用，也为微型计算机成为计算机市场的主流产品奠定了基础。

（2）微型计算机技术。微型计算机中的技术主要有数字电子技术、机械技术、磁和光技术、软件技术。其中数字电子技术，利用半导体器件组成具有一定数字电路的功能，可以进行运算、存储、输入输出、控制等工作；机械技术，用于相应配套机械设备的制造；磁和光技术，利用磁介质和光传导的性质制造磁存储介质和光存储介质；软件技术，实现对各个电路模块的智能控制，形成一个完整的系统。

（3）微型计算机分类。按组装形式和系统规模划分，常见的微型计算机有单片机、单板机和多板机（PC）。

单片机是把构成微型计算机的功能部件集成在一块芯片中的计算机，这些功能部件包括微处理器、RAM、ROM（有的单片机中不含ROM）、I/O接口电路、定时器/计数器、模拟/数字（A/D）转换器和数字/模拟（D/A）转换器等。所以，单片机又称“微控制器”或“嵌入式计算机”。单片机的体积小、功耗低，在智能化仪器仪表以及工业控制领域应用很广。常用的有Intel公司的MCS-51系列单片机（8031、8051、8751）、MCS-96系列单片机（8096、8796、8098）、Motorola公司的MC6805等。

单板机是将微处理器、RAM、ROM、I/O接口电路、相应的外设（键盘、发光二极管显示器）以及监控程序固件等安装在一块印刷电路板上所构成的计算机系统如图8-1所示，如以Z80为CPU的TP-801、以Intel 8086为CPU的TP-86等，可广泛应用于生产过程的实时控制及教学实验。有些办公自动化设备中的控制电路就是一个单板机。

多板机是用多块电路板及配套设备构造的一个计算机系统，电路板之间按一定的方式连接。通常使用的PC就是这种计算机如图8-2所示。

图8-1　单板机

图8-2　多板机

2. 微型计算机的构造

（1）微型计算机的组成。微型计算机由微处理器、微处理器支持器件、存储器、输入设备和输出设备5部分组成，如图8-3所示。

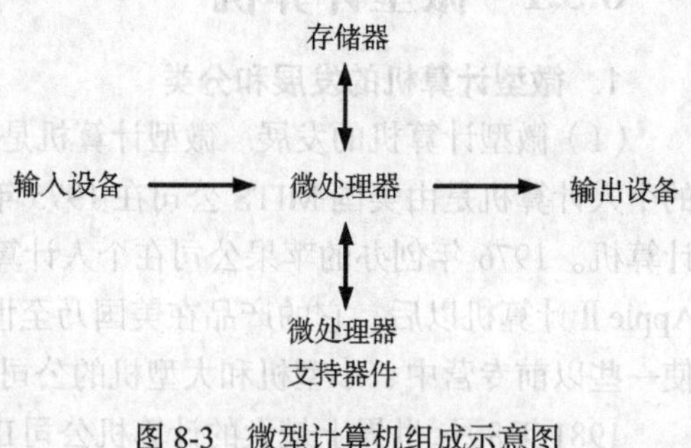

图8-3　微型计算机组成示意图

利用这个结构设计的微机系统包括主机和外围设备两大部分。主机是电脑完成计算和控制的核心，外围设备的作用主要是完成系统需要的数据的输入和信息的输出。常用的输入设备有键盘、鼠标、扫描仪等，常用的输出设备有显示器、打印机等，还有一些像调制解调器这样的设备，既是输入设备又是输出设备。这些部件组成一个处理信息的有机整体，各部件协调工作，各司其职。直观地来看，组成微型计算机的部件包括微处理器、机箱、系统板、硬盘、软盘驱动器、光盘驱动器、主机电源、显示系统等。

微处理器（CPU）是计算机的核心，具有运算和控制功能，计算机所有的工作都是在它的指挥和干预下进行的，如图 8-4 所示。支持器件配合 CPU 实现对其他部件的控制，使整个系统协调一致地工作。存储器分内存储器和外存储器，内存储器用于存储正在使用的信息，外存储器用于存储暂时不用的信息。需要执行的指令和数据先进入内存储器，再进入 CPU。系统工作需要的指令、数据通过输入设备进入到 CPU 或存储器，通过输出设备得到结果。

机箱用于放置构成主机的部件，对机箱的要求是箱体结构稳固，内部空间分配合理，散热性好，便于扩容升级，防静电，抗腐蚀，有良好的屏蔽效果，如图 8-5 所示。

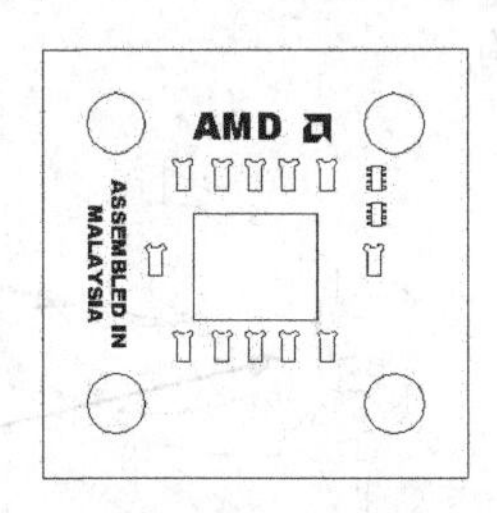

图 8-4　微处理器

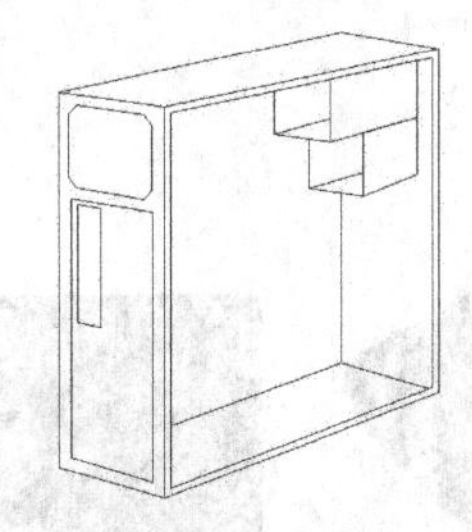

图 8-5　机箱

系统板也叫主板，上面安装有电脑的主要电路系统。主板的结构和其使用的芯片决定着整个微机系统的性能，如图 8-6 所示。主板中的主要器件有中央处理器（CPU）、芯片组、扩充插槽，其中中央处理器（CPU），负责执行指令，具有运算和控制功能；内存插槽，用于扩展内存储器，这样就可以用同一块主板，很容易地得到不同内存配置的计算机系统；芯片组，协助 CPU 进行工作；扩充插槽，用于接插各种适配器，扩充插槽是电脑的信息通路，是总线标准的体现。通常在主板上有 PCI、ISA 以及用于加快显示速度的 AGP 等，它们是目前 PC 常用的系统总线，在扩展插槽上可以安装各种适配器的印刷电路板，俗称“卡”，用以连接相应的设备，增加新的功能，如显示卡、声卡等。各种接口，包括串口、并口、键盘接口、PS/2 接口、USB 接口以及主机内部的硬盘、软驱接口等。ROM BIOS 芯片，用来存放 BIOS（基本的输入输出系统）程序，这是一个使计算机能启动的关键程序。为保存当前系统的硬件配置信息和用户设定的某些参数，主板上都有一块可读写的 CMOS RAM 芯片。CMOS RAM 由主板上的电池供电，即使系统断电，信息也不会丢失。对 CMOS 中参数的设定和更新需要运行专门的设置程序，CMOS 设置习惯上也称 BIOS 设置。

硬盘容量大，速度快，其外部有控制电路和接口，内部有磁头、盘片、电机，是一个全封闭的超净腔体。盘片由硬制金属组成，这种结构使磁盘有一个稳定的运行环境，并具有速度快的特点。硬盘盘片、磁盘驱动机构、读写磁头、磁头定位机构和控制电路协调工作，如图 8-7 所示。硬盘中的盘片可以有多片，每个盘面都被划分成数目相等的磁道，最外边的磁道定义为 0，各盘上具有相同编号的磁道构成了一个圆柱，称为硬磁盘柱面。磁盘上的柱面数和磁道数是相同的，而且属于同一柱面的全部磁道同时在各自的磁头下通过，这样只需移动磁头，就能从旋转的磁盘上写入或读出数据，如图 8-8 所示。在记录信息时，系统将自动优先使用同一个柱面或最靠近磁头的柱面，这样磁头的移动距离最短，利于提高读写速度，减小运动机构的磨损。

图 8-6　系统板结构

图 8-7　硬盘正面、背面

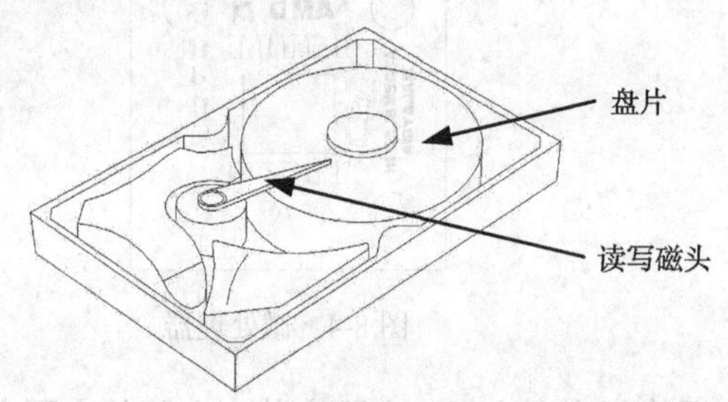

图 8-8　硬盘内部结构

控制电路负责把接口传来的数据转换后送到读写磁头，还负责确定磁盘上哪些地方是空余的，这样才能把数据写到磁盘上的指定位置。读出数据时，控制电路负责从磁盘上找到数据存储的位置，并转换成符合接口标准的信号，传送到接口。

硬盘容量是硬盘的重要技术指标，通常使用 GB（即千兆字节）为容量单位。磁盘的容量和使用的模式有关，应该注意选择正确的模式。数据传输率表明硬盘速度的快慢，但不能片面地用转速来衡量硬盘的工作速度。

软盘驱动器由盘片驱动机构、磁头定位机构、数据读写电路和接口等组成。软盘记录数据，具有很好的移动性，但容量较小，速度较慢。

光盘驱动器又称 CD-ROM，是一种只能读取数据的外部设备。其中作为存储介质的光盘，需要使用专门设备压制而成，或者使用光盘刻录机将数据刻录在特制的一次写多次读的光盘上。光盘驱动器给计算机的应用带来了极大的方便，CD、VCD 都是以光盘作为载体的，现在很多系统软件和应用软件也是用光盘发行的。一张光盘的存储容量大约是 650MB。最初的光盘驱动器速度为单倍速，其数据传输率为 150KB/s，其后发展为 2 倍速（300KB/s）、4 倍速（600KB/s）、50 倍速（4.8MB/s）等，一些新的高倍速光盘驱动器不断出现。

主机电源密封在一个金属箱中，将交流电转换成各部件需要的直流电。主机电源有多组直流电压输出插头，其中与主板相连接的插头与其他的不同，它是一个 20 针的长方形插座，具有防错插设计，这个插头和主板的连接很方便，不用担心会错插，其他插头用于连接机箱内的设备。电源的总开关装在电源内部，只有关闭了这个开关才能全部关闭电源。机箱面板上的开关只是连接到主板上的一个微动开关，当电脑休眠或挂起时，电源仍然向主板的监控器件供电。监控电流很小，几乎不消耗电能。当有外部信号进入电脑（如按面板上的电源开关或有 Modem 信号拨入时），电脑就会打开电源，恢复到正常工作状态。

显示系统是电脑的一个重要组成部分，它是电脑和用户交互信息的一个关键部件。一个完整的显示系统由显示卡和显示器组成。显示卡在多媒体技术和图形处理技术中越来越重要，目前“一板一卡”的配套方法也说明了电脑中显示卡的重要性。显示器是显示系统的一个重要部件，根据显示原理的不同可以分为不同的类型。阴极射线管显示器，这是最常用、经济性最好的，显示效果也很出色，缺点是体积和重量较大、不便于携带。液晶显示器，体积小、重量轻、耗电低，缺点是显示有方向性。等离子显示器，显示性能很好，体积中等，不过价格较高。显示器屏幕尺寸是指显示器对角线的距离，显示器尺寸的增加使得图像有了更大的显示区域。例如，17ich 的大屏幕显示器会提供给用户更加清新悦目的广阔显示区域，屏幕上能显示更多的内容，不用来回翻动，更有利于提高工作效率。点距，是指给定颜色的一个发光点与离它最近的相邻同色发光点之间的距离，这种距离不能用软件来更改。点距越小，图像就越清晰，显示器常用的点距规格有 0.31mm、0.28mm 和 0.25mm 等。分辨率，是反映显示器表现图像细节能力的指标，通常用水平像素数×垂直像素数来表示，能显示的像素数越多，显示器的分辨率就越高，通常在显示器上标明的分辨率都是显示器的最大分辨率。扫描频率，分水平扫描频率和垂直扫描频率，水平扫描频率又称行频，它是指每秒钟电子束在屏幕上水平扫描的次数，单位为千赫（kHz），行频范围越大，显示器可支持的分辨率就越高。垂直扫描频率也称场频或刷新速度，它指的是显示器在某一显示模式下，所能完成的每秒钟从上到下的扫描次数，单位是 Hz，垂直扫描频率越高，图像就越稳定，越没有闪烁感。根据视频电子标准协会的规定，凡符合人体工程学标准的彩色显示器必须在 1 024×768 分辨率下至少达到 75Hz 的垂直扫描频率。目前，这一标准已提高到 85Hz，通常情况下，显示器的垂直扫描频率在 60Hz～120Hz，一般认为 72Hz 以上的刷新率即可保证图像的稳定，另外，显示器的扫描频率同时受到显示卡控制能力的制约。有的显示器采用的是隔行扫描形式，即先扫描所有的偶数行，再扫描所有的奇数行，与逐行扫描相比，隔行扫描产生的新图像的频率只有逐行扫描的一半，闪烁现象更为严重。不过这种隔行扫描的显示器现在很难见到了。显示器的耗电量是比较高的，它的节能问题已越来越受到人们的关注。美国环保局（EPA）发起了“能源之星”计划。该计划规定，在微机处于非使用状态，即待机状态下，耗电量低于 30W 的电脑和外围设备，均可获得 EPA 的能源之星标志，这就是人们常说的“绿色产品”。

（2）微型计算机的性能指标。微型计算机的性能指标主要包括工作速度、内存容量、软件系统的配置等。

微型计算机的工作速度是一个很重要的指标，也很容易和其他概念混淆。整机的工作速度是整个系统快慢的表现，它不仅仅取决于 CPU 的主频，还与其他部件及参数配置有关。通常给出的速度指标是 CPU 的主频，主频越大，CPU 的运行速度越快，但是它与微机的工作速度不是一个概念，不能混淆。

内存在计算机中占有重要的地位，CPU 只能直接执行已存入内存中的程序，在执行程序中得到的中间结果和最后结果往往也是先储存在内存中。现在的程序越来越大，如果内存不够大，程序就不能一次调入内存中，这样就会影响到微机执行程序的速度。足够大的内存是保证软件运行速度的重要条件。

软件系统的配置也影响计算机的性能，正确地设置参数，可使软件、硬件很好地进行配合，充分发挥相应的功能。安装操作系统软件（例如 DOS 或 Windows）并根据实际工作需要配置其他的应用软件。

另外，根据实际工作需要确定配置哪些外设，并考虑选配何种档次的外设，如显示器的种类和分辨率、硬盘的容量和速度，光盘驱动器、软盘驱动器以及打印机类型和型号，还要考虑键盘和鼠标等。当然，对于一些要求功能较齐全的办公系统，还可以配置扫描仪、数字化仪和绘图仪等设备。同时还要重视升级是否方便，对现有的设备进行升级可以提高机器性能，节约资金。所以微型计算机应具备较好的升级能力。

3. 微型计算机的使用与维护

（1）微型计算机的安装。

■ 安置方式

计算机的安置应保证处于水平位置，要保持平稳，无晃动，容易接触到电源插座，以利于方便地连接电源线。应该在机器周围留有所需要的空间，以便操作，也有利于机器通风和检修，并符合温度和湿度要求。

■ 接口

计算机提供的接口主要包括串行接口、并行接口、通用串行接口等。主要集中在机箱后面的板上。串行接口（COM），简称串口，是电脑与其他设备传送信息的一种标准接口，按bit传送数据。现在的电脑有两个串行口COM1和COM2。通常情况下，这两个接口可用来连接鼠标和调制解调器等外部设备。并行接口（LPT），简称并口，也是电脑与其他设备传送信息的标准接口，按Byte传送数据。并口将8bit数据同时并行传送，传送速度较串口快，但传送距离较短。通用串行接口（USB），具有“即插即用”和“热插拔”的特性，传输速度为12Mbit/s。微型计算机常用接口如图8-9所示。

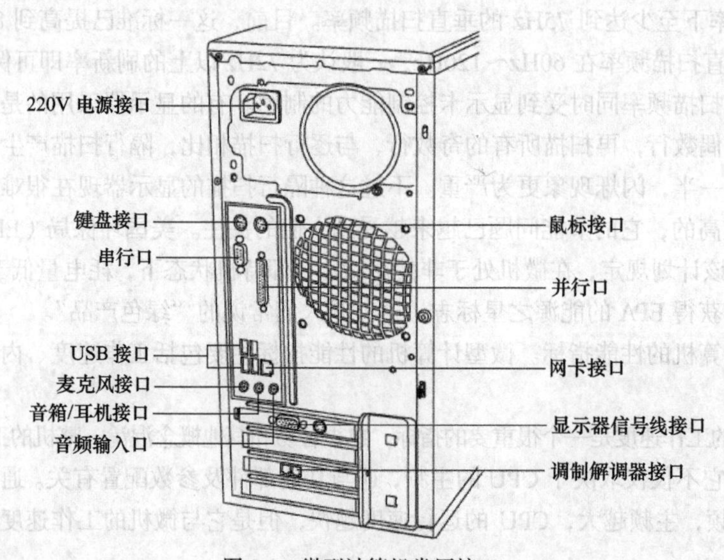

图 8-9 微型计算机常用接口

（2）微型计算机的正确使用。正确使用微型计算机需要注意以下几个问题。

■ 安装好相应的软件。

■ 检查电源电压是否正常，电源要有接地系统，这样在出现闪电和高压时接地系统会为故障电流提供回路，避免这些意外情况对机器产生损坏。在插上电源线之前检查各电源的开关是否处于关闭的状态。

■ 养成正确的关机习惯。在Windows系统中应先退出系统再关机，千万不要直接按电源关机，这样会使磁头不能正确复位而造成硬盘的划伤，导致数据丢失和系统损坏。

■ 不要在硬盘或软盘驱动器工作时关闭主机电源，主机电源在两次开机之间的时间间隔应大于 3min，以免造成磁头划伤磁盘等事故。

■ 避免计算机受到震动、碰撞，微机工作或刚关机时，严禁搬运机器，以免磁头与盘片产生撞击而擦伤盘片表面的磁层，从而导致硬盘的物理损害（这种损伤往往是致命的）。

■ 定期整理硬盘。硬盘长期使用后会产生大量文件碎片，过多的碎片会导致应用程序启动和执行变慢等不良后果，因此应养成经常整理硬盘的习惯。

■ 及时备份重要信息。对硬盘中的重要文件，特别是应用软件的数据库文件要按一定的策略进行备份工作，以免因硬件故障、软件功能不完善、误操作或病毒破坏等原因造成损失。

■ 删除不再使用的文件、临时文件等。电脑长期使用后，应用程序会在硬盘上建立许多临时文件，应及时予以删除。

（3）微型计算机的维护。保养与维护微型计算机需要注意以下几个问题。

■ 防灰尘。由于电脑在使用过程中电源风扇不断地进行空气循环，所以外界空气质量的好坏直接影响到电脑内部配件的正常运行，较多的灰尘能够堵塞 CPU 上的散热风扇，轻者造成死机，重者烧毁 CPU。此外，如果电源内部有较多的灰尘，会引起排风不畅，引起电源内部短路。较多的灰尘能够引起光驱纠错能力下降，甚至完全不读光盘。所以，发现灰尘较多时，应打开机箱除去箱内灰尘。

■ 防电压变化。如果电源电压波动较大或经常停电，应使用稳压电源或不间断电源（UPS）。

■ 随时检查病毒。发现病毒必须立即清除，并检查在此之前曾用过的所有软盘。及时更新防病毒软件，建立良好的预防机制。

■ 切勿带电插拔器件和连线。带电插拔会烧毁器件，造成严重故障。另外，在接触机器时要注意防止静电，以免击穿器件。

■ 正确使用与保管软盘。不可将软盘放在强磁场附近，磁场会导致软盘上的信息丢失。应该在适宜的温度、湿度下保存和使用软盘，否则软盘的外套易变形，容易造成读写错误，而且盘片的磨损亦将加剧。环境太干燥时，盘片容易带静电，误码率也会加剧；太潮湿，盘片易霉变而损坏。不要用手摸盘上的读写窗口，以免污染或损伤盘面。用户标签应该先写好后再贴在盘套上。如需要直接在盘片上写标签内容，应尽量用软笔写，以免划伤磁盘。不可用橡皮擦改标签，以免损坏磁盘和驱动器。切不可在原标签上再贴上新标签，这样会卡伤驱动器或插不进软盘。开机时，要在进入内存检测之后，方可关上软盘驱动器，在关机时，应先将软盘取出，再关闭电源，以防止驱动器可能产生的误动作而划伤软盘。若软盘中的内容需要保留，应予以写保护。

■ 保持光盘清洁，保持盘面的完好。由于激光头是在光盘的下方读取光盘的，所以如果光盘上有大量的灰尘，那么在光驱读盘时灰尘就会落到激光头上。使用质量较差的光盘必定会加速光驱的机械磨损，使其寿命降低。

■ 正确更换内存。升级内存时要选择匹配的内存条（规格、速度等）。断电后，将插槽两侧的紧固装置向外推，内存条会自动弹出，将新内存条对准插槽，下压到位即可。

■ 安装适配器。加装适配器时要选择合适的总线插槽，将适配器对准插槽垂直向下用力，不能前后晃动，否则，将损坏插槽和适配器。

■ 软驱或光驱的指示灯亮时不能拿出软盘或光盘，否则会损坏盘片和驱动器。

（4）微型计算机简单故障排除。随着计算机功能的提高，使用的普及，其故障也时有发生。

■ 电源故障

外部电源故障使机器无法工作。内部电源故障可检查电源连接是否良好，主机电源风扇是否转动，主机工作灯亮不亮。可打开机箱，用万用表测量直流输出是否正常，若有故障，需要更换电源。

■ 系统引导失败

一般情况下，系统由硬盘引导，由于系统启动顺序的设置原因（通常是光驱为第一启动盘），光驱中有盘片，使得系统不能正常启动。此时可取出盘片，系统可启动成功。

■ 硬盘灯常亮

这种情况可能由于硬盘电缆线插反。关掉电源，打开机箱，将电缆线正确连接。

■ 软驱、光驱不读盘

读写头脏，应进行清洗。注意，不要用无水酒精清洁光驱的激光头，有些光驱，其激光头的物镜部分使用了一种类似于有机玻璃的物质，如果使用酒精擦拭它，酒精会使其表面溶解，使其变得不透明而彻底损坏光驱激光头。一般来说，使用棉签擦拭即可，或使用气囊对准激光头吹掉灰尘。

■ 键盘按键失灵

这种情况可能是键盘内部有污物。关机后，拔掉电源、电缆线，先用无水酒精和软布擦拭键盘表面的污物。取下底板上的螺钉，拿开前面的面板，可见与主机相连的五芯电缆穿过底板连在电路上，其中4线电缆连接一组对应插件（注意接口方式），另一根黑色导线由螺钉固定。拔下这两处连接后，电路板即可与底板分离。将键帽从电路板上取下来，用工具轻轻将键帽往上抬，一拔即下。用清洗剂对键帽、面、底板进行擦拭，用软刷轻扫电路板上的灰尘。按照键盘图所示，安好键帽，将电路板放到底板上，正确连接电缆。最后放回面板，将底板上的螺钉上好。

■ 硬盘空间不够

硬盘空间小会导致工作速度降低，这时可以进行碎片整理，删除没用的数据、文件。也可增加新硬盘，首先要将两块硬盘分出主硬盘和从硬盘（通过硬盘本身的跳线进行设置），连接好电缆线和电源线，找到合适的位置安装好。安装双硬盘后要注意散热，两个硬盘间空隙不能太小。

■ 增加新硬盘后，电脑启动时检测不到或只检测出一块硬盘

在新增或升级硬盘时，尽量优先选择品牌相同的硬盘。因为不同品牌的硬盘在同一条硬盘线上使用可能会出现兼容问题。如果在确认两块硬盘主、从跳线设置都没有错误的前提下，可先断开旧的硬盘再重新开机，如果这时电脑能检测出新加硬盘，那么就是两块硬盘兼容有问题。解决方法是将新硬盘放在第二硬盘线上使用。如果必须使用同一硬盘线，那么就将两块硬盘的主、从关系对换一下。

■ 增加新硬盘后，盘符产生混乱

在多分区的情况下，硬盘分区的排列顺序有些古怪：主硬盘的主分区仍被计算机认为是C盘，而第二硬盘的主分区则被认为是D盘，接下来是主硬盘的其他分区依次从E盘开始排列，然后是第二硬盘的其他分区接着主硬盘的最后盘符依次排列。这就有可能导致安装双硬盘后，系统或某些软件运行不正常。解决的办法是给第二硬盘重新分区，删掉其主DOS分区，只划分扩展分区，这样盘符也不会交错。当然若主硬盘只有一个分区的话，也不存在盘符交错的问题。

■ 系统提示“CMOS Battery Failed”

CMOS电池失效，可能是长时间不开机导致CMOS电池的电力不足，开机充电，若仍然无效

则更换电池。

■ 系统提示“Hard Disk Install Failure”

硬盘安装失败。遇到这种情况，先检查硬盘的电源线、数据线是否安装妥当，或者硬盘跳线是否设错（例如两个硬盘都设为 Master 或 Slave）。

■ 系统提示“Keyboard Error or No Keyboard Present”

键盘错误或没有安装键盘。检查键盘连线有没有插好，若没有插好把它插好即可。如问题依旧，则可能是键盘本身出现了质量问题。

■ 系统提示“Memory Test Fail”

内存测试失败。通常发生这种情形大都是因为内存不兼容或出现故障，所以分别检查内存是否匹配、安装是否正确。

8.3.2 打印机

打印机是办公活动中常用的设备，主要用于将电子文稿的内容形成纸质文件。不同打印机的应用范围、使用和维护方法有很大的不同。

1．概述

（1）打印机的发展。早期的打印机是字符式的，它以整个字符的方式输出打印，打印质量好，但不能满足既打印文本又打印图形的要求，逐渐被淘汰。取而代之的是以点矩阵结构形成字符和图形记录的点阵打印机，先后出现了击打式打印机（针式打印机）和非击打式打印机（喷墨、激光、热敏打印机等）。它们各具特色，各有用途。尽管喷墨、激光、热敏打印机的性能价格比越来越高，但是，还不能完全取代针式打印机。今后，打印机技术将进一步向数字化、多功能化、彩色化、网络化方向发展。

（2）打印机的技术指标。打印机是集机械技术、电子技术、印刷技术于一身的智能设备，其内部控制电路是一个微电脑控制系统，是一个极为精密的机电一体化智能系统。其主要技术指标包括打印速度、分辨率、工作噪声、行宽、拷贝数、寿命等。

打印速度包括平均打印速度和标称打印速度。平均打印速度指打印机在连续满行打印（包括换行）时，单位时间内能打印的字符数，单位是字符每秒或汉字每秒。标称打印速度指在一行内打印头从行头开始印字到行尾结束印字的过程中单位时间内能打印的字符数或汉字数，单位也是字符每秒或汉字每秒。在打印机产品手册上给出的打印的印字速度都是标称打印的印字速度，显然标称打印速度高于平均打印速度。

行式打印机的打印速度以每分钟打印的行数表示，即行每分，页式打印机的打印速度以每分钟打印的页数表示，即页每分，一般以 A4 页面为准。

一般情况下，打印机厂商采用汉字高速（倍速草体）打印方式下的打印速度来描述打印速度，以提高标称值。因此衡量打印速度，应该考察高密打印方式下的速度指标。这时，可以看到大多数打印机的高密汉字打印速度不到 100 全角汉字每秒。影响标称汉字打印速度指标的因素还有汉字字符间距。国家标准的汉字字符间距是三点，如果打印机设置成零字符间距，标称打印速度还能够提高。标称速度并不代表实际汉字打印速度，这是高速打印机的概念陷阱。标称速度用打印头击打频率计算得出，而实际打印不仅存在进纸，打印机启动与停止等时间消耗，数据缓存与汉字处理速度、连续工作能力等因素对打印速度影响也很大。另外，激光打印机手册给出的印字速度是引擎速度，它代表打印机的空输纸速度，并不是实际印字速度。

分辨率是衡量打印机质量的重要参数，分辨率是指单位长（宽）度内能实现的可分辨出的点

（线条）数。

工作噪声是衡量打印机的重要指标，通常击打式打印机工作噪声应低于65dB。非击打式打印机工作噪声应处于55dB以下。

行宽是指打印机能够打印的最大宽度，对于串行式和行式打印机而言优选行宽为40、80、132和136字符每行。高速和超高速页式打印机可使用连续纸，其打印行宽相当于132、136、80字符每行，中、低速页式打印机大多使用页式纸，其打印宽度用最大印字幅面表示，常用A3和A4，A4相当于80字符每行。

拷贝数是指在多层纸打印时，打印机所能打印的份数。对于击打式打印机而言，拷贝数常用原件加复印件来表示。非击打式打印机（如喷墨式和激光式）都是不可复写的。

打印机的寿命用平均无故障时间（t_{MTBF}）来描述，指打印机前后两次出现故障的时间间隔。

（3）打印机分类。按照打印机原理分类，可将打印机分为击打式和非击打式。击打式主要是针式点阵打印机，非击打式主要包括激光式、喷墨式、热敏式打印机。按照输出方式可分为串行式、行式、页式打印机等。按用途可分为通用、专用、商用、家用、便携、网络打印机等。

2. 打印机的安装

打印机的安置应保证处于水平位置，要保持平稳，无晃动，容易接触到电源插座，以利于方便地连接电源线。

应该在机器周围留有所需要的空间，以便操作，也有利于机器的通风和检修，一般来说，首先要去掉保护成像装置的部件，取出硒鼓，轻摇几下使墨粉均匀分布，插入相应位置。

选择适当的接口（并口、USB口等），正确地与计算机进行连接，如图8-10所示。

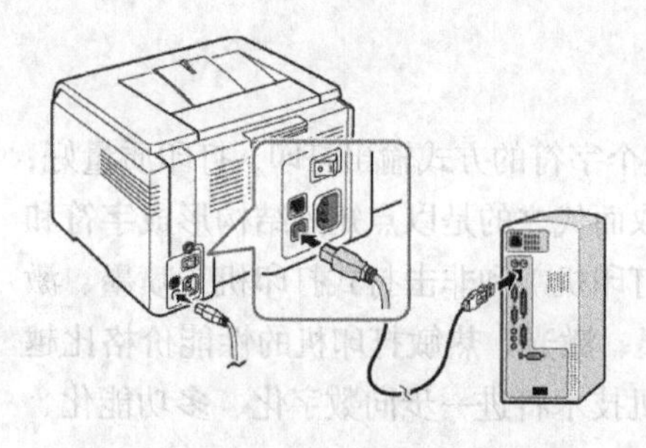

图8-10　打印机与计算机连接示意图

3. 针式打印机的使用与维护

（1）针式打印机的组成。针式打印机由打字机构、横移机构、走纸机构和色带机构组成，如图8-11所示。打字机构把控制电路传来的电信号在打印头中进行转换，驱动打印针击打色带，在打印纸上形成相应形状的字符或图形。横移机构通过电机和皮带驱动打印头左右移动。走纸机构通过走纸电机带动，使打印纸按规定的节拍连续移动。色带机构可使色带向一个方向匀速运动，使整个色带被均匀使用。

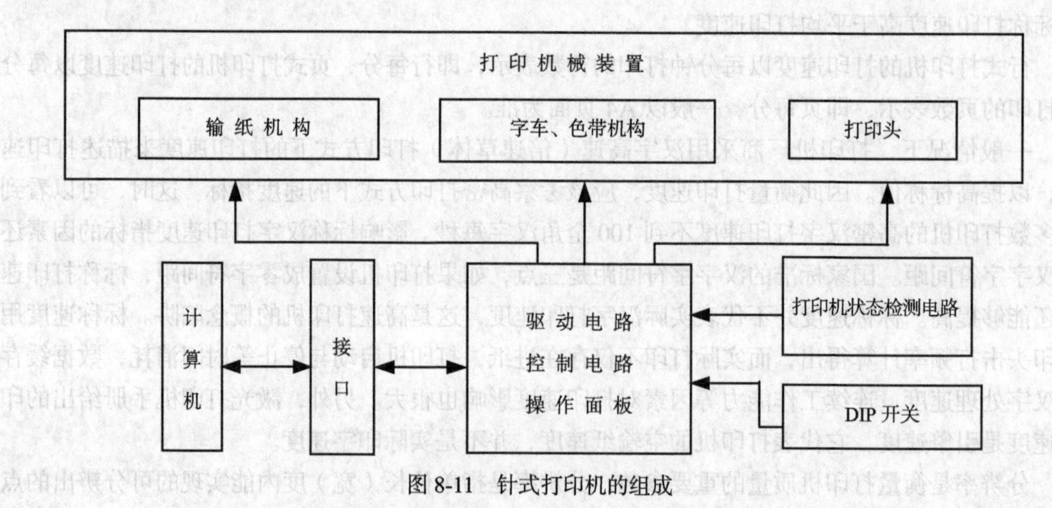

图8-11　针式打印机的组成

（2）针式打印机的工作原理。打印机通过接口接收计算机的数据信息和控制命令，在智能电路的控制下，使打印头产生横向位移，而打印头中规则排列的打印针就按照机内字库中字形编码格式出针打印，形成字符，如图 8-12 所示。

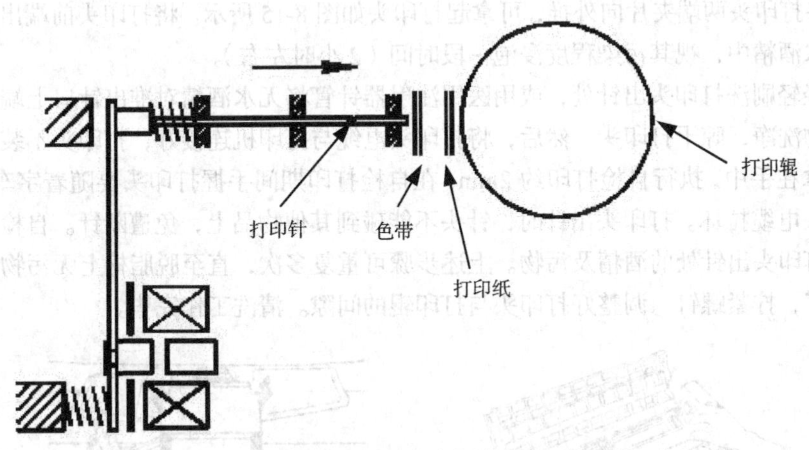

图 8-12　打印头出针原理

（3）针式打印机的正确使用。首先要理解操作面板上指示灯和按键的功能，为熟练操作打下基础。选择质地均匀，有一定的强度、表面平整的打印纸，依据所选择的纸张类型，按照操作手册的要求将纸装好，调整好打印头调节杆的位置，色带用旧后要及时更换。安装、更换色带应在断电状态下进行，并与所用机型配套如图 8-13 所示。

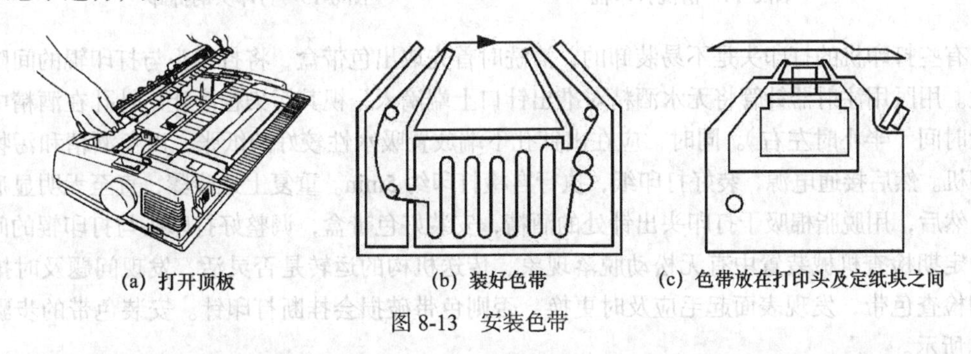

(a) 打开顶板　(b) 装好色带　(c) 色带放在打印头及定纸块之间

图 8-13　安装色带

（4）针式打印机的保养和维护。打印机工作的房间要保持清洁，空气中不含酸、油类粒子及金属粒子，尽可能地减少灰尘。放置打印机的工作台必须平稳无振动。避开火炉、暖气片等发热装置，免受阳光长时间的照射，远离强磁场。工作环境温度不要剧变，每小时变化小于 10℃，不结露。

供电电源要稳定，最好接上交流稳压电源，避免与电冰箱之类大功率或有干扰的电器使用同一电源。由于打印机内部的信号地和机壳地是分开的，所以要求打印机安放点应该有一个良好的接地设施，以便将打印机机壳接到地线上，否则机壳对地将会带有感应电压，有时可高达几百伏。打印机不用时，要关掉电源，以免缩短使用寿命。

定期做好清洁工作，包括定期清洗打印辊、打印头。清洁时可使用中性清洁剂擦除打印机外部的污渍、灰尘，保持外观清洁。扫除机内的纸屑和尘土，用软布擦除导轴上的污垢，用吸尘器清除电路板上的尘土。注意光电遮断器和反射光电耦合器表面的清洁，否则会引起误检测。清洗打印辊时，由于色带上的油墨及蜡纸上的石蜡对打印辊有腐蚀作用，时间一长会使打印辊表面凹凸不平，加快老化。可用软布蘸上酒精，清除掉打印辊上的污垢，使其保持平滑光洁如图 8-14 所示。

定期清洗打印头。有些打印机的打印头是易装卸的，清洗方法是首先移开色带盒，卸下打印头及电缆，将打印头两端夹片向外推，可拿起打印头如图 8-15 所示。将打印头前端出针处 1cm～2cm 浸在无水酒精中，视其污染程度浸泡一段时间（2 小时左右）。

用毛笔轻轻刷洗打印头出针处，或用医用注射器针管将无水酒精对准出针口上端及下端注射多次，将污物洗净，晾干打印头。然后，将打印头电缆与打印机连接好，打印头不装在打印机的字车上而是拿在手中，执行自检打印约 2min，在自检打印期间手握打印头要随着字车一起移动，以免将打印头电缆拉坏。打印头出针时，针头不能碰到其他物品上，免遭断针。自检完毕后，用脱脂棉吸干打印头出针处的酒精及污物。上述步骤可重复多次，直至脱脂棉上无污物为止。将打印头装回字车，拧紧螺钉。调整好打印头与打印辊的间隙。清洗工作完毕。

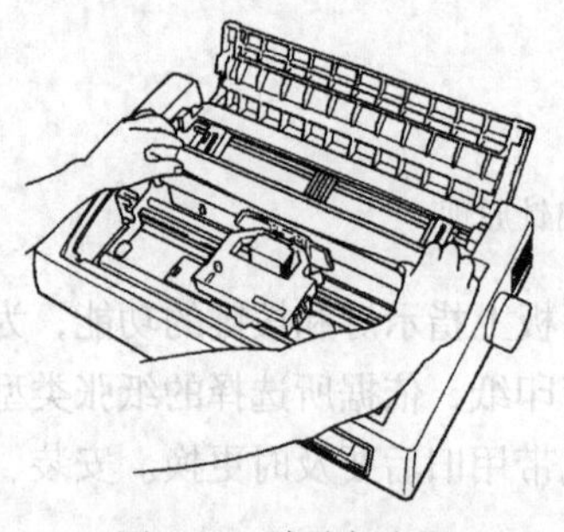

图 8-14　清洗打印辊

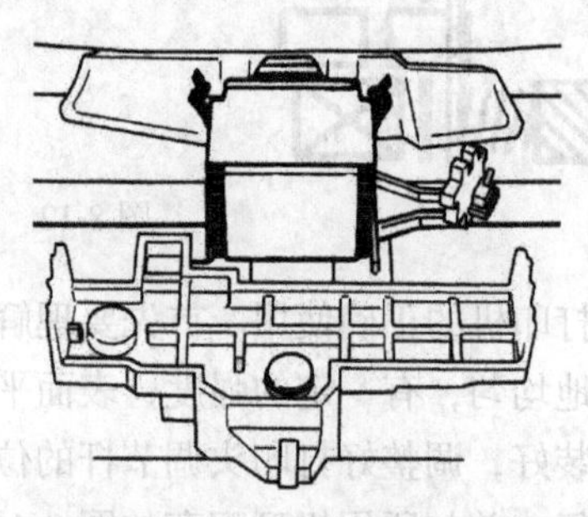

图 8-15　打印头的拆卸

有些打印机的打印头是不易装卸的，清洗时首先取出色带盒，将打印头与打印辊的间隙调到最大。用医用注射器针管将无水酒精对准出针口上端滴入，视其污染程度让出针孔在酒精中浸泡一段时间（半小时左右）。同时，应在出针孔下端放置吸水性较好的纸张，以免酒精和污物污染打印机。然后接通电源，装好打印纸，执行自检打印约 5min。重复上述步骤，直至无明显痕迹为止。然后，用脱脂棉吸干打印头出针处的酒精，安装好色带盒，调整好打印头与打印辊的间隙。

定期检查机械装置中有无松动脱落现象、传送机构的运转是否灵活，发现问题及时排除。定期检查色带，发现表面起毛应及时更换，否则色带破损会挂断打印针。安装色带的步骤如图 8-12 所示。

定期对相应部件进行润滑，正常情况下，每隔 3～6 个月对打印机的相应部件进行润滑，润滑前要清洗打印机。润滑的主要部位是字车导轨，打印针的针导孔，传动机构的齿轮、滑轮、活动轴以及使用手册中要求润滑的部位。使用的润滑油要符合要求。

（5）针式打印机故障排除。针式打印机产生故障的原因主要包括忽视清洁工作、使用环境达不到要求、违反操作规程、集成电路或晶体管本身缺陷等。由此引发的故障主要有接口故障、打印针断针、开机电源指示灯不亮、打印头不归位、输纸机构故障、自检异常、联机打印异常等。

忽视清洁工作，不能按时对输纸电机轴、传动齿轮、字车电机轴、横移机构中前后导轨、皮带轮等处进行清洗润滑，容易造成输纸和字车失控。若不注意定期清除机内纸屑和尘土，特别是电路板上的尘土，则容易发生电路故障。另外，若不定期清洗打印辊，色带上的油墨及蜡纸上的石蜡对打印辊都有腐蚀作用，时间一长会使打印辊凹凸不平，并加速打印辊上橡胶老化。

使用环境达不到要求主要表现为打印机长期放在日光直晒或有热源（如暖气、火炉）、有酸碱腐蚀的地方，使得机内元器件损坏率增大。尤其是打印机长期不用时，机内电解电容容易受潮失效，从而造成电路故障。若打印机器长期放置在有振动、冲击的地方会造成机内有缺陷的元器件加速损坏，也易使步进电机中磁钢退磁，还会使横移机构中前后导轨平行度变差，造成字车运行受阻。

违反操作规程是指在打印机带电状态下，用手触摸器件，器件易损坏。在打印机打印过程中用手旋转送纸旋钮，不但会引起多根断针，还会加重输纸电机负载，从而烧坏输纸电机。

集成电路或晶体管本身缺陷是指集成电路芯片常有封装不严、键合不牢、硅片裂纹、氧化层有针孔等缺陷。所用晶体管也有筛选不严的，这些器件使用不久就会损坏失效。这些缺陷还包括生产工艺不良，出厂前印刷板有断裂隐患在使用过程中暴露，接插件接触不良，时通时断等。

接口故障是指在未关闭电源的状态下，插拔接口电缆连接器或拨动多路转换器，在各集成电路芯片的输入端会产生突发性的冲击电流，若冲击电流过大，某些芯片质量又不好，就会损坏芯片。所以，不要带电插拔电缆连接器或带电拨动机械式多路转换器，切勿存在侥幸心理，一、两次带电操作不一定能引起故障，但经常这样操作迟早是会出现故障的。不要随意拉扯接口电缆。

断针故障是针式打印机的常见故障，其原因主要有 5 个，第一个原因是打印针高速出针或收针，每秒钟高达几百次的应力循环，可产生强烈的摩擦高温，由于污垢充塞打印针导向孔，或经常使用打印机打印蜡纸，使蜡纸中的石蜡随着打印过程进入打印头导向孔内，使打印针在出针、收针运动中阻力增加，打印针无法推出、收回引起断针；第二个原因是打印头中衔铁弹簧（或簧片）老化，失去原有的弹性，使打印针出针后不能及时收针，引起挂断打印针；第三个原因是在打印过程中，人为地转动打印辊造成多根针同时折断；第四个原因是正在打印时突然关机或停电，使打印针未能及时收针而挂断；第五个原因是色带盒引起的，体现在色带盒的盒盖与盒体上下结合不紧，从动齿轮脱离原位，使主-从齿轮啮合不紧，导致齿轮不绞带，色带松弛。另外色带使用过久表面起毛甚至破损，色带与色带盒不匹配，拉线长度太长，张力不够，色带运转不灵活甚至不运转，造成打印针击穿色带，挂断打印针。而色带安装不到位，使打印头两边色带反向、缠绕打结而导致打印针穿越色带直接撞击到打印辊上，也会造成断针。

断针故障的原因还包括打印纸质量太差，纸面不平整，有疤点或受潮。打印纸安装不当，使纸重叠，打印信封时经常打印在信封接头上，使用多层折叠纸时在连接线处打印等。

为了避免打印针导向孔堵塞，打印机使用 3 个月或累计打印 50 000 字符后，就应对打印头进行一次清洗。并且不要用打印机打印蜡纸，若一定要用蜡纸打印，要将蜡纸下面的一层棉纸去掉，垫上一张高质量的纸，以减小打印头横向运动的摩擦阻力。打印完毕，要及时用酒精清洗打印辊，以免石蜡与打印辊上的橡胶发生化学反应而使打印辊变得凹凸不平。在打印机打印过程中，禁止人为地转动打印辊。若一定要转动打印辊来调整行距和打印纸的位置的话，应先置打印机于脱机状态下，再进行调整（有的打印机须断电再调整）。定期检查色带，若发现起毛，应及时更换相应机型的高质量色带。还应经常观察色带的运转是否灵活，发现异常要及时停机处理。打印机正在打印期间勿关机断电，不用劣质打印纸，注意正确安装色带盒，纸未装好前勿打印，打印过程中勿扯纸、勿乱按开关键。

开机电源指示灯不亮可检查打印机外部供电是否正常，正常电压为 198V~240V。电源插头与插座连接是否良好。机内交流电源保险丝是否熔断，若熔断则查明原因（电路无短路）后更换同型号的保险丝。

开机后打印头不归位，可能是由于打印头左右移动的字车机构中有污物，清理后可恢复，也可能因为字车机械故障（皮带磨损、导轨平行度降低等），可更换故障部件。

输纸机构负责打印换行、自动进纸、退纸等工作。当输纸机构出现问题时，会出现打印字符重叠或行间距不均、不能自动进纸等故障。打印机不输纸，又无异常噪声，可能是高低压切换电路故障。打印机不输纸，能听到“嗡嗡”的噪声，可能是输纸电机故障。打印机不输纸，能听到“咔咔”的噪声，可能是输纸机构中传动齿轮磨损，需要更换损坏的零件。

自检异常表现为自检页打印失败。不同型号设备的自检方法不一样，在脱机状态下，装好打印纸，参照操作手册的要求进行自检。若自检页字符缺损，则有可能是打印头中的打印针被污物堵住，此时应该清洗打印头；或者是色带缺损及传动机构故障，此时应该拿下色带盒检查色带有无破损，能否正常转动，发现问题后可通过更换新色带解决。若自检打印出白纸，则应检查是否安装了色带，以及色带是否正确地处于打印头和打印纸之间。

联机打印异常可检查联机指示灯是否亮，此时重复按下联机按键，联机灯应该表现为亮、灭交替出现。若指示灯没有出现这种情况应检查计算机与打印机之间的信号线及接口连接是否正常，可尝试更换信号线。病毒感染也会造成联机打印异常，表现为打印结果混乱、失控。此时应用杀毒软件清除病毒，重新联机打印。

4. 喷墨打印机的使用与维护

（1）喷墨打印机的组成。喷墨打印机和针式打印机一样分为机械和电路两部分，如图 8-16 所示。

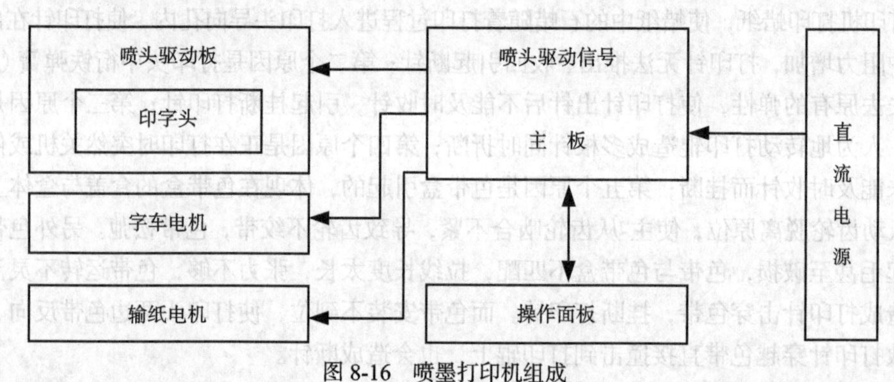

图 8-16　喷墨打印机组成

机械部分包括清洗系统、字车结构、输纸机构。其中，清洗系统用于对喷头进行清洁，清洗喷头包括擦拭和抽吸两种操作。擦拭是擦刷机构完成在喷嘴表面的移动。抽吸是通过橡皮盖使泵单元与喷头相联，借助泵单元的抽吸，可将喷嘴中的墨水抽吸到泵中，最后流至废弃墨水吸收器中。抽吸操作的目的是抽出喷嘴中的旧墨水，代之以新墨水，去除旧墨水中的气泡、杂质、灰尘等，确保喷嘴内墨水流动顺畅。墨盒本身是消耗品，因此喷墨打印的成本较高。字车机构用于固定墨盒和打印头，并实现喷头与逻辑板间的电路连接。字车单元具有驱动功能。通过字车单元上的调节杆，可调节喷头与打印纸之间的间隙，以保证打印效果。输纸机构在打印过程中负责送纸，与字车和喷嘴的动作是一致的，它们相互配合完成打印工作。

电路部分分为逻辑控制电路和电源两部分。逻辑控制电路由主控电路、喷墨打印头控制，由驱动电路、输纸电机控制与驱动电路、接口电路、操作面板和传感器电路等组成。逻辑控制电路分析来自计算机的控制命令和打印数据，并控制打印机的操作。电源部分将交流电转换成 5V 低压直流电和几组驱动电机及其他执行机构的高压直流电。

（2）喷墨打印机的工作原理。喷墨打印机是从喷嘴中喷射出墨滴，在电场的作用下控制其运动方向而形成图像的设备，如图 8-17 所示。按产生墨滴的情况，分为连续式和随机式两大类。

连续式是指利用压电驱动装置对喷头中墨水加以固定压力，使其连续喷射。为进行记录，利用振荡器的振动信号激发射流生成墨水滴，并对墨水滴大小和间距进行控制。由字符发生器、模拟调制器传递而来的印字信息对控制电极上的电荷进行控制，形成带电荷和不带电荷的墨水滴，

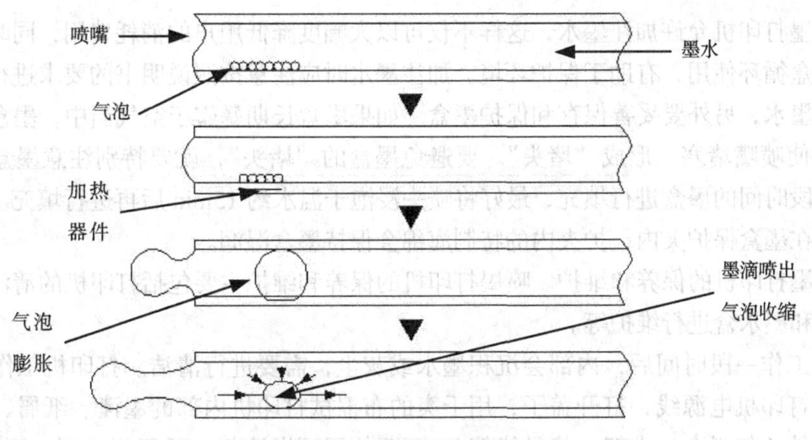

图 8-17　气泡式墨滴生成过程

再由偏转电极来改变墨水滴的飞行方向，使需要印字的墨水滴飞行到纸面上，生成字符和图形记录。连续循环的喷墨系统，能生成高速墨水滴，所以印字速度快，可以使用普通纸，不同的打印介质皆可获得高质量的印字效果，易于实现彩色打印。但是，这种连续式喷墨打印机的结构与随机式相比比较复杂，墨水需要加压装置，终端要有回收装置回收不参与记录的墨水滴，在墨水循环过程中需设有过滤器以过滤混入的异物及气体，因此成本较高。

随机式喷墨系统中，墨水只在印字需要时才喷射，结构简单，成本低，可靠性也高。但是，因受射流惯性的影响墨滴喷射速度慢。以气泡式喷墨为例，气泡式喷墨系统是在喷头的管壁上设置了加热电极，用加热电极作为换能器，故又称为电热式。气泡式喷墨系统的墨滴生成过程是 6μs～8μs 的短脉冲作用于加热器件上，约消耗 50μJ 的能量，在加热器上会产生蒸汽形成一个很小的气泡。加热器急剧加热，靠近加热器的墨水急速升温，气泡受热膨胀形成较大的压力驱动墨滴喷出喷嘴。经过约 50μs 后气泡破灭，喷出的墨滴隔断。当墨滴喷出后，由于毛细管的作用，再把墨水从墨水盒中吸入喷嘴内，填满喷嘴。形成墨滴的周期约 250μs，喷墨频率约 4kHz。

（3）喷墨打印机的正确使用。首先按要求安装好驱动程序，认真阅读使用手册，理解操作面板上指示灯和按键的功能，为熟练操作打下基础。

选择符合要求的打印纸。为了避免打印效果不良和对打印机造成损坏，不要使用折叠、卷曲、有折痕或褶皱的纸张，也不要使用湿纸或特别薄、特别厚的纸张、打孔纸（如活页夹夹页等）、明信片、信封（压力密封的，表面有浮雕或经过处理的）。

墨水用完后，及时更换。接通电源，打开打印机的盖子，支架会移到中间，松开锁定机构，取出墨盒，然后将新的墨盒插入支架中，重新锁定到位，关上前盖，如图 8-18 所示。

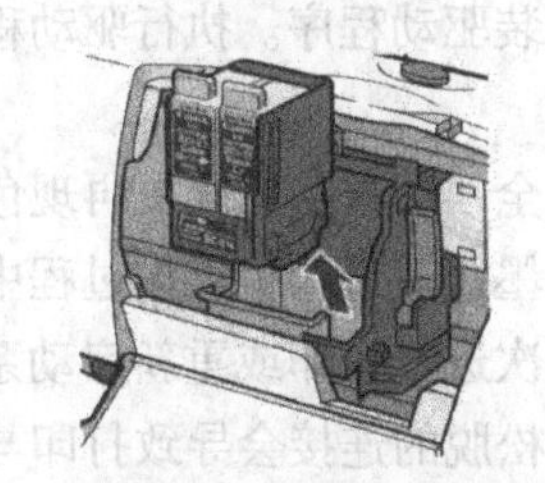

(a) 向上推锁定杆，松开支架，取出墨盒

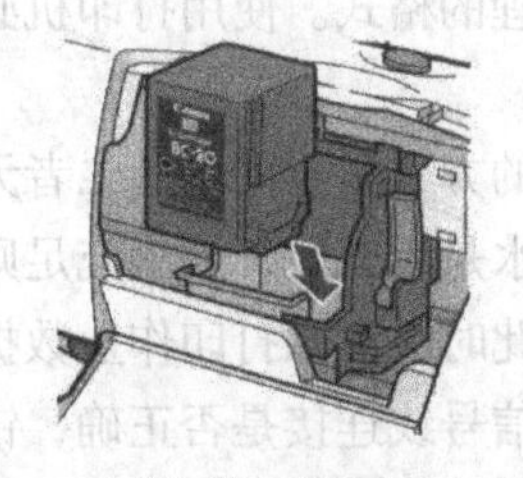

(b) 装入新墨盒

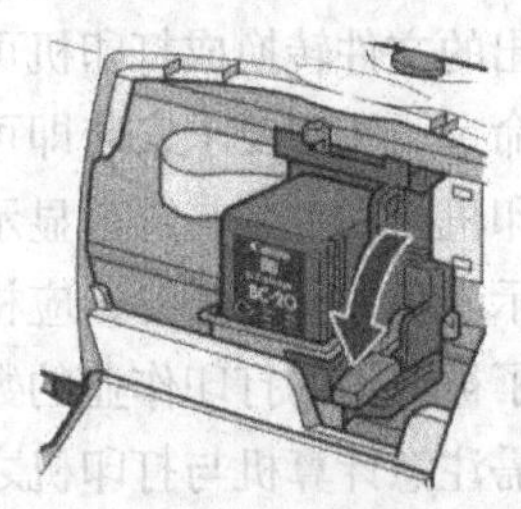

(c) 将锁定杆锁好

图 8-18　某型号喷墨打印机更换墨盒示意图

有些喷墨打印机允许加注墨水，这样不仅可以大幅度降低用户的消耗费用，同时加注墨水能使用过的墨盒循环使用，有助于保护环境。加注墨水时应注意按照说明书的要求进行操作，加注允许使用的墨水，另外要妥善保存和保护墨盒。如果墨盒长期暴露于空气当中，墨盒上的剩余墨水便会干涸使喷嘴堵塞，形成“堵头”。要避免墨盒的“堵头”，就要特别注意墨盒的保存。如果对放置一段时间的墨盒进行填充，最好将喷头浸泡于温水约 15min 后再进行填充。此外墨盒用完后应放置在墨盒保护夹内，护夹内的特制海绵会保持墨盒湿润。

（4）喷墨打印机的保养和维护。喷墨打印机的保养和维护主要包括打印机的清洁、清洗打印头、对喷头和墨水盒进行维护等。

打印机工作一段时间后，内部会沉积墨水或灰尘，需要进行清洁。打印机工作结束后间隔几分钟拔下打印机电源线，打开盖子，用干爽的布擦拭打印机内部的墨渍、纸屑、灰尘。不要碰坏其他部件（如墨盒、支架、信号线等），不要使用可燃溶剂（稀释剂、苯、酒精等），以免发生故障。

清洗打印头可清洗阻塞的喷嘴。接通电源，使用打印机驱动程序中的清洗功能或使用相应的快捷按钮，经过一段时间即可完成。应注意清洗时会消耗墨水。

第一次使用打印机之前应执行打印机的清洗喷头操作，若喷头堵塞，应进行打印机的清洗操作，使其恢复正常。不能用嘴吹喷嘴，以防唾液沾污喷嘴，使墨水成分和黏度发生变化，造成墨水凝固。不能撞击喷头，不能用手摸喷头，不能随意拆开喷头。不能在带电情况下拆卸、安装喷头。不能将喷头放在多尘的场所，以防喷嘴堵塞。不能将喷头放在易于产生静电的地方。拿取喷头时不要拿其底座的金属部位，以免因静电造成喷头内部电路损坏。

不能将墨水盒放在阳光直射的地方，适宜的保存温度为-10℃～+35℃，当墨水使用温度低于-10℃时，墨水可能会冻结。不能将墨水盒放置于多尘的地方，以防尘土混入墨水造成污染。不能用手触摸墨水盒出口处，以防杂质混入墨水。不要摔撞墨水盒，以防墨水泄漏。更换墨水盒时使用厂家提供或允许的产品，以保证打印质量。墨水盒为一次性用品，不能随意用注射器向墨水盒中注射墨水。墨水具有导电性，若漏洒在电路板上应使用无水酒精擦净、晾干后再通电，否则有可能损坏电路元器件。

（5）喷墨打印机故障排除。喷墨打印机的故障主要表现为文本模糊或色彩出现偏差、系统找不到打印机、颜色不匹配、打印出的稿件被刮伤或弄脏、打印中途停止、无法正确送纸、一次送入多张纸、夹纸等。

出现打印的文本模糊或打印的色彩出现偏差这种情况可能由于打印介质不符合要求，这时需要更换打印介质。或在脱机状态下打印出自检图案，如果图案中有断线、模糊、颜色缺漏等情况，则要清洗打印头。若墨盒中墨水用完，则需要更换墨盒。

若系统找不到打印机，则可检查打印机驱动程序是否正确安装。打印机驱动程序是用来将计算机输出的文件转换成打印机可以处理的格式。使用打印机必须安装驱动程序。执行驱动程序中的安装命令，按照要求安装即可。

打印机再现色彩与屏幕显示颜色的方式是不同的，二者无法完全匹配。若打印机再现色彩与屏幕显示颜色差异过大时，应检查墨水是否充足，若不充足则更换墨盒。打印机工作过程中，可能残留了被取消的打印作业的数据，此时应清除打印作业数据后再次进行打印或重新启动系统。用户还需注意计算机与打印机之间的信号线连接是否正确，错误或松脱的连接会导致打印与显示的颜色不匹配，此时应正确地连接或更换信号线。

出现打印出的稿件被刮伤或弄脏这种情况可能是机内有异物，需要进行清洁。也可能因为打印纸过厚，需要更换打印纸并清洗打印头。若必须使用厚纸，则可以调整纸张厚度装置。

打印中途停止进行是由于打印机长时间工作，打印头会变得很热。此时，打印机会在打印头移动到一端时暂时停止打印，冷却后再继续工作。由于打印作业中有高精度图片，计算机需要用较长的时间进行处理，打印时需要在纸上打印大量墨水，也需要较长时间。

出现无法正确送纸这种情况可能是纸张过厚或供纸器装载了太多的纸张。如果超过了规定的纸张数量上限时，无法正确送纸。不能正确送纸也可能因为纸张有折痕或弯曲。

一次送入多张纸故障可能是由于静电引起的，装载纸张前应先扇动纸张以消除静电，扇动纸张边缘，可达到分散每页纸的目的。还应检查纸张是否有折痕或弯曲。

打印过程中发生夹纸，可能是纸张有折痕、弯曲或纸张摆放不正所致。缓慢地从供纸器或出纸槽处将纸拉出（选择较易拉出的一端）。若纸张被撕破、撕断，则要断开电源线，打开盖子，清除碎纸。

5. 激光打印机的使用与维护

（1）激光打印机的组成。激光打印机是一种光、机、电一体化的高度自动化的计算机输出设备。主要由墨粉盒、纸张传送机构、激光扫描系统、电路部分、开关及安全装置组成，如图 8-19 所示，其中感光鼓是关键部件。

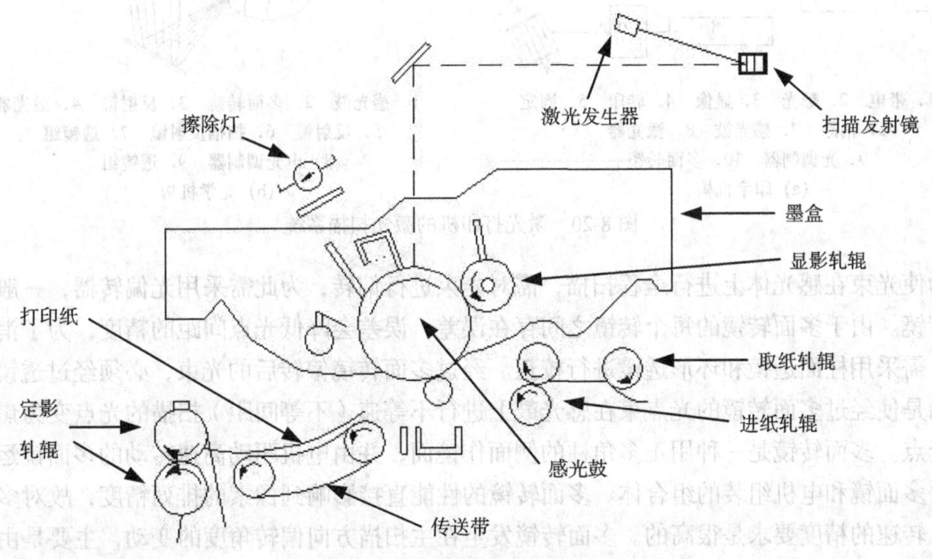

图 8-19　激光打印机内部结构

墨（碳）粉盒是激光打印机的重要部件，墨粉、感光鼓（又称硒鼓）、显影轧辊、显影磁铁、初级电晕放电极、清扫器等）都装在墨粉盒内。其中感光鼓是一个关键部件，一般用铝合金制成一个圆筒，鼓面上涂敷一层感光材料（如硒-碲-砷合金）。

激光打印机的纸张传送机构将纸由一系列轧辊送进机器内，轧辊有的有动力驱动，有的没有。通常，有动力驱动的轧辊都是通过一系列的齿轮与电机连在一起。主电机采用步进电机，当电机转动时，通过齿轮离合器使某些轧辊独立地启动或停止。齿轮离合器的闭合由控制电机的微处理器控制。打印开始时，纸张的前端送往进纸轧辊。送纸时，离合器接通，使上下两个进纸轧辊都转动。在进纸过程中时间控制非常重要，纸的前端必须在正确的时刻到达感光鼓下面，以便将影像的第一部分转印到正常位置上。其余的进纸系统使纸张垂直向前移动。检测开关包括缺纸报告开关和出纸报告开关，纸用完或纸集存得过多过少，都会报告系统。纸送到出纸段时，出纸开关也会动作。这些由敏感元件构成的检测开关，将信号报告微处理器，随着纸张的移动，微处理器采取相应控制措施。微处理器规定在一定的时间内，纸张通过一定距离。若纸张移动到某一部位时间过长，系统就认为是纸被卡住了，立即报告出错信息。

激光打印机的激光扫描系统的核心部件是激光写入部件（即激光印字头）和多面转镜，如图 8-20 所示。激光打印机的光源大都采用气体（He-Ne）激光器，用声光（AO）调制器对激光进行调制。为拓宽调制频带，由激光器发生的激光束，需经聚焦透镜进行聚焦后再射入声光调制器。根据打印的信息对激光束的光强度进行调制。为使打印光束在感光体表面形成所需的光点直径，还需扩展透镜进行放大。

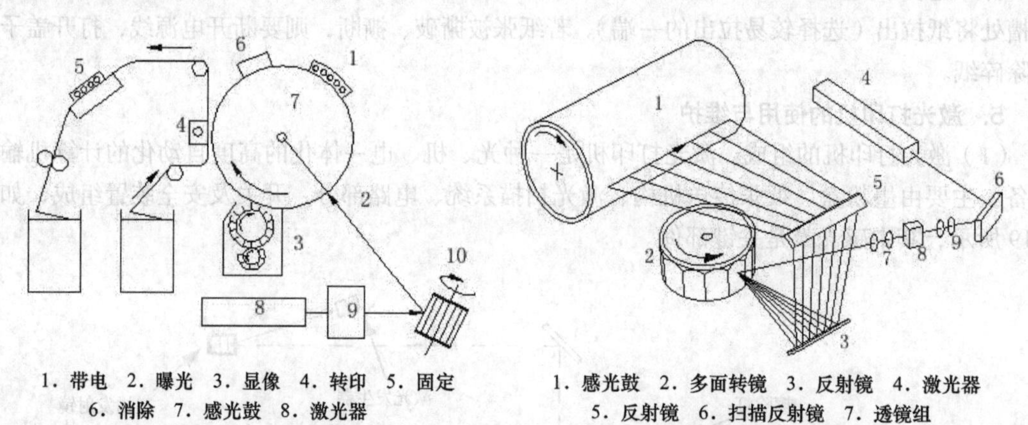

(a) 印字机构　　(b) 光学机构

图 8-20　激光打印机的激光扫描系统

为使光束在感光体上进行全程扫描，需对光束进行偏转，为此需采用光偏转器，一般都使用多面转镜。由于多面转镜的每个转镜之间存在误差，误差会降低光点间距的精度，为了消除这种误差，需采用柱面透镜和环形透镜进行校正。经过多面转镜偏转后的光束，必须经过透镜扫描，其目的是使经过多面转镜的光点束在感光鼓上进行不等速（不等间距）扫描的光点变为焦距等间距的光点。多面转镜是一种用正多角柱的侧面作镜面，并由电机驱动高速转动的多面镜运行的，一个由多面镜和电机组装的组合体。多面转镜的性能直接影响到像素的排列精度，故对多面转镜和电机转速的精度要求是很高的。多面转镜发生在主扫描方向偏转角度的变动，主要是由多面转镜的分割精度、镜面精度和电机转动无效行程等原因引起的。在偏转方向垂直面上的角度变动，是由多面镜的拐角和电机上安装多面镜用法兰盘的间隙造成的。在镜面开始扫描时，采取扫描位置与时钟信号同步的方法进行补偿，可以适当降低对多面转镜的分割角度的精度要求。

激光打印机的控制电路是一个完整的智能系统。该系统通过并行接口或串行接口接收主机输入信号，通过字盘接口控制并接收字盘信息，通过面板接口控制并接收操作面板信息，另外，还控制直流控制电路，再由直流控制电路控制定影控制、离合控制、各个驱动电机、扫描电机、激光发生器以及各组高压电源等，如图 8-21 所示。

激光打印机中有很多开关。其中，纸盒插入开关，用以报告纸盒已经插入。纸盒型号开关，显示插入的纸盒类型。缺纸开关，用以报告纸盒中纸太少或已用完。墨粉盒插入开关，报告墨粉盒已插入。感光鼓感光度开关，显示感光鼓的感光灵敏度。墨粉数量过少开关，当墨粉快用完时，产生报告信号。送纸开关，报告纸张进入打印起点，若纸张未及时到位，会认为纸被卡住。

盖板连动安全开关，当盖板打开时，自动断开相应的供电线路，以防触电。防过热开关，超过打印机允许的温度时，自动报警关机。

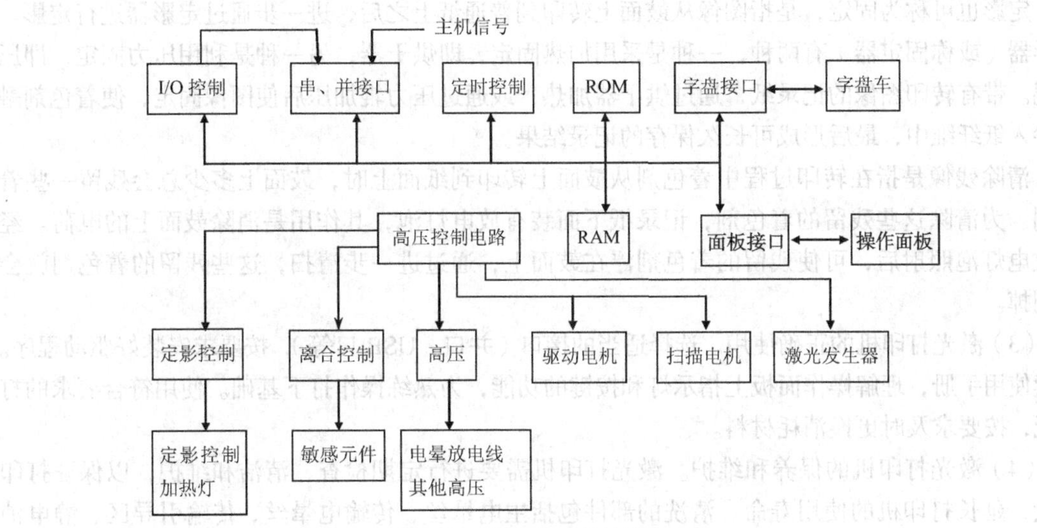

图 8-21 激光打印机控制电路

（2）激光打印机的工作原理。激光打印机是将激光扫描技术和电子照相技术相结合的电子信息输出设备。计算机输出二进制数据信息，由视频控制转换为视频信号，再由视频接口和控制系统把视频信号转换为激光驱动信号，然后由激光扫描系统产生载有字符信息的激光束，最后由电子照相系统使激光束成像并转印到纸上输出，如图 8-22 所示。

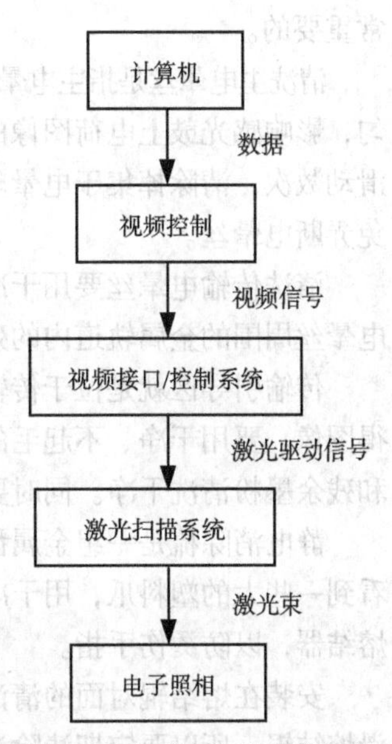

图 8-22 激光打印机工作原理

激光打印机的打印过程可分为带电、曝光、显影、转印、定影、清除残像 6 个步骤。

其中，带电是指在感光鼓（体）表面的上方设有一个充电的电晕电极，其中有一根屏蔽的钨丝，当传动感光鼓（体）的机械部件开始动作时，用高压电源对电晕电极加数千伏的高压。这样就会开始电晕放电，电晕电极放电时钨丝周围的空气就会被电离，变成能导电的导体，使感光鼓表面带上正（负）电荷。所得电晕放电，就是在导体上加一定程度的电压，导体周围的空气（或其他气体）被电离，变成导体。

曝光是指随着带正（负）电荷的感光鼓（体）表面的转动，遇有激光源照射时，鼓表面曝光部分变为良导体，正（负）电荷流向地（电荷消失）。而文字或图像以外的地方，即未曝光的鼓表面，仍保留电荷，这样就生成了不可见的文字或图像的静电潜像。

显影也称显像，随着鼓表面的转动，接着对静电潜像进行显像操作。显像就是用载体和着色剂（单成分或双成分墨粉）对潜像着色。载体带负（正）电荷，着色剂（墨粉）带正（负）电荷，这样着色剂就会裹附在载体周围，由于静电感应作用，着色剂就会被吸附在放电的鼓表面上即生成潜像的地方，使潜像着色变为可视图像。

转印是指被显像的鼓表面转动通过转印电晕电极时，显像后的图像即可转印在普通纸上。因为转印电晕电极使记录纸带有负（正）电荷，鼓（体）表面着色的图像带有正（负）电荷，这样，显像后的图像就能自动地转印在纸面上。

定影也可称为固定，是指图像从鼓面上转印到普通纸上之后，进一步通过定影器进行定影。定影器（或称固定器）有两种，一种是采用加热固定，即烘干器；另一种是利用压力固定，即压力辊。带有转印图像的记录纸，通过烘干器加热，或通过压力辊加压后使图像固定，使着色剂融化渗入纸纤维中，最后形成可长久保存的记录结果。

清除残像是指在转印过程中着色剂从鼓面上转印到纸面上时，鼓面上多少总会残留一些着色剂。为清除这些残留的着色剂，记录纸下面装有放电灯泡，其作用是消除鼓面上的电荷。经过放电灯泡照射后，可使残留的着色剂浮在鼓面上，通过进一步清扫，这些残留的着色剂就会被刷掉。

（3）激光打印机的正确使用。选择适当的接口（并口、USB口等），按要求安装好驱动程序。阅读使用手册，理解操作面板上指示灯和按键的功能，为熟练操作打下基础。使用符合要求的打印纸，按要求及时更换消耗材料。

（4）激光打印机的保养和维护。激光打印机需要进行定期检查、清洁和维护，以保证打印质量，延长打印机的使用寿命。清洗的部件包括主电晕丝、传输电晕丝、传输引导区、静电消除梳、分离爪、熔结辊清洁垫、更换臭氧过滤器等，另外掌握更换感光鼓的方法和要领也是非常重要的。

清洗主电晕丝是指主电晕丝上的高压会吸引空气中的灰尘和纸屑等，使得电晕丝表面的电荷不均匀，影响感光鼓上电荷图像的质量。对其进行维护时，使用特制的电晕丝清洁刷在电晕丝上前后滑动数次，清除掉集于电晕丝上面的灰尘和异物。因为电晕丝很细，所以工作时要十分细心，以免弄断电晕丝。

清洗传输电晕丝要用干净、不起毛的毛刷蘸少许无水酒精，对电晕丝进行清洗，并同时清除电晕丝周围的金属轨道内的残余物。清洗时要十分小心，不要将细丝弄断。

传输引导区就是位于传输电晕前面的区域，纸张通过引导区进入打印机充电并从感光鼓上获得图像。要用干净、不起毛的软布蘸少许洁净的软化水对其进行清洗，将此区域内的灰尘、碎片和残余墨粉清洗干净。同时要打开传输引导锁定槽将锁定槽内部及附近区域全部清洗干净。

静电消除梳是一组金属齿，要定期用软刷清扫分离爪。而可打开位于出纸区内的熔结器，会看到一些大的塑料爪，用干净不起毛的毛刷蘸水后，将每个分离爪的引导边擦拭干净，不要触及熔结器，以防烫伤手指。

安装在熔结辊对面的清洁垫的作用，是清除掉熔结过程中粘在辊子上的残留墨粉，并帮助润滑熔结辊。所以要定期清除清洁垫上残留墨粉或更换清洁垫。

电晕丝上的高电压会产生带刺激性气味的臭氧，所以激光打印机上都装有臭氧过滤器，用来减少释放到空气中的臭氧。一般在打印40 000～50 000页后就要更换臭氧过滤器。

感光鼓是激光打印机中重要的部件，当发现印品图像较浅或深浅不匀，且非转印电晕电极及墨粉等原因时，则应更换感光鼓。拆下感光鼓后，做好必要的清理工作。新感光鼓开封后应直接装入盒座内，并尽快装入打印机。切勿将感光鼓放在阳光下直晒，更不能让其表面触及坚硬物体。不能用手或不干净的物品触及感光鼓表面。有尘土附着时，只能用软毛刷轻轻刷去，不能使用任何清洁剂擦洗。由于感光鼓和墨粉是一体化结构的，所以要同时成套更换。装入前应摇匀墨粉。更换时落在打印机内外的墨粉可用吸尘器吸除，或用无水酒精擦洗。更换工作要在较暗的工作室进行，鼓盒上印有有效期，一定要在有效期内使用。

不能在高温/低温、湿度大、直接受阳光照射或靠近热源及多尘、有腐蚀气体的地方安装激光打印字机。一般温度应在 5℃～35℃，相对湿度在 20%～70%。放置激光打印机的工作台要平稳无震动，室内应通风良好。同时避免纸张受热、受潮、起皱、打卷以及切口不平等。

（5）激光打印机故障的排除。排除激光打印机的常见故障包括打印结果上有条纹、污点、输入内容易被擦掉、卡纸等。

印品上有纵向黑条可能由于卡纸或异物进入清洁器，也可能由于加热辊表面沾有墨粉，此时应清除异物及墨粉。

印品上有纵向白条可能由于转印电极丝局部太脏，此时应清洁转印电极丝。或由于墨粉少，且不均匀，则应加粉或换鼓。若分离爪变形，则应更换。

印品有污点可能由于感光鼓表面划伤，或有污染。也可能由于在显影辊上沾上了固化的墨粉块，使该处附着能力加强，引起图像出现污点。还可能是搓纸轮被墨粉污染。此时应清洁相应部件。

印品上有横向黑条可能由于反光镜或镜头沾染污物，此时应清洁反光镜和镜头。印品字迹不清可能由于墨粉盒内墨粉已用完，打印出的字迹会变淡，此时应更换墨粉。

打印纸左边或右边变黑可能由于盒内墨粉集中在盒内某一边，分布不均。此时应取下墨粉盒，轻轻摇动，使盒内墨粉均匀分布。如仍不改善，则要更换新墨粉盒。

打印纸背面污染可能由于墨粉洒在输纸路径上，造成打印纸背面污染。或由于定影轧辊不清洁，墨粉沾在下定影轧辊上，使纸背面污染，此时应清洁相应部件。

印品上图像易被擦掉可能由于定影灯管损坏或接触不良，也可能由于加热丝断路，造成没有定影温度或定影温度过低，此时应修复或更换。还可能由于定影加热辊磨损，表面出现坑凹，与纸张接触不紧密，局部定影不牢，这时也应更换。注意，若使用了与本机型号不符的墨粉，则难以满足打印机的定影时间要求，所以生产厂家是不提倡灌墨粉的。

卡纸一般是由于操作不当、打印纸不合格等原因引起，消除卡纸的操作，如图 8-23 所示。

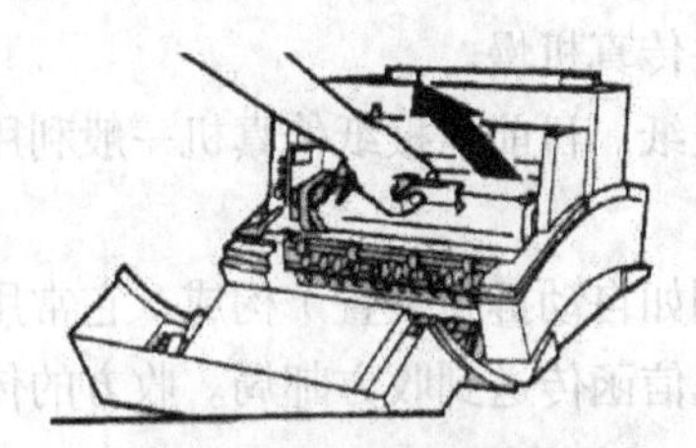

(a) 打开机器盖子，取出感光鼓闭光保存

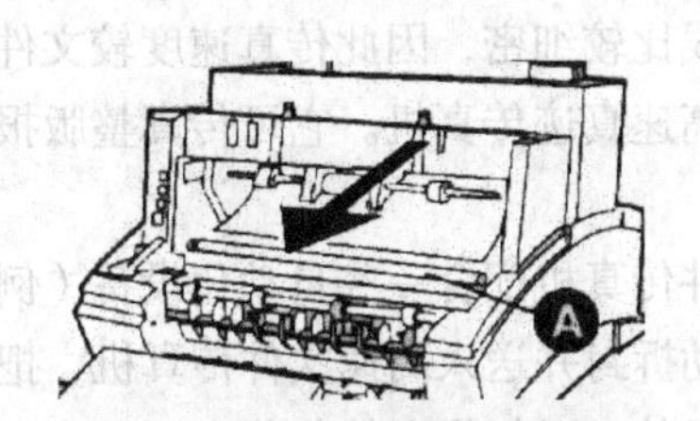

(b) 如果在进纸区卡纸，拉出夹住的纸张，不要碰到传送滚筒 A

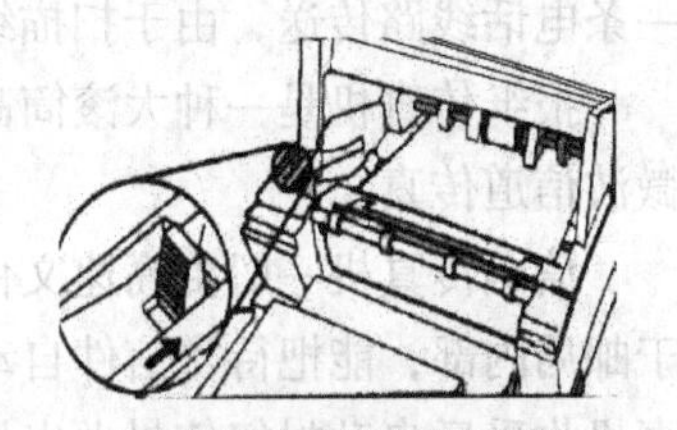

(c) 如果在出纸区卡纸，则按下纸张释放杆，将纸拉出

图 8-23　消除卡纸

8.3.3 传真机

随着半导体技术、集成电路技术及计算机技术的发展，传真技术与传真设备有了很大的进步和发展。在办公活动中，传真机可将文稿进行远距离的传输，极大地提高了办公活动的效率。

1. 传真机的发展和分类

（1）传真机发展简介。1843 年，英国人亚历山大·贝恩提出了传真的基本理论。1928 年，美国贝尔实验室制造了第一台实用传真机。1974 年，日本研制成功了世界上第一台三类机，使传真技术的发展进入了一个崭新的阶段。世界各国相继在公用电话交换网上开办传真业务，从而使传真机的应用和生产得到广泛的发展，并使传真成为发展最快的一种通信业务。随着科学技术、经济的发展，人们对信息的需求越来越迫切，传真机作为一种现代通信与办公自动化的设备，需求量也越来越大，同时也促进了传真通信技术向更高层次发展。传真机的发展趋势是传输高速化、传真通信网络化、功能多样化、综合化、大屏幕液晶显示、技术性能智能化、普通纸记录信息、设备小型化。

（2）传真技术。传真技术主要是光学影印技术与电话传输技术相结合，可将文件的影印本传送到遥远的另一端。传真机首先对文件进行扫描，利用光电转换的原理，将字符或图形图像变成数字脉冲，再将数字脉冲变为音频信号，音频信号通过标准电话线路送入对方接收机，接收方的传真机再利用还原装置将其恢复成数字脉冲，最后将文字复印出来。

（3）传真机的分类。传真机主要可分为文件传真机、相片传真机、报纸传真机、信函传真机、气象传真机等。

文件传真机是利用市内或长途电话交换通路，在任意两个电话用户之间进行文字和图像资料传送。它是目前用途最广、用量最大的传真机，广泛应用于各行各业的各个领域。根据国际电报电话咨询委员会（CCITT）建议，国际上将文件传真机按技术特性和速度分为4类。一类机属早期产品，采用滚筒扫描方式，低速，设备粗糙，体积较小，价格低廉。二类机通常称为中速机，其标准传输速度是3min传送1页A4规格文稿。三类机属高速机，可在1min内发送一页A4文件。三类机功能较强，具有多种通信方式，既可进行人工收发（手动收发）、自动收发、定时收发、预约通信、连续预约收发、查询、中继等，也可进行复制，目前被广泛使用。三类机是以数字信号进行传输的传真机，所以也常称之为数字传真机，它以图像的统计特性为理论基础，对传真信号进行数字化编码，以减少传真信号的冗余度，从而提高传输效率。四类机利用数据网进行传真，是一种高速度、高质量的传真机。

相片传真机主要用于传真相片，大量用于新闻出版、公安、武警等部门。相片传真机一般用一条电话线路传送，由于扫描线比较细密，因此传真速度较文件传真机慢。

报纸传真机是一种大滚筒高速真迹传真机。它可传真整版报纸。目前，报纸传真机一般利用微波信道传真。

信函传真机一般由高速文件传真机配合一些自动化设备（例如自动拆封装置）构成。它常用于邮局内部，能把待寄信件自动拆封并送入高速文件传真机，把信函传送到收方邮局。收方的传真机收妥后自动封好信封送出机外，以便投送给收信人。

气象传真机可用来发送、接收气象信息，采用无线传真技术。

2. 传真机的构造

（1）传真机的组成。传真机包括电路和机械两部分。电路部分包括电信号转换、数据压缩电路、调制解调电路、传感器电路、开关电源电路、液晶（LCD）显示电路以及操作控制电路等。机械结构分为读取系统单元、记录系统单元两部分。

（2）传真机的工作原理。传真机将待发送的图像稿（文件、信函、相片或图表）通过发送扫描，对原稿进行图像分解，经光电变换将图像信号变成电信号，再进行调制放大，通过传输线路将信号送到接收端，接收端将收到的电信号转变成相应的能量，再经收信扫描，将输入的能量按一定的顺序记录在记录纸上，还原成原图像稿。即经历了“发送扫描、光电变换传真信号的调制解调、记录变换、接收扫描、同步”5个环节。

（3）传真机的技术指标。传真机的技术指标主要包含扫描方式和方向、扫描点、扫描长度、扫描行距和扫描线密度、扫描速度、扫描线频率与传送时间、图像传送时间、合作系数等。

传真机的扫描方式有两种。一种是滚筒式，主要用于中、低速传真机。另一种是平板式，主要用于高速传真机。传真机的扫描方向分为主扫描与副扫描。对滚筒扫描来说，沿着滚筒圆周的扫描方向为主扫描方向，沿滚筒轴线方向为副扫描方向；对平面扫描来说，其主扫描方向是沿着原稿幅面宽度从左扫到右，而副扫描方向则是输纸的反方向，即从上到下，如图 8-24 所示。当发送机的扫描方向确定后，接收机的扫描方向必须与发送机一致，这称为同步。

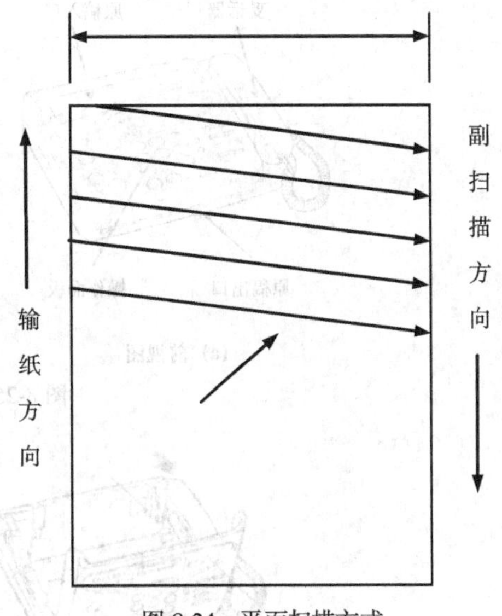

图 8-24　平面扫描方式

扫描点也叫像素，其大小决定了图像的复制效果。扫描点越小，复制出的图像越逼真，但整幅图像传送的速度也越慢。

扫描点沿主扫描方向扫描一行的距离称为扫描长度。在滚筒扫描中扫描长度即为滚筒的周长。在平面扫描中，扫描长度等于扫描头的宽度。

扫描行距是指两行扫描线之间的距离。扫描的行距越小，图像传递的质量越高，但相应的发送时间要延长。扫描行距的倒数称为扫描线密度，它表示每单位长度内扫描线的条数。

扫描速度分为主扫描速度和副扫描速度，主扫描速度是指单位时间内对图像进行主扫描的次数。副扫描速度是指在单位时间内扫描元件在副扫描方向上所扫描的距离。

扫描线频率是指传真机每分钟能传送多少条扫描线。扫描线频率越高，传送速度越快，传送时间相应越短。

传真机传送一张图像所需要的时间为图像的传送时间。

合作系数是表示发送图像和接收图像的长度尺寸符合一定比例的参数。如果收发两端所用的是不同型号的传真机，但只要它们的合作系数相同，接收方就能收到与发送图像比例合适的记录图像，而不会发生图像畸变现象。因此，合作系数是表示传真机之间互通性能的参数。只要收发机双方的合作系数相差不超过 2%（即每一台设备的允许偏差为 1%），图像的畸变就可以忽略。

3. 传真机的安装

传真机应保证处于水平位置，要保持平稳，无晃动，容易接触到电源插座，以利于方便地连接电源线。机器周围应该留有所需要的空间，以便操作，也利于机器通风和检修，并符合温度和湿度要求。

使用前应认真阅读说明书，根据需要进行工作模式和参数的设置。有些传真机的工作电压为 110V，要使用相应的设备才能直接接入市电。

传真机主要有外接电话线接口（EXT.TEL）、电话线接口（LINE）、受话器接口等。如图 8-25 所示，按照说明书将连线接好，按照说明书的要求装纸，如图 8-26 所示。

4. 传真机的正确使用

在第一次使用之前，按要求进行自诊断测试，自检正常才能正常使用。自动发送传真时应将

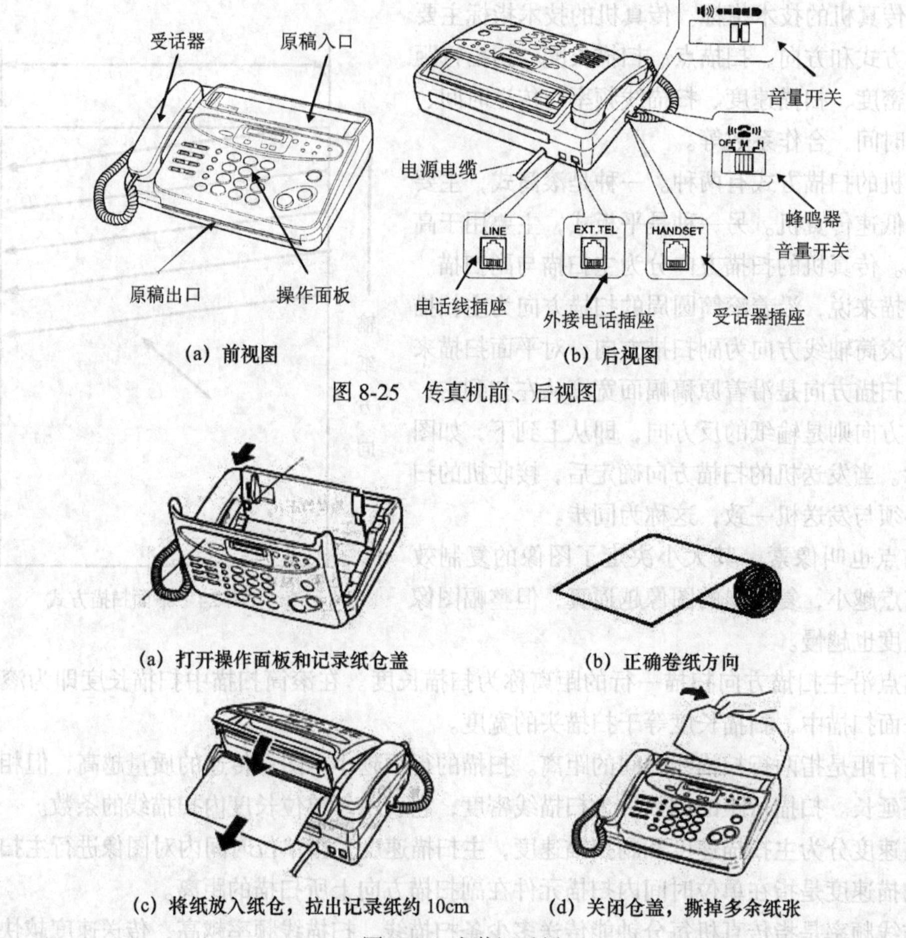

(a) 前视图 (b) 后视图

图 8-25 传真机前、后视图

(a) 打开操作面板和记录纸仓盖 (b) 正确卷纸方向

(c) 将纸放入纸仓，拉出记录纸约 10cm (d) 关闭仓盖，撕掉多余纸张

图 8-26 安装记录纸

文件原稿文字面向下放置，拨对方电话，接通后开始发送。若线路忙则重拨。手动发送传真时应将文件原稿文字面向下放置，拿起受话器，拨对方电话，接通后开始发送。若接收方有人接听电话，可在通话后，按“开始”按钮发送传真。自动接收传真时，传真机检测到传真信号后开始接收。如果在外接电话上接听了传真，可以在外接电话上进行操作（不同机型的操作不一样，例如，按某数字键两次），使传真机开始接收传真。手动接收传真时，当有电话接入时，拿起受话器。如果是电话，则进行正常通话，如果希望通话结束后发送传真，则接收方在通话结束后按“开始”键，对方听到传真信号时发送传真。如果拿起受话器听到传真信号，可以按“开始”键，挂断受话器。复印时应将文件原稿文字面向下放置，按“复印”键，复印结束后切断记录纸。

5. 传真机的维护

（1）避免在阳光直射、温度高、潮湿的地方使用，传真机要远离空调、电暖器等大功率电器。

（2）机器放置要平稳，且保持通风、清洁。机器前后要留有充分的空间，以便于操作和防止收发稿件时受到阻塞。

（3）保持传真机内外清洁，不要在机器上放其他物品。可用清洁、湿润的软布蘸一些中性清洁剂擦拭。按时清洁原稿输送器滚轴。如果在复印和收发传真时出现条纹或污斑，打开操作面板，按下原稿传感器，使原稿输送器滚轴转动，用清洁、湿润的软布蘸一些中性清洁剂擦拭，然后让其充分干燥，防止原稿堵塞。最后，关闭操作面板。

（4）不要长时间关机。平均两个月开机 1 小时，保证各部件正常运行。根据使用频率定期或不定期对机械传动机构进行维护。平均一年一、两次。主要工作是给传动机构（齿轮）加注润滑油，加注时应使用合格的润滑油，同时要适量。

（5）光学机构可进行简单的清洁（清洁阅读玻璃、反射板等）。光学机构的全面清洁应由专业人员进行。

（6）传真机使用的记录纸一般是热敏纸。由于热敏纸经过化学处理，上面涂有化学物质，受热后会变色、褪色，因此应妥善保管。防止记录纸与酒精、稀料、汽油、氨等物质接触。不要把记录纸放在日光能直接照射到的地方，以防记录纸褪色。

6. 传真机故障排除

（1）记录纸堵塞。记录纸堵塞时，蜂鸣器鸣叫，有些机型在显示屏上给予提示。这时应先打开上盖（有自动和手动两种），将卡住的记录纸及残余纸片进行清除，去除记录纸前端有破损或折皱的部分，重新装纸，关好盖子。

（2）原稿堵塞。原稿堵塞时，蜂鸣器鸣叫，有些机型在显示屏上给予提示。这时应先打开上盖（有自动和手动 2 种），提起原稿释放杆，按下“释放”按钮，清除堵塞的纸张（见图 8-27）。

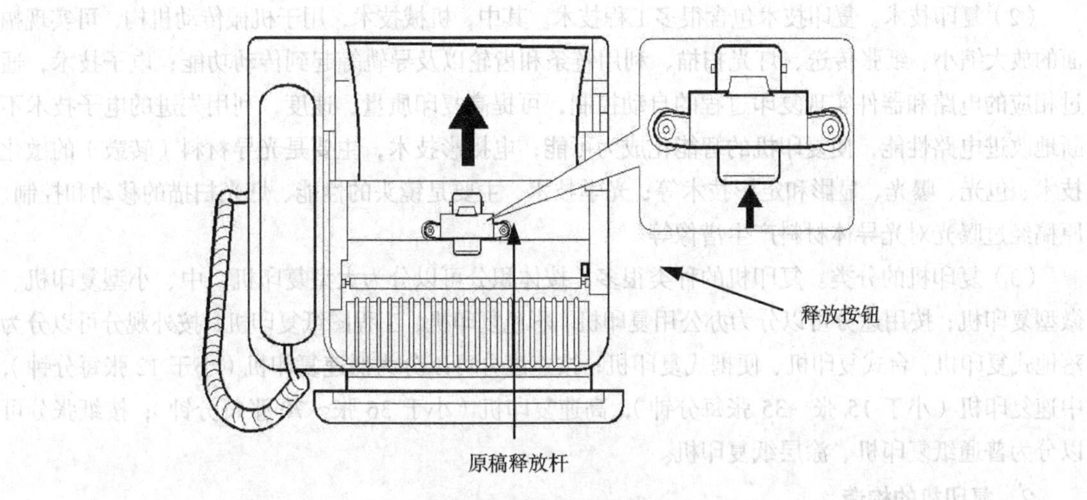

图 8-27　清除堵塞的纸张

（3）电源已打开，但显示屏不显示。检查电源插头是否插好，检查电源插座是否有电，检查电压是否符合要求，检查电源保险丝是否熔断。

（4）不能自动接收文件。检查自动接收指示灯是否亮，如果没亮，检查电话筒是否挂断，检查是否将传真机设置在自动接收方式，检查传真机是否装有记录纸。

（5）不能手动接收。检查开关状态是否设置正确，按照正确的操作规程重新进行。

（6）电源接通但不能发送。检查待发送的稿件放置得是否正确，是否听到对方传真机传过来的信号后，才按“开始”键。在传送过程中，可能是信道质量差，可推迟一段时间，再次发送。核实对方传真机是否工作正常。

（7）无法拨号。检查电源是否接通正常，检查线路插头的接线是否良好，检查拨号模式键的设置是否适当（音频式为 T，脉冲式应选择 P）。

（8）原稿不能输入。原稿太薄或太厚。若有其他原稿堵塞，则打开面板，清除堵塞的原稿。电话线中的噪声可能造成图像变形，可请求对方重发一次传真，若重发传真仍造成图像变形，可检查记录头是否有污垢，若有则清洁之，或用其他文件复印一个副本，若复印同样变形，则本机可能有故障，可送维修站维修。

8.3.4 复印机

在日常的办公活动中，大量的资料（文件、图片等）需要进行复制，以便保留或下发。采用复印设备可以很好地产生图、文原稿的复制品。所以，复印机已成为现代办公活动中的重要设备之一。

1. 复印机的发展和分类

（1）复印机的发展简介。第一台复印机诞生于 20 世纪 30 年代，采用硫磺板原始复印技术，由 C.F.Carson 等人研制而成。在随后的时间里，人们陆续研制出平板式复印机、转鼓式复印机。现在的复印机大多是转鼓式复印机。复印机中的关键技术是静电成像技术，所以通常也把复印机叫做静电复印机。

（2）复印技术。复印技术包含很多工程技术。其中，机械技术，用于机械传动机构，可实现幅面的放大缩小、纸张传送、灯光扫描、利用链条和齿轮以及导轨等起到传动功能；电子技术，通过相应的电路和器件实现复印过程的自动控制，可提高复印质量、速度，利用先进的电子技术不断地改进电路性能，使复印机的智能化成为可能；电摄影技术，主要是光导材料（转鼓）的敏化技术、包光、曝光、显影和定影技术等；光学技术，主要是镜头的性能、灯光扫描的移动和控制、原稿经过曝光对光导体材料产生潜像等。

（3）复印机的分类。复印机的种类很多，按体积分可以分为大型复印机，中、小型复印机、微型复印机；按用途分可以分为办公用复印机、彩色复印机、工程图纸复印机；按外观分可以分为落地式复印机、台式复印机、便携式复印机；按速度分可以分为低速复印机（小于 12 张每分钟），中速复印机（小于 15 张～35 张每分钟），高速复印机（小于 36 张～70 张每分钟）；按纸张分可以分为普通纸复印机、涂层纸复印机。

2. 复印机的构造

（1）复印机的组成。静电复印机主要可以分成 5 大系统，即曝光系统、成像系统、输纸系统、控制系统和机械驱动系统。

曝光系统由光源（灯）、光路系统（原稿玻璃、反射镜、物镜等）及光缝调节装置等组成。将原稿影像投射到光导体上，进行曝光，使光导体表面产生静电潜像。

成像系统包括很多部分。其中，光导体部分，它是复印机的心脏。通过曝光使光导体表面电荷受光作用而留下原稿潜像；充电部分，它由高压发生器和电晕发生器等组成，利用电压电离空气，将正、负电荷吸附在光导体表面上，使之带电；显影部分，它由显影剂（载体、色粉）、搅拌器和箱体（显影箱、色箱）等组成，向静电潜像提供色粉，形成色粉像；转印部分，它主要由转印充电器组成，将光导体上的色粉像转印到纸上；定影部分，它由热源（如定影灯等）、热辊等组成，使纸上色粉像压定成形；清洁部分，它包括清洁残粉系统和消除残电荷系统，由清洁装置（清洁刮板、磁辊、收集器等）和消电装置（灯或电晕放电器）等组成。

输纸系统由供纸盒、搓纸轮、导纸辊、托纸板、传输辊检测器组成，完成纸张输入、转印、分离、定影和输出等功能。

控制系统可分为两部分，电路控制部分和智能控制部分。电路控制部分一般由各种监控电路、各种传感控制器、程序控制所需的延时继电器电路（定时器）及接触器所组成。智能部分一般由微电脑、存储器及输入/输出接口等组成，完成各种测量、过程控制、印数控制、自我诊断和显示、自动调节各参数实现智能复印、与外界联系输入输出信息等工作。

复印机采用的机械传动形式较多，一般都是由电机、齿轮、皮带、链、钢丝绳、轴承等部件组成，机械驱动系统传递动力，使整机各个传动动作平衡、协调一致。

（2）复印机的工作原理。静电复印机是用电摄影方式对原稿进行摄影，将原稿上的图文内容投影在某种光导材料制成的光导体鼓面上，利用静电效应，使导体表面带上电荷，形成与原稿图文内容一样的潜像，由这些电荷吸引带有异性电荷的色粉微粒，这样在光导体表面就会显示出色粉图，经过转印，将光导体表面的色粉图像影印到复印纸上，再经某种定影方法，即可得到所要的复印品。

（3）复印机性能指标。复印机的性能指标主要包含主机结构（桌面、落地、组合式等）、感光类型（硒鼓、氧化锌、硫化镉、有机光导体等）、原稿扫描方式（CCD 平面固态扫描系统）、复印方式（干式静电转移、湿法复印等）、显影方式（干式双磁棒显影、跳动显影、电泳显影等）、定影方式（热压式、冷压式、直热式等）、分辨率（DPI）、曝光玻璃类型（固定型、活动型）、预热时间、原稿摆放方式（平面、立体等）、最大原稿尺寸、复印纸尺寸、复印速度（页每分）等。

3. 复印机的安装

（1）安置方式。复印机的安置应保证处于水平位置，要保持平稳，无晃动，容易接触到电源插座，以利于方便地连接电源线。

机器周围应该留有所需要的空间，以便操作，也利于机器通风和检修，以夏普 AR-M160 为例，如图 8-28 所示，同时机器安置符合温度和湿度要求。

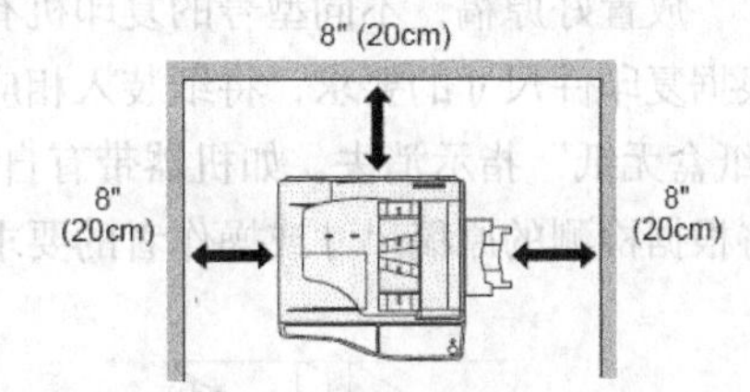

图 8-28　复印机安装位置示意图

复印机使用环境温度应保持在 10℃～35℃的范围内。温度过低会对光导体有影响，造成复印质量差的现象；温度过高则会造成机器散热困难，大大缩短连续工作时间。

复印机应在室内相对湿度 20%～35%的环境中使用。否则，可能引起高压电极打火花现象，轻者影响复印质量，严重时会损坏光导体，使光导体表面电位不易保持，引起显影后的色粉图像浓度降低。也可能引起色粉结块，造成载体搅拌不匀，色粉图像线条粗糙，复印机的分辨率下降。还可能造成复印纸受潮，引起输纸装置发生卡纸现象，并可能影响转印质量，造成复印品图像不全或图像偏淡，定影时复印纸起皱。

（2）电源及接地。复印机的电源电压为 198V～220V，采用单相交流电，电源频率 50Hz。电压波动过大会造成复印机工作不稳定或复印性能变化，复印质量难以得到保证，为了保证复印机正常工作，应考虑给复印机配备交流稳压电源。除此之外，复印机在接电时应将复印机可靠接地，否则复印纸在充电、转印过程中会带有大量电荷，而这些电荷是通过纸路静电消除装置消除的，若没有可靠接地，纸与光导体会粘在一起，不易分开，造成卡纸。再则，复印机金属外壳不接地，易造成触电事故，所以复印机一定要可靠接地。

4. 复印机的正确使用

正确使用复印机应注意以下几方面内容。

（1）通风防尘。复印机在复印过程中会产生大量对人体有害的气体，因此机房内要保持良好通风。同时机房内又要保持干净，因为灰尘会污染复印机的光学系统，使反射率和解像度降低，造成复印品的底灰增大。

（2）复印机安置的地方不要受阳光直射，附近不要有氨、酸等有害物质，更不能有明火。

（3）正确使用纸张进行复印，纸张的特性会直接影响到副本的质量，纸张一般可分为酸性和中性两类，为了保证复印机可长期稳定地使用并维持良好的复印质量，复印时使用中性纸较为妥当。

酸性纸中的硫酸铝物质与空气中的水分接触后会发生酸性变化，复印机内部的零件也会因此受到酸化腐蚀。而且，酸性纸本身亦容易酸化并导致变色和干化，所以，这种纸不适于复印及印刷使用。另外，纸粉多又是酸性纸的一大特征。纸粉多将会造成送纸不良，操作件感应失误，零件的使用寿命缩短和各部位故障率增加，维护成本增加，导致工作效率降低。

用户还需注意不要使用锡纸、复写纸、导电纸、热敏纸、美工纸，以免引起火灾或设备故障。不要使用表面太光滑的纸、撕破的纸、潮湿或卷曲的纸，以免发生卡纸现象。勿将复印纸存放于阳光直射的地方，避免将复印纸存放于潮湿的地方。

（4）正确进行复印机的操作。接通复印机的主电源，操作面板上的各种指示灯点亮或显示屏显示各种信息。预热指示灯亮或显示屏提示温度正在上升、请等待等信息。这时热辊定影加热灯开始点亮对热辊加热，当定影温度上升至规定温度时，可根据复印（Copy）灯点亮或显示屏提示可以复印的信息，确认复印机进入待机（Standby）状态。如果机器没有装入纸盒或纸盒没有纸，复印机将不能进入待机状态，操作面板将显示相应的符号或故障代码。

放置好原稿，不同型号的复印机有不同的原稿放置方法。有中间定位方式和靠边定位方式。根据复印件尺寸的要求，将纸装入相应的纸盒，如图 8-29 和图 8-30 所示，按下纸盒选择键，使“纸盒无纸”指示消去。如机器带有自动纸张选择功能（APS），就可不必按纸盒选择键，复印机将根据检测的原稿尺寸或操作者的要求自动选择纸盒。

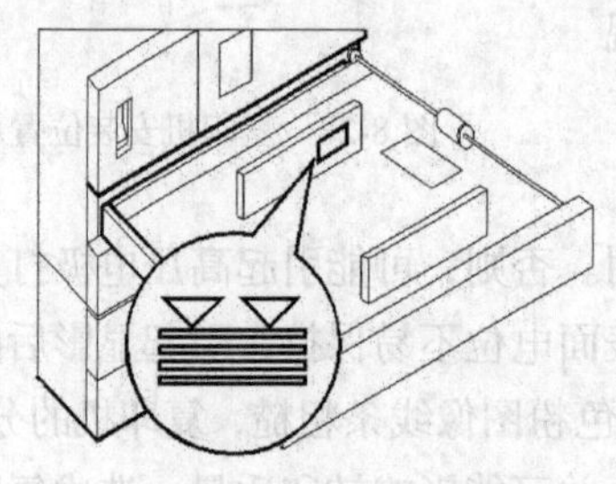

图 8-29　装纸不要超过标志

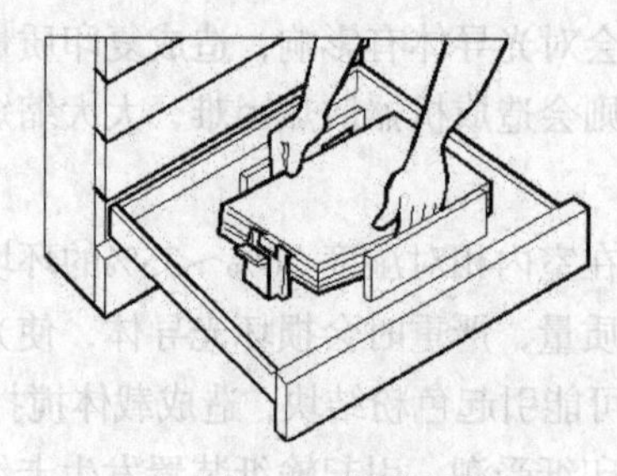

图 8-30　装载纸张

根据原稿和复印件的尺寸，选择固定复印倍率，或根据复印件要求选择无级变倍率。如机器带有自动倍率选择功能（AMS），在确定复印件的尺寸后，机器将自动选择复印倍率。根据原稿的浓度，选择浓度等级。如机器带有自动浓度选择功能，应优先采用自动方式。在采用自动方式不能满足要求时，再使用手动调节方式。

试印以后，检查复印件的质量，如认为满意，即可用数字键输入需要复印的份数。如果输入的数值有误，可按下清除键，重新输入。按下复印键，复印机开始复印操作，自动复印出所设定数量的复印件。复印数量显示屏或显示灯显示的数值将逐渐递增或递减计数，直至复印结束，显示复位。

在连续复印过程中，需暂停复印或需插入新的文件复印时，可以按下暂停键或插入键，这时复印机将在完成一张复印的全过程后停止运转。在连续复印过程中，当送纸盒内的纸张用完需补充时，复印机将自动停机，待将纸张补充、按下复印键后，机器将继续完成尚未复印的份数。

（5）当复印过程中发生卡纸时，复印机将自动停机。待取出卡在机内的纸张后，关好前门或按动复位键，机器将继续完成尚未完成复印的份数。如果断开主机电源开关，重新开机再继续复印，复印计数将重新开始。

（6）目前大部分复印机都具备节电功能，在一次操作复印后，如复印机暂时不用，则复印机经过一段时间后自动进入节电状态。这时，操作面板上除了电源指示灯或节电指示灯点亮以外，其余指示灯全部熄灭。在需要重新使用时，只需按下操作面板上的任意键，机器将立即或在很短的时间内进入待机状态。

（7）在采用手动送纸方式进行复印时，有些型号的复印机，只有在机器处于待机状态时才能放入纸张（佳能、施乐系列复印机），如果在等候状态下放入纸张，机器将出现故障代码。在使用多页手动送纸装置时，应注意纸张的最大存放量。

（8）使用多页、单面输稿器，可同时放入一叠原稿，原稿自动进入输稿器进行复印。多页、双面自动输稿器，可以连续自动地进行原稿反转，进行双面复印。

由于各种型号的复印机的操作存在差异。使用人员在操作前必须认真阅读随机附带的操作手册，掌握操作方法，方可进行操作。

5. 复印机的维护

维护复印机主要包括以下几方面的内容。

（1）移动前应断电，插拔电源时应握住插头，而不是电源线。

（2）不能让小的金属物品掉进机器内部。

（3）碳粉放在背阴的凉爽、干燥处。用过的碳粉不能乱扔。切勿焚烧用过的碳粉或碳粉盒。碳粉微粒遇到火源可以助燃。

（4）不要触摸机内高温的部件。需要排除故障时，等到高温部件冷却后再进行。

（5）及时清洁曝光玻璃和送稿器，如图 8-31 和图 8-32 所示。检查电晕丝和光导体是否有污迹或残粉，如有则应该用清洁棉或毛刷清洁。

图 8-31　清洁曝光玻璃

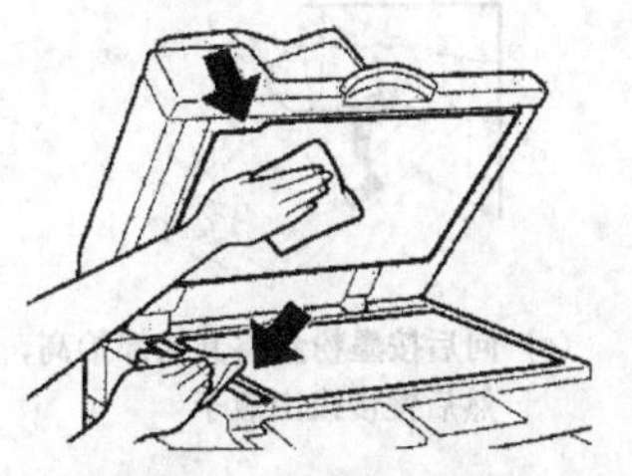

图 8-32　清洁送稿器

（6）当复印量较大的复印操作完毕后，需除去清洁装置内积存的色粉。

（7）光学系统的镜头、反射镜、曝光灯、反射壁、防潮玻璃等用吹气毛刷进行清扫，或用清洁的脱脂棉轻轻擦拭。

（8）复印机除日常保养的项目外，还需要根据一定的复印张数和复印工作时间，进行定期保养，清洗、更换相应部件和消耗材料。定期保养可分为三级。一级保养由操作人员来完成，一般在复印份数达到 2 000～3 000 张时，就应进行一级保养。如果日复印量达 3 000 张以上，则当天复印工作结束后，就应进行一级保养。二级保养由维修人员与操作人员一起完成。二级保养的间隔时间主要以复印份数的多少来决定。由于不同复印机的结构和性能有差异，因此，两次二级保养间隔期中的复印份数也不相同，通常复印份数达到 15 000～20 000 张时即应保养一次。当然，也可按照维修手册中的规定期限进行保养。三级保养又称强行保养，由专业维修人员进行。静电复印机通常在光导体达到规定的使用寿命期限时（如当硒合金鼓复印 100 000 张，硫化镉复印 50 000 张，氧化锌复印 2 500 张），复印机就必须进行三级保养。

（9）在进行光学系统清洁时，用橡皮气球把光学元件（透镜和反射镜）表面的灰尘及墨粉吹去，也可用软毛刷轻轻弹刷，把嵌在各个缝隙中的灰尘除去。用光学脱脂棉或镜头纸，轻擦光学元件表面。若有较大的硬颗粒灰尘留在光学零件表面时，直接擦拭反而会损伤光学零件表面，此时必须用橡皮气球将灰尘完全拂去后才能擦拭。光学零件表面如果有油污、手指印等污迹，可用光学脱脂棉蘸少量的清洁液擦洗。

（10）防止卡纸现象的出现，复印机出现卡纸现象是一种常见的故障，频繁地出现卡纸故障会导致纸张、墨粉和其他消耗材料的严重浪费，影响复印工作的效率和复印机的使用寿命，加快设备部件的过早损坏。应当采取一定的措施来防止或减少卡纸情况的发生。严格选择、裁切和保管复印用纸，注意保持工作间的温度和湿度，防止复印纸过分干燥和受潮。加强设备的日常保养和定期检修，对容易卡纸的部位，要特别注意检查部件的磨损及清洁情况。操作过程中，一旦发现卡纸故障，便要及时处理并找出原因。如发现有部件变形或磨损，应及时更换，严禁勉强开机使用。按操作规程要求，认真进行操作，切不可盲目开机或在没弄清复印机的使用要求情况下随便使用。

正确地更换墨粉，由于不同型号的复印机更换墨粉的过程略有不同，所以应严格按照说明书进行，如图 8-33 所示。

(a) 打开机器盖子，拉起墨粉盒支架

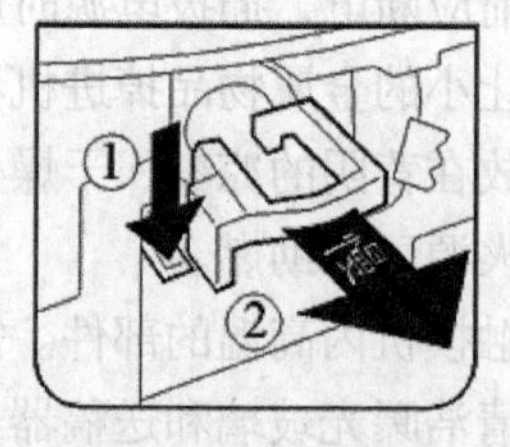

(b) 向下按手杆，慢慢拉出支架

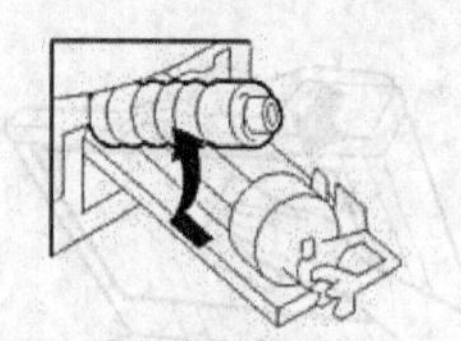

(c) 向后按墨粉盒将其头部抬高，然后慢慢拔出瓶子

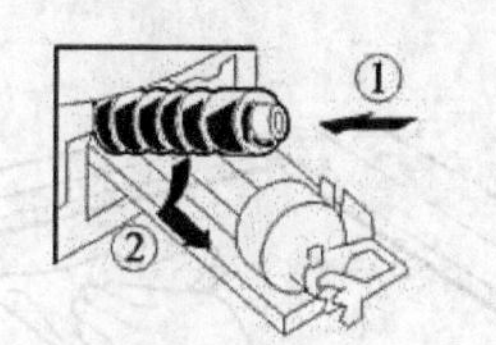

(d) 将新墨粉瓶放到支架上，向前按下头部。推入支架，关闭机器盖

图 8-33　更换墨粉

6. **复印机故障排除**

排除复印机的故障主要包含以下几方面内容。

（1）由常规的多次复印造成设备磨损、变形以及电器件性能变化或老化形成的故障。

这种故障一般表现在复印品质量的变化上。如底灰大、图像字迹不清。另外也表现在运行状态方面，如性能稳定性差、易卡纸、复印品不平整、双张或多张复印、复印品质量时好时坏等。

（2）由于某种原因使电器件造成短路或断路的复印机故障。

这种故障出现时，开始时复印机还可以复印，在复印品质量和运行状态上表现不明显，不易发现。机器逐渐的不能正常工作，表现为机器停止运转或无任何反映，操作面板也不显示，通电后可能会烧坏零部件或机体带有 220V 交流电，这是十分危险的。此时不可盲目加电，应及时请专业维修人员解决。

（3）由于不正确的保养、安装调试、更换消耗材料和零部件，造成复印机出现故障。

在进行保养的时候，因不正确的清洁方法损伤光导体硒鼓、光学系统，不正确地更换显影材料，造成墨粉与载体的比例失调或异物进入显影箱内；不正确地修理，使零部件不能复位等。这类故障表现为复印时没有图像、复印品全黑或全白、图像歪曲、复印品上有伤痕、不断地卡纸等。

（4）卡纸故障的处理。复印机故障发生概率最高的部位在输纸系统，最常见的故障是卡纸。静电复印机出现卡纸信号时，复印机将立即停止工作，只有将卡进的纸张取出后，复印机才能恢复工作。复印机卡纸经常出现在输入部位、光导体部位、定影进口部位、定影出口 4 个部位。

输入部位卡纸是指纸张在纸盘（盒）中没有被搓动或是刚被抓出纸盘（盒），遇到这种情况后，将纸盘中的堵纸拉出来，重新插好纸盘，如果卡纸信号消失，表示卡纸被排除，如图 8-34 所示。

光导体部位卡纸，应握住脱扣手柄，轻轻把上机体打开，并小心地将被卡的纸取出，注意不要将手和纸碰到机器的任何部位，如图 8-35 所示。

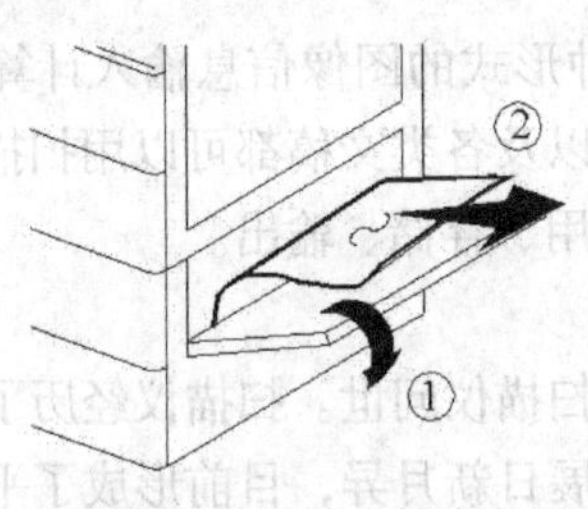

图 8-34　清除输入部位卡纸

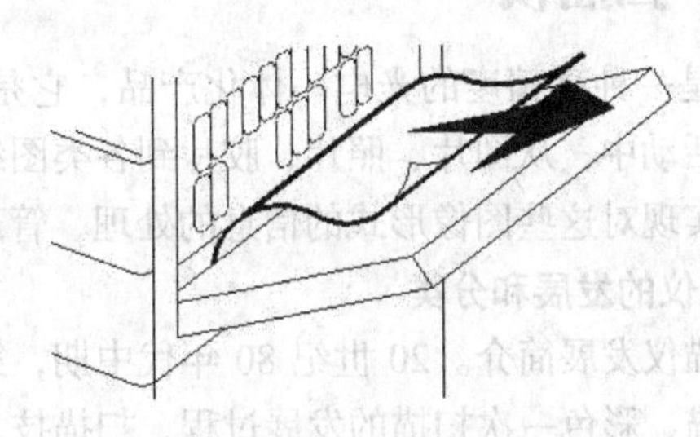
图 8-35　清除光导体部位卡纸

定影进口部位卡纸，应把上机体打开拉出定影进口部位的堵纸，清除堵纸时，定影热辊的温度很高当心烫伤。

定影出口部位卡纸，可将热辊刮板向上转动，取出堵纸，再复原热辊刮板。确认纸路中的堵纸已被清除后，轻轻按下复印机的上机体，使其被挂钩锁住，复印机恢复正常功能后即可复印。

（5）进纸故障的处理。进纸故障包括纸盒不供纸、重叠进纸等。

发生纸盒不供纸现象时，搓纸辊旋转但不搓纸，常常是因保养不善、搓纸辊橡胶表面摩擦系数减小打滑或搓纸辊老化变硬而引起的。此时，需清洗或更换搓纸辊表面橡胶，还要检查纸盒弹簧是否松软造成纸、辊之间缺少足够的压力。如果搓纸辊不旋转，则要检查机械部分和电路部分。

发生重叠进纸这种情况是由于纸未梳理好、纸受潮或纸盒弹力过大，导致纸张之间紧密贴合，出现双张进纸或多张重叠进纸现象。这时，需把纸烘干并加以整理或调整纸盒弹簧压力。

（6）墨粉故障的处理。墨粉是干法显影中的显影物体。由于静电复印机的结构和复印方法各不相同，特别是显影、定影方法不同，使用的墨粉性质也有所不同。

当复印品底灰过大时，是由于墨粉量与载体量比例失调，墨粉带电能力下降造成的。可采取措施减少墨粉，消除复印品的底灰。

发生复印品图像浅淡现象，是墨粉受潮引起，应将墨粉放在通风处加以风干后再使用。图像时隐时现这种情况是墨粉不足引起，说明墨粉已快用完，应及时补充墨粉。加入墨粉前应将墨粉瓶摇动几次，使结块的墨粉碎成粉末。

复印品定影不牢或过度这种情况是使用墨粉型号不正确、墨粉熔点太高或太低引起的，应使用同机型墨粉。

（7）废粉故障的处理。当复印品表面出现有规律的脏迹、复印品背面出现纵向黑色条纹、复印品图像模糊等现象时，是由于废粉引起的，应及时清除。

复印品表面出现有规律的脏迹这种情况是清洁刮板上堆积有废粉引起的，应清除掉刮板上残留的废粉，如清洁刮板已老化或磨损严重，则应更换新的清洁刮板。

复印品背面出现纵向黑色条纹这种情况是纸路不洁、有废粉堆积引起的，应清除掉供纸装置上残留的废粉。

复印品图像模糊这种情况是光导体（鼓）表面吸附有废粉所引起。可用脱脂棉球蘸少量酒精擦去鼓表面残留的废粉，直至干净为止。

复印机出现废粉故障，主要是因为没有进行定期的维护、保养。所以，只有对复印机进行认真、细致地维护和保养，才是防止废粉故障出现的根本措施。

8.3.5 扫描仪

扫描仪是一种高精度的光电一体化产品，它是将各种形式的图像信息输入计算机的重要工具。在办公活动中，从图片、照片、胶片到各类图纸图形以及各类文稿都可以用扫描仪输入到计算机中进而实现对这些图像形式的信息的处理、管理、使用、存储、输出。

1. 扫描仪的发展和分类

（1）扫描仪发展简介。20世纪80年代中期，第一台扫描仪问世。扫描仪经历了黑白扫描、彩色三次扫描、彩色一次扫描的发展过程，扫描技术的发展日新月异，目前形成了平板式扫描仪占据市场的主导地位、非平板式占有一席之地的局面。在传统的光电转换器件CCD（电荷耦合器）的基础上，又出现了CIS（接触式图像传感器），采用CIS的扫描仪具有轻巧、超薄的特点，并且价格便宜，图像质量已经与传统的CCD扫描仪相当。

从目前来看，虽然传统的EPP接口和SCSI接口仍然在使用，但采用USB接口的扫描仪产品却越来越多，USB具有“即插即用”的功能，安装、使用方便，传输速度（1.5MB/s）高于EPP接口。

由于扫描仪性能价格比的不断提高，表现出两个良好的发展趋势。其一，不断向重大系统和行业渗透，在重大系统、工程的建设中。扫描仪已被视为重要的信息输入设备，尤其是在图形图像处理中起着不可替代的作用；其二，扫描仪为广大普通用户接受，配备扫描仪的个人用户越来越多。许多人用扫描仪进行电子影集的制作、图文资料的管理或通过 Internet 收发 E-mail，实现个人的图文通信。信息化革命的浪潮把扫描仪由传统的专业化领域推向了办公自动化领域。今后，扫描仪也必将向着高性能、低价格的方向发展。

（2）扫描技术。扫描技术的核心是光电转换技术和图像处理、传输技术。扫描时，随着机械传动机构的运动，扫描头上的光源发出光线射向被扫描物体，被扫描物体反射的光线（光信号）进入光电转换器被转换为电信号后，经电路系统处理后送入计算机，如图 8-36 所示。

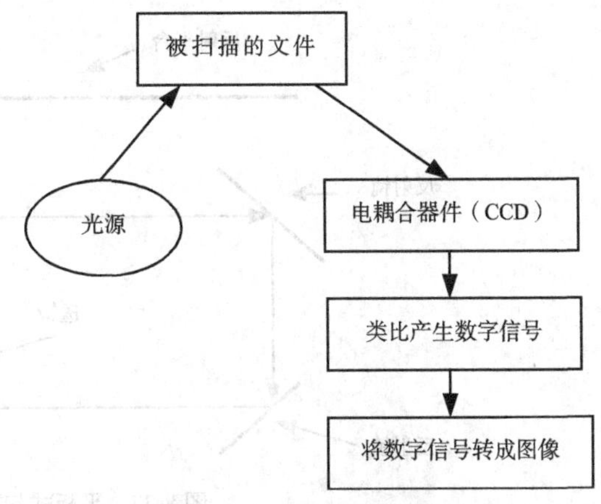

图 8-36　扫描仪光电转换原理

（3）扫描仪的分类。扫描仪按照原稿的摆放方式分为平面和曲面两种方式。平面方式的扫描仪有平板式扫描仪、幻灯片扫描仪、手持式扫描仪等几种；曲面方式的扫描仪有滚筒式扫描仪和自馈式扫描仪。在实际应用中，使用数量最多的有 3 种基本的扫描仪类型，即滚筒式扫描仪、平板式扫描仪和幻灯片扫描仪。

滚筒式扫描仪的性能最好，成本也高。主要用于高精度的彩色印刷品，如广告宣传品、精美的艺术复制品等。它能捕捉到任何类型原稿的最细微的色调，拥用很高的分辨率。

平板式扫描仪是目前扫描仪市场的主流产品。其优点是扫描速度快，像素高；缺点是它限制扫描文件的面积。

幻灯片扫描仪与平板式扫描仪一样以 CCD 为基础，但是它使用灵敏度更高的传感器，具有更高的分辨率，能制作出高质量的相片图像，缺点是速度慢、功能专一，只能处理底片。所以将幻灯片扫描仪与平板式扫描仪结合在一起形成了“双平台”的扫描仪。

2. 扫描仪的构造

（1）扫描仪的组成。扫描仪由机械传动机构、扫描头及电路系统（电路板）组成。机械传动机构、齿轮、传动皮带等带动相应部件移动。扫描头将光信号转换为电信号。电路系统用于处理、传输图像。

（2）扫描仪的工作原理。扫描仪是一种把文稿或图像等平面造型转换成数字信息的设备。它通过光电传感技术把光信号转换为电信号，由于各种颜色的反射率不同，而光敏元件可以检测图像上不同区域反射回来的不同强度的光，于是光敏元件将反射光波转换为数字信息。最后，控制扫描仪操作的软件读入这些数据，并重组为计算机图形文件，通过线路传递给计算机，如图 8-37 所示。

不同类型的扫描仪采用不同的方式来扫描原稿，有的是移动纸张（如滚筒式扫描仪），有的是移动 CCD（如平板式扫描仪）。

（3）扫描仪的技术指标。扫描仪的技术指标包括分辨率、量化位数、灰度级、接口类型、扫描速度、扫描幅面等。

分辨率是衡量扫描仪对图像细节表现能力的指标，用每单位长度内的点（dpi）或线（lpi）来表示。扫描仪的分辨率通常是指光学分辨率，是扫描仪所能达到的实际分辨率水平。而最高分辨率是通过数学计算的方法得到的分辨率。要注意不能用最高分辨率来考核扫描仪的性能。

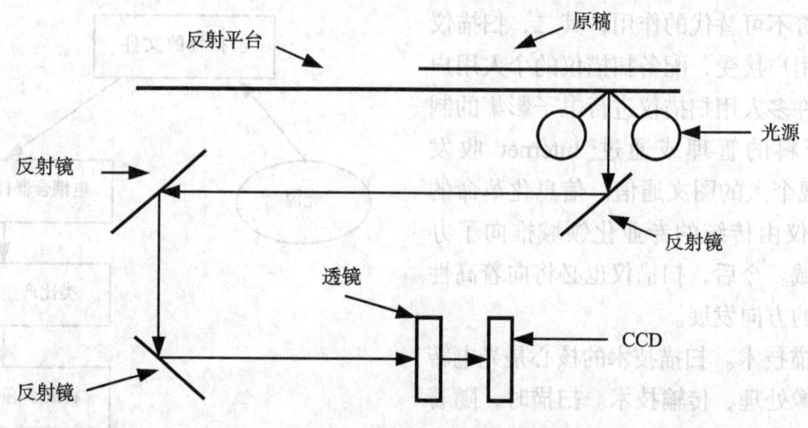

图 8-37　平板式扫描仪的信号转换过程

量化位数也称色彩位数，是衡量扫描仪彩色辨别能力或灰阶层次的指标。例如，在 RGB 三原色中，每种颜色 256 灰阶（二进制 8 位），称 24bit（二进制 24 位）模式。若用 36bit（RGB 每种颜色采用 12bit 进行量化），就可以得到更好的图像。

灰度级是指扫描仪从纯黑到纯白之间平滑过渡的能力，决定了图像从暗到亮的层次感。常见的有 8bit、10bit、12bit 3 种灰阶度。8 位灰阶度可以把“亮→暗”的变化用 2^8（256）种层次表示出来，这种灰阶度常常会丢失一些层次，使得扫描出来的图像在明暗方面过渡得并不好，如果将图像放大，甚至会出现马赛克现象，而 10 位（1 024 种）以上的灰阶度则能较好地解决这个问题。应该认识到，灰度级为 10bit 还是 12bit 还是更高并不重要，重要的是扫描仪对纯黑和纯白要有正确和充分的表现，其次才是中间的过渡。

通常情况下，扫描仪使用的接口种类有并行接口、SCSI（小型计算机智能接口）、USB 接口等。其中并行接口和 USB 接口是普通 PC 的标准配置，SCSI 是苹果机的标准配置，若在普通 PC 上使用 SCSI 需要添加 SCSI 适配器。

扫描速度的表示方法一般有两种，一种用扫描标准 A4 幅面所用的时间来表示，另一种用扫描仪完成一行扫描的时间来表示。当透镜把光线投射在光电转换元件上后，光电转换元件输出模拟信号，经过 A/D 转换形成 RGB3 路独立的数字信号。把这 3 种信号转换成接口标准，需要按照一定的方法进行排列，这需要一个计算过程。这个计算编码过程是制约扫描速度的瓶颈，对这个步骤的不同处理方法对扫描速度会产生重要的影响。常用的方法是将这种编码算法编写在软件之中，这样比较经济，但速度慢。现在有许多扫描仪是针对办公环境开发的产品，速度因素被提高到更重要的位置。解决速度瓶颈问题的方法是采用硬件来对数据进行编码。将一个专门进行运算的电路放进扫描仪内部，通过它把排列好的信号直接传送给计算机。使用这种技术的产品在说明书中通常会注明“内置 CPU”。这种方法与软件编码相比，速度可有较大的提高。

扫描幅面是指扫描仪可以一次扫描原稿的大小。例如，平板扫描仪的扫描幅面通常分为 A4 幅、A4 加长幅、A3 幅等。可根据具体的需要进行选择。

3. 扫描仪的安装

机器应该安装在电源插座附近，以便于连接电源线。在其周围留有所需要的空间，以便操作和机器的通风和检修（按说明书要求做），并符合温度和湿度要求。第一次使用时应去掉固定胶纸，在接通扫描仪电源前需将扫描头锁定装置打开。

扫描仪与计算机之间目前常用的接口有 3 种：EPP（并行接口）、SCSI（小型计算机系统接口）

及 USB（通用串行总线）接口。使用 EPP 无须添加接口卡，操作简单。SCSI 是 ANSI 标准的接口，APPLE MAC 机将其定为标准配置。USB 接口扫描仪可以直接与计算机连接，并能实现热插拔，即插即用。

4. 扫描仪的正确使用

正确使用扫描仪主要包含以下几方面内容。

（1）正确安装驱动程序。一般来说，系统可自动识别并配置相应的驱动程序（即插即用）。非即插即用的扫描仪随机带有驱动程序，可按步骤将其安装到计算机中。或使用 Windows 系统中“添加新硬件”功能来安装。

（2）安装扫描应用软件。大部分扫描仪没有按键和操作面板，必须通过驱动程序和应用软件来进行工作。常见的有文字识别软件，如图 8-38 和图 8-39 所示，图形图像处理软件，如图 8-40 所示。

图 8-38　OCR 软件的扫描界面

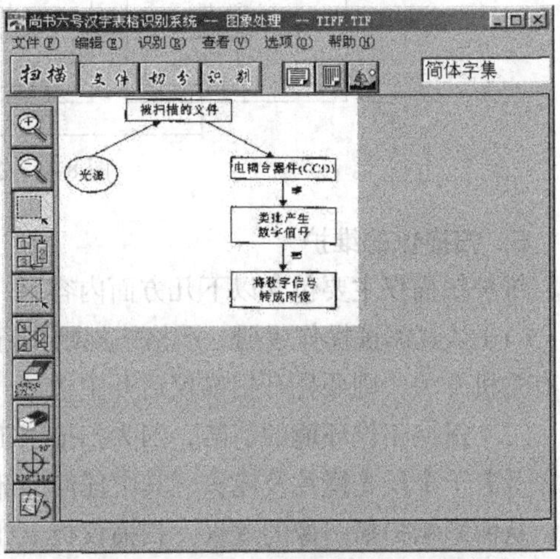

图 8-39　OCR 软件的文字识别界面

扫描仪将整页的印刷文稿输入计算机后，通过中文印刷体识别系统识别出汉字内容，从而可以完成中文信息输入及各种印刷汉字的自动录入，代替人工录入。同时，可以对所输入的文本进行编辑、校改、查询和替换等操作。因此，使用汉字识别系统可以缩短录入时间，减轻劳动强度，减少人力，降低费用，提高录入的正确率和效率。常见的 OCR 软件可识别的字符集包括国标二级汉字，可识别宋体、仿宋体、黑体、楷体、圆体等多种字体，可识别 1 号字～6 号字。例如，尚书汉字识别系统，可以对扫描仪输入的图像或者文字或软磁盘及光盘等存储装置输入的图像或者文字进行各种处理，如存储图像、打印图像、划分识别区域、对图像的倾斜自动校正、旋转及清除图像中杂点、对所获得的图像自动识别、文字切分、文字识别、放大和缩小图像、图像输入方式设定、文字纵横排列方式的设定、文件版式的设定以及辨识字集的设定等。

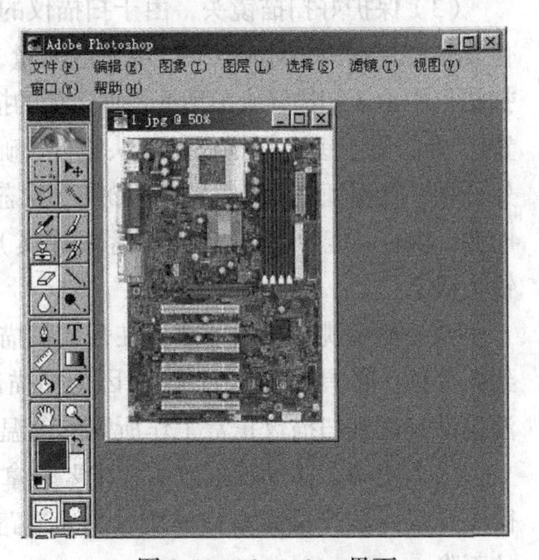

图 8-40　Photoshop 界面

（3）正确进行扫描。扫描仪的连接方法如图 8-41 所示。连接完毕并自检正常后，就可使用扫描仪进行工作。打开扫描仪的上盖，原稿面朝下放置，顶部应与扫描板前端对齐，以保证扫描结果不倾斜，放好后应盖上扫描仪上盖，通过扫描软件选定相应的功能操作，最后，执行扫描命令。

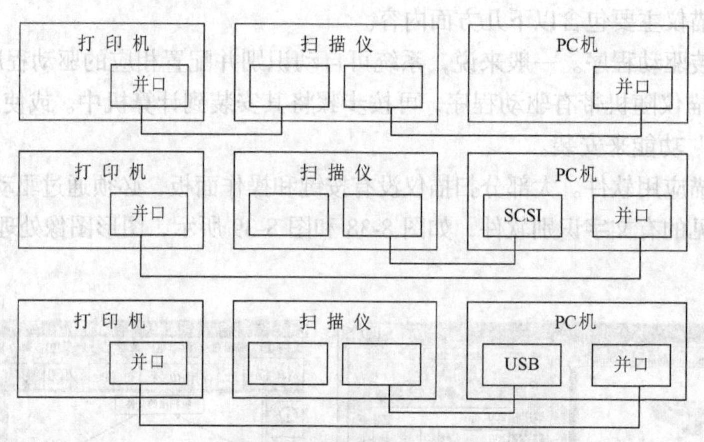

图 8-41　扫描仪的连接方法

5. 扫描仪的维护

维护扫描仪主要包含以下几方面内容。

（1）认真阅读操作手册，严格按规则进行操作。禁止带电插拔并口、SCSI 的电缆线。若扫描仪有主机开关，则要先开扫描仪后开主机。

（2）保持工作环境的清洁，因为扫描仪工作时，光从灯管发出到 CCD 接收期间要经过玻璃板以及若干个反光镜片及镜头，其中任何一部分落上灰尘或其他微小杂质都会影响反射光线的强弱，从而影响扫描图像的效果。扫描仪板上如有污垢、可用软布蘸少量酒精擦拭。不要拆开扫描仪或给一些部件加润滑油。

（3）保护好扫描镜头，由于扫描仪的光学成像部分的设计最为精密，光学镜头或反射镜头的位置稍有变动就会影响 CCD 成像的质量，甚至可能使 CCD 接收不到图像信号。为了避免在运输扫描仪中由于扫描镜头前后撞击而造成的损坏，扫描仪上都安装有一个锁定装置（机械装置或电子装置），专门用于锁定扫描仪的镜头组件，确保其不被随意移动。用户第一次使用扫描仪前，一定要先开锁，且保证电源开关置于“OFF”状态，才能插入电源插头（某些品牌的扫描仪，若不开锁就开电源，将有可能导致扫描仪传动系统瘫痪）。同样，扫描仪如需长途搬运，则必须先用该锁定装置把镜头锁定。

（4）不要跳过预热环节，在开始扫描以前，扫描仪需要预热一段时间（时间长短从 10 多秒到几分钟，依具体环境而定）。因为扫描仪在刚启动的时候，光源的稳定性较差，而且光源的色温也没有达到扫描仪正常工作所需的色温，因此，没有经过预热扫描输出的图像往往饱和度不足。

（5）使用、移动扫描仪过程中要轻拿轻放，若发生震动和碰撞会造成光学部分的损坏，其细微差异都可能严重影响扫描质量。光通路中的任何损伤（甚至沾上灰尘），都会造成扫描仪性能的下降。

（6）不要频繁地开关扫描仪，这样做会加剧灯管的老化和系统的磨损。

6. 扫描仪故障排除

扫描仪常见的故障主要表现为以下几个方面。

（1）计算机找不到扫描仪。若计算机找不到扫描仪，则应该检查电源线连接、电缆线连接是否正常和驱动程序安装情况。或通过“设备管理器”的“刷新”功能检查描仪是否有自检。若使用 SCSI，应通过“设备管理器”检查地址是否有冲突，如果有冲突，可以改变 SCSI 适配器上的跳线，解决地址冲突问题，如图 8-42 所示。

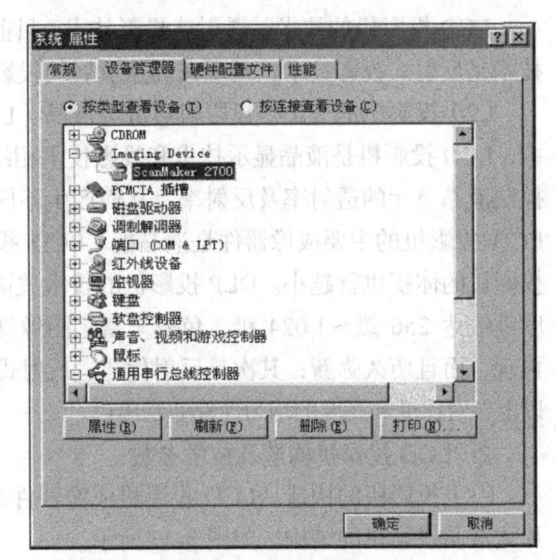

图 8-42　设备管理器窗口

（2）扫描仪噪声。扫描仪在扫描时有噪声，可通过软件将扫描速度设置得低一些，这样能起到降低噪音的作用。

（3）文字识别率低。文字识别率低的主要原因是扫描模式设置有误、文字和图形图表混合扫描，扫描原稿不清晰、放置原稿的玻璃需要清洁等。

如果想通过 OCR 软件识别文字，在扫描时应该注意设定扫描模式为黑白模式，并设置合理的扫描分辨率，例如 300dpi 或更高，这样 OCR 软件才可以较好地识别文字。

原稿中既有文字又有图形、表格，识别软件在对其进行整体识别时，有可能会出现版面分析错误，造成识别率下降。这时，需要使用人工辅助进行版面分析。例如，版面中有文字和表格，这时应该用手工方式划定相应区域，分别对文字和表格进行识别。对表格的识别可能并不理想，出现识别故障是正常现象。专业版的识别软件对图、文识别有更好的解决方案。

不能正确识别手写体文字并不是扫描仪或 OCR 软件的故障。如果要识别手写文字，应该使用专业版的 OCR 软件。

扫描画面模糊且颜色不准确可能由于放置原稿的玻璃比较脏，需要清洁。若不是玻璃板的问题则应该检查扫描仪的分辨率是否合适，并检查原稿是否清晰。

8.3.6　投影机

投影机（又称投影仪）可以把传统的视频信号及电脑的 VGA 信号通过转接口后投射到幕布上供人们欣赏和使用，是现代多媒体会议室和多媒体教室中不可缺少的视频输出设备，也是办公活动中常用的设备。

1. 投影机发展及分类

投影机是一个影像显示设备，能提供其他显示设备所无法比拟的超大画面，是常用的办公设备。

（1）投影机发展简介。投影机自问世以来发展至今已形成 3 大系列，即阴极射线管（Cathode Ray Tube，CRT）投影机、液晶（Liquid Crystal Display，LCD）投影机、数字光处理器（Digital Lighting Process，DLP）投影机。

CRT 投影机采用的技术与 CRT 显示器类似，是最早的投影技术。它的优点是寿命长，显示的图像色彩丰富、还原性好，具有丰富的几何失真调整能力。由于技术的制约，无法在提高分辨率的同时提高流明，直接影响 CRT 投影机的亮度值，到目前为止，其亮度值始终在 300 流明以下，加上体积较大和操作复杂，已经被淘汰。

LCD投影机的技术是透射式投影技术，目前最为成熟，占市场份额也比较大。DLP投影机的技术是反射式投影技术，是现在高速发展的投影技术。

（2）投影机的分类。投影机可分为液晶（LCD）投影机、数字光处理器（DLP）投影机。其中，LCD投影机是液晶显示技术和投影技术相结合的产物，它利用了液晶的电光效应，通过电路控制液晶单元的透射率及反射率，从而产生不同灰度层次及多达1 670百万种色彩的靓丽图像。LCD投影机的主要成像器件是液晶板。LCD投影机的体积取决于液晶板的大小，液晶板越小，投影机的体积也就越小。DLP投影机的技术关键点首先是数字优势，数字技术的采用，使图像灰度等级达256级～1 024级，色彩丰富，图像噪点消失，画面质量稳定，精确的数字图像可不断再现，而且历久弥新；其次是反射优势，反射式DMD器件的应用，使成像器件的总光效率达60%以上，对比度和亮度的均匀性都非常出色。

2. LCD投影机构造及技术参数

（1）投影机的构造。LCD投影机成像器件是液晶板，现在主要采用三片式LCD液晶板，三片式液晶投影机的结构，如图8-43所示。

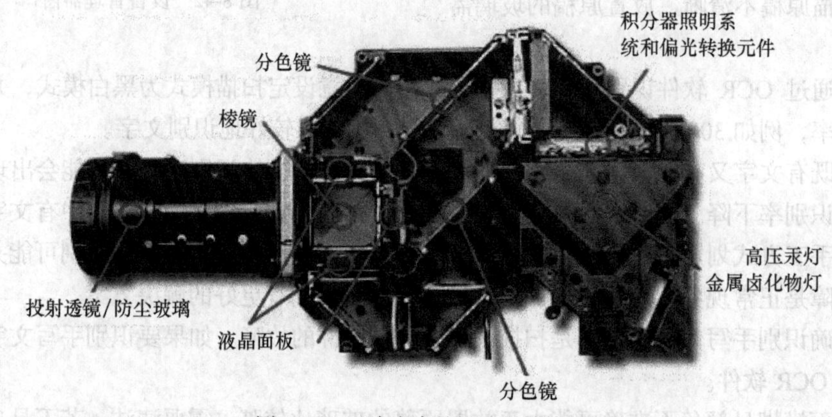

图8-43　三片式液晶投影机结构图

LCD投影机主要部件包括超高压水银灯、积分透镜、偏光转换元件、分色反射镜、分色棱镜、液晶面板、防尘玻璃等。

超高压水银灯是投影机的光源。由于其工作压力设定在200大气压以上，光源尺寸向直径方向收缩，在实用的光源灯电压下可以实现短弧光化，因此接近于点光源，便于光学系统的设计。同时，在其分光中采用增大连续发光成分的方式，能够改善演示效果。这些特性是所有投影机用光源所追求的。

积分透镜通过“第1透镜阵列”、“第2透镜阵列”，将从光源灯发出的光线明亮地照射到屏幕的各个边角。

偏光转换元件的作用是将从光源灯发出的光中各个方向的波，只让纵波通过，因而能够将光的横波变为纵波，使尽量多的光线通过。采用该技术后，亮度提高了约1.5倍。

分色反射镜是将从光源灯发出的光分离成红、绿、蓝三原色的反射镜（滤光器）。它是在基础玻璃板上涂刷一层能够反射特定波长范围的薄膜后形成的。普通LCD投影机中使用了两块反射镜。

分色棱镜能够将从光源灯发出的光分离成红、绿、蓝三原色，并在各自的LCD上绘制相应的RGB图像，然后将其重新合成。反射红色、蓝色，透过绿色，合成颜色及图像。

三片式 LCD 技术架构系采用体型极小的高穿透式高温多晶硅（High-Temperature Poly Silicon，HTPS）LCD 显示面板，每一块 HTPS 都是由很多个像素组成，如分辨率为 1 024 × 768 的 HTPS 就由 1 024 × 768 个像素组成，以对应投射图像的像素点。每一个像素又包含了信号线、控制线、TFT 和开口区。其中开口区包含了以特定方式排列的液晶分子，根据液晶分子在不同电压下排列方式的变化，改变透过像素光线的振动方向，并与偏振板相结合实现了从全黑到全白状态下不同灰阶的过渡。

防尘玻璃是为防止划伤 TFT 基板和附着污物而粘贴在屏面上的玻璃。附着在防尘玻璃上的污物在投射时不会聚焦，因此不被看见。

三片式液晶投影机用红、绿、蓝三块液晶板分别作为红绿蓝三色光的控制层。信号源经过模数转换，调制加到液晶板上，控制液晶单元的开启、闭合，从而控制光路的通断。光源发射出来的白色光经过镜头组汇聚到达分色镜组，红色光首先被分离出来，投射到红色液晶板上，形成图像中的红色光信息，绿色光被投射到绿色液晶板上，形成图像中的绿色光信息，同样蓝色光经蓝色液晶板生成图像中的蓝色光信息，3 种颜色的光在棱镜中汇聚，由投影镜头投射到投影幕上形成一幅全彩色图像。目前它是亮度、分辨率较高的投影机，适用于环境光较强、观众较多的场合，同时也是目前使用较为普遍的投影机。但是这种投影机由于液晶本身的物理特性决定了它的响应速度慢，随着时间的推移，性能会有所下降。

（2）投影机的技术参数。投影机的技术参数包括分辨率、亮度、对比度、均匀度、投影距离、画面尺寸、屏幕宽高比例、梯形校正、投影镜头、灯泡寿命、工作噪音等。

分辨率是指投影机投出的图像原始分辨率，也叫真实分辨率和物理分辨率。常见的有两种表示方式，一种是以电视线（TV 线）的方式表示，其分辨率的含义与电视相似，主要是为了匹配接入投影机的电视信号而提供的；另外一种是以像素的方式表示，通常表示为 1 024 × 768 形式。

亮度是指投影机输出到屏幕上的光线强度，也就是投影图像的明亮程度。投影机输出的光能量是以光通量表示的，光通量是描述单位时间内光源辐射产生视觉响应强弱的能力，单位是流明。光通量的国际标准单位是 ANSI 流明，ANSI 流明才是投影机亮度的真实体现。由于测试光通量的环境不同，所以各不同厂商的产品虽然 ANSI 流明相同，但实际亮度却不一定相同。一般情况下，投影机的亮度越高，投射到屏幕上的相同尺寸的图像越明亮、越清晰，但并不是亮度越高越好，因为图像亮度还与环境光强度、图像尺寸有很大关系，同时亮度越高价格也越高，因此需要根据环境条件来选择合适的亮度。

对比度是指投影画面黑与白的比值，也就是从黑到白的渐变层次。对比度有两种测量方法，一种是全开/全关对比度测试方式，另一种是 ANSI 标准测试方法，这两种测量方法得到的对比度值差异非常大，DLP 投影机采用的是第一种测量方法，而 LCD 投影机采用的是第二种测量方法。对比度对视觉效果的影响非常关键。一般来说对比度越大，图像越清晰醒目、色彩也越鲜明艳丽，但对比度越高的投影机价格也越高，所以仅仅用于演示文字和黑白图片的投影机，对比度选择在 400:1 左右就可以了，而要用于演示色彩丰富的照片和播放视频动画的投影机，则对比度最好选择在 1 000:1 以上。

均匀度是指投影机投射到屏幕画面的亮度均匀程度，也称周边灰度比，它是指屏幕边角亮度与中央亮度的比值，以百分数计。一般要求投影机的均匀度要高于 85%。

投影距离是指投影机镜头与屏幕之间的距离，单位是米。一般情况下配备标准镜头的投影机就能满足大多数用户对投影距离的要求。但要想在狭小的空间获取大画面，需要选用配有广角镜头的投影机。要想在投影距离很远的情况下获得大小合适的画面，需要选用配有远焦镜头的投影机。

画面尺寸是指投影机投出的画面大小，用对角线尺寸来表示，单位是英寸。投影机都有一个最小画面尺寸和最大画面尺寸，在这两个尺寸之间投射的画面可以清晰聚焦，超出这个范围则可能出现画面不清晰的情况。画面尺寸的大小与投影机的镜头焦距有关，同时也与投影距离和投影机的亮度有关，一般来讲亮度越高的投影机可以投出越大的画面。

屏幕宽高比例是指屏幕画面横向和纵向的比例，可以用两个整数的比或一个小数来表示，如4:3或1.33。电脑及数据信号和普通电视信号的宽高比为4:3，电影及DVD和高清晰度电视的宽高比为16:9。当输入源图像的宽高比与显示设备支持的宽高比不一样时，就会有画面变形和缺失的情况出现。

在使用中投影机的位置要尽可能与投影屏幕成直角才能保证投影效果，如果无法保证二者的垂直，画面就会出现梯形，则需要进行梯形校正，以保证画面成标准的矩形。梯形校正通常有两种方法，即光学梯形校正和数码梯形校正。

投影镜头是投影仪中的重要部件，衡量镜头的指标包括透光度、放大比率、光圈、焦距等。其中，透光度用F表示，F越小，镜头的透光性越好。放大比率用f表示，代表投影机在固定位置上所投射画面的放大倍数。光圈用数值表示，一般为1.6～2.0，光圈的数值越大，光通量越小。焦距用数值表示，通常为50～210，分为短焦、标准和长焦，还有超短和超长焦。数值越小焦距越短，数值越大焦距越长，投影机对镜头焦距的要求正投一般在50～140，背投一般在35左右。一般投影机为标准镜头，但要在短距离投射大画面就需要选择短焦镜头的投影机，反之则需要选择长焦镜头。

灯泡作为投影机的消耗材料，在使用一段时间后其亮度会迅速下降，以至于无法正常使用。投影机工作时由于风扇高速转动散热带来的噪音，有时被认作是一个很大的干扰，尤其是进行会议、教学和家庭欣赏影片的时候。工作噪音主要来自色轮和投影机风扇，虽然各厂商都在极力降低噪音，但既要保持良好的散热、又要尽可能降低噪音是相互矛盾的，所以建议购买在正常工作状态下散热噪音不超过35dB的投影机。

3. 安装

安装是投影机使用上的一个重要的环节。投影机的安装方式主要分为正投安装和背投安装，而正投和背投又各分为地面安装和吊装，4种安置方式如图8-44所示。

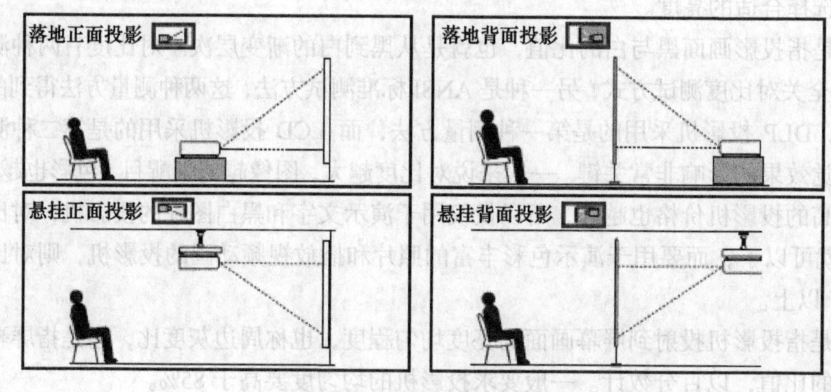

图8-44 投影机安置方式

投影机的接口很丰富，大致可以分为模拟信号接口和数字信号接口两类，有些机型还提供音频输入和输出端口。

其中模拟信号接口包括复合视频信号输入接口（CVBS）、S-Video 输入接口、欧洲的标准视频接口（SCART）、色差输入接口、RGBHV 输入接口和 VGA-PC 的 15 针 VGA 输入接口等。复合视频信号输入接口（CVBS）主要用于输入电视信号。S-Video 输入接口是随着录像机的出现而发展起来的视频接口，现在被广泛应用于录像机和影碟机。欧洲的标准视频接口（SCART）用于传输 RGB 信号。色差输入接口用于传输亮度信号和色差信号分开的影像，有逐行扫描和隔行扫描之分。RGBHV 输入接口传输的信号和 VGA 相当，但其 5RCA 的插座通常用于专用显示领域。VGA-PC 的 15 针 VGA 输入接口是最常见的接口之一，用于连接计算机的视频输出。

数字信号接口则包括 USB 接口，IEEE1394 接口，DVI 接口和 HDMI 接口等。USB 接口通常只是用来传送图片文件，不能传送视频文件。IEEE1394 接口则可用于传送数码图像，但由于技术较复杂而且比较昂贵，所以装载 IEEE1394 接口的投影机也比较少见。DVI 接口可传输高达 2 048 × 1 536，75Hz 的视频图像，因此被广泛应用在投影机和等离子显示器上，市面上大多数中高档投影机均配备有 DVI 数字接口，但最近也有些新品采用 HDMI 接口代替了 DVI 接口。HDMI 接口是在 DVI 接口的基础上，增加了数字音频输入，从而成为专用的多媒体信息接口，而且支持 1 920 × 1 080DPI 高清晰的数字信号。

投影机各个端口如图 8-45 所示。

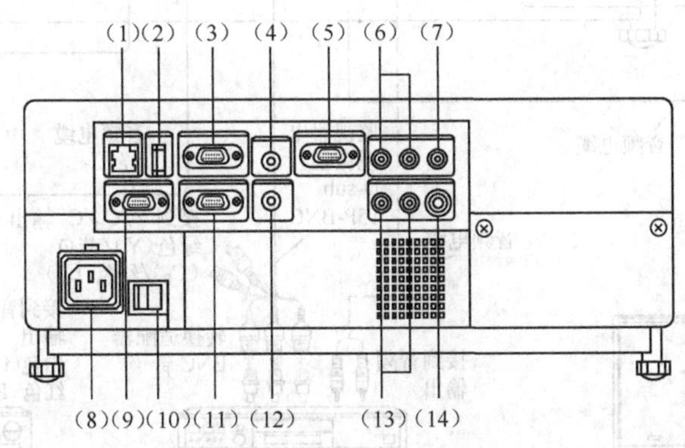

图 8-45　投影机接口图实例

其中，（1）号端口表示 LAN 端口，用于连接网线；（2）号端口表示 USB 端口，用于连接 USB 存储器；（3）号端口表示 COMPUTER 2 IN 端口，用于输入来自电脑或其他播放源的 RGB 信号，或输入来自视频设备的分量视频信号；（4）号端口表示 AUDIO IN 端口，用于输入来自电脑的音频信号，或输入来自带有分量视频信号输出端的视频设备的音频信号；（5）号端口表示 COMPUTER 1 IN 端口，用于输入来自电脑或其他播放源的 RGB 信号，或输入来自视频设备的分量视频信号；（6）号端口表示 AUDIO（L/R）端口，用于输入来自视频设备的音频信号；（7）号端口表示 VIDEO 端口，用于输入来自视频设备的视频信号；（8）号端口表示 AC IN 电源插座，用于连接电源线；（9）号端口表示 CONTROL 端口，要使用电脑操作投影机时，将本端口与控制用电脑的 RS-232C 端口连接；（10）号表示主电源开关，用于将 AC 电源线路切换为 ON（待机）/OFF；（11）号端口表示 MONITOR 端口，用于连接电脑的显示器等；（12）号端口表示 AUDIO OUT 端口，用于输出音频信号；（13）号端口表示 AUDIO（L/R）端口，用于输入来自视频设备的音频信号；（14）号端口表示 S-VIDEO 端口，用于输入来自视频设备的视频信号。

COMPUTER 1 IN 端口与 COMPUTER 2 IN 端口作用相同，MONITOR OUT 端口输出来自 COMPUTER 1 IN 端口或 COMPUTER 2 IN 端口的信号。图 8-46 所示为连接示例图，虚线表示相关设备可以调换。

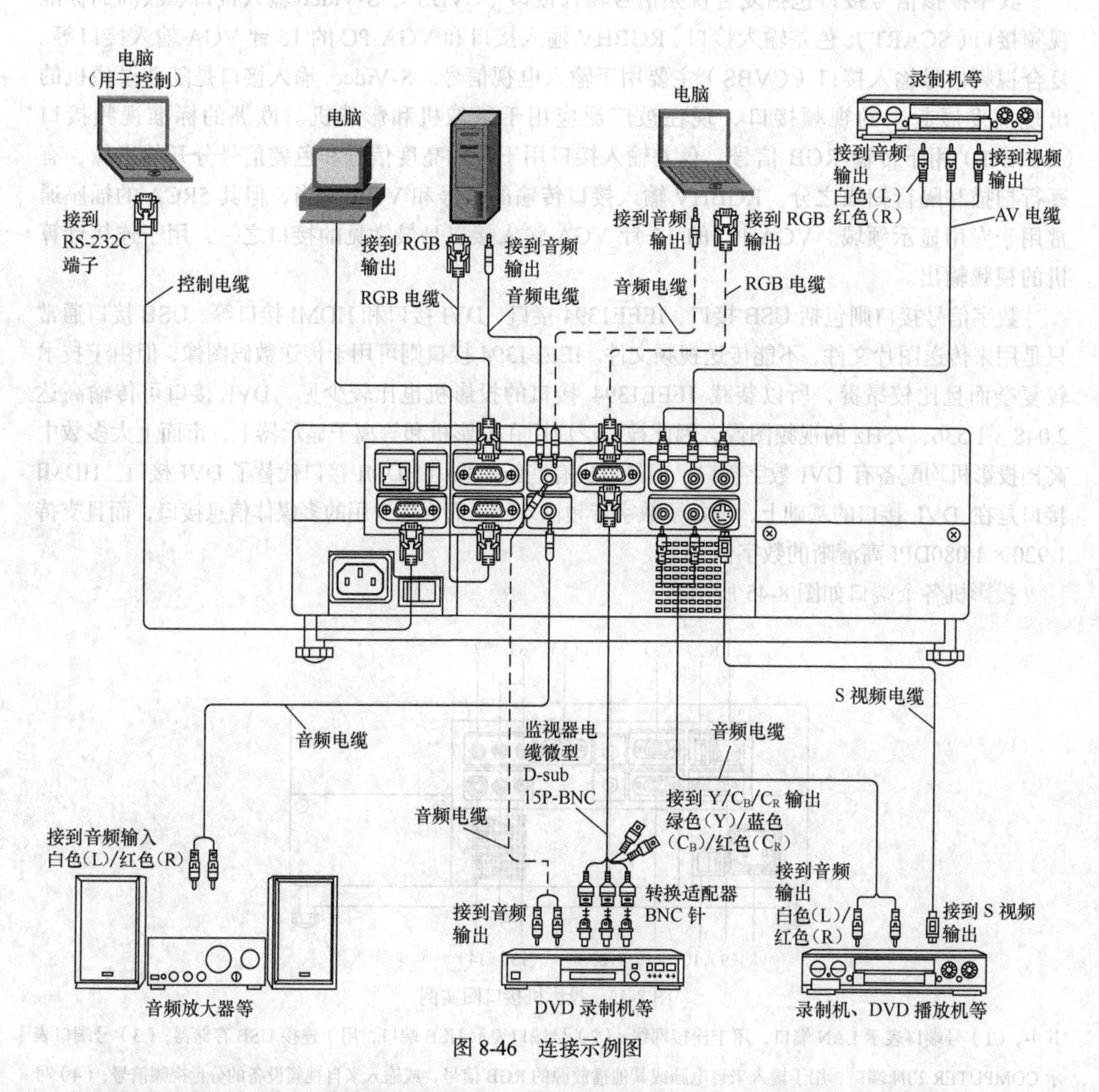

图 8-46　连接示例图

投影机在很多情况下会连接笔记本电脑，特别是出现了便携式投影机之后，笔记本电脑、投影仪的组合已经成为移动办公人士的选择。笔记本一般都提供 VGA 输出接口，再加上自身的 LCD 显示器，很容易连接投影机，但需要注意的是输出模式，笔记本电脑一般提供 3 种输出模式：液晶屏幕输出、VGA 端口输出、液晶屏幕与 VGA 端口同时输出，默认状态是仅液晶输出，因此在连接投影机时，需要更改笔记本的输出模式，按下笔记本电脑键盘功能键进行切换即可。

4. 使用方法

投影机开机时，绿灯闪烁说明仍处于启动状态，当绿灯不再闪烁时，方可进行下一步操作。尽量使用投影机原装电缆、电线。注意电源电压的标称值，机器的地线和电源极性。

投影机在使用过程中严禁剧烈震动，使用时要远离水或潮湿的地方、远离热源。在使用过程中，如出现意外断电却仍需使用投影的情况时，最好等投影机冷却 5～10min 后，再次启动。

投影机在使用过程中，如使用了菜单中的某些功能后，画面效果不如先前时，可以寻找菜单中的“出厂设置”，按“确定”键恢复出厂设置。

关机时，先按下关机按钮，然后投影机进入风扇散热阶段，需要等到散热完成，风扇不转动了才可以切断电源。投影机正常关机后，如仍需再次启动，最好等投影机冷却 2～5min 后，再启动。

投影机闲置时，请切断电源，注意防尘。用户不可自行维修和打开机体，内部电缆零件更换尽量使用原配件。

5. 维护

投影机是一种精密电子产品，它集机械、液晶、电子电路技术等于一体，因此在使用中要注意以下方面。

（1）机械方面。严防强烈的冲撞、挤压和震动。因为强震能造成液晶片的位移，影响放映时三片 LCD 的会聚，出现 RGB 颜色不重合的现象，而光学系统中的透镜、反射镜也会产生变形或损坏，影响图像投影效果，而变焦镜头在冲击下会使轨道损坏，造成镜头卡死，甚至镜头破裂无法使用。

（2）光学系统。注意使用环境的防尘和通风散热。目前使用的多晶硅 LCD 板一般只有 1.3 英寸，有的甚至只有 0.9 英寸，而分辨率已达 1 024 × 768 或 800 × 600，也就是说每个像素只有 0.02mm，灰尘颗粒足够把它挡住。而由于投影机 LCD 板充分散热一般都有专门的风扇以每分钟几十升空气的流量对其进行送风冷却，高速气流经过滤尘网后还有可能夹带微小尘粒，它们相互磨擦产生静电而吸附于散热系统中，这将对投影画面产生影响。因此，在投影机使用环境中防尘非常重要，一定要严禁吸烟，烟尘微粒更容易吸附在光学系统中。因此要经常或定期清洗进风口处的滤尘网。

多晶硅 LCD 板都是比较怕高温，较新的机型在 LCD 板附近都装有温度传感器，当进风口及滤尘网被堵塞，气流不畅时，投影机内温度会迅速升高，这时温度传感器会报警并立即切断灯源电路。所以保持进风口的畅通，及时清洁过滤网十分重要。

（3）灯源部分。投影机灯泡在点亮状态时，两端电压为 60V～80V 左右，灯泡内气体压力大于 10kg/cm，温度有上千度，灯丝处于半熔状态。因此，在开机状态下严禁震动，搬移投影机，防止灯泡炸裂，停止使用后不能马上断开电源，要让机器散热完成后自动停机，在机器散热状态断电造成的损坏是投影机最常见的返修原因之一。另外，减少开关机次数对灯泡寿命有益。

（4）电路部分。严禁带电插拔电缆，信号源与投影机电源最好同时接地。这是由于当投影机与信号源连接的是不同电源时，两零线之间可能存在较高的电位差。当用户带电插拔信号线或其他电路时，会在插头插座之间发生打火现象，损坏信号输入电路，造成严重后果。

6. 投影仪故障排除

投影仪故障主要表现为投影效果不佳、设备连接异常等。

（1）出现屏幕颜色与显示器颜色差异。当投影机出现屏幕颜色与显示器颜色不同时，有可能是 VGA 连接线没接好或内部掉了某颜色的连接线，另外有可能是液晶板烧坏。

（2）显示字符不完整。有可能是有些投影机分辨率不够，导致字符图形显示不完全，可降低电脑分辨率看其会不会显示完全。如果不行，那可能是三块液晶片中有一块已经烧坏。

（3）出现暗黄色或色彩不饱满。如果投影机出现暗黄色或色彩不鲜艳的情况，可能是灯泡寿命已到，重新换灯泡。注意，在换完后还要重新设置灯泡使用时间，否则新灯泡按原时间计算很容易老化。

（4）连接笔记本电脑无输出影像。笔记本电脑外接显示设备时，通常有 4 种显示输出控制状态，即笔记本液晶屏亮，外接显示设备亮；笔记本液晶屏亮，外接显示设备不亮；笔记本液晶屏不亮，外接显示设备亮；笔记本液晶屏不亮，外接显示设备不亮。无输出影像的故障只需按下笔记本电脑键盘功能键进行切换即可。

（5）输出图像不稳定，有条纹波动。这是因为投影机电源信号与信号源电源信号不共地。需要将投影机与信号源设备电源线插头插在同一电源接线板上。

（6）投影画面不是 4:3 标准比例，出现梯形。不同投影机镜头投射角度不同，有水平投射，有仰角投射。对带梯形校正功能的投影机，可通过调整面板或功能菜单中相关设置校正画面，还可调整投影机的机座或支腿调试画面效果。

（7）投影图像出现重影。大部分的情况是由于连接电缆性能不良所至。更换信号线，注意信号线与设备接口的匹配问题。

（8）出现自动断电。投影机使用过程中，突然自动断电，过一会儿开机又恢复，是怎么回事。

这种现象一般是由于机器使用中过热造成的，机器过热启动了投影仪中热保护电路，造成断电。为了使投影机正常工作，防止机器升温过高，使用中注意切勿堵塞或遮盖投影仪背部和底部的散热通风孔。

习　题

1. 办公设备可分为哪几类？各有何作用？
2. 如何使办公设备在适合的环境中工作？
3. 选择一种常用办公设备，写出它的维护流程。
4. 如何防止打印机断针？
5. 传真机与电话机如何连接？
6. 复印机进行复印的操作步骤有哪些？
7. 使用投影仪应注意哪些问题？
8. 打开计算机机箱，指出各个部件的名称及作用。